分数阶基尔霍夫方程解的变分方法研究

Variational Methods to Solutions for Fractional Kirchhoff Equation

顾光泽　张梅仙　著

中国科学技术大学出版社

内 容 简 介

本书阐述分数阶 Kirchhoff(基尔霍夫)方程研究所需的泛函分析基础、分数阶 Sobolev 空间拓扑结构及非线性变分理论,借助现代变分技术(包括极小化原理、山路引理等)与临界点理论中的先进工具(如 Lyusternik-Schnirelman 畴数理论、Nehari 流形技术)研究分数阶基尔霍夫方程解的存在性、多重性、集中性以及相关奇异扰动问题.

本书可以作为高等院校非线性分析专业的教材,也可作为教师或科技工作者的参考书.

图书在版编目(CIP)数据

分数阶基尔霍夫方程解的变分方法研究 / 顾光泽,张梅仙著. -- 合肥 : 中国科学技术大学出版社,2025.5. -- ISBN 978-7-312-06300-8

Ⅰ. O175.1

中国国家版本馆 CIP 数据核字第 2025X60J19 号

分数阶基尔霍夫方程解的变分方法研究

FENSHUJIE JI'ERHUOFU FANGCHENG JIE DE BIANFEN FANGFA YANJIU

出版 中国科学技术大学出版社
安徽省合肥市金寨路 96 号,230026
http://press.ustc.edu.cn
http://zgkxjsdxcbs.tmall.com

印刷 安徽国文彩印有限公司

发行 中国科学技术大学出版社

开本 787 mm×1092 mm 1/16

印张 13.5

字数 312 千

版次 2025 年 5 月第 1 版

印次 2025 年 5 月第 1 次印刷

定价 65.00 元

前　言

非线性偏微分方程来源于多个领域的物理、工程和应用数学问题, 因其描述的现象往往具有复杂的非线性特性, 因此引起了很多学者的关注. 分数阶 Kirchhoff(基尔霍夫) 方程是非线性偏微分方程中的一种重要类型, 分数阶 Kirchhoff 方程通过将经典偏微分方程中的整数阶导数替换为分数阶导数, 用来描述更多复杂的数学模型. 本书主要讨论分数阶 Kirchhoff 方程基态解的存在性以及集中性、非平凡解的存在性和变号解的多重性. 全书共分 8 章: 第 1 章主要介绍分数阶 Laplace 算子、分数阶 Sobolev 空间和分数阶 Kirchhoff 方程的相关知识; 第 2 章在渐近周期情形下, 利用 Nehari 流形方法和集中紧性原理研究带有临界指数增长的分数阶 Kirchhoff 方程和带有一般 Kirchhoff 函数项的分数阶 Kirchhoff 方程基态解的存在性; 第 3 章在消失位势的条件下研究带有临界指数增长的分数阶 Kirchhoff 方程正解的存在性; 第 4 章研究非自治的分数阶 Kirchhoff 方程基态解的存在性; 第 5 章利用下降流不变集证明分数阶 Kirchhoff 方程变号解的多重性; 第 6 章和第 7 章利用 Ljusternik-Schnirelmann 畴数理论、集中紧性原理证明分数阶 Kirchhoff 方程正 (基态) 解的存在性、多重性和集中性; 第 8 章基于非退化性结果和 Lyapunov-Schmidt 约化方法研究分数阶 Kirchhoff 方程正解的存在性; 附录给出本书中用到的不等式和 Lebesgue 积分、Banach 空间和 Hilbert 空间、线性算子和非线性映射的基本理论以及临界点理论的基本知识.

本书的编写得到国家自然科学基金项目 (12301145, 12261107, 12101546, 11961081)、云南省应用基础研究计划青年项目 (202301AU070159, 202301AU070144)、云南省应用基础研究计划面上项目 (202401AT070123) 和云南省现代分析数学及其应用重点实验室 (202302AN360007) 的资助, 在此表示感谢!

由于作者水平有限, 谬误和不当之处敬请专家和读者批评指正!

著　者

2025 年 2 月

目　录

第 1 章　分数阶框架

随着物理、化学、生物和经济等学科的发展, 研究人员提出了许多非线性椭圆方程 (组), 如从量子力学模型、半导体理论等中提出的 Schrödinger-Poisson 系统; 从对弹性弦自由振动的经典 D'Alembert 波动方程推广而得出的 Kirchhoff 方程; 从描述静止极化子的量子力学中提出的 Choquard-Pekar 方程; 从分数阶量子力学中提出的分数阶 Schrödinger 方程; 从研究弦振动过程中弦张力在分数阶意义下提出的分数阶 Kirchhoff 方程. 由于这些非局部的椭圆型偏微分方程有实际的应用背景, 从而对这些非局部的椭圆型方程解的存在性的研究就变得非常有意义.

自意大利数学家 A. Ambrosetti 和美国数学家 P. Rabinowitz 于 1973 年提出 "山路定理" 以来, 研究椭圆型偏微分方程解的存在性和多重性取得快速的发展和更进一步的完善. 越来越多的学者将其应用于各类非线性椭圆型方程和系统中, 研究其解的存在性、多重性以及解的定性分析. 这些研究不仅在理论上具有重要的意义, 而且也在数学物理、工程等实际问题中得到了广泛的应用. 因而利用变分方法结合其他变分原理和技巧, 例如利用 Lusternik-Schnirelmann 理论和 Morse 理论研究具有变分结构的椭圆型方程 (组) 的解引起许多学者的极大关注. 本书拟借助变分方法研究分数阶 Kirchhoff 方程非平凡解、基态解和变号解的存在性以及解的非退化性.

1.1　分数阶拉普拉斯算子

人们对使用带有分数阶拉普拉斯 (Laplace) 算子的椭圆型方程描述各种物理现象的研究也取得了显著进展. 分数阶 Laplace 算子是一种重要的非局部算子, 能够描述具有长程相互作用或非局部效应的系统. 通过引入分数阶 Laplace 算子, 数学家和物理学家可以更准确地建模许多复杂的物理现象, 如反常扩散、相变理论、量子力学和相对论中的问题, 材料科学中的断裂力学, 金融数学中的非局部效应等. 分数阶 Laplace 算子 $(-\Delta)^s$ 是 Lévy 稳态扩散过程的无穷小生成元. 具体来说, Lévy 稳态扩散过程是一类特殊的随机过程, 具有跳跃特性, 不同于经典的布朗运动 (布朗运动是一个具有高斯分布的平稳过程). 这些 Lévy

过程的特点是它们允许粒子随机地进行大跳跃, 而不局限于经典扩散中的连续运动. 因此, 它们能很好地描述具有非局部效应的系统.

本节将介绍分数阶 Laplace 算子和分数阶 Sobolev 空间. 关于更多分数阶 Laplace 算子和分数阶 Sobolev 空间的详细性质可参见文献 [9] 和 [60] 及其他参考文献. 首先介绍分数阶 Laplace 的几种定义方式:

方式 1 对任意的 $u \in \mathfrak{L}$ 以及 $s \in (0,1)$, 把分数阶 Laplace 定义为

$$\begin{aligned}(-\Delta)^s u(x) :&= C_{n,s}\mathrm{P.V.}\int_{\mathbb{R}^n}\frac{u(x)-u(y)}{|x-y|^{n+2s}}\mathrm{d}y \\ &= C_{n,s}\lim_{\varepsilon\to 0}\int_{\mathbb{R}^n\backslash B_\varepsilon(x)}\frac{u(x)-u(y)}{|x-y|^{n+2s}}\mathrm{d}y\end{aligned} \tag{1.1.1}$$

其中 P.V. 表示 Cauchy 主值, 而

$$C_{n,s} = \left(\int_{\mathbb{R}^n}\frac{1-\cos(\zeta_1)}{|\zeta|^{n+2s}}\mathrm{d}\zeta\right)^{-1} \tag{1.1.2}$$

是一个仅与空间维数 n 和 s 有关的正常数. $\mathfrak{L}$ 为 Schwartz 函数空间, 定义为

$$\mathfrak{L}(\mathbb{R}^n) = \left\{\varphi\in C^\infty(\mathbb{R}^n): \forall\alpha,\beta\in\mathbb{Z}_+^n,\ \rho_{\alpha,\beta}(\varphi) = \sup_{x\in\mathbb{R}^n}|x^\alpha D^\beta\varphi(x)| < \infty\right\}$$

其中 $\rho_{\alpha,\beta}$ 是 $\mathfrak{L}(\mathbb{R}^n)$ 上的一个半范数. Schwartz 函数空间中的函数是无穷次可微的, 且模在无穷远处衰减到 0. 因此, 通常称 $\mathfrak{L}(\mathbb{R}^n)$ 为 Schwartz 速降函数空间. 注意到, 由于核的奇异性, 一般情况下 (1.1.1) 式右边没有定义. 但在 $s \in (0,1/2)$ 的情形下, 积分 (1.1.1) 在 x 附近没奇性. 事实上, 对任意的 $u \in \mathfrak{L}$, 有

$$\begin{aligned}&\int_{\mathbb{R}^n}\frac{|u(x)-u(y)|}{|x-y|^{n+2s}}\mathrm{d}y \\ &\leqslant C\int_{B_R}\frac{|x-y|}{|x-y|^{n+2s}}\mathrm{d}y + \|u\|_{L^\infty(\mathbb{R}^n)}\int_{\mathbb{R}^n\backslash B_\varepsilon(x)}\frac{1}{|x-y|^{n+2s}}\mathrm{d}y \\ &= C\left(\int_{B_R}\frac{1}{|x-y|^{n+2s-1}}\mathrm{d}y + \int_{\mathbb{R}^n\backslash B_\varepsilon(x)}\frac{1}{|x-y|^{n+2s}}\mathrm{d}y\right) \\ &= C\left(\int_0^R\frac{1}{|\rho|^{2s}}\mathrm{d}\rho + \int_R^{+\infty}\frac{1}{|\rho|^{2s+1}}\mathrm{d}\rho\right) \\ &< +\infty\end{aligned}$$

其中 C 是一个与空间维数 n 和 u 的 L^∞ 范数有关的正常数.

方式 2 当 $u \in \mathfrak{L}$ 时, 分数阶 Laplace 的定义 (1.1.1) 与

$$(-\Delta)^s u(x) = -\frac{1}{2}C(n,s)\int_{\mathbb{R}^n}\frac{u(x+y)+u(x-y)-2u(x)}{|y|^{n+2s}}\mathrm{d}y,\quad x\in\mathbb{R}^n \tag{1.1.3}$$

等价. 事实上, 由 (1.1.1)式可知

$$
\begin{aligned}
(-\Delta)^s u(x) &= -C(n,s)\text{P.V.}\int_{\mathbb{R}^n} \frac{u(y)-u(x)}{|x-y|^{n+2s}}\mathrm{d}y \\
&= -C(n,s)\text{P.V.}\int_{\mathbb{R}^n} \frac{u(x+z)-u(x)}{|z|^{n+2s}}\,\mathrm{d}z
\end{aligned}
$$

记 $z^* = -z$, 则

$$
\text{P.V.}\int_{\mathbb{R}^n} \frac{u(x+z)-u(x)}{|z|^{n+2s}}\mathrm{d}z = \text{P.V.}\int_{\mathbb{R}^n} \frac{u(x-z^*)-u(x)}{|z^*|^{n+2s}}\mathrm{d}z^*
$$

重新将 z^* 记为 z, 则

$$
\begin{aligned}
2\text{P.V.}\int_{\mathbb{R}^n} \frac{u(x+z)-u(x)}{|z|^{n+2s}}\,\mathrm{d}z &= \text{P.V.}\int_{\mathbb{R}^n} \frac{u(x+z)-u(x)}{|z|^{n+2s}}\,\mathrm{d}z \\
&\quad + \text{P.V.}\int_{\mathbb{R}^n} \frac{u(x-z)-u(x)}{|z|^{n+2s}}\,\mathrm{d}z \\
&= \text{P.V.}\int_{\mathbb{R}^n} \frac{u(x+y)+u(x-y)-2u(x)}{|y|^{n+2s}}\,\mathrm{d}y
\end{aligned}
$$

结合泰勒展开式, 有

$$
\frac{u(x+y)+u(x-y)-2u(x)}{|y|^{n+2s}} \leqslant \frac{\|D^2u\|_{L^\infty(\mathbb{R}^n)}}{|y|^{n+2s-2}}
$$

又因为 $s \in (0,1)$, 所以

$$
\frac{u(x+y)+u(x-y)-2u(x)}{|y|^{n+2s}} \in L^1(\mathbb{R}^n)
$$

因此

$$
\begin{aligned}
(-\Delta)^s u(x) &= -C(n,s)\text{P.V.}\int_{\mathbb{R}^n} \frac{u(x+z)-u(x)}{|z|^{n+2s}}\,\mathrm{d}z \\
&= -\frac{1}{2}C(n,s)\int_{\mathbb{R}^n} \frac{u(x+y)+u(x-y)-2u(x)}{|y|^{n+2s}}\mathrm{d}y
\end{aligned}
$$

方式 3 当 $u \in \mathfrak{L}$ 时, 分数阶 Laplace 的定义 (1.1.1) 可以用 Fourier 变换等价定义, 则

$$
(-\Delta)^s u(x) = \mathcal{F}^{-1}(|\xi|^{2s}(\mathcal{F}u)(\xi))(x), \quad \xi \in \mathbb{R}^n
$$

事实上, 记函数 $\mathcal{I}: \mathbb{R}^n \to \mathbb{R}$ 为

$$
\mathcal{I}(\xi) = \int_{\mathbb{R}^n} \frac{1-\cos(\xi\cdot y)}{|y|^{n+2s}}\,\mathrm{d}y
$$

注意到, 若 $\zeta = (\zeta_1, \cdots, \zeta_n) \in \mathbb{R}^n$, 有

$$
\frac{1-\cos\zeta_1}{|\zeta|^{n+2s}} \leqslant \frac{|\zeta_1|^2}{|\zeta|^{n+2s}} \leqslant \frac{1}{|\zeta|^{n-2+2s}}
$$

则在 ζ 附近, 有

$$0<\int_{\mathbb{R}^n}\frac{1-\cos\zeta_1}{|\zeta|^{n+2s}}\mathrm{d}\zeta<+\infty \tag{1.1.4}$$

当 $n=1$ 时, $\mathcal{I}(-\xi)=\mathcal{I}(\xi)$. 当 $n\geqslant 2$ 时, 考虑变换

$$R(|\xi|e_1)=\xi$$

其中 $e_1=\{1,\cdots,0\}\in\mathbb{R}^n$. 记 R 的转置为 R^{T}. 做变换 $\tilde{y}=R^{\mathrm{T}}y$, 有

$$\begin{aligned}\mathcal{I}(\xi)&=\int_{\mathbb{R}^n}\frac{1-\cos\left((R(|\xi|e_1))\cdot y\right)}{|y|^{n+2s}}\mathrm{d}y\\&=\int_{\mathbb{R}^n}\frac{1-\cos\left((|\xi|e_1)\cdot(R^{\mathrm{T}}y)\right)}{|y|^{n+2s}}\mathrm{d}y\\&=\int_{\mathbb{R}^n}\frac{1-\cos\left((|\xi|e_1)\cdot\tilde{y}\right)}{|\tilde{y}|^{n+2s}}\mathrm{d}\tilde{y}=\mathcal{I}\big(|\xi|e_1\big)\end{aligned}$$

故函数 $\mathcal{I}$ 满足

$$\mathcal{I}(\xi)=\mathcal{I}\big(|\xi|e_1\big) \tag{1.1.5}$$

由 (1.1.4)式和 (1.1.5)式可知

$$\begin{aligned}\mathcal{I}(\xi)&=\mathcal{I}\big(|\xi|e_1\big)\\&=\int\frac{1-\cos\left(|\xi|y_1\right)}{|y|^{n+2s}}\mathrm{d}y\\&=\frac{1}{|\xi|^n}\int_{\mathbb{R}^n}\frac{1-\cos\zeta_1}{|\zeta/|\xi||^{n+2s}}\mathrm{d}\zeta=C(n,s)^{-1}|\xi|^{2s}\end{aligned} \tag{1.1.6}$$

记

$$\mathcal{L}u(x):=-\frac{1}{2}C(n,s)\int_{\mathbb{R}^n}\frac{u(x+y)+u(x-y)-2u(x)}{|y|^{n+2s}}\mathrm{d}y,\quad x\in\mathbb{R}^n$$

显然, 算子 $\mathcal{L}$ 是线性的. 注意到

$$\begin{aligned}&\frac{|u(x+y)+u(x-y)-2u(x)|}{|y|^{n+2s}}\\&\leqslant 4\Big(\chi_{B_1}(y)|y|^{2-n-2s}\sup_{B_1(x)}\left|D^2u\right|\\&\quad+\chi_{\mathbb{R}^n\setminus B_1}(y)|y|^{-n-2s}\Big|u(x+y)+u(x-y)-2u(x)\Big|\Big)\in L^1\big(\mathbb{R}^{2n}\big)\end{aligned}$$

由 Fubini-Tonelli 定理可知

$$\begin{aligned}\mathcal{F}(\mathcal{L}u)&=-\frac{1}{2}C(n,s)\int_{\mathbb{R}^n}\frac{\mathcal{F}(u(x+y)+u(x-y)-2u(x))}{|y|^{n+2s}}\mathrm{d}y\\&=-\frac{1}{2}C(n,s)\int_{\mathbb{R}^n}\frac{\mathrm{e}^{\mathrm{i}\xi\cdot y}+\mathrm{e}^{-\mathrm{i}\xi\cdot y}-2}{|y|^{n+2s}}\mathrm{d}y(\mathcal{F}u)(\xi)\\&=C(n,s)\int_{\mathbb{R}^n}\frac{1-\cos(\xi\cdot y)}{|y|^{n+2s}}\mathrm{d}y(\mathcal{F}u)(\xi)\\&=|\xi|^{2s}\,(\mathcal{F}u)(\xi)\end{aligned}$$

故 $(-\Delta)^s u(x) = \mathcal{F}^{-1}(|\xi|^{2s}(\mathcal{F}u)(\xi))(x)(\xi \in \mathbb{R}^n)$.

对经典的 Laplace 算子, 由 Fourier 变换可知

$$\begin{aligned}-\Delta u(x) &= -\Delta(\mathcal{F}^{-1}(\hat{u}))(x) = -\Delta \int_{\mathbb{R}^n} \hat{u}(\xi)\mathrm{e}^{2\pi \mathrm{i} x\cdot\xi}\,\mathrm{d}\xi \\ &= \int_{\mathbb{R}^n} (2\pi|\xi|)^2 \hat{u}(\xi)\mathrm{e}^{2\pi \mathrm{i} x\cdot\xi}\,\mathrm{d}\xi = \mathcal{F}^{-1}\big((2\pi|\xi|)^2\hat{u}(\xi)\big)\end{aligned}$$

命题 1.1.1　对任意 $n>1$ 和 $u \in C_0^\infty(\mathbb{R}^n)$, 则

(i) $\lim\limits_{s\to 0^+}(-\Delta)^s u = u$;

(ii) $\lim\limits_{s\to 1^-}(-\Delta)^s u = -\Delta u$.

证明　对任意固定的 $x\in\mathbb{R}^n, R_0>0$ 满足 $\mathrm{supp}u \subseteq B_{R_0}$, 并记 $R = R_0 + |x| + 1$, 则有

$$\begin{aligned}&\left|\int_{B_R} \frac{u(x+y)+u(x-y)-2u(x)}{|y|^{n+2s}}\mathrm{d}y\right| \\ &\leqslant \|u\|_{C^2(\mathbb{R}^n)}\int_{B_R}\frac{|y|^2}{|y|^{n+2s}}\mathrm{d}y \\ &\leqslant \omega_{n-1}\|u\|_{C^2(\mathbb{R}^n)}\int_0^R \frac{1}{\rho^{2s-1}}\mathrm{d}\rho \\ &= \frac{\omega_{n-1}\|u\|_{C^2(\mathbb{R}^n)}R^{2-2s}}{2(1-s)}\end{aligned} \tag{1.1.7}$$

由 $|y|\geqslant R$ 可知, $|x\pm y| \geqslant |y|-|x| \geqslant R-|x| > R_0$ 且 $u(x\pm y)=0$. 因此

$$\begin{aligned}&-\frac{1}{2}\int_{\mathbb{R}^n\setminus B_R}\frac{u(x+y)+u(x-y)-2u(x)}{|y|^{n+2s}}\mathrm{d}y \\ &= u(x)\int_{\mathbb{R}^n\setminus B_R}\frac{1}{|y|^{n+2s}}\mathrm{d}y \\ &= \omega_{n-1}u(x)\int_R^{+\infty}\frac{1}{\rho^{2s+1}}\mathrm{d}\rho \\ &= \frac{\omega_{n-1}R^{-2s}}{2s}u(x)\end{aligned} \tag{1.1.8}$$

结合 (1.1.7)式、(1.1.8)式和推论 1.1.1, 有

$$\begin{aligned}&\lim_{s\to 0^+} -\frac{C(n,s)}{2}\int_{B_R}\frac{u(x+y)+u(x-y)-2u(x)}{|y|^{n+2s}}\mathrm{d}y = 0 \\ &\lim_{s\to 0^+}(-\Delta)^s u = \lim_{s\to 0^+} -\frac{C(n,s)}{2}\int_{\mathbb{R}^n\setminus B_R}\frac{u(x+y)+u(x-y)-2u(x)}{|y|^{n+2s}}\,\mathrm{d}y \\ &\qquad = \lim_{s\to 0^+}\frac{C(n,s)\omega_{n-1}R^{-2s}}{2s}u(x) = u(x)\end{aligned}$$

故 (i) 成立.

类似可证明 (ii). 事实上, 结合

$$\begin{aligned}&\left|\int_{\mathbb{R}^n\setminus B_1}\frac{u(x+y)+u(x-y)-2u(x)}{|y|^{n+2s}}\mathrm{d}y\right|\\&\leqslant 4\|u\|_{L^\infty(\mathbb{R}^n)}\int_{\mathbb{R}^n\setminus B_1}\frac{1}{|y|^{n+2s}}\mathrm{d}y\\&\leqslant 4\omega_{n-1}\|u\|_{L^\infty(\mathbb{R}^n)}\int_1^{+\infty}\frac{1}{\rho^{2s+1}}\mathrm{d}\rho\\&=\frac{2\omega_{n-1}}{s}\|u\|_{L^\infty(\mathbb{R}^n)}\end{aligned}$$

估计只需要考虑单位球内的估计即可. 结合推论 1.1.1 有

$$\lim_{s\to1^-}-\frac{C(n,s)}{2}\int\limits_{\mathbb{R}^n\setminus B_1}\frac{u(x+y)+u(x-y)-2u(x)}{|y|^{n+2s}}\,\mathrm{d}y=0 \tag{1.1.9}$$

另一方面, 我们有

$$\begin{aligned}&\left|\int_{B_1}\frac{u(x+y)+u(x-y)-2u(x)-D^2u(x)y\cdot y}{|y|^{n+2s}}\,\mathrm{d}y\right|\\&\leqslant\|u\|_{C^3(\mathbb{R}^n)}\int_{B_1}\frac{|y|^3}{|y|^{n+2s}}\mathrm{d}y\\&\leqslant\omega_{n-1}\|u\|_{C^3(\mathbb{R}^n)}\int_0^1\frac{1}{\rho^{2s-2}}\mathrm{d}\rho\\&=\frac{\omega_{n-1}\|u\|_{C^3(\mathbb{R}^n)}}{3-2s}\end{aligned}$$

从而

$$\begin{aligned}&\lim_{s\to1^-}-\frac{C(n,s)}{2}\int_{B_1}\frac{u(x+y)+u(x-y)-2u(x)}{|y|^{n+2s}}\,\mathrm{d}y\\&=\lim_{s\to1^-}-\frac{C(n,s)}{2}\int_{B_1}\frac{D^2u(x)y\cdot y}{|y|^{n+2s}}\,\mathrm{d}y\end{aligned} \tag{1.1.10}$$

当 $i\neq j$ 时, 有

$$\int_{B_1}\partial_{ij}^2u(x)y_i\cdot y_j\,\mathrm{d}y=-\int_{B_1}\partial_{ij}^2u(x)\tilde{y}_i\cdot\tilde{y}_j\,\mathrm{d}\tilde{y}$$

其中 $\tilde{y}_k=y_k(k\neq j)$ 和 $\tilde{y}_j=-y_j$, 从而有

$$\int_{B_1}\partial_{ij}^2u(x)y_i\cdot y_j\mathrm{d}y=0 \tag{1.1.11}$$

对任意固定的 i, 有

$$\begin{aligned}\int_{B_1}\frac{\partial_{ii}^2u(x)y_i^2}{|y|^{n+2s}}\mathrm{d}y&=\partial_{ii}^2u(x)\int_{B_1}\frac{y_i^2}{|y|^{n+2s}}\mathrm{d}y=\partial_{ii}^2u(x)\int_{B_1}\frac{y_1^2}{|y|^{n+2s}}\mathrm{d}y\\&=\frac{\partial_{ii}^2u(x)}{n}\sum_{j=1}^n\int_{B_1}\frac{y_j^2}{|y|^{n+2s}}\mathrm{d}y=\frac{\partial_{ii}^2u(x)}{n}\int_{B_1}\frac{|y|^2}{|y|^{n+2s}}\mathrm{d}y\\&=\frac{\partial_{ii}^2u(x)\omega_{n-1}}{2n(1-s)}\end{aligned} \tag{1.1.12}$$

因此, 由 (1.1.3)式、(1.1.9)~(1.1.12) 式和命题 1.1.1 可知

$$\begin{aligned}\lim_{s\to 1^-}(-\Delta)^s u &= \lim_{s\to 1^-} -\frac{C(n,s)}{2}\int_{B_1}\frac{u(x+y)+u(x-y)-2u(x)}{|y|^{n+2s}}\mathrm{d}y\\ &= \lim_{s\to 1^-} -\frac{C(n,s)}{2}\int_{B_1}\frac{D^2u(x)y\cdot y}{|y|^{n+2s}}\mathrm{d}y\\ &= \lim_{s\to 1^-} -\frac{C(n,s)}{2}\sum_{i=1}^{n}\int_{B_1}\frac{\partial_{ii}^2 u(x)y_i^2}{|y|^{n+2s}}\mathrm{d}y\\ &= \lim_{s\to 1^-} -\frac{C(n,s)\omega_{n-1}}{4n(1-s)}\sum_{i=1}^{n}\partial_{ii}^2 u(x) = -\Delta u(x)\end{aligned}$$ □

由分数阶 Laplace 算子 $(-\Delta)^s$ 的定义可知, 不同于经典的 Laplace 算子 Δ, 分数阶 Laplace 算子 $(-\Delta)^s$ 是非局部的. 从而带有 Laplace 算子 Δ 的椭圆型偏微分方程的常用理论不能直接运用到带有分数阶 Laplace 算子 $(-\Delta)^s$ 的方程, 如分数阶 Schrödinger 方程、分数阶 Kirchhoff 方程、分数阶 Schrödinger-Poisson 系统、分数阶 Choquard 方程等非局部椭圆型方程.

方式 4 最近, Caffarelli 和 Silvestre 在文献 [36] 中通过考虑 $\mathbb{R}_+^{N+1} := \{(x,y) : x \in \mathbb{R}^N, y > 0\}$ 上的 Neumann 型算子给出分数阶 Laplace 算子 $(-\Delta)^s$ 的局部定义. 更准确地说, 对任意的 $u \in H^s(\mathbb{R}^N)$, Neumann 边值问题

$$\begin{cases} -\mathrm{div}(y^{1-2s}\nabla w) = 0, & (x,y) \in \mathbb{R}_+^{N+1} \\ w = u, & (x,y) \in \mathbb{R}^N \times \{0\} \end{cases} \tag{1.1.13}$$

的解 $w \in X^s(\mathbb{R}_+^{N+1})$ 被称为 u 的 s-调和延拓 $w = E_s(u)$, 其中 $X^s(\mathbb{R}_+^{N+1})$ 是 $C_0^\infty(\overline{\mathbb{R}_+^{N+1}})$ 关于范数

$$\|w\|_{X^s} := \left(\int_{\mathbb{R}_+^{N+1}} \kappa_s y^{1-2s}|\nabla w|^2 \mathrm{d}x\mathrm{d}y\right)^{\frac{1}{2}}$$

的完备化空间. 由文献 [36] 可知

$$\frac{\partial w}{\partial \nu} = \lim_{y\to 0^+} y^{1-2s}\frac{\partial w}{\partial y}(x,y) = -\frac{1}{k_s}(-\Delta)^s u(x)$$

其中 $k_s = \dfrac{2^{1-s}\Gamma(1-s/2)}{\Gamma(s/2)}$ 是标准化常数.

基于 Caffarelli 和 Silvestre 的延拓思想, 一些学者在分数阶椭圆方程理论方面取得了突破, 如文献 [35], [37], [141] 中关于正则性的工作. 同时, 部分半线性情形下的重要结果也被证明对分数阶的情形也是成立的, 如 Frank, Lieb 和 Seiringer 关于分数阶 Hardy-Lieb-Thirring 不等式的工作 [74], 特别是 Frank 和 Lenzmann 关于一维情形基态解唯一性的工作 [72] 和 Silvestre 等关于高维情形下基态解的唯一性和非退化性的结果 [73] 是近几年关于非线性分数阶 Schrödinger 方程非常重要的进展.

更一般的分数阶 Laplace 算子 (积分-微分算子) 定义如下: 对任意的 $s \in (0,1)$, 积分-微分算子 $\mathcal{L}_K$ 定义为

$$\mathcal{L}_K(x) := \frac{1}{2}\int_{\mathbb{R}^N}\Big(u(x+y)+u(x-y)-2u(x)\Big)K(y)\mathrm{d}y, \quad x \in \mathbb{R}^N$$

其中 $K:\mathbb{R}^N\setminus\{0\}\to(0,+\infty)$ 是一个可测函数并且满足如下假设:

(K_1) $\gamma K \in L^1(\mathbb{R}^N)$, 其中 $\gamma(x)=\min\{|x|^2,\ 1\}$;

(K_2) 存在 $\delta>0$, 使得 $K(x)\geqslant \delta|x|^{-(N+2s)}$ $(\forall x\in\mathbb{R}^N\setminus\{0\})$.

注意到, 当 $K(y)=|y|^{-(N+2s)}$ 时, 则积分-微分算子 $\mathcal{L}_K$ 退化成为分数阶 Laplace 算子 $(-\Delta)^s$.

完全非线性非局部算子定义为

$$\begin{aligned}F_\alpha(u(x)) :&= C_{n,\alpha}\mathrm{P.V.}\int_{\mathbb{R}^n}\frac{G(u(x)-u(y))}{|x-y|^{n+\alpha}}\mathrm{d}y\\ &=\lim_{\varepsilon\to 0}\int_{\mathbb{R}^n\setminus B_\varepsilon(x)}\int_{\mathbb{R}^n}\frac{G(u(x)-u(y))}{|x-y|^{n+\alpha}}\mathrm{d}y\end{aligned} \tag{1.1.14}$$

该算子由 Caffarelli 和 Silvestre 在文献 [36] 中给出. 记

$$L_{G,\alpha}=\left\{G(u)\in L^1_{\mathrm{loc}}(\mathbb{R}^n)\ \Bigg|\ \int_{\mathbb{R}^n}\frac{|G(1+u(x))|}{1+|x|^{n+\alpha}}\mathrm{d}x<\infty\right\}$$

若 $u\in C^{1,1}_{\mathrm{loc}}\cap L_{G,\alpha}$, 则 (1.1.14) 式中右端的积分是有意义的. 当 $G(\cdot)$ 是恒等映射时, $\mathcal{F}_\alpha$ 成为分数阶 Laplace 算子 $(-\Delta)^s$; 当 $\alpha=sp$, $G(t)=|t|^{p-2}t$ 时; $\mathcal{F}_\alpha$ 变成分数阶 p-Laplace 算子:

$$\begin{aligned}(-\Delta)^s_p u(x) :&= C_{n,\alpha}\ \mathrm{P.V.}\int_{\mathbb{R}^n}\frac{|u(x)-u(y)|^{p-2}(u(x)-u(y))}{|x-y|^{n+sp}}\mathrm{d}y\\ &=\lim_{\varepsilon\to 0}\int_{\mathbb{R}^n\setminus B_\varepsilon(x)}\int_{\mathbb{R}^n}\frac{|u(x)-u(y)|^{p-2}(u(x)-u(y))}{|x-y|^{n+sp}}\mathrm{d}y\end{aligned}$$

1.1.1 常数 $C(n,s)$ 的性质

在本节主要研究 (1.1.1) 式中的常数

$$C_{n,s}=\left(\int_{\mathbb{R}^n}\frac{1-\cos(\zeta_1)}{|\zeta|^{n+2s}}\mathrm{d}\zeta\right)^{-1}$$

当 $s\to 1^-$ 和 $s\to 0^+$ 时的渐近性.

结合变换 $\eta' = \zeta'/|\zeta_1|$, 有

$$\begin{aligned}\int_{\mathbb{R}^n} \frac{1-\cos(\zeta_1)}{|\zeta|^{n+2s}}\,\mathrm{d}\zeta &= \int_{\mathbb{R}}\int_{\mathbb{R}^{n-1}} \frac{1-\cos(\zeta_1)}{|\zeta_1|^{n+2s}} \frac{1}{(1+|\zeta'|^2/|\zeta_1|^2)^{\frac{n+2s}{2}}}\,\mathrm{d}\zeta'\,\mathrm{d}\zeta_1 \\ &= \int_{\mathbb{R}}\int_{\mathbb{R}^{n-1}} \frac{1-\cos(\zeta_1)}{|\zeta_1|^{1+2s}} \frac{1}{(1+|\eta'|^2)^{\frac{n+2s}{2}}}\,\mathrm{d}\eta'\,\mathrm{d}\zeta_1 \\ &= \frac{A(n,s)B(s)}{s(1-s)}\end{aligned}$$

其中

$$A(n,s) = \int_{\mathbb{R}^{n-1}} \frac{1}{(1+|\eta'|^2)^{\frac{n+2s}{2}}}\mathrm{d}\eta' \tag{1.1.15}$$

$$B(s) = s(1-s)\int_{\mathbb{R}} \frac{1-\cos t}{|t|^{1+2s}}\mathrm{d}t \tag{1.1.16}$$

命题 1.1.2 对任意的 $n>1$, (1.1.15)式和 (1.1.16) 式中的 $A(n,s)$ 和 $B(s)$ 满足:

(i) $\lim\limits_{s\to 1^-} A(n,s) = \omega_{n-2}\displaystyle\int_0^{+\infty} \frac{\rho^{n-2}}{(1+\rho^2)^{\frac{n}{2}+1}}\,\mathrm{d}\rho < +\infty$;

(ii) $\lim\limits_{s\to 0^+} A(n,s) = \omega_{n-2}\displaystyle\int_0^{+\infty} \frac{\rho^{n-2}}{(1+\rho^2)^{\frac{n}{2}}}\,\mathrm{d}\rho < +\infty$;

(iii) $\lim\limits_{s\to 1^-} B(s) = \dfrac{1}{2}$;

(iv) $\lim\limits_{s\to 0^+} B(s) = 1$,

其中 ω_{n-2} 表示 $n-2$ 维单位球 S^{n-2} 的体积. 此外, 有

$$\lim_{s\to 1^-}\frac{C(n,s)}{s(1-s)} = \left(\frac{\omega_{n-2}}{2}\int_0^{+\infty} \frac{\rho^{n-2}}{(1+\rho^2)^{\frac{n}{2}+1}}\mathrm{d}\rho\right)^{-1} \tag{1.1.17}$$

$$\lim_{s\to 0^+}\frac{C(n,s)}{s(1-s)} = \left(\omega_{n-2}\int_0^{+\infty} \frac{\rho^{n-2}}{(1+\rho^2)^{\frac{n}{2}}}\mathrm{d}\rho\right)^{-1} \tag{1.1.18}$$

证明 对任意的 $s\in(0,1)$ 和任意的 $\rho\geqslant 0$, 存在 $M>0$ 使得

$$\begin{aligned}\int_{\mathbb{R}^{n-1}} \frac{1}{(1+|\eta'|^2)^{\frac{n+2s}{2}}}\mathrm{d}\eta' &= \omega_{n-2}\int_0^{+\infty} \frac{\rho^{n-2}}{(1+\rho^2)^{\frac{n+2s}{2}}}\mathrm{d}\rho \\ &\leqslant \omega_{n-2}\int_0^{+\infty} \frac{\rho^{n-2}}{(1+\rho^2)^{\frac{n}{2}}}\mathrm{d}\rho \\ &\leqslant M\end{aligned}$$

则由 Lebesgue 控制收敛定理可知

$$\lim_{s\to 1^-} A(n,s) = \omega_{n-2}\int_0^{+\infty} \frac{\rho^{n-2}}{(1+\rho^2)^{\frac{n}{2}+1}}\mathrm{d}\rho$$

$$\lim_{s\to 0^+} A(n,s) = \omega_{n-2}\int_0^{+\infty} \frac{\rho^{n-2}}{(1+\rho^2)^{\frac{n}{2}}}\,\mathrm{d}\rho$$

因此, (i) 和 (ii) 成立. 下证 (iii). 由 (1.1.16) 式可知

$$\int_{\mathbb{R}} \frac{1-\cos t}{|t|^{1+2s}}\mathrm{d}t = \int_{|t|<1} \frac{1-\cos t}{|t|^{1+2s}}\mathrm{d}t + \int_{|t|\geqslant 1} \frac{1-\cos t}{|t|^{1+2s}}\mathrm{d}t$$

存在 $C>0$ 使得

$$0 \leqslant \int_{|t|\geqslant 1} \frac{1-\cos t}{|t|^{1+2s}}\mathrm{d}t \leqslant 4\int_1^{+\infty} \frac{1}{t^{1+2s}}\mathrm{d}t = \frac{2}{s}$$

$$\int_{|t|<1} \frac{1-\cos t}{|t|^{1+2s}}\mathrm{d}t - \int_{|t|<1} \frac{t^2}{2|t|^{1+2s}}\mathrm{d}t \leqslant C\int_{|t|<1} \frac{|t|^3}{|t|^{1+2s}}\mathrm{d}t = \frac{2C}{3-2s}$$

结合上面估计有

$$\lim_{s\to 1^-} s(1-s)\int_{|t|\geqslant 1} \frac{1-\cos t}{|t|^{1+2s}}\mathrm{d}t = 0$$

$$\lim_{s\to 1^-} s(1-s)\int_{|t|<1} \frac{1-\cos t}{|t|^{1+2s}}\mathrm{d}t = \lim_{s\to 1^-} s(1-s)\int_{|t|<1} \frac{t^2}{2|t|^{1+2s}}\mathrm{d}t$$

从而

$$\lim_{s\to 1^-} B(s) = \lim_{s\to 1^-} s(1-s)\left(\int_0^1 t^{1-2s}\,\mathrm{d}t\right) = \lim_{s\to 1^-} \frac{s(1-s)}{2(1-s)} = \frac{1}{2}$$

类似地, 可证明 (iv). 事实上, 由

$$0 \leqslant \int_{|t|<1} \frac{1-\cos t}{|t|^{1+2s}}\mathrm{d}t \leqslant C\int_0^1 t^{1-2s}\mathrm{d}t$$

可知

$$\lim_{s\to 0^+} s(1-s)\int_{|t|<1} \frac{1-\cos t}{|t|^{1+2s}}\,\mathrm{d}t = 0$$

对任意的 $k\in\mathbb{N}, k\geqslant 1$, 有

$$\begin{aligned}
\left|\int_{2k\pi}^{2(k+1)\pi} \frac{\cos t}{t^{1+2s}}\mathrm{d}t\right| &= \left|\int_{2k\pi}^{2k\pi+\pi} \frac{\cos t}{t^{1+2s}}\mathrm{d}t + \int_{2k\pi}^{2k\pi+\pi} \frac{\cos(\tau+\pi)}{(\tau+\pi)^{1+2s}}\mathrm{d}\tau\right| \\
&= \left|\int_{2k\pi}^{2k\pi+\pi} \cos t\left(\frac{1}{t^{1+2s}} - \frac{1}{(t+\pi)^{1+2s}}\right)\mathrm{d}t\right| \\
&\leqslant \int_{2k\pi}^{2k\pi+\pi} \left|\frac{1}{t^{1+2s}} - \frac{1}{(t+\pi)^{1+2s}}\right|\mathrm{d}t \\
&= \int_{2k\pi}^{2k\pi+\pi} \frac{(t+\pi)^{1+2s}-t^{1+2s}}{t^{1+2s}(t+\pi)^{1+2s}}\mathrm{d}t \\
&= \int_{2k\pi}^{2k\pi+\pi} \frac{1}{t^{1+2s}(t+\pi)^{1+2s}}\left(\int_0^{\pi}(1+2s)(t+\vartheta)^{2s}\mathrm{d}\vartheta\right)\mathrm{d}t \\
&\leqslant \int_{2k\pi}^{2k\pi+\pi} \frac{3\pi(t+\pi)^{2s}}{t^{1+2s}(t+\pi)^{1+2s}}\mathrm{d}t \\
&\leqslant \int_{2k\pi}^{2k\pi+\pi} \frac{3\pi}{t\,(t+\pi)}\mathrm{d}t \\
&\leqslant \int_{2k\pi}^{2k\pi+\pi} \frac{3\pi}{t^2}\mathrm{d}t
\end{aligned}$$

$$\leqslant \frac{C}{k^2}$$

故存在 $C>0$ 使得

$$\begin{aligned}\left|\int_1^{+\infty}\frac{\cos t}{t^{1+2s}}\mathrm{d}t\right| &\leqslant \int_1^{2\pi}\frac{1}{t}\mathrm{d}t+\left|\sum_{k=1}^{+\infty}\int_{2k\pi}^{2(k+1)\pi}\frac{\cos t}{t^{1+2s}}\mathrm{d}t\right| \\ &\leqslant \log(2\pi)+\sum_{k=1}^{+\infty}\frac{C}{k^2} \\ &\leqslant C\end{aligned}$$

因此

$$\begin{aligned}\left|\int_{|t|\geqslant 1}\frac{1-\cos t}{|t|^{1+2s}}\mathrm{d}t-\int_{|t|\geqslant 1}\frac{1}{|t|^{1+2s}}\mathrm{d}t\right| &= \left|\int_{|t|\geqslant 1}\frac{\cos t}{|t|^{1+2s}}\mathrm{d}t\right| \\ &= 2\left|\int_1^{+\infty}\frac{\cos t}{t^{1+2s}}\mathrm{d}t\right|\leqslant C\end{aligned}$$

$$\lim_{s\to 0^+}s(1-s)\int_{|t|\geqslant 1}\frac{1-\cos t}{|t|^{1+2s}}\,\mathrm{d}t=\lim_{s\to 0^+}s(1-s)\int_{|t|\geqslant 1}\frac{1}{|t|^{1+2s}}\,\mathrm{d}t$$

从而

$$\begin{aligned}\lim_{s\to 0^+}B(s) &= \lim_{s\to 0^+}s(1-s)\int_{|t|\geqslant 1}\frac{1}{|t|^{1+2s}}\,\mathrm{d}t \\ &= \lim_{s\to 0^+}2s(1-s)\int_1^{+\infty}t^{-1-2s}\,\mathrm{d}t \\ &= \lim_{s\to 0^+}\frac{2s(1-s)}{2s}=1\end{aligned}$$

结合 (1.1.17)式和 (1.1.18)式, 有

$$C(n,s)=\frac{s(1-s)}{A(n,s)B(s)}$$ □

推论 1.1.1　对任意的 $n>1$, (1.1.1) 式中常数 $C(n,s)$ 有如下性质:

(i) $\displaystyle\lim_{s\to 1^-}\frac{C(n,s)}{s(1-s)}=\frac{4n}{\omega_{n-1}}$;

(ii) $\displaystyle\lim_{s\to 0^+}\frac{C(n,s)}{s(1-s)}=\frac{2}{\omega_{n-1}}$,

其中 ω_{n-1} 表示 $(n-1)$ 维单位球的体积 S^{n-1}.

证明　对任意的 $\theta\in\mathbb{R}$, 满足 $\theta>n-1$, 记

$$E_n(\theta):=\int_0^{+\infty}\frac{\rho^{n-2}}{(1+\rho^2)^{\frac{\theta}{2}}}\,\mathrm{d}\rho$$

由分部积分可知

$$E_n(\theta)=\frac{1}{n-1}\int_0^{+\infty}\frac{(\rho^{n-1})'}{(1+\rho^2)^{\frac{\theta}{2}}}\,\mathrm{d}\rho$$

$$
\begin{aligned}
&= \frac{\theta}{n-1}\int_0^{+\infty}\frac{\rho^n}{(1+\rho^2)^{\frac{\theta+2}{2}}}\,\mathrm{d}\rho \\
&= \frac{\theta}{n-1}E_{n+2}(\theta+2)
\end{aligned}
\tag{1.1.19}
$$

记

$$
\begin{aligned}
I_n^{(1)} &:= E_n(n+2) = \int_0^{+\infty}\frac{\rho^{n-2}}{(1+\rho^2)^{\frac{n}{2}+1}}\mathrm{d}\rho \\
I_n^{(0)} &:= E_n(n) = \int_0^{+\infty}\frac{\rho^{n-2}}{(1+\rho^2)^{\frac{n}{2}}}\,\mathrm{d}\rho
\end{aligned}
$$

结合 (1.1.19)式归纳可得

$$
I_{n+2}^{(1)} = E_{n+2}(n+4) = \frac{n-1}{n+2}E_n(n+2) = \frac{n-1}{n+2}I_n^{(1)} \tag{1.1.20}
$$

$$
I_{n+2}^{(0)} = E_{n+2}(n+2) = \frac{n-1}{n}E_n(n) = \frac{n-1}{n}I_n^{(0)} \tag{1.1.21}
$$

断言:

$$
I_n^{(1)} = \frac{\omega_{n-1}}{2n\omega_{n-2}} \tag{1.1.22}
$$

$$
I_n^{(0)} = \frac{\omega_{n-1}}{2\omega_{n-2}} \tag{1.1.23}
$$

注意到

$$
\begin{aligned}
I_2^{(1)} &= \int_0^{+\infty}\frac{1}{(1+\rho^2)^2}\,\mathrm{d}\rho = \frac{\pi}{4}, \quad I_3^{(1)} = \int_0^{+\infty}\frac{\rho}{(1+\rho^2)^{\frac{5}{2}}}\,\mathrm{d}\rho = \frac{1}{3} \\
I_2^{(0)} &= \int_0^{+\infty}\frac{1}{(1+\rho^2)}\,\mathrm{d}\rho = \frac{\pi}{2}, \quad I_3^{(0)} = \int_0^{+\infty}\frac{\rho}{(1+\rho^2)^{\frac{3}{2}}}\,\mathrm{d}\rho = 1
\end{aligned}
$$

结合 (1.1.20)式和 (1.1.21)式可知, 只需要验证

$$
\frac{\omega_{n+1}}{\omega_n} = \frac{n-1}{n}\frac{\omega_{n-1}}{\omega_{n-2}} \tag{1.1.24}
$$

从而只需要验证

$$
\omega_n = \frac{2\pi}{n-1}\omega_{n-2} \tag{1.1.25}
$$

记 $x=(\tilde{x},x')\in\mathbb{R}^{n-2}\times\mathbb{R}^2$, 记 $\bar{\omega}_n$ 表是 n 维单位球的体积, 则有

$$
\begin{aligned}
\bar{\omega}_n &= \int_{|x|^2\leqslant 1}\mathrm{d}x = \int_{|x'|\leqslant 1}\left(\int_{|\tilde{x}|^2\leqslant 1-|x'|^2}\mathrm{d}\tilde{x}\right)\mathrm{d}x' \\
&= \bar{\omega}_{n-2}\int_{|x'|\leqslant 1}\left(1-|x'|^2\right)^{\frac{(n-2)}{2}}\,\mathrm{d}x' \\
&= 2\pi\bar{\omega}_{n-2}\int_0^1\rho\left(1-\rho^2\right)^{\frac{(n-2)}{2}}\,\mathrm{d}\rho \\
&= \frac{2\pi\bar{\omega}_{n-2}}{n}
\end{aligned}
\tag{1.1.26}
$$

由极坐标变换可知

$$\bar{\omega}_n = \int_{|x|\leqslant 1} \mathrm{d}x = \omega_{n-1}\int_0^1 \rho^{n-1}\,\mathrm{d}\rho = \frac{\omega_{n-1}}{n} \tag{1.1.27}$$

则由 (1.1.26)式和 (1.1.27)式可知

$$\omega_{n-1} = n\bar{\omega}_n = 2\pi\bar{\omega}_{n-2} = \frac{2\pi\,\omega_{n-3}}{n-2}$$

这表明 (1.1.25)式成立. 由 (1.1.22)式、(1.1.23) 式和 命题 1.1.2 可知

$$\lim_{s\to 1^-}\frac{C(n,s)}{s(1-s)} = \frac{2}{\omega_{n-2}I_n^{(1)}} = \frac{4n}{\omega_{n-1}}$$

$$\lim_{s\to 0^+}\frac{C(n,s)}{s(1-s)} = \frac{1}{\omega_{n-2}I_n^{(0)}} = \frac{2}{\omega_{n-1}}$$

□

1.2 分数阶 Sobolev 空间

在介绍分数阶 Sobolev 空间的相关知识前, 首先回顾 Fourier 变换的相关知识. 对任意的 $\varphi \in \mathfrak{L}(\mathbb{R}^n)$, 称

$$\mathcal{F}\varphi(\xi) := \frac{1}{(2\pi)^{n/2}}\int_{\mathbb{R}^n} \mathrm{e}^{-\mathrm{i}\xi\cdot x}\varphi(x)\mathrm{d}x$$

为 φ 的 Fourier 变换. 注意到 Fourier 变换 $\mathcal{F}: \mathfrak{L}(\mathbb{R}^n) \to \mathfrak{L}(\mathbb{R}^n)$ 是有界线性算子. Fourier 逆变换定义为

$$\mathcal{F}^{-1}\varphi(\xi) := \frac{1}{(2\pi)^{n/2}}\int_{\mathbb{R}^n} \mathrm{e}^{\mathrm{i}x\cdot\xi}\varphi(\xi)\mathrm{d}\xi$$

显然, Fourier 逆变换 $\mathcal{F}^{-1}: \mathfrak{L}(\mathbb{R}^n) \to \mathfrak{L}(\mathbb{R}^n)$ 是线性连续算子且 $\mathcal{F}^{-1}\mathcal{F}\varphi = \mathcal{F}\mathcal{F}^{-1}\varphi = \varphi$. 再注意到 Fourier 变换的形式和 Fourier 逆变换形式相同, 可证 Fourier 变换建立了 $\mathfrak{L}(\mathbb{R}^n)$ 到 $\mathfrak{L}(\mathbb{R}^n)$ 的一个同构对应 (即一对一, 并保持线性结构与拓扑结构不变).

假设 $\Omega \subset \mathbb{R}^n$ 是开集, $s \in (0,1)$ 是任意实数, $p \in [1,+\infty)$, 定义分数阶 Sobolev 空间 $W^{s,p}(\Omega)$ 为

$$W^{s,p}(\Omega) := \left\{u \in L^p(\Omega)\colon \frac{|u(x)-u(y)|}{|x-y|^{\frac{n}{p}+s}} \in L^p(\Omega\times\Omega)\right\} \tag{1.2.1}$$

赋予范数

$$\|u\|_{W^{s,p}}(\Omega) := \left(\int_\Omega |u|^p\,\mathrm{d}x + \int_\Omega\int_\Omega \frac{|u(x)-u(y)|^p}{|x-y|^{n+sp}}\,\mathrm{d}x\,\mathrm{d}y\right)^{\frac{1}{p}} \tag{1.2.2}$$

其中

$$[u]_{W^{s,p}(\Omega)} := \left(\int_\Omega\int_\Omega \frac{|u(x)-u(y)|^p}{|x-y|^{n+sp}}\,\mathrm{d}x\,\mathrm{d}y\right)^{\frac{1}{p}}$$

被称为 u 的 Gagliardo (半) 范数. 值得注意的是, 当 s 为正整数时且 $s \leqslant s'$ 时, $W^{s',p}$ 连续嵌入到 $W^{s,p}$. 当 $s \in (0,1)$ 时, 有如下的结果:

命题 1.2.1 假设 $p \in [1,+\infty)$, $0 < s \leqslant s' < 1$. Ω 是 R^n 中的一开集以及 $u:\Omega \to \mathbb{R}$ 是一可测函数, 则

$$\|u\|_{W^{s,p}(\Omega)} \leqslant C\|u\|_{W^{s',p}(\Omega)}$$

其中 $C = C(n,s,p) \geqslant 1$ 是与维数 n, s 和 p 有关的常数. 特别地, 有

$$W^{s',p}(\Omega) \subseteq W^{s,p}(\Omega)$$

证明 因为 $n + sp > n$, 所以, 核 $1/|z|^{n+sp}$ 可积且

$$\begin{aligned}\int_\Omega \int_{\Omega\cap\{|x-y|\geqslant 1\}} \frac{|u(x)|^p}{|x-y|^{n+sp}}\mathrm{d}x\,\mathrm{d}y &\leqslant \int_\Omega \left(\int_{|z|\geqslant 1} \frac{1}{|z|^{n+sp}}\mathrm{d}z\right)|u(x)|^p\mathrm{d}x \\ &\leqslant C(n,s,p)\|u\|_{L^p(\Omega)}^p\end{aligned}$$

从而, 有

$$\begin{aligned}&\int_\Omega \int_{\Omega\cap\{|x-y|\geqslant 1\}} \frac{|u(x)-u(y)|^p}{|x-y|^{n+sp}}\mathrm{d}x\mathrm{d}y \\ &\leqslant 2^{p-1}\int_\Omega \int_{\Omega\cap\{|x-y|\geqslant 1\}} \frac{|u(x)|^p+|u(y)|^p}{|x-y|^{n+sp}}\mathrm{d}x\mathrm{d}y \\ &\leqslant 2^pC(n,s,p)\|u\|_{L^p(\Omega)}^p \end{aligned} \tag{1.2.3}$$

另一方面,

$$\int_\Omega \int_{\Omega\cap\{|x-y|<1\}} \frac{|u(x)-u(y)|^p}{|x-y|^{n+sp}}\mathrm{d}x\,\mathrm{d}y \leqslant \int_\Omega \int_{\Omega\cap\{|x-y|<1\}} \frac{|u(x)-u(y)|^p}{|x-y|^{n+s'p}}\mathrm{d}x\,\mathrm{d}y \tag{1.2.4}$$

由 (1.2.3)式和 (1.2.4) 式可知

$$\int_\Omega \int_\Omega \frac{|u(x)-u(y)|^p}{|x-y|^{n+sp}}\mathrm{d}x\,\mathrm{d}y \leqslant 2^pC(n,s,p)\|u\|_{L^p(\Omega)}^p + \int_\Omega \int_\Omega \frac{|u(x)-u(y)|^p}{|x-y|^{n+s'p}}\mathrm{d}x\,\mathrm{d}y$$

并且

$$\begin{aligned}\|u\|_{W^{s,p}(\Omega)}^p &\leqslant \left(2^pC(n,s,p)+1\right)\|u\|_{L^p(\Omega)}^p + \int_\Omega \int_\Omega \frac{|u(x)-u(y)|^p}{|x-y|^{n+s'p}}\mathrm{d}x\,\mathrm{d}y \\ &\leqslant C(n,s,p)\|u\|_{W^{s',p}(\Omega)}^p\end{aligned}$$

□

对任意的 $k \in \mathbb{N}$ 和 $\alpha \in (0,1)$, 称 Ω 是 $C^{k,\alpha}$ 的, 是指存在一个领域 $B = B_r(x)(r > 0)$ 和一个等距同构 $T: Q \to B$ 使得

$$\begin{aligned}&T \in C^{k,\alpha}(\overline{Q}), \quad T^{-1} \in C^{k,\alpha}(\overline{B}), \quad T(Q_+) = B \cap \Omega \\ &T(Q_0) = B \cap \partial\Omega \quad 和 \quad \|T\|_{C^{k,\alpha}(\overline{Q})} + \left\|T^{-1}\right\|_{C^{k,\alpha}(\overline{B})} \leqslant M\end{aligned}$$

其中

$$
\begin{aligned}
&Q := \{x = (x', x_n) \in \mathbb{R}^{n-1} \times \mathbb{R}\colon |x'| < 1 \text{ 和 } |x_n| < 1\} \\
&Q_+ := \{x = (x', x_n) \in \mathbb{R}^{n-1} \times \mathbb{R}\colon |x'| < 1 \ \text{ 和 } 0 < x_n < 1\} \\
&Q_0 := \left\{x \in Q\colon x_n = 0\right\}
\end{aligned}
$$

事实上命题 1.2.1 对 $s' = 1$ 也是成立的, 即有如下结果:

命题 1.2.2 假设 $p \in [1, +\infty)$, $0 < s < 1$. Ω 是 R^n 中具有 $C^{0,1}$ 边界的区域且 $u : \Omega \to \mathbb{R}$ 是一可测函数, 则

$$
\|u\|_{W^{s,p}(\Omega)} \leqslant C\|u\|_{W^{1,p}(\Omega)} \tag{1.2.5}
$$

其中 $C = C(n, s, p) \geqslant 1$ 是与维数 n, s 和 p 有关的正常数. 特别地, 有

$$
W^{1,p}(\Omega) \subseteq W^{s,p}(\Omega)
$$

证明 假设 $u \in W^{1,p}(\Omega)$ 和 Ω 是 $C^{0,1}$, 则 u 可以延拓为 $\tilde{u} : \mathbb{R}^n \to \mathbb{R}$ 使得 $\tilde{u} \in W^{1,p}(\mathbb{R}^n)$ 和 $\|\tilde{u}\|_{W^{1,p}(\mathbb{R}^n)} \leqslant C\|u\|_{W^{1,p}(\Omega)}$, 其中 C 是一个与维数 n, s 和 p 有关的正常数.

利用变换 $z = y - x$ 和 Hölder 不等式, 有

$$
\begin{aligned}
&\int_\Omega \int_{\Omega \cap \{|x-y|<1\}} \frac{|u(x) - u(y)|^p}{|x - y|^{n+sp}} \, \mathrm{d}x \, \mathrm{d}y \\
&\leqslant \int_\Omega \int_{B_1} \frac{|u(x) - u(z + x)|^p}{|z|^{n+sp}} \, \mathrm{d}z \, \mathrm{d}x \\
&= \int_\Omega \int_{B_1} \int \frac{|u(x) - u(z + x)|^p}{|z|^p} \frac{1}{|z|^{n+(s-1)p}} \, \mathrm{d}z \, \mathrm{d}x \\
&\leqslant \int_{\mathbb{R}^n} \int_{B_1} \left(\int_0^1 \frac{|\nabla u(x + tz)|}{|z|^{\frac{\pi}{p}+s-1}} \, \mathrm{d}t \right)^p \mathrm{d}z \, \mathrm{d}x \\
&\leqslant \int_\Omega \int_{B_1} \int_0^1 \frac{|\nabla \hat{u}(x + tz)|^p}{|z|^{n+p(s-1)}} \, \mathrm{d}t \, \mathrm{d}z \, \mathrm{d}x \\
&\leqslant \int_{B_1} \int_0^1 \frac{\|\nabla \hat{u}\|^p_{L^p(\mathbb{R}^n)}}{|z|^{n+p(s-1)}} \, \mathrm{d}t \, \mathrm{d}z \\
&\leqslant C_1(n, s, p) \|\nabla \hat{u}\|^p_{P(\mathbb{R}^n)} \\
&\leqslant C_2(n, s, p) \|u\|^p_{W^{1,p}(\Omega)}
\end{aligned} \tag{1.2.6}
$$

由 (1.2.3)式得

$$
\int_\Omega \int_{\Omega \cap \{|x-y| \geqslant 1\}} \frac{|u(x) - u(y)|^p}{|x - y|^{n+sp}} \mathrm{d}x \, \mathrm{d}y \leqslant C(n, s, p) \|u\|^p_{L^p(\Omega)} \tag{1.2.7}
$$

则由 (1.2.6)式和 (1.2.7) 式可知 (1.2.5)式成立. □

当 s 是大于的 1 非整数时, 记 $s := m + \sigma$, 其中 $m \in \mathbb{N}^+$ 和 $\sigma \in (0,1)$, 则

$$W^{s,p}(\Omega) := \{u \in W^{m,p}(\Omega) \colon D^\alpha u \in W^{\sigma,p}(\Omega),\quad \forall \alpha \text{ s.t. } |\alpha| = m\} \tag{1.2.8}$$

并赋予范数的一个 Banach 空间为

$$\|u\|_{W^{s,\,p}(\Omega)} := \left(\|u\|^p_{W^{m,\,p}(\Omega)} + \sum_{|\alpha|=m} \|D^\alpha u\|^p_{W^{\sigma,\,p}(\Omega)}\right)^{\frac{1}{p}} \tag{1.2.9}$$

当 $s = m \in \mathbb{N}^+$ 是正整数时, 空间 $W^{s,p}(\Omega)$ 恰好为 $W^m, p(\Omega)$.

推论 1.2.1 假设 $p \in [1, +\infty)$, $s' \geqslant s > 1$ 和 Ω 是 R^n 中具有 $C^{0,1}$ 边界的区域且 $u : \Omega \to \mathbb{R}$ 是一可测函数, 则

$$W^{s',p}(\Omega) \subseteq W^{s,p}(\Omega)$$

证明 记 $s = k + \sigma$, $s' = k' + \sigma'$, 其中 $k, k' \in \mathbb{N}^+$; $\sigma, \sigma' \in (0,1)$. 当 $k' = k$ 时, 由命题 1.2.1 可知, $W^{s',p}(\Omega)$ 连续嵌入到 $W^{s,p}(\Omega)$. 当 $k' \geqslant k+1$ 时, 由命题 1.2.1 和 1.2.2可知

$$W^{k'+\sigma',p}(\Omega) \subseteq W^{k',p}(\Omega) \subseteq W^{k+1,p}(\Omega) \subseteq W^{k+\sigma,p}(\Omega)$$ □

与整数阶 Sobolev 空间类似, 对分数阶 Sobolev 空间 $W^{s,p}(\mathbb{R}^n)$ 有如下结果:

定理 1.2.1 对任意的 $s > 0$, 空间 $C_0^\infty(\mathbb{R}^n)$ 在分数阶 Sobolev 空间 $W^{s,p}(\mathbb{R}^n)$ 中稠密.

记 $W_0^{s,p}(\Omega)$ 是 $C_0^\infty(\Omega)$ 关于范数

$$\|u\|_{W^{s,\,p}(\Omega)} := \left(\|u\|^p_{W^{m,\,p}(\Omega)} + \sum_{|\alpha|=m} \|D^\alpha u\|^p_{W^{\sigma,\,p}(\Omega)}\right)^{\frac{1}{p}}$$

的完备化空间. 结合定理 1.2.1 有

$$W_0^{s,\,p}(\mathbb{R}^n) = W^{s,\,p}(\mathbb{R}^n)$$

但对一般的区域 $\Omega \subset \mathbb{R}^n, W^{s,p}(\Omega) \neq W_0^{s,p}(\Omega)$, 即 $C_0^\infty(\Omega)$ 在 $W^{s,p}(\Omega)$ 中不稠密. 对空间 $W_0^{s,p}(\Omega)$, 类似有命题 1.2.1、1.2.2 和推论 1.2.1 的结果.

注 1.2.1 假设 $p \in [1, +\infty)$, $s' \geqslant s > 1$ 和 Ω 是 $\mathbb{R}^n$ 中具有 $C^{0,1}$ 边界的区域以及 $u : \Omega \to \mathbb{R}$ 是一可测函数, 则

$$W^{s',p}(\Omega) \subseteq W^{s,p}(\Omega)$$

1.2.1 $\boldsymbol{W^{s,p}(\Omega)}$ 中的函数延拓到 $\boldsymbol{W^{s,p}(\mathbb{R}^n)}$ 中的函数

众所周知, 当 s 是整数且区域 Ω 满足适当的正则性假设下, $W^{s,p}(\Omega)$ 中的函数都可以延拓为 $W^{s,p}(\mathbb{R}^n)$ 中的函数. 延拓结果在一些嵌入定理证明中起到关键作用, 本节我们主要将 s 为整数的情形推广到 $s \in (0,1)$ 的情形. 首先我们给出一些预备结果.

引理 1.2.1　假设 Ω 是 $\mathbb{R}^n$ 中的开集, $u \in W^{s,p}(\Omega)$, $s \in (0,1)$ 和 $p \in [1,+\infty)$. 若存在紧集 $K \subset \Omega$ 使得 $u(x) \equiv 0$, $x \in \Omega \setminus K$, 则存在函数

$$\tilde{u}(x) = \begin{cases} u(x), & x \in \Omega \\ 0, & x \in \mathbb{R}^n \setminus \Omega \end{cases} \tag{1.2.10}$$

使得 $\tilde{u} \in W^{s,p}(\mathbb{R}^n)$ 且

$$\|\tilde{u}\|_{W^{s,p}(\mathbb{R}^n)} \leqslant C\|u\|_{W^{s,p}(\Omega)}$$

其中 C 是一个与 n, p, s, K, Ω 有关的正常数.

证明　显然, $\tilde{u} \in L^p(\mathbb{R}^n)$. 接下来只需要证明 $\tilde{u}$ 在 $\mathbb{R}^n$ 中的 Gagliardo 半范数有界即可. 事实上, 根据 Gagliardo 半范数的定义和 $\tilde{u} \equiv 0 \in \mathbb{R}^n \setminus \Omega$ 可知

$$\begin{aligned}\int_{\mathbb{R}^n}\int_{\mathbb{R}^n} \frac{|\tilde{u}(x)-\tilde{u}(y)|^p}{|x-y|^{n+sp}}\,\mathrm{d}x\,\mathrm{d}y &= \int_{\Omega}\int_{\Omega} \frac{|u(x)-u(y)|^p}{|x-y|^{n+sp}}\,\mathrm{d}x\,\mathrm{d}y \\ &\quad + 2\int_{\Omega}\left(\int_{\mathbb{R}^n\setminus\Omega} \frac{|u(x)|^p}{|x-y|^{n+sp}}\,\mathrm{d}y\right)\mathrm{d}x \end{aligned} \tag{1.2.11}$$

由 $u \in W^{s,p}(\Omega)$ 可知 (1.2.11) 式右边第一个项有限. 对任意的 $y \in \mathbb{R}^n \setminus K$, 有

$$\frac{|u(x)|^p}{|x-y|^{n+sp}} = \frac{\chi_K(x)|u(x)|^p}{|x-y|^{n+sp}} \leqslant \chi_K(x)\big|u(x)\big|^p \sup_{x\in K}\frac{1}{|x-y|^{n+sp}}$$

且

$$\int_{\Omega}\left(\int_{\mathbb{R}^n\setminus\Omega}\frac{|u(x)|^p}{|x-y|^{n+sp}}\mathrm{d}y\right)\mathrm{d}x \leqslant \|u\|^p_{L^p(\Omega)}\int_{\mathbb{R}^n\setminus\Omega}\frac{1}{\mathrm{dist}(y,\ \partial K)^{n+sp}}\mathrm{d}y \tag{1.2.12}$$

由 $\mathrm{dist}(\partial\Omega, \partial K) \geqslant \alpha > 0$ 和 $n + sp > n$ 可知 (1.2.12) 式有限. 结合 (1.2.11)式和 (1.2.12) 式可知

$$\|\tilde{u}\|_{W^{s,p}(\mathbb{R}^n)} \leqslant C\|u\|_{W^{s,p}(\Omega)}$$

其中 $C = C(n, s, p, K, \Omega)$. □

引理 1.2.2　假设 Ω 是 $\mathbb{R}^n$ 中关于坐标 x_n 对称的开集, 记 $\Omega_+ = \{x \in \Omega : x_n > 0\}$ 和 $\Omega_- = \{x \in \Omega : x_n \leqslant 0\}$. 假设 $u \in W^{s,p}(\Omega_+)$ 并定义

$$\bar{u}(x) = \begin{cases} u(x', x_n), & x_n \geqslant 0 \\ u(x', -x_n), & x_n < 0 \end{cases} \tag{1.2.13}$$

其中 $s \in (0,1)$, $p \in [1,+\infty)$, 则 $\bar{u} \in W^{s,p}(\Omega)$ 且

$$\|\bar{u}\|_{W^{s,p}(\Omega)} \leqslant 4\|u\|_{W^{s,p}(\Omega_+)}$$

证明　作变换 $\hat{x} = (x', -x_n)$, 有

$$\|\bar{u}\|^p_{L^p(\Omega)} = \int_{\Omega_+}|u(x)|^p\,\mathrm{d}x + \int_{\Omega_+}\big|u(\hat{x}', \hat{x}_n)\big|^p\,\mathrm{d}\tilde{x} = 2\|u\|^p_{L^p(\Omega_+)} \tag{1.2.14}$$

若 $x \in \mathbb{R}^n_+$ 和 $y \in (\mathbb{R}^n_+)^c$, 则 $(x_n - y_n)^2 \geqslant (x_n + y_n)^2$ 且

$$\begin{aligned}\int_\Omega\int_\Omega \frac{|\bar{u}(x)-\bar{u}(y)|^p}{|x-y|^{n+sp}}\,\mathrm{d}x\,\mathrm{d}y &= \int_{\Omega_+}\int_{\Omega_+} \frac{|u(x)-u(y)|^p}{|x-y|^{n+sp}}\,\mathrm{d}x\,\mathrm{d}y \\ &\quad + 2\int_{\Omega_+}\int_{\Omega_+^c} \frac{|u(x)-u(y',-y_n)|^p}{|x-y|^{n+sp}}\,\mathrm{d}x\,\mathrm{d}y \\ &\quad + \int_{\Omega_+^c}\int_{\Omega_+^c} \frac{|u(x',-x_n)-u(y',-y_n)|^p}{|x-y|^{n+sp}}\,\mathrm{d}x\,\mathrm{d}y \\ &\leqslant 4\|u\|^p_{W^{s,p}(\Omega_+)}\end{aligned}$$

□

引理 1.2.3 假设 Ω 是 $\mathbb{R}^n$ 中的开集, $s \in (0,1)$, $p \in [1,+\infty)$. 又设 $u \in W^{s,p}(\Omega)$, $\psi \in C^{0,1}(\Omega)(0 \leqslant \psi \leqslant 1)$. 则 $\psi u \in W^{s,p}(\Omega)$ 且

$$\|\psi u\|_{W^{s,\,p}(\Omega)} \leqslant C\|u\|_{W^{s,\,p}(\Omega)} \tag{1.2.15}$$

其中 $C = C(n,p,s,\Omega)$.

证明 由于 $u \in W^{s,p}(\Omega)$, $\psi \in C^{0,1}(\Omega)(0 \leqslant \psi \leqslant 1)$, 则 $\|\psi u\|_{L^p(\Omega)} \leqslant \|u\|_{L^p(\Omega)}$ 并且

$$\begin{aligned}&\int_\Omega\int_\Omega \frac{|\psi(x)u(x)-\psi(y)u(y)|^p}{|x-y|^{n+sp}}\,\mathrm{d}x\,\mathrm{d}y \\ &\leqslant 2^{p-1}\left(\int_\Omega\int_\Omega \frac{|\psi(x)u(x)-\psi(x)u(y)|^p}{|x-y|^{n+sp}}\,\mathrm{d}x\,\mathrm{d}y\right. \\ &\quad \left.+ \int_\Omega\int_\Omega \frac{|\psi(x)u(y)-\psi(y)u(y)|^p}{|x-y|^{n+sp}}\,\mathrm{d}x\,\mathrm{d}y\right) \\ &\leqslant 2^{p-1}\left(\int_\Omega\int_\Omega \frac{|u(x)-u(y)|^p}{|x-y|^{n+sp}}\,\mathrm{d}x\,\mathrm{d}y\right. \\ &\quad \left.+ \int_\Omega\int_\Omega \frac{|u(x)|^p|\psi(x)-\psi(y)|^p}{|x-y|^{n+sp}}\,\mathrm{d}x\,\mathrm{d}y\right)\end{aligned} \tag{1.2.16}$$

由于 $n+(s-1)p < n$, $|x-y|^{-n+(1-s)p}$ 关于 y 可积, 另一方面, 由于 $n+sp > n$, $|x-y|^{-n-sp}$ 关于 y 也可积. 结合 $\psi \in C^{0,1}(\Omega)$, 有

$$\begin{aligned}&\int_\Omega\int_\Omega \frac{|u(x)|^p|\psi(x)-\psi(y)|^p}{|x-y|^{n+sp}}\,\mathrm{d}x\,\mathrm{d}y \\ &\leqslant L^p\int_\Omega\int_{\Omega\cap|x-y|\leqslant 1} \frac{|u(x)|^p|x-y|^p}{|x-y|^{n+sp}}\,\mathrm{d}x\,\mathrm{d}y + \int_\Omega\int_{\Omega\cap|x-y|\geqslant 1} \frac{|u(x)|^p}{|x-y|^{n+sp}}\mathrm{d}x\,\mathrm{d}y \\ &\leqslant \tilde{C}\|u\|^p_{L^p(\Omega)}\end{aligned} \tag{1.2.17}$$

其中 L 是函数 ψ 的 Lipschitz 常数, $\widetilde{C}$ 是一个与 n,p,s 有关的正常数. □

定理 1.2.2 假设 $s \in (0,1)$, $p \in [1,+\infty)$ 以及 Ω 是 R^n 中具有 $C^{0,1}$ 有界边界的区域, 则 $W^{s,p}(\Omega)$ 连续嵌入到 $W^{s,p}(\mathbb{R}^n)$, 即对任意的 $u \in W^{s,p}(\Omega)$, 存在 $\tilde{u} \in W^{s,p}(\mathbb{R}^n)$ 使得 $\tilde{u}|_\Omega = u$ 且

$$\|\tilde{u}\|_{W^{s,p}(\mathbb{R}^n)} \leqslant C\|u\|_{W^{s,p}(\Omega)}$$

其中 $C=C(n,p,s,\Omega)$.

证明　由于 $\partial\Omega$ 是紧集, 结合有限覆盖定理可知存在有限个球 B_j 使得 $\partial\Omega\subset\bigcup_{j}=1^kB_j$, 故 $\mathbb{R}^n=\bigcup_{j=1}^{k}B_j\cup(\mathbb{R}^n\setminus\partial\Omega)$. 从而存在 $k+1$ 个光滑函数 $\psi_0,\psi_1,\cdots,\psi_k$ 使得 $\operatorname{spt}\psi_0\subset\mathbb{R}^n\setminus\partial\Omega$, $\operatorname{spt}\psi_j\subset B_j(j\in\{1,\cdots,k\})$, $0\leqslant\psi_j\leqslant 1$ 和 $\sum_{j}=0^k\psi_j=1$. 则

$$u=\sum_{j=0}^{k}\psi_j u$$

由引理 1.2.3 可知, $\psi_0u\in W^{s,p}(\Omega)$. 结合 $\psi_0u\equiv 0,x\in\partial\Omega$, 则可将 ψ_0u 延拓到全空间 $\mathbb{R}^n$ 上, 即

$$\widetilde{\psi_0u}(x)=\begin{cases}\psi_0u(x), & x\in\Omega\\ 0, & x\in\mathbb{R}^n\setminus\Omega\end{cases}$$

并且 $\widetilde{\psi}_0u\in W^{s,p}(\mathbb{R}^n)$. 确切地, 有

$$\|\widetilde{\psi_0u}\|_{W^{s,p}(\mathbb{R}^n)}\leqslant C\|\psi_0u\|_{W^{s,p}(\Omega)}\leqslant C\|u\|_{W^{s,p}(\Omega)}\tag{1.2.18}$$

其中 $C=C(n,s,p,\Omega)$. 对任意的 $j\in\{1,\cdots,k\}$, 记

$$v_j(y):=u\big(T_j(y)\big),\quad y\in Q_+$$

其中同构 $T_j:Q\to B_j$ 是 $C^{0,1}$ 的, 这里 $Q:=\{x=(x',x_n)\in\mathbb{R}^{n-1}\times\mathbb{R}:|x'|<1$ 和 $|x_n|<1\}$, $Q_+:=\{x=(x',x_n)\in\mathbb{R}^{n-1}\times\mathbb{R}:|x'|<1$ 和 $0<x_n<1\}$. 断言: $v_j\in W^{s,p}(Q_+)$. 事实上, 记 $x=T_j(\hat{x})$, 则有

$$\begin{aligned}&\int_{Q_+}\int_{Q_+}\frac{|v(\hat{x})-v(\hat{y})|^p}{|\hat{x}-\hat{y}|^{n+sp}}\,\mathrm{d}\hat{x}\,\mathrm{d}\hat{y}\\&=\int_{Q_+}\int_{Q_+}\frac{|u(T_j(\hat{x}))-u(T_j(\hat{y}))|^p}{|\hat{x}-\hat{y}|^{n+sp}}\,\mathrm{d}\hat{x}\,\mathrm{d}\hat{y}\\&=\int_{B_j\cap\Omega}\int_{B_j\cap\Omega}\frac{|u(x)-u(y)|^p}{|T_j^{-1}(x)-T_j^{-1}(y)|^{n+sp}}\det\big(T_j^{-1}\big)\,\mathrm{d}x\,\mathrm{d}y\\&\leqslant C\int_{B_j\cap\Omega}\int_{B_j\cap\Omega}\frac{|u(x)-u(y)|^p}{|x-y|^{n+sp}}\,\mathrm{d}x\,\mathrm{d}y\end{aligned}\tag{1.2.19}$$

由引理 1.2.3 可知, v_j 可延拓为 Q 上的函数 $\bar{v}_j$ 使得 $\bar{v}_j\in W^{s,p}(Q)$ 并且

$$\|\bar{v}_j\|_{W^{s,p}(Q)}\leqslant 4\|v_j\|_{W^{s,p}(Q_+)}$$

记

$$w_j(x):=\bar{v}_j\big(T_j^{-1}(x)\big),\quad\forall x\in B_j$$

类似可证 $w_j \in W^{s,p}(B_j)$. 注意到 $w_j \equiv u, x \in B_j \cap \Omega$. 结合 w_j 的定义可知, $\psi_j w_j$ 在 B_j 有紧支集, 因此, $\psi_j w_j$ 可延拓到整个 $\mathbb{R}^n$ 的函数 $\widetilde{\psi_j w_j}$ 使得 $\widetilde{\psi_j w_j} \in W^{s,p}(\mathbb{R}^n)$. 结合引理 1.2.1～ 引理 1.2.3 和 (1.2.19) 式有

$$\begin{aligned}\|\widetilde{\psi_j w_j}\|_{W^{s,p}(\mathbb{R}^n)} &\leqslant C\|\psi_j w_j\|_{W^{s,p}(B_j)} \leqslant C\|w_j\|_{W^{s,p}(B_j)} \\ &\leqslant C\|\bar{v}_j\|_{W^{s,p}(Q)} \leqslant C\|v_j\|_{W^{s,p}(Q_+)} \\ &\leqslant C\|u\|_{W^{s,p}(\Omega\cap B_j)} \end{aligned} \tag{1.2.20}$$

其中 $C = C(n, p, s, \Omega)$. 最后, 定义

$$\tilde{u} = \widetilde{\psi_0 u} + \sum_{j=1}^{k} \widetilde{\psi_j w_j}$$

为 u 在 $\mathbb{R}^n$ 上的延拓. 显然, $\tilde{u}|_\Omega = u$. 结合 (1.2.18)式和 (1.2.20)式, 有

$$\|\tilde{u}\|_{W^{s,p}(\mathbb{R}^n)} \leqslant C\|u\|_{W^{s,p}(\Omega)}$$

其中 $C = C(n, p, s, \Omega)$. □

推论 1.2.2 假设 $s \in (0,1)$, $p \in [1, +\infty)$, Ω 是 R^n 中具有 $C^{0,1}$ 边界的区域, 则对任意的 $u \in W^{s,p}(\Omega)$, 存在一列 $\{u_n\} \in C_0^\infty(\mathbb{R}^n)$ 使得当 $n \to +\infty$ 时, 在 $W^{s,p}(\Omega)$ 中 $u_n \to u$, 即

$$\lim_{n\to+\infty} \|u_n - u\|_{W^{s,p}(\Omega)} = 0$$

1.2.2 分数阶 Sobolev 不等式

在本节中将给出一个与分数阶范数 $\|\cdot\|_{W^{s,p}}$ 有关的 Sobolev 不等式的基本证明. 为此我们给出一些必要的结果.

引理 1.2.4 假设 $x \in \mathbb{R}^n$, $s \in (0,1)$, $p \in [1, +\infty)$, E 在 $\mathbb{R}^n$ 具有有限测度, 则存在常数 $C = C(n,p,s) > 0$ 使得

$$\int_{E^c} \frac{\mathrm{d}y}{|x-y|^{n+sp}} \geqslant C|E|^{-sp/n}$$

证明 记

$$\rho := \left(\frac{|E|}{\omega_n}\right)^{\frac{1}{n}}$$

则

$$|(E^c) \cap B_\rho(x)| = |B_\rho(x)| - |E \cap B_\rho(x)| = |E| - |E \cap B_\rho(x)| = |E \cap (B_\rho(x))^c|$$

因此

$$\int_{E^c} \frac{\mathrm{d}y}{|x-y|^{n+sp}} = \int_{E^c\cap B_\rho(x)} \frac{\mathrm{d}y}{|x-y|^{n+sp}} + \int_{E^c\cap(B_\rho(x))^c} \frac{\mathrm{d}y}{|x-y|^{n+sp}}$$

$$
\begin{aligned}
&\geqslant \int_{E^c\cap B_\rho(x)} \frac{\mathrm{d}y}{\rho^{n+sp}} + \int_{E^c\cap(B_\rho(x))^c} \frac{\mathrm{d}y}{|x-y|^{n+sp}} \\
&= \frac{|E^c\cap B_\rho(x)|}{\rho^{n+sp}} + \int_{E^c\cap(B_\rho(x))^c} \frac{\mathrm{d}y}{|x-y|^{n+sp}} \\
&= \frac{|E\cap (B_\rho(x))^c|}{\rho^{n+sp}} + \int_{E^c\cap(B_\rho(x))^c} \frac{\mathrm{d}y}{|x-y|^{n+sp}} \\
&\geqslant \int_{E\cap(B_\rho(x))^c} \frac{\mathrm{d}y}{|x-y|^{n+sp}} + \int_{E^c\cap(B_\rho(x))^c} \frac{\mathrm{d}y}{|x-y|^{n+sp}} \\
&= \int_{(B_\rho(x))^c} \frac{\mathrm{d}y}{|x-y|^{n+sp}}
\end{aligned}
$$

结合坐标变换可得结果. □

引理 1.2.5 假设 $s\in(0,1)$, $p\in[1,+\infty)$ 使得 $sp<n$. 固定 $T>1$, 假设 $N\in\mathbb{Z}$, 非负序列 $\{a_k\}$ 单调递减有界且对任意的 $k\geqslant N$, $a_k=0$, 则

$$
\sum_{k\in\mathbb{Z}} a_k^{(n-sp)/n} T^k \leqslant C \sum_{k\in\mathbb{Z},a_k\neq 0} a_{k+1} a_k^{-sp/n} T^k
$$

其中正常数 $C=C(n,p,s,T)$ 与 N 无关.

证明 由 $\{a_k\}$ 的假设可知, 级数

$$
\sum_{k\in\mathbb{Z}} a_k^{(n-sp)/n} T^k \quad 和 \quad \sum_{k\in\mathbb{Z},a_k\neq 0} a_{k+1} a_k^{-sp/n} T^k \tag{1.2.21}
$$

都收敛. 此外, 若 $a_k=0$, 则 $a_{k+1}=0$ 且

$$
\sum_{k\in\mathbb{Z}} a_{k+1}^{(n-sp)/n} T^k = \sum_{k\in\mathbb{Z},a_k\neq 0} a_{k+1}^{(n-sp)/n} T^k
$$

由 Hölder 不等式可知 ($\alpha=n/sp$ 和 $\beta=n(n-sp)$)

$$
\begin{aligned}
\frac{1}{T}\sum_{k\in\mathbb{Z}} a_k^{(n-sp)/n} T^k &= \sum_{k\in\mathbb{Z}} a_{k+1}^{(n-sp)/n} T^k \\
&= \sum_{k\in\mathbb{Z},a_k\neq 0} a_{k+1}^{(n-sp)/n} T^k \\
&= \sum_{k\in\mathbb{Z},a_k\neq 0} \left(a_k^{sp/(n\beta)} T^{k/\alpha}\right)\left(a_{k+1}^{1/\beta} a_k^{-sp/(n\beta)} T^{k/\beta}\right) \\
&\leqslant \left(\sum_{k\in\mathbb{Z}} (a_k^{sp/(n\beta)} T^{k/\alpha})^\alpha\right)^{1/\alpha} \left(\sum_{k\in\mathbb{Z}} (a_{k+1}^{1/\beta} a_k^{-sp/(n\beta)} T^{k/\beta})^\beta\right)^{1/\beta} \\
&\leqslant \left(\sum_{k\in\mathbb{Z}} a_k^{(n-sp)/n} T^k\right)^{sp/n} \left(\sum_{k\in\mathbb{Z}} a_{k+1} a_k^{-sp/n} T^k\right)^{(n-sp)/n}
\end{aligned}
$$

结合 (1.2.21)式可知, 引理成立. □

引理 1.2.6 假设 $s\in(0,1)$, $p\in[1,+\infty)$ 使得 $sp<n$. 若

$$f\in L^{\infty}(\mathbb{R}^n) \tag{1.2.22}$$

有紧支集. 则对任意的 $k\in\mathbb{Z}$, 有

$$\int_{\mathbb{R}^n}\int_{\mathbb{R}^n}\frac{|f(x)-f(y)|^p}{|x-y|^{n+sp}}\,\mathrm{d}x\,\mathrm{d}y\geqslant C\sum_{k\in\mathbb{Z},a_k\neq 0}a_{k+1}a_k^{-sp/n}2^{pk}$$

其中常数 $C=C(n,p,s,T)>0$ 和

$$a_k:=\left|\{|f|>2^k\}\right| \tag{1.2.23}$$

证明 注意到

$$||f(x)|-|f(y)||\leqslant|f(x)-f(y)|$$

于是只需要考虑 $f\geqslant 0$ 的情形. 定义

$$A_k:=\{|f|>2^k\} \tag{1.2.24}$$

则 $A_{k+1}\subseteq A_k$ 和

$$a_{k+1}\leqslant a_k \tag{1.2.25}$$

记

$$D_k:=A_k\setminus A_{k+1}=\{2^k<f\leqslant 2^{k+1}\}\quad 和\quad d_k:=|D_k|$$

注意到, d_k 和 a_k 有界, 并且存在 $M>0$, 使得当 $k>M$ 时, 有

$$d_k=a_k=0 \tag{1.2.26}$$

由于 D_k 是互不相交的, 即

$$\bigcup_{\ell\in\mathbb{Z},\ell\leqslant k}D_\ell=A_{k+1}^c \tag{1.2.27}$$

$$\bigcup_{\ell\in\mathbb{Z},\ell\geqslant k}D_\ell=A_k \tag{1.2.28}$$

则由 (1.2.28)式可知

$$a_k=\sum_{\ell\in\mathbb{Z},\ell\geqslant k}d_\ell \tag{1.2.29}$$

$$d_k=a_k-\sum_{\ell\geqslant k+1}d_\ell \tag{1.2.30}$$

注意到级数 (1.2.29) 是收敛的, 结合 (1.2.26)式, 级数 (1.2.30) 也是收敛的. 类似地, 可定义收敛级数:

$$S:=\sum_{\ell\in\mathbb{Z},a_{\ell-1}\neq 0}2^{p\ell}a_{\ell-1}^{-sp/n}d_\ell \tag{1.2.31}$$

注意到 $D_k \subseteq A_k \subseteq A_{k-1}$, 有 $a_{i-1}^{-sp/n} d_\ell \leqslant a_{i-1}^{-sp/n} a_{\ell-1}$ 以及

$$\left\{(i,\ell) \in \mathbb{Z} \ :\ a_{i-1} \neq 0 \text{ 和 } a_{i-1}^{-sp/n} d_\ell \neq 0\right\} \subseteq \left\{(i,\ell) \in \mathbb{Z} \ :\ a_{\ell-1} \neq 0\right\} \tag{1.2.32}$$

由 (1.2.32) 式和 (1.2.25) 式可知

$$\begin{aligned}
&\sum_{i\in\mathbb{Z},a_{i-1}\neq 0} \sum_{\ell\in\mathbb{Z},\ell\geq i+1} 2^{pi} a_{i-1}^{-sp/n} d_\ell \\
&= \sum_{i\in\mathbb{Z},a_{i-1}\neq 0} \sum_{\ell\in\mathbb{Z},\ell\geq i+1, a_{i-1}^{sp/n} d_\ell \neq 0} 2^{pi} a_{i-1}^{-sp/n} d_\ell \\
&\leqslant \sum_{i\in\mathbb{Z}} \sum_{\ell\in\mathbb{Z},\ell\geq i+1, a_{\ell-1}\neq 0} 2^{pi} a_{i-1}^{-sp/n} d_\ell \\
&= \sum_{\ell\in\mathbb{Z},a_{\ell-1}\neq 0} \sum_{i\in\mathbb{Z},i\leqslant \ell-1} 2^{pi} a_{i-1}^{-sp/n} d_\ell \\
&\leqslant \sum_{\ell\in\mathbb{Z},a_{\ell-1}\neq 0} \sum_{i\in\mathbb{Z},i\leqslant \ell-1} 2^{pi} a_{\ell-1}^{-sp/n} d_\ell \\
&= \sum_{\ell\in\mathbb{Z},a_{\ell-1}\neq 0} \sum_{k=0}^{+\infty} 2^{p(\ell-1)} 2^{-pk} a_{\ell-1}^{-sp/n} d_\ell \leqslant S
\end{aligned} \tag{1.2.33}$$

对固定的 $i \in \mathbb{Z}$ 和 $x \in D_i$, 则对任意的 $j \in \mathbb{Z}$ 满足 $j \leqslant i-2$ 和任意的 $y \in D_j$, 有

$$\left|f(x) - f(y)\right| \geqslant 2^i - 2^{j+1} \geqslant 2^i - 2^{i-1} = 2^{i-1}$$

由 (1.2.27)式, 有

$$\begin{aligned}
\sum_{j\in\mathbb{Z},j\leqslant i-2} \int_{D_j} \frac{|f(x)-f(y)|^p}{|x-y|^{n+sp}} \mathrm{d}y &\geqslant 2^{p(i-1)} \sum_{j\in\mathbb{Z},j\leqslant i-2} \int_{D_j} \frac{\mathrm{d}y}{|x-y|^{n+sp}} \\
&= 2^{p(i-1)} \int_{A_{i-1}^c} \frac{\mathrm{d}y}{|x-y|^{n+sp}}
\end{aligned}$$

结合引理 1.2.4, 对任意的 $i \in \mathbb{Z}$ 和任意的 $x \in D_i$, 有

$$\sum_{j\in\mathbb{Z},j\leqslant i-2} \int_{D_j} \frac{|f(x)-f(y)|^p}{|x-y|^{n+sp}} \mathrm{d}y \geqslant c_0 2^{pi} a_{i-1}^{-sp/n}$$

其中 $c_0 > 0$. 因此, 对任意的 $i \in \mathbb{Z}$, 有

$$\sum_{j\in\mathbb{Z},j\leqslant i-2} \int_{D_i\times D_j} \frac{|f(x)-f(y)|^p}{|x-y|^{n+sp}} \mathrm{d}x\,\mathrm{d}y \geqslant c_0 2^{pi} a_{i-1}^{-sp/n} d_i \tag{1.2.34}$$

由 (1.2.30)式, 对任意的 $i \in \mathbb{Z}$, 有

$$\sum_{j\in\mathbb{Z},j\leqslant i-2} \int_{D_i\times D_j} \frac{|f(x)-f(y)|^p}{|x-y|^{n+sp}} \mathrm{d}x\,\mathrm{d}y \geqslant c_0 \left[2^{pi} a_{i-1}^{-sp/n} a_i - \sum_{\ell\mathbb{Z},\ell\geqslant i+1} 2^{pi} a_{i-1}^{-sp/n} d_\ell\right] \tag{1.2.35}$$

由 (1.2.31)式和 (1.2.34)式, 有

$$\sum_{i\in\mathbb{Z},a_{i-1}\neq 0}\sum_{j\in\mathbb{Z},j\leqslant i-2}\int_{D_i\times D_j}\frac{|f(x)-f(y)|^p}{|x-y|^{n+sp}}\,\mathrm{d}x\,\mathrm{d}y\geqslant c_0 S \tag{1.2.36}$$

由 (1.2.35)式、(1.2.33) 式和 (1.2.36)式有

$$\begin{aligned}
&\sum_{i\in\mathbb{Z},a_{i-1}\neq 0}\sum_{j\in\mathbb{Z},j\leqslant i-2}\int_{D_i\times D_j}\frac{|f(x)-f(y)|^p}{|x-y|^{n+sp}}\,\mathrm{d}x\,\mathrm{d}y\\
&\geqslant c_0\left[\sum_{i\in\mathbb{Z},a_{i-1}\neq 0}2^{pi}a_{i-1}^{-sp/n}a_i-\sum_{i\in\mathbb{Z},a_{i-1}\neq 0}\sum_{\ell\in\mathbb{Z},\ell\geqslant i+1}2^{pi}a_{i-1}^{-sp/n}d_\ell\right]\\
&\geqslant c_0\left[\sum_{i\in\mathbb{Z},a_{i-1}\neq 0}2^{pi}a_{i-1}^{-sp/n}a_i-S\right]\\
&\geqslant c_o\sum_{i\in\mathbb{Z},a_{i-1}\neq 0}2^{pi}a_{i-1}^{-sp/n}a_i-\sum_{i\in\mathbb{Z},a_{i-1}\neq 0}\sum_{j\in\mathbb{Z},j\leqslant i-2}\int_{D_i\times D_j}\frac{|f(x)-f(y)|^p}{|x-y|^{n+sp}}\,\mathrm{d}x\,\mathrm{d}y
\end{aligned}$$

从而

$$\sum_{i\in\mathbb{Z},a_{i-1}\neq 0}\sum_{j\in\mathbb{Z},j\leqslant i-2}\int_{D_i\times D_j}\frac{|f(x)-f(y)|^p}{|x-y|^{n+sp}}\,\mathrm{d}x\,\mathrm{d}y\geqslant c_0\sum_{i\in\mathbb{Z},a_{i-1}\neq 0}2^{pi}a_{i-1}^{-sp/n}a_i \tag{1.2.37}$$

其中 $c_0>0$. 另一方面, 由对称性可知

$$\begin{aligned}
\int_{\mathbb{R}^n\times\mathbb{R}^n}\frac{|f(x)-f(y)|^p}{|x-y|^{n+sp}}\,\mathrm{d}x\,\mathrm{d}y&=\sum_{i,j\in\mathbb{Z}}\int_{D_i\times D_j}\frac{|f(x)-f(y)|^p}{|x-y|^{n+sp}}\,\mathrm{d}x\,\mathrm{d}y\\
&\geqslant 2\sum_{i,j\in\mathbb{Z},j<i}\int_{D_i\times D_j}\frac{|f(x)-f(y)|^p}{|x-y|^{n+sp}}\,\mathrm{d}x\,\mathrm{d}y\\
&\geqslant 2\sum_{\substack{i\in\mathbb{Z}\\ a_{i-1}\neq 0}}\sum_{\substack{j\in\mathbb{Z}\\ j\leqslant i-2}}\int_{D_i\times D_j}\frac{|f(x)-f(y)|^p}{|x-y|^{n+sp}}\,\mathrm{d}x\,\mathrm{d}y
\end{aligned} \tag{1.2.38}$$

则由 (1.2.37)式和 (1.2.38)式可知, 引理成立. □

引理 1.2.7 假设 $p\in[1,+\infty)$, $f:\mathbb{R}^n\to\mathbb{R}$ 是可积函数. 对任意的 $N\in\mathbb{N}$, 记

$$f_N(x):=\max\Big\{\min\Big\{f(x),N\Big\},-N\Big\},\quad \forall x\in\mathbb{R}^n \tag{1.2.39}$$

则

$$\lim_{N\to+\infty}\|f_N\|_{L^q(\mathbb{R}^n)}=\|f\|_{L^q(\mathbb{R}^n)}$$

证明 由 (1.2.39) 式可知 $|f|_N=|f_N|$. 结合 Fatou 引理可知

$$\liminf_{N\to+\infty}\|f_N\|_{L^q(\mathbb{R}^n)}=\liminf_{N\to+\infty}\left(\int_{\mathbb{R}^n}|f|_N^q\right)^{\frac{1}{q}}\geqslant\left(\int_{R^n}|f|^q\right)^{\frac{1}{q}}=\|f\|_{L^q(\mathbb{R}^n)}$$

结合 $|f|_N(x)\leqslant|f(x)|(\forall x\in\mathbb{R}^n)$ 可知, 结论成立. □

结合之前的引理, 我们有如下定理:

定理 1.2.3　假设 $s\in(0,1)$, $p\in[1,+\infty)$ 使得 $sp<n$, 则存在正常数 $C=C(n,p,s)$ 使得对任意具有紧支集的可积函数 $f:\mathbb{R}^n\to\mathbb{R}$, 有

$$\|f\|_{L^{p^*}(\mathbb{R}^n)}^p \leqslant C\int_{\mathbb{R}^n}\int_{\mathbb{R}^n}\frac{|f(x)-f(y)|^p}{|x-y|^{n+sp}}\mathrm{d}x\,\mathrm{d}y \tag{1.2.40}$$

其中 $p^*=p^*(n,s)=\dfrac{np}{n-sp}$ 被称为分数阶临界指数. 因此, 分数阶 Sobolev 空间 $W^{s,p}(\mathbb{R}^n)$ 连续嵌入到 $L^q(\mathbb{R}^n)(\forall q\in[p,p^*])$.

证明　若不等式 (1.2.40) 右边无界, 则引理成立. 假设

$$\int_{\mathbb{R}^n}\int_{\mathbb{R}^n}\frac{|f(x)-f(y)|^p}{|x-y|^{n+sp}}\,\mathrm{d}x\,\mathrm{d}y<+\infty \tag{1.2.41}$$

为不失一般性, 可设

$$f\in L^\infty(\mathbb{R}^n) \tag{1.2.42}$$

由引理 1.2.7, (1.2.41)式和控制收敛定理可知

$$\lim_{N\to+\infty}\int_{\mathbb{R}^n}\int_{\mathbb{R}^n}\frac{|f_N(x)-f_N(y)|^p}{|x-y|^{n+sp}}\mathrm{d}x\,\mathrm{d}y=\int_{\mathbb{R}^n}\int_{\mathbb{R}^n}\frac{|f(x)-f(y)|^p}{|x-y|^{n+sp}}\,\mathrm{d}x\,\mathrm{d}y$$

由 (1.2.23)式和 (1.2.24)式可知

$$\begin{aligned}\|f\|_{L^{p^*}(\mathbb{R}^n)}^{p^*}&=\sum_{k\in\mathbb{Z}}\int_{A_k\setminus A_{k+1}}|f(x)|^{p^*}\,\mathrm{d}x\\&\leqslant\sum_{k\in\mathbb{Z}}\int_{A_k\setminus A_{k+1}}\left(2^{k+1}\right)^{p^*}\,\mathrm{d}x\\&\leqslant\sum_{k\in\mathbb{Z}}2^{(k+1)p^*}a_k\end{aligned}$$

即

$$\|f\|_{L^{p^*}(\mathbb{R}^n)}^p\leqslant 2^p\left(\sum_{k\in\mathbb{Z}}2^{kp^*}a_k\right)^{p/p^*}$$

由 $p/p^*=(n-sp)/n=1-sp/n<1$ 可得

$$\|f\|_{L^{p^*}(\mathbb{R}^n)}^p\leqslant 2^p\sum_{k\in\mathbb{Z}}2^{kp}a_k^{(n-sp)/n} \tag{1.2.43}$$

在引理 1.2.5 中取 $T=2^p$, 有

$$\|f\|_{L^{p^*}(\mathbb{R}^n)}^p\leqslant C\sum_{k\in\mathbb{Z},a_k\neq0}2^{kp}a_{k+1}a_k^{-\frac{sp}{n}} \tag{1.2.44}$$

其中 $C=C(n,p,s)$.

结合引理 1.2.6 可知, 引理成立. □

对任意的 $s \in (0,1)$ 和任意的 $p \in [1,\infty)$, 我们说 $\Omega \subseteq \mathbb{R}^n$ 是可 $W^{s,p}$ 延拓区域是指, 存在一个与维数 n, s, Ω 和 p 有关的正常数 $C = C(n,p,s,\Omega)$ 使得对任意的 $u \in W^{1,p}(\Omega)$, 存在函数 $\tilde{u} : \mathbb{R}^n \to \mathbb{R}$ 使得 $\tilde{u} \in W^{1,p}(\mathbb{R}^n)$ 满足 $\tilde{u}(x) = u(x)(\forall x \in \Omega)$ 并且

$$\|\tilde{u}\|_{W^{1,p}(\mathbb{R}^n)} \leqslant C\|u\|_{W^{1,p}(\Omega)}$$

由于有界区域上的 Sobolev 空间 $W^{s,p}(\Omega)$ 中的函数 $f \in W^{s,p}(\Omega)$ 并不是都能延拓到 $\tilde{f} \in W^{s,p}(\mathbb{R}^n)$, 从而定理 1.2.3 中的嵌入性质对有界区域上的 Sobolev 空间 $W^{s,p}(\Omega)$ 不成立. 但有如下结果:

引理 1.2.8 假设 $s \in (0,1)$, $p \in [1,+\infty)$ 使得 $sp < n$, $\Omega \subseteq \mathbb{R}^n$ 是可 $W^{s,p}$ 延拓区域, 则存在正常数 $C = C(n,p,s,\Omega)$ 使得对任意的 $f \in W^{s,p}(\Omega)$, 有

$$\|f\|_{L^q(\Omega)} \leqslant C\|f\|_{W^{s,p}(\Omega)}, \ \forall q \in [p,p^*] \tag{1.2.45}$$

即分数阶 Sobolev 空间 $W^{s,p}(\Omega)$ 连续紧嵌入到 $L^q(\Omega)(\forall q \in [p,p^*])$.

此外, 当 $\Omega \subseteq \mathbb{R}^n$ 是有界区域时, 分数阶 Sobolev 空间 $W^{s,p}(\Omega)$ 连续嵌入到 $L^q(\Omega)(\forall q \in [1,p^*])$.

证明 由于 Ω 是可 $W^{s,p}$ 延拓区域, 则 $f \in W^{s,p}(\Omega)$ 可以延拓为 $\tilde{f} : \mathbb{R}^n \to \mathbb{R}$ 使得 $\tilde{f} \in W^{1,p}(\mathbb{R}^n)$ 和

$$\|\tilde{f}\|_{W^{1,p}(\mathbb{R}^n)} \leqslant C\|f\|_{W^{1,p}(\Omega)} \tag{1.2.46}$$

其中 C 是一个与维数 n, s 和 p 有关的正常数. 另一方面, 由定理 1.2.3 可知, 分数阶 Sobolev 空间 $W^{s,p}(\mathbb{R}^n)$ 连续嵌入到 $L^q(\mathbb{R}^n)$ $(\forall q \in [1,p^*])$, 即存在正常数 $C = C(n,p,s,\Omega)$ 使得

$$\|\tilde{f}\|_{L^q(\mathbb{R}^n)} \leqslant C_2\|\tilde{f}\|_{W^{s,p}(\mathbb{R}^n)} \tag{1.2.47}$$

由 (1.2.46) 式和 (1.2.47) 式可知

$$\|f\|_{L^q(\Omega)} = \|\tilde{f}\|_{L^q(\Omega)} \leqslant \|\tilde{f}\|_{L^q(\mathbb{R}^n)} \leqslant C_2\|\tilde{f}\|_{W^{s,p}(\mathbb{R}^n)} \leqslant C_2C_1\|f\|_{W^{s,p}(\Omega)}$$

从而 (1.2.45)式成立.

对 $\Omega \subseteq \mathbb{R}^n$ 是有界区域的情形, 由 Hölder 不等式可知, $W^{s,p}(\Omega)$ 连续嵌入到 $L^q(\Omega)(\forall q \in [1,p^*])$. □

当 $sp \to n$ 时, $p^* \to +\infty$, 结合命题 1.2.1 和定理 1.2.3 有如下分数阶 Sobolev 空间上的嵌入性质:

定理 1.2.4 假设 $s \in (0,1)$, $p \in [1,+\infty)$ 使得 $sp = n$, 则存在正常数 $C = C(n,p,s)$ 使得对任意具有紧支集的函数 $f : \mathbb{R}^n \to \mathbb{R}$, 有

$$\|f\|_{L^q(\mathbb{R}^n)} \leqslant C\|f\|_{W^{s,p}(\mathbb{R}^n)}, \quad \forall q \in [p,+\infty) \tag{1.2.48}$$

即分数阶 Sobolev 空间 $W^{s,p}(\mathbb{R}^n)$ 连续紧嵌入到 $L^q(\mathbb{R}^n)(\forall q\in[p,+\infty))$.

定理 1.2.5　假设 $s\in(0,1)$, $p\in[1,+\infty)$ 使得 $sp=n$, $\Omega\subseteq\mathbb{R}^n$ 是可 $W^{s,p}$ 延拓区域, 则存在正常数 $C=C(n,p,s,\Omega)$ 使得对任意的 $f\in W^{s,p}(\Omega)$, 有

$$\|f\|_{L^q(\Omega)}\leqslant C\|f\|_{W^{s,p}(\Omega)},\quad \forall q\in[p,+\infty) \tag{1.2.49}$$

即分数阶 Sobolev 空间 $W^{s,p}(\Omega)$ 连续嵌入到 $L^q(\Omega)(\forall q\in[p,+\infty))$.

此外, 当 $\Omega\subseteq\mathbb{R}^n$ 是有界区域时, 分数阶 Sobolev 空间 $W^{s,p}(\Omega)$ 连续嵌入到 $L^q(\Omega)(\forall q\in[1,+\infty))$.

对有界区域上的 Sobolev 空间 $W^{s,p}(\Omega)$, 我们有如下紧嵌入结果:

定理 1.2.6　假设 $s\in(0,1)$, $p\in[1,+\infty),q\in[1,p]$, $\Omega\subseteq\mathbb{R}^n$ 是可 $W^{s,p}$ 延拓区域以及 $\mathfrak{D}$ 是 $L^p(\Omega)$ 中的有界子集. 若

$$\sup_{f\in\mathfrak{D}}\int_\Omega\int_\Omega\frac{|f(x)-f(y)|^p}{|x-y|^{n+sp}}\,\mathrm{d}x\,\mathrm{d}y<+\infty$$

则 $\mathfrak{D}$ 在 $L^q(\Omega)$ 中是仿紧的.

证明　要证明 $\mathfrak{D}$ 在 $L^q(\Omega)$ 中是仿紧的, 即证对任意的 $\varepsilon\in(0,1)$, 存在 $\beta_1,\cdots,\beta_M\in L^q(\Omega)$ 使得对任意的 $f\in\mathfrak{D}$, 存在 $j\in\{1,\cdots,M\}$ 使得

$$\|f-\beta_j\|_{L^q(\Omega)}\leqslant\varepsilon \tag{1.2.50}$$

由于 $\Omega\subseteq\mathbb{R}^n$ 是可 $W^{s,p}$ 延拓区域, 则 $f\in W^{s,p}(\Omega)$ 可以延拓为 $\tilde{f}:\mathbb{R}^n\to\mathbb{R}$ 满足 $\tilde{f}\in W^{1,p}(\mathbb{R}^n)$ 和

$$\|\tilde{f}\|_{W^{1,p}(\mathbb{R}^n)}\leqslant C\|f\|_{W^{1,p}(\Omega)}$$

则对任意的方体 $Q\supset\Omega$, 有

$$\|\tilde{f}\|_{W^{s,p}(Q)}\leqslant\|\tilde{f}\|_{W^{s,p}(\mathbb{R}^n)}\leqslant C\|f\|_{W^{s,p}(\Omega)}$$

注意到 Q 是有界的, 则 $\tilde{f}\in L^q(Q)$ $(\forall q\in[1,p])$. 对任意的 $\varepsilon\in(0,1)$, 记

$$C_0:=1+\sup_{f\in\mathfrak{D}}\|\tilde{f}\|_{L^q(Q)}+\sup_{f\in\mathfrak{D}}\int_Q\int_Q\frac{|\tilde{f}(x)-\tilde{f}(y)|^p}{|x-y|^{n+sp}}\mathrm{d}x\mathrm{d}y$$

$$\rho=\rho_\varepsilon:=\left(\frac{\varepsilon}{2C_0^{1/q}n^{\frac{n+sp}{2p}}}\right)^{1/s}\quad 和\quad \eta=\eta_\varepsilon:=\frac{\varepsilon\rho^{n/q}}{2}$$

以及取互不相交边长为 ρ 的方体 $Q_1,\cdots,Q_N$ 满足

$$\Omega\subseteq Q=\bigcup_{j=1}^N Q_j$$

对任意的 $x \in \Omega$, 定义 $j(x)$ 如下:

$$j(x) \in \{1, \cdots, N\} \text{ 是满足 } x \in Q_j(x) \text{ 的唯一的正整数} \tag{1.2.51}$$

此外, 对任意的 $f \in \mathfrak{D}$, 记

$$P(f)(x) := \frac{1}{|Q_{j(x)}|} \int_{Q_{j(x)}} \tilde{f}(y)\, \mathrm{d}y$$

对任意的 $f, g \in \mathfrak{D}$, 有

$$P(f+g) = P(f) + P(g)$$

以及对任意的 $j \in \{1, \cdots, N\}$, 在任意的 Q_j 上, $P(f)$ 为常数, 记为 $q_j(f)$. 定义

$$R(f) := \rho^{n/q}\big(q_1(f), \cdots, q_N(f)\big) \in \mathbb{R}^N$$

并且定义 $\mathbb{R}^N$ 范数为

$$\|v\|_q := \left(\sum_{j=1}^{N} |v_j|^q\right)^{\frac{1}{q}}, \quad \forall v \in \mathbb{R}^N$$

注意到 $R(f+g) = R(f) + R(g)$ 以及

$$\begin{aligned}
\|P(f)\|_{L^q(\Omega)}^q &= \sum_{j=1}^{N} \int_{Q_j \cap \Omega} |P(f)(x)|^q \, \mathrm{d}x \\
&\leqslant \rho^n \sum_{j=1}^{N} \big|q_j(f)\big|^q \\
&= \big\|R(f)\big\|_q^q \leqslant \frac{\big\|R(f)\big\|_q^q}{\rho^n}
\end{aligned} \tag{1.2.52}$$

由 Hölder 不等式可得

$$\begin{aligned}
\|R(f)\|_q^q &= \sum_{j=1}^{N} \rho^n \big|q_j(f)\big|^q = \frac{1}{\rho^{n(q-1)}} \sum_{j=1}^{N} \left| \int_{Q_j} \tilde{f}(y)\, \mathrm{d}y \right|^q \\
&\leqslant \sum_{j=1}^{N} \int_{Q_j} \left|\tilde{f}(y)\right|^q \mathrm{d}y = \int_Q \left|\tilde{f}(y)\right|^q \mathrm{d}y = \|\tilde{f}\|_{L^q(Q)}^q
\end{aligned}$$

从而

$$\sup_{f \in \mathcal{T}} \|R(f)\|_q^q \leqslant C_0$$

即 $R(\mathfrak{D})$ 是 $\mathbb{R}^N$ 中的有界集. 结合 $\mathbb{R}^N$ 是有限维空间, 则存在 $b_1, \cdots, b_M \in \mathbb{R}^N$ 使得

$$R(\mathfrak{D}) \subseteq \bigcup_{i=1}^{M} B_\eta(b_i) \tag{1.2.53}$$

其中邻域 $B_\eta(b_i)$ 是在范数 $\|\cdot\|_q$ 下以 b_i 为心 η 半径的球.

对任意的 $i \in \{1, \cdots, M\}$, 记 $b_i = (b_{i,1}, \cdots, b_{i,N}) \in \mathbb{R}^N$. 对任意的 $x \in \Omega$, 记

$$\beta_i(x) := \rho^{-n/q} b_{i,j(x)}$$

则 $\beta_i(x) \equiv C(\forall x \in Q_j)$ 且

$$P(\beta_i)(x) = \rho^{-\frac{n}{q}} b_{i,j} = \beta_i(x), \quad \forall x \in Q_j \tag{1.2.54}$$

从而 $q_j(\beta_i) = \rho^{-\frac{n}{q}} b_{i,j}$ 和

$$R(\beta_i) = b_i \tag{1.2.55}$$

对任意的 $f \in \mathfrak{D}$, 有

$$\begin{aligned}
\|f - P(f)\|_{L^q(\Omega)}^q &= \sum_{j=1}^N \int_{Q_j \cap \Omega} |f(x) - P(f)(x)|^q \,\mathrm{d}x \\
&= \sum_{j=1}^N \int_{Q_j \cap \Omega} \left| f(x) - \frac{1}{|Q_j|} \int_{Q_j} \tilde{f}(y) \,\mathrm{d}y \right|^q \mathrm{d}x \\
&= \sum_{j=1}^N \int_{Q_j \cap \Omega} \frac{1}{|Q_j|^q} \left| \int_{Q_j} f(x) - \tilde{f}(y) \mathrm{d}y \right|^q \mathrm{d}x \\
&\leqslant \frac{1}{\rho^{nq}} \sum_{j=1}^N \int_{Q_j \cap \Omega} \left[\int_{Q_j} \left| f(x) - \tilde{f}(y) \right| \mathrm{d}y \right]^q \mathrm{d}x
\end{aligned} \tag{1.2.56}$$

对任意固定的 $j \in 1, \cdots, N$, 由 Hölder 不等式可知

$$\begin{aligned}
&\frac{1}{\rho^{nq}} \left[\int_{Q_j} |f(x) - \tilde{f}(y)| \mathrm{d}y \right]^q \\
&\leqslant \frac{1}{\rho^{nq}} |Q_j|^{\frac{q(p-1)}{p}} \left[\int_{Q_j} |f(x) - \tilde{f}(y)|^p \mathrm{d}y \right]^{\frac{q}{p}} \\
&= \frac{1}{\rho^{nq/p}} \left[\int_{Q_j} |f(x) - \tilde{f}(y)|^p \mathrm{d}y \right]^{\frac{q}{p}} \\
&\leqslant \frac{1}{\rho^{nq/p}} n^{(\frac{n+sp}{2})\frac{q}{p}} \rho^{\frac{q}{p}(n+sp)} \left[\int_{Q_j} \frac{|f(x) - \tilde{f}(y)|^p}{|x-y|^{n+sp}} \mathrm{d}y \right]^{\frac{q}{p}} \\
&\leqslant n^{(\frac{n+sp}{2})\frac{q}{p}} \rho^{sq} \left[\int_{Q} \frac{|f(x) - \tilde{f}(y)|^p}{|x-y|^{n+sp}} \mathrm{d}y \right]^{\frac{q}{p}}
\end{aligned} \tag{1.2.57}$$

结合 (1.2.56)式、(1.2.57)式和 Jensen 不等式可知

$$\begin{aligned}
\|f - P(f)\|_{L^q(\Omega)}^q &\leqslant n^{(\frac{n+sp}{2})\frac{q}{p}} \rho^{sq} \int_Q \left[\int_Q \frac{|\tilde{f}(x) - \tilde{f}(y)|^p}{|x-y|^{n+sp}} \,\mathrm{d}y \right]^{\frac{q}{p}} \mathrm{d}x \\
&\leqslant n^{(\frac{n+sp}{2})\frac{q}{p}} \rho^{sq} \left[\int_Q \int_Q \frac{|\tilde{f}(x) - \tilde{f}(y)|^p}{|x-y|^{n+sp}} \,\mathrm{d}y \,\mathrm{d}x \right]^{\frac{q}{p}}
\end{aligned}$$

$$\leqslant C_o n^{(\frac{n+sp}{2})\frac{q}{p}}\rho^{sq}=\frac{\varepsilon^q}{2^q} \tag{1.2.58}$$

因此, 对任意固定的 $j\in 1,\cdots,N$, 由 (1.2.52)式和 (1.2.54)式可得

$$\begin{aligned}\|f-\beta_j\|_{L^q(\Omega)}&\leqslant\|f-P(f)\|_{L^q(\Omega)}+\|P(\beta_j)-\beta_j\|_{L^q(\Omega)}+\|P(f-\beta_j)\|_{L^q(\Omega)}\\&\leqslant\frac{\varepsilon}{2}+\frac{\|R(f)-R(\beta_j)\|_q}{\rho^{n/q}}\end{aligned} \tag{1.2.59}$$

对任意的 $f\in\mathfrak{D}$, 取 $j\in\{1,\cdots,M\}$ 使得 $R(f)\in B_\eta(b_j)$. 从而, 由 (1.2.54)式和 (1.2.59)式可知

$$\|f-\beta_j\|_{L^q(\Omega)}\leqslant\frac{\varepsilon}{2}+\frac{\|R(f)-b_j\|_q}{\rho^{n/q}}\leqslant\frac{\varepsilon}{2}+\frac{\eta}{\rho^{n/q}}=\varepsilon \tag{1.2.60}$$

□

推论 1.2.3 假设 $s\in(0,1)$, $p\in[1,+\infty)$ 使得 $sp<n$, $q\in[1,p^*)$, $\Omega\subseteq\mathbb{R}^n$ 是可 $W^{s,p}$ 延拓区域以及 $\mathfrak{D}$ 是 $L^p(\Omega)$ 中的有界子集. 若

$$\sup_{f\in\mathfrak{D}}\int_\Omega\int_\Omega\frac{|f(x)-f(y)|^p}{|x-y|^{n+sp}}\,\mathrm{d}x\,\mathrm{d}y<+\infty$$

则 $\mathfrak{D}$ 在 $L^q(\Omega)$ 中是仿紧的.

证明 若 $1\leqslant q\leqslant p$, 由定理 1.2.6 可知, 结论成立. 对任意的 $q\in(p,p^*)$, 取 $\theta=\theta(p,p^*,q)\in(0,1)$ 使得 $1/q=\theta/p+1-\theta/p^*$. 由 Hölder 不等式和定理 1.2.6 可知, 对任意的 $f\in\mathfrak{D}$, 有

$$\begin{aligned}\|f-\beta_j\|_{L^q(\Omega)}&=\left(\int_\Omega|f-\beta_j|^{q\theta}|f-\beta_j|^{q(1-\theta)}\,\mathrm{d}x\right)^{1/q}\\&\leqslant\left(\int_\Omega|f-\beta_j|^p\,\mathrm{d}x\right)^{\theta/p}\left(\int_\Omega|f-\beta_j|^{p^*}\,\mathrm{d}x\right)^{(1-\theta)/p^*}\\&=\|f-\beta_j\|^{1-\theta}_{L^{p^*}(\Omega)}\|f-\beta_j\|^{\theta}_{L^p(\Omega)}\\&\leqslant C\|f-\beta_j\|^{1-\theta}_{W^{s,p}(\Omega)}\|f-\beta_j\|^{\theta}_{L^p(\Omega)}\leqslant\widetilde{C}\varepsilon^\theta\end{aligned}$$

□

1.2.3 分数阶 Sobolev 空间 $\boldsymbol{H^s(\mathbb{R}^n)}$ 和 $\boldsymbol{H^s_0(\mathbb{R}^n)}$

当 $p=2$ 时, 分数阶 Sobolev 空间 $W^{s,p}(\mathbb{R}^n)$ 和 $W^{s,p}_0(\mathbb{R}^n)$ 是 Hilbert 空间, 通常分别记为 $H^s(\mathbb{R}^n)$ 和 $H^s_0(\mathbb{R}^n)$. 对任意的 $s\in(0,1)$, 齐次分数阶 Sobolev 空间 $\mathcal{D}^{s,2}(\mathbb{R}^N)$ 被定义为由 $\mathcal{C}^\infty_0(\mathbb{R}^N)$ 关于范数的完备化空间:

$$||u||_{\mathcal{D}^{s,2}}:=\left(\int\int_{\mathbb{R}^N\times\mathbb{R}^N}\frac{|u(x)-u(y)|^2}{|x-y|^{N+2s}}\mathrm{d}x\mathrm{d}y\right)^{\frac{1}{2}}$$

分数阶 Sobolev 空间定义为

$$H^s(\mathbb{R}^N)=\left\{u\in L^2(\mathbb{R}^N):\frac{u(x)-u(y)}{|x-y|^{\frac{N}{2}+s}}\in L^2(\mathbb{R}^N\times\mathbb{R}^N)\right\}$$

其范数为

$$\|u\|^2_{H^s(\mathbb{R}^N)} := \|u\|_2^2 + \|u\|^2_{\mathcal{D}^{s,2}}$$

注意到 $W^{s,2}(\mathbb{R}^n) = H^s(\mathbb{R}^n)$ 也可以通过 Fourier 变化来定义, 即

$$\widehat{H}^s(\mathbb{R}^n) = \left\{u \in L^2(\mathbb{R}^n)\colon \int_{\mathbb{R}^n} \left(1+|\xi|^{2s}\right)|\mathcal{F}u(\xi)|^2\,\mathrm{d}\xi < +\infty\right\} \tag{1.2.61}$$

此外, (1.2.61)式对任意的 $s \geqslant 1$ 也成立.

由 Plancherel 公式和 (1.1.6)式可知

$$\begin{aligned}
||u||_{\mathcal{D}^{s,2}} &= \int_{\mathbb{R}^n}\left(\int_{\mathbb{R}^n}\frac{|u(x)-u(y)|^2}{|x-y|^{n+2s}}\mathrm{d}x\right)\mathrm{d}y \\
&= \int_{\mathbb{R}^n}\int_{\mathbb{R}^n}\frac{|u(z+y)-u(y)|^2}{|z|^{n+2s}}\mathrm{d}z\mathrm{d}y \\
&= \int_{\mathbb{R}^n}\left(\int_{\mathbb{R}^n}\left|\frac{u(z+y)-u(y)}{|z|^{n/2+s}}\right|^2\mathrm{d}y\right)\mathrm{d}z \\
&= \int_{\mathbb{R}^n}\left\|\frac{u(z+\cdot)-u(\cdot)}{|z|^{n/2+s}}\right\|^2_{L^2(\mathbb{R}^n)}\mathrm{d}z \\
&= \int_{\mathbb{R}^n}\left\|\mathcal{F}\left(\frac{u(z+\cdot)-u(\cdot)}{|z|^{n/2+s}}\right)\right\|^2_{L^2(\mathbb{R}^n)}\mathrm{d}z \\
&= \int\limits_{\mathbb{R}^n}\int\limits_{\mathbb{R}^n}\frac{|e^{i\xi\cdot z}-1|^2}{|z|^{n+2s}}\left|\mathcal{F}u(\xi)\right|^2\mathrm{d}\xi\mathrm{d}z \\
&= 2\int\limits_{\mathbb{R}^n}\int\limits_{\mathbb{R}^n}\frac{(1-\cos\xi\cdot z)}{|z|^{n+2s}}\left|\mathcal{F}u(\xi)\right|^2\mathrm{d}z\mathrm{d}\xi \\
&= 2C(n,s)^{-1}\int_{\mathbb{R}^n}|\xi|^{2s}\,|\mathcal{F}u(\xi)|^2\,\mathrm{d}\xi
\end{aligned}$$

从而

$$||u||_{\mathcal{D}^{s,2}} = 2C(n,s)^{-1}\int_{\mathbb{R}^n}|\xi|^{2s}\,|\mathcal{F}u(\xi)|^2\,\mathrm{d}\xi$$

另一方面

$$\left\|(-\Delta)^{\frac{s}{2}}u\right\|^2_{L^2(\mathbb{R}^n)} = \left\|\mathcal{F}(-\Delta)^{\frac{s}{2}}u\right\|^2_{L^2(\mathbb{R}^n)} = \||\xi|^s\mathcal{F}u\|^2_{L^2(\mathbb{R}^n)} = \frac{1}{2}C(n,s)||u||_{\mathcal{D}^{s,2}}$$

综上可知

$$\|(-\Delta)^{\frac{s}{2}}u\|_2^2 = \int_{\mathbb{R}^N}|\xi|^{2s}|\hat{u}(\xi)|^2\mathrm{d}\xi = \frac{1}{2}C_{N,s}||u||^2_{\mathcal{D}^{s,2}}$$

其中 $\hat{u}$ 代表 u 的 Fourier 变换. 因此, $H^s(\mathbb{R}^N)$ 上的下述三个范数是等价的 (见文献 [60]):

$$u \longmapsto \left(\int_{\mathbb{R}^N}|u|^2\mathrm{d}x + \|(-\Delta)^{\frac{s}{2}}u\|_2^2\right)^{\frac{1}{2}}$$

$$u \longmapsto \left(\int_{\mathbb{R}^N}(|\xi|^{2s}|\hat{u}|^2 + |\hat{u}|^2)\mathrm{d}\xi\right)^{\frac{1}{2}}$$

$$u \longmapsto \left(\int_{\mathbb{R}^N} |u|^2 dx + \iint_{\mathbb{R}^N \times \mathbb{R}^N} \frac{|u(x)-u(y)|^2}{|x-y|^{N+2s}} \mathrm{d}x\mathrm{d}y \right)^{\frac{1}{2}}$$

由第 1.2.2 节, 有如下结果:

命题 1.2.3 假设 $s \in (0,1)$, $N > 2s$, 则对任意的 $t \in [2, 2_s^*]$, 嵌入 $H^s(\mathbb{R}^N) \hookrightarrow L^t(\mathbb{R}^N)$ 是连续的; 对任意的 $t \in [2, 2_s^*)$, 上述嵌入仅是局部紧的, 其中 $2_s^* = \dfrac{2N}{N-2s}$ 称为分数阶的 Sobolev 临界指数. 此外, 存在最佳嵌入常数 $\mathcal{S}_s > 0$ 使得

$$\mathcal{S}_s = \inf_{u \in \mathcal{D}^{s,2}(\mathbb{R}^N)} \frac{\displaystyle\int_{\mathbb{R}^N} |(-\Delta)^{\frac{s}{2}} u|^2 \mathrm{d}x}{\left(\displaystyle\int_{\mathbb{R}^N} |u|^{2_s^*} \mathrm{d}x\right)^{\frac{2}{2_s^*}}}$$

此外, 我们有如下的两个消失引理:

命题 1.2.4[65] 假设 $R > 0$, $\{u_n\}$ 在 $H^s(\mathbb{R}^N)$ 中有界并且满足

$$\lim_{n \to +\infty} \sup_{y \in \mathbb{R}^N} \int_{B_R(y)} |u_n(x)|^2 \mathrm{d}x = 0$$

则对任意的 $2 < t < 2_s^*$, 当 $n \to \infty$ 时, 在 $L^t(\mathbb{R}^N)$ 中 $u_n \to 0$.

证明 假设 $2 < q < 2_\alpha^*$, 对给定的 $R > 0$ 和任意的 $\xi \in \mathbb{R}^N$, 由 Hölder 不等式可知, 对任意的 k, 有

$$\|u_k\|_{L^q(B_R(\xi))} \leqslant \|u_k\|_{L^2(B_R(\xi))}^{1-\lambda} \|u_k\|_{L^{2^*}(B_R(\xi))}^{\lambda}$$

其中

$$\frac{1}{2}(1-\lambda) + \frac{\lambda}{2_s^*} = \frac{1}{q}$$

用半径为 R 的球覆盖全空间 $\mathbb{R}^N$ 使得 $\mathbb{R}^N$ 中的每一个点至多被 $N+1$ 个球覆盖, 则

$$\int_{\mathbb{R}^N} |u_k|^q \,\mathrm{d}x \leqslant (N+1) \|u_k\|_{L^2(B_R(\xi))}^{(1-\lambda)q} \|u_k\|_{L^{2_s^*}(\mathbb{R}^N)}^{\lambda q}$$

从而, 在 $L^q(\mathbb{R}^N)$ 中当 $k \to \infty$ 时, $u_k \to 0$. □

命题 1.2.5[154] 假设 $R > 0$, $\{u_n\}$ 在 $H^s(\mathbb{R}^N)$ 中有界并且满足

$$\lim_{n \to +\infty} \sup_{y \in \mathbb{R}^N} \int_{B_R(y)} |u_n(x)|^{2_s^*} \mathrm{d}x = 0$$

则对任意的 $2 < t \leqslant 2_s^*$, 当 $n \to \infty$ 时, 在 $L^t(\mathbb{R}^N)$ 中 $u_n \to 0$.

证明 由 $\mathcal{S}_s$ 的定义可知

$$\left(\int_{B_R(y)} |u|^{2_s^*} \,\mathrm{d}x \right)^{\frac{2}{2_s^*}} \leqslant S_s \int_{B_R(y)} \int_{\mathbb{R}^N} \frac{|u(x)-u(y)|^2}{|x-y|^{N+2s}} \,\mathrm{d}x \,\mathrm{d}y$$

则对任意的 $\lambda > 0$, 有

$$\int_{B_R(y)} |u|^{2_s^*} \,\mathrm{d}x \leqslant S_s^{\frac{2_s^*}{2}\lambda} \left(\int_{B_R(y)} \int_{\mathbb{R}^N} \frac{|u(x)-u(y)|^2}{|x-y|^{N+2s}} \,\mathrm{d}x \,\mathrm{d}y \right)^{\frac{2_s^*}{2}\lambda} \left(\int_{B_R(y)} |u|^{2_s^*} \,\mathrm{d}x \right)^{1-\lambda}$$

取 $\lambda = \dfrac{2}{2_s^*}$, 代入得

$$\begin{aligned}\int_{B_R(y)} |u|^{2_s^*} \mathrm{d}x &\leqslant \mathcal{S}_s \Big(\int_{B_R(y)} \int_{\mathbb{R}^N} \frac{|u(x)-u(y)|^2}{|x-y|^{N+2s}} \mathrm{d}x\, \mathrm{d}y \Big) \Big(\int_{B_R(y)} |u|^{2_s^*} \mathrm{d}x \Big)^{\frac{2_s^*-2}{2}} \\ &\leqslant \mathcal{S}_s \Big(\int_{B_R(y)} \int_{\mathbb{R}^N} \frac{|u(x)-u(y)|^2}{|x-y|^{N+2s}} \mathrm{d}x\, \mathrm{d}y \Big) \sup_{y\in\mathbb{R}^N} \Big(\int_{B_R(y)} |u|^{2_s^*} \mathrm{d}x \Big)^{\frac{2_s^*-2}{2}}\end{aligned}$$

用半径为 R 的球覆盖全空间 $\mathbb{R}^N$ 使得 $\mathbb{R}^N$ 中的每一个点至多被 $N+1$ 个球覆盖, 则

$$\int_{\mathbb{R}^N} |u|^{2_s^*} \mathrm{d}x \leqslant (N+1) \sup_{y\in\mathbb{R}^N} \Big(\int_{B_R(y)} |u|^{2_s^*} \mathrm{d}x \Big)^{\frac{2_s^*-2}{2}} \int_{\mathbb{R}^N} |(-\Delta)^{\frac{s}{2}} u|^2 \mathrm{d}x$$

从而, 在 $L^q(\mathbb{R}^N)$ 中当 $n \to +\infty$ 时, $u_n \to 0$. □

1.3 分数阶 Kirchhoff 方程

Fiscella 和 Valdinoci 首次在文献 [71] 中详细阐述了分数阶 Kirchhoff 方程模型的物理意义及其应用, 其模型考虑了由弦的张力 (在分数阶意义下) 引起的非局部性. 他们通过截断方法和集中紧性原理证明了如下带有临界指数增长的分数阶 Kirchhoff 方程非负解的存在性:

$$\begin{cases} M\Big(\iint_{\mathbb{R}^N\times\mathbb{R}^N} |u(x)-u(y)|^2 K(x-y) \mathrm{d}x \mathrm{d}y \Big) \mathcal{L}_K u = \lambda f(x,u) + |u|^{2_s^*-2} u, & x \in \Omega \\ u = 0, & x \in \mathbb{R}^N \backslash \Omega \end{cases} \tag{1.3.1}$$

其中 Ω 是 $\mathbb{R}^N$ 中的有界区域, $N > 2s$, $s \in (0,1)$, $\lambda > 0$ 是一个参数, $2_s^* = \dfrac{2N}{N-2s}$, M 是 Kirchhoff 函数 (最常见形式为 $M(t) = a + bt, a > 0, b \geqslant 0$). 积分-微分算子 $\mathcal{L}_K$ 定义为

$$\mathcal{L}_K(x) := \frac{1}{2} \int_{\mathbb{R}^N} \Big(u(x+y) + u(x-y) - 2u(x) \Big) K(y) \mathrm{d}y, \quad x \in \mathbb{R}^N$$

其中 $K : \mathbb{R}^N \backslash \{0\} \to (0, +\infty)$ 是一个可测函数并且满足如下假设:

存在 $\theta > 0$ 和 $s \in (0,1)$ 使得对任意的 $x \in \mathbb{R}^N \backslash \{0\}$ 有

$$\theta |x|^{-(N+2s)} \leqslant K(x) \leqslant \theta^{-1} |x|^{-(N+2s)}$$

方程 (1.3.1) 可以看作是在分数阶意义下对整数阶 Kirchhoff 方程的一个推广, 关于方程 (1.3.1) 的更多物理背景及其应用可参见文献 [71]. 关于积分-微分算子 $\mathcal{L}_K$ 的更多性质以及相关结果, 可参见文献 [28], [33], [83], [84], [85], [137], [138], [153], [174] 及其他参考文献. 显然, 当 $K(y) = |y|^{-(N+2s)}$ 时, 积分-微分算子 $\mathcal{L}_K$ 退化为分数阶 Laplace 算子 $(-\Delta)^s$. 从

积分-微分算子 $\mathcal{L}_K$ 定义可知, 该算子与全空间上的积分有关, 即便是 Kirchhoff 函数 M 等于常数时, 方程 (1.3.1) 也不是逐点成立的, 因而此类问题被称为非局部问题. 因为范数

$$\iint_{\mathbb{R}^N\times\mathbb{R}^N}|u(x)-u(y)|^2K(x-y)\mathrm{d}x\mathrm{d}y$$

也是非局部的, 从而积分- 微分算子 $\mathcal{L}_K$ 和范数 $\iint_{\mathbb{R}^N\times\mathbb{R}^N}|u(x)-u(y)|^2K(x-y)\mathrm{d}x\mathrm{d}y$ 使得方程 (1.3.1) 的研究更加复杂, 更不用说方程 (1.3.1) 在全空间 $\mathbb{R}^N$ 上研究的困难程度.

自 Fiscella 和 Valdinoci 的研究工作 [71] 之后, 分数阶基尔霍夫方程的研究受到许多学者的关注. Sun 和 Teng [144] 研究了分数阶 Kirchhoff 方程解的存在性和多重性. Autuori, Fiscella 和 Pucci [27] 研究了分数阶 Kirchhoff 方程非负解的存在性和渐近性, 其所研究的方程中 Kirchhoff 函数 M 并不需要任何的单调性假设, 此外还允许 $M(0)=0$(当 $M(0)=0$ 时, 方程 (1.3.1) 被称为 " 退化的", 当 $M(0)>0$ 时, 方程 (1.3.1) 被称为 "非退化的"). Xiang, Zhang 和 Ferrara [162] 研究了分数阶 p-Kirchhoff 方程解的存在性. Xiang, Zhang 和 Guo [163] 运用喷泉定理和对偶喷泉定理获得了次临界指数增长的分数阶 Kirchhoff 方程无穷多解的存在性. Luo, Tang 和 Gao [116] 证明了分数阶 Kirchhoff 方程存在一个基态变号解并且其能量大于两倍的基态能量. Caponi 和 Pucci [39] 研究了带有临界指数增长的分数阶 p-Kirchhoff 方程解的存在性、多重性和渐近性解. 更多带有一般 Kirchhoff 函数的结果可参见文献 [48], [75], [124], [130], [142], [143], [161], [164] 及其他参考文献.

当 $M(t)=a+bt$, $K(y)=|y|^{-(N+2s)}$, $\Omega=\mathbb{R}^3$ 时, 方程 (1.3.1) 简化为

$$\left(a+b\int_{\mathbb{R}^3}|(-\Delta)^{\frac{s}{2}}u|^2\right)(-\Delta)^s u+V(x)u=g(x,u),\quad x\in\mathbb{R}^3 \tag{1.3.2}$$

其中 $a>0, b\geqslant 0, s\in(0,1)$, $(-\Delta)^s$ 是分数阶 Laplace 算子. 由于非局部项 $\int_{\mathbb{R}^3}|(-\Delta)^{\frac{s}{2}}u|^2\mathrm{d}x$ 的出现, 使得从 $H^s(\mathbb{R}^3)$ 中的弱收敛 $u_n\rightharpoonup u$ 不能直接推出

$$\int_{\mathbb{R}^3}|(-\Delta)^{\frac{s}{2}}u_n|^2\mathrm{d}x\to\int_{\mathbb{R}^3}|(-\Delta)^{\frac{s}{2}}u|^2\mathrm{d}x$$

克服这一困难的最直接方法是将工作空间换成对称的分数阶 Soblev 空间 $H^s_{rad}(\mathbb{R}^3)$, 这是因为嵌入 $H^s_{\mathrm{rad}}(\mathbb{R}^3)\hookrightarrow L^t(\mathbb{R}^3)$ $(2\leqslant t<2^*_s)$ 是紧的. 需要注意的是, 分数阶 Kirchhoff 方程 (1.3.2) 也可运用 s-调和延拓方法转化为方程

$$\begin{cases}-\mathrm{div}(y^{1-2s}\bigtriangledown w)=0, & (x,y)\in\mathbb{R}^4_+\\ -k_s\left(a+b\|w\|^2_{X^s}\right)\dfrac{\partial w}{\partial\nu}=-V(x)w(x,0)+g(x,w(x,0)), & (x,y)\in\mathbb{R}^3\times\{0\}\end{cases} \tag{1.3.3}$$

其中 $\|w\|^2_{X^s}:=\int_{\mathbb{R}^4_+}k_s y^{1-2s}|\nabla w|^2\mathrm{d}x\mathrm{d}y$, k_s 是一个常数. 但方程 (1.3.3) 仍是非局部的. 当 $g(x,u)=f(u)$ 且满足 Berestycki-Lions 条件时, Ambrosio 和 Isernia [23] 利用极小极大讨论获得了方程 (1.3.2) 多解的存在性. Liu, Squassina 和 Zhang 在文献 [114] 中证

明了方程 (1.3.2) 存在一个基态解, 其中 $s \in (\frac{3}{4}, 1)$, $g(x,u) = f(u)$. Zhang, Lou 和 Ji 等[178] 考虑了临界情形 $g(x,u) = \beta f(u) + u^{2_s^*-1}$, 其中 $s \in (0,1)$. 在消失位势的条件下, Isernia [96] 研究了分数阶 Kirchhoff 方程基态变号解的存在性. He 和 Xiao [91] 利用 Pohozaev-Nehari 流形、单调技巧和集中紧性原理研究了方程 (1.3.2) 正基态解的存在性, 其中 $g(x,u) = \mu|u|^{p-1}u + |u|^{2_s^*-2}u$ $(p \in (1, 2_s^* - 1))$. 类似的结果可参见文献 [94] 和 [57]. He 和 Zou [90] 研究了如下分数阶 Kirchhoff 方程:

$$\left(\varepsilon^{2s}a + \varepsilon^{4s-3}b\int_{\mathbb{R}^N} |(-\Delta)^{\frac{s}{2}}|^2\right)(-\Delta)^s u + V(x)u = g(x,u), \quad x \in \mathbb{R}^N \tag{1.3.4}$$

在局部位势的条件下, He 和 Zou 利用 Ljusternik-Schnirelmann 畴数理论证明了 (1.3.4) 正基态解的多重性、集中性以及衰减性. 一个全局位势条件下的结果可参见文献 [1]. 有关更多分数阶 Kirchhoff 方程解的存在性、多重性和集中现象可参见文献 [19]~[22] 及其他参考文献.

当 $s = 1$ 时, 方程 (1.3.2) 变为如下经典 Kirchhoff 方程:

$$-\left(a + b\int_{\mathbb{R}^3} |\nabla u|^2 dx\right)\Delta u + V(x)u = g(x,u)\,, \quad x \in \mathbb{R}^3 \tag{1.3.5}$$

由于非局部项 $\int_{\mathbb{R}^3} |\nabla u|^2 \mathrm{d}x$ 使得方程 (1.3.5) 不再逐点成立, 故方程 (1.3.5) 也是非局部的. 方程 (1.3.5) 来源于一些生物和物理的模型[26]. 事实上, 若在方程 (1.3.5) 中假设 $V(x) = 0$ 并且用有界区域 $\Omega \subset \mathbb{R}^3$ 替换 $\mathbb{R}^3$, 则可得到如下带有 Dirichlet 边值条件的 Kirchhoff 型方程:

$$\begin{cases} -\left(a + b\int_{\Omega} |\nabla u|^2 dx\right)\Delta u = g(x,u), & x \in \Omega \\ u = 0, & x \in \partial\Omega \end{cases} \tag{1.3.6}$$

注意到方程 (1.3.6) 与如下非局部的 Kirchhoff 方程有关:

$$\begin{cases} u_{tt} - \left(a + b\int_{\Omega} |\nabla u|^2 dx\right)\Delta u = g(x,u), & x \in \Omega \\ u = 0, & x \in \partial\Omega \end{cases} \tag{1.3.7}$$

方程 (1.3.7) 与 Kirchhoff 在文献 [98] 中提出的方程有关, 是对如下弹性绳自由振动的经典的 D'Alembert 波动方程的一个推广:

$$\rho\frac{\partial^2 u}{\partial t^2} - \left(\frac{p_0}{\lambda} + \frac{E}{2L}\int_0^L \left|\frac{\partial u}{\partial x}\right|^2 \mathrm{d}x\right)\frac{\partial^2 u}{\partial x^2} = g(x,u)$$

在 Kirchhoff 模型中考虑了弹性绳横向振动而引起的长度变化. 上述模型也常见于其他领域中, 比如在生态学中, 其方程中的 u 表示某种依赖自身平均密度的过程, 如人口密度 (可参见文献 [26] 和 [52]). 在文献 [32] 和 [129] 中分别在 $n = 1$ 和 $n \geqslant 1$ 的情形下研究了非局部方程 (1.3.7) 解的全局可解性. 自从 Lions 在文献 [108] 中利用抽象的泛函分析方法研

究方程 (1.3.7) 之后, 关于非局部方程 (1.3.7) 的研究开始受到许多学者的广泛关注. 特别是在文献 [118] 和 [11] 中利用变分框架研究非局部方程 (1.3.6) 正解的存在性之后, 运用变分方法研究非局部方程 (1.3.5) 或 (1.3.6) 非平凡解或变号解的存在性和多重性已有许许多多的工作, 参见文献 [43], [58], [68], [86], [104], [87], [92], [93], [119], [128], [140], [151], [157], [160], [179] 及其他参考文献.

当 $b=0$ 时, 方程 (1.3.2) 变形为分数阶 Schrödinger 方程:

$$(-\Delta)^s u+V(x)u=f(x,u), \quad x\in\mathbb{R}^N \tag{1.3.8}$$

注意到方程 (1.3.8) 的解是方程

$$\mathrm{i}\frac{\partial\psi}{\partial t}=(-\Delta)^s\psi+V(x)\psi-f(x,|\psi|), \quad x\in\mathbb{R}^N \tag{1.3.9}$$

的驻波解. 在这里驻波解是指形如 $\psi(x,t)=\mathrm{e}^{-\mathrm{i}Et/\varepsilon}u(x)$ 的解, 其中 E 是常数, $u(x)$ 是方程 (1.3.8) 的解. 分数阶 Schrödinger 方程 (1.3.9) 是分数阶量子力学中的基本方程, 方程 (1.3.9) 是由 Laskin [100] 通过推广 Feynman 路径 (从类 Brownian 路径到类 Lévy 量子力学路径) 积分得到的, 其中从 Brownian 路径的积分可得到经典的 Schrödinger 方程. 为了克服分数阶 Laplace 算子 $(-\Delta)^s$ 的非局部性给研究方程 (1.3.8) 带来的困难, Cafferelli 和 Silvestre 在文献 [36] 中提出 s-调和延拓方法, 通过调和延拓方法可将非局部方程 (1.3.8) 变为如下半空间 $\mathbb{R}^{N+1}_+:=\{(x,y):x\in\mathbb{R}^N,y>0\}$ 上的局部方程:

$$\begin{cases}-\mathrm{div}\big(y^{1-2s}\nabla W\big)=0, & x\in\mathbb{R}^{N+1}_+\\ \dfrac{\partial W}{\partial\nu}=-V(x)W+f(x,W), & x\in\mathbb{R}^N\times\{0\}\end{cases}$$

其中 $\dfrac{\partial W}{\partial\nu}=\lim\limits_{y\to0^+}y^{1-s}\dfrac{\partial W}{\partial y}(x,y)=-\dfrac{1}{k_s}(-\Delta)^s u(x)$, k_s 是一个标准化常数. 利用 Cafferelli 和 Silvestre 提出的 s-调和延拓思想, 已有部分半线性方程的重要结果被推广到非局部分数阶 Schrödinger 方程上, 可参见文献 [13], [35], [37],[89], [141] 及其他参考文献.

第 2 章　渐近周期条件下分数阶 Kirchhoff 方程基态解的存在性

本章首先考虑带有临界指数增长的分数阶 Kirchhoff 方程:

$$\left(a+b\int_{\mathbb{R}^3}|(-\Delta)^{\frac{s}{2}}u|^2\mathrm{d}x\right)(-\Delta)^s u+V(x)u=K(x)|u|^{2_s^*-2}u+\lambda g(x,u),\quad x\in\mathbb{R}^3$$

其中 $a>0, b\geqslant 0, \lambda>0$, $(-\Delta)^s$ 是阶数为 $s\in\left(\frac{3}{4},1\right)$ 的分数阶 Laplace 算子, $2_s^*=\dfrac{6}{3-2s}$. V, K 和 g 关于 x 是渐近周期的. 我们利用 Nehari 流形方法和集中紧性原理证明了上述方程正基态解的存在性.

其次, 我们研究分数阶 Kirchhoff 方程:

$$M\left(\int_{\mathbb{R}^3}|(-\Delta)^{\frac{s}{2}}u|^2\mathrm{d}x\right)(-\Delta)^s u+V(x)u=f(x,u),\quad x\in\mathbb{R}^3$$

其中 M 是一个连续函数, $(-\Delta)^s$ 是阶数为 $s\in\left(\frac{3}{4},1\right)$ 的分数阶 Laplace 算子. V 和 f 关于 x 是渐近周期的. 我们获得了正基态解的存在性.

2.1　引言及主要结果

近年来, 分数阶 Kirchhoff 方程:

$$M\left(\int_{\mathbb{R}^3}|(-\Delta)^{\frac{s}{2}}u|^2\mathrm{d}x\right)(-\Delta)^s u(x)+V(x)u=f(x,u),\ \ x\in\mathbb{R}^3 \tag{2.1.1}$$

受到许多学者的广泛研究, 其中 $M(t)$ 是一个连续函数, $(-\Delta)^s$ 是分数阶 Laplace 算子. 注意到, 当 $M(0)=0$ 时方程 (2.1.1) 被称为“退化的”, 当 $M(0)>0$ 时方程 (2.1.1) 被称为“非退化的 ”.

众所周知, 当 $M=1$ 时, 方程 (2.4.1) 退化为分数阶 Schrödinger 方程:

$$(-\Delta)^s u+V(x)u=f(x,u),\quad x\in\mathbb{R}^3 \tag{2.1.2}$$

方程 (2.1.2) 是分数阶量子力学中的基本方程 [100-101]. 由于分数阶 Laplace 算子 $(-\Delta)^s$ 是非局部的, 所以带有 Laplace 算子 Δ 的椭圆型偏微分方程的常用分析方法不能直接套用到方程 (2.1.2). 为了克服分数阶 Laplace 算子 $(-\Delta)^s$ 非局部性给研究方程 (2.1.2) 带来的困难, Cafferelli 和 Silvestre 在文献 [36] 中提出 s-调和延拓方法将非局部问题转化为上半空间上的一个局部问题. 之后, s-调和延拓方法被广泛地应用到方程 (2.1.2) 上, 可参见文献 [13], [35], [37], [89], [141] 及其他参考文献. 在文献 [176] 中, 当 V 和 f 关于 x 是渐近周期时, Zhang, Xu 和 Zhang 证明了方程 (2.1.2) 基态解的存在性; 当 V 和 f 关于 x 是周期时, 他们利用 Nehari 流形和 Ljusternik-Schnirelmann 畴数理论证明了方程 (2.1.2) 存在无穷多几何不同解. 类似假设条件的结果可参见文献 [76] 和 [150]. 关于 $g(x,u)=f(x,u)+|u|^{2_s^*-2}u$ 的情形可参见文献 [56], [112] 和 [106]. 类似的工作可参见文献 [45], [167], [175], [177] 及其他参考文献.

Fiscella 和 Valdinoci 首次在文献 [71] 中详细讨论了分数阶 Kirchhoff 方程模型的物理意义及其应用:

$$\begin{cases} M\left(\displaystyle\iint_{\mathbb{R}^N\times\mathbb{R}^N}|u(x)-u(y)|^2K(x-y)\mathrm{d}x\mathrm{d}y\right)\mathcal{L}_Ku=\lambda f(x,u)+|u|^{2_s^*-2}u, & x\in\Omega \\ u=0, & x\in\mathbb{R}^N\backslash\Omega \end{cases} \tag{2.1.3}$$

其中 Ω 是 $\mathbb{R}^N$ 中的有界区域, $N>2s$, $s\in(0,1)$, $\lambda>0$ 是一个参数, $2_s^*=\dfrac{2N}{N-2s}$, M 是 Kirchhoff 函数 (最常见形式为 $M(t)=a+bt$). 积分-微分算子 $\mathcal{L}_K$ 定义为

$$\mathcal{L}_K(x):=\frac{1}{2}\int_{\mathbb{R}^N}\Big(u(x+y)+u(x-y)-2u(x)\Big)K(y)\mathrm{d}y,\quad x\in\mathbb{R}^N$$

其中 $K:\mathbb{R}^N\backslash\{0\}\to(0,+\infty)$ 是一个可测函数并且满足如下假设:

存在 $\theta>0$ 和 $s\in(0,1)$ 使得对任意的 $x\in\mathbb{R}^N\backslash\{0\}$ 有

$$\theta|x|^{-(N+2s)}\leqslant K(x)\leqslant\theta^{-1}|x|^{-(N+2s)}$$

他们通过截断方法和集中紧性原理证明了方程 (2.1.3) 非负解的存在性. Nyamoradi [124] 利用三个不同的临界点理论研究了有界区域上分数阶 Kirchhoff 方程至少存在 3 个不同的解. Sun 和 Teng[144] 证明了分数阶 Kirchhoff 方程解的存在性和多重性. Autuori, Fiscella 和 Pucci[27] 证明了分数阶 Kirchhoff 方程非负解的存在性和渐近性, 其所研究的方程中 Kirchhoff 函数 M 并不需要任何的单调性假设. Xiang, Zhang 和 Ferrara[162] 研究了分数阶 p-Kirchhoff 方程解的存在性. Xiang, Zhang 和 Guo[163] 运用喷泉定理和对偶喷泉定理获得了次临界增长的分数阶 Kirchhoff 方程无穷多解的存在性. Caponi 和 Pucci[39] 证明了带有临界指数增长的分数阶 p-Kirchhoff 方程解的存在性、多重性和渐近性解. 当 $g(x,u)=f(u)$ 且满足 Berestycki-Lions 条件时, Ambrosio 和 Isernia[23] 利用极小极大讨论证明了方程

(2.1.1) 多解的存在性. Liu, Squassina 和 Zhang[114] 证明了方程 (2.1.1) 存在一个基态解, 其中 $g(x,u)=f(u)$. Zhang, Lou, Ji 和 Shao[178] 考虑了临界情形 $g(x,u)=\beta f(u)+u^{2_s^*-1}$, 其中 $s\in(0,1)$. 在消失位势的条件下, Isernia[96] 证明了分数阶 Kirchoff 方程基态变号解的存在性. He 和 Xiao[91] 利用 Pohozaev-Nehari 流形、单调技巧和集中紧性原理获得了方程 (2.1.1) 正基态解的存在性, 其中 $g(x,u)=\mu|u|^{p-1}u+|u|^{2_s^*-2}u\ (p\in(1,2_s^*-1))$. 类似的结果可参见文献 [94] 和 [57]. Peng, Tang 和 Chen[126] 在 V 和 f 关于 x 是 (渐近) 周期的条件下获得了方程 (2.1.1) 基态解的存在性. 在上述工作中关于 $s=1$ 的情形可参见文献 [46] 和 [107].

受上述文献的启发, 我们首先研究带有临界指数增长的分数阶 Kirchhoff 方程:

$$\left(a+b\int_{\mathbb{R}^3}|(-\Delta)^{\frac{s}{2}}u|^2dx\right)(-\Delta)^su+V(x)u=K(x)|u|^{2_s^*-2}u+\lambda g(x,u),\quad x\in\mathbb{R}^3 \tag{2.1.4}$$

基态解的存在性, 其中 $a>0,b\geqslant 0$, $\lambda>0$, $(-\Delta)^s$ 是阶数为 $s\in\left(\dfrac{3}{4},1\right)$ 的分数阶 Laplace 算子, $2_s^*=\dfrac{6}{3-2s}$. V,K 和 g 满足如下渐近周期假设:

(V) $V\in L^\infty(\mathbb{R}^3)$, $V_0:=\inf\limits_{x\in\mathbb{R}^3}V(x)>0$, 存在一个关于 x 是周期的函数 $V_p\in L^\infty(\mathbb{R}^3)$, $1\leqslant i\leqslant 3$, 使得 $V-V_p\in\mathcal{F}$ 且对任意的 $x\in\mathbb{R}^3$ 有 $V(x)\leqslant V_p(x)$, 其中

$$\mathcal{F}:=\left\{h\in L^\infty(\mathbb{R}^3):\ 对任意的\ \varepsilon\geqslant 0,\mathrm{meas}\{x\in\mathbb{R}^3:|h(x)|\geqslant\varepsilon\}<+\infty\right\}$$

(K) $K\in L^\infty(\mathbb{R}^3)$, $K(x)>0$, $K(x)-K(x_0)=O\big(|x-x_0|^\alpha\big)$(当 $x\to x_0$ 时), 其中 $\alpha>0$ 和 $K(x_0)=\max\limits_{x\in\mathbb{R}^3}K(x)>0$. 且存在一个关于 x 是周期的函数 $K_p\in L^\infty(\mathbb{R}^3)$ 使得 $K-K_p\in\mathcal{F}$ 和 $0<K_p(x)\leqslant K(x)$ $(x\in\mathbb{R}^3)$.

(g_1) $g\in C(\mathbb{R}^3\times\mathbb{R},\ \mathbb{R})$, $g(x,t)=o(|t|)$ 关于 x 一致成立和 $g(x,t)=0$ $(t\leqslant 0)$.

(g_2) 存在正常数 $2<q<2_s^*=\dfrac{6}{3-2s}$ 和 $c_1>0$ 使得对任意的 $(x,t)\in\mathbb{R}^3\times\mathbb{R}$ 有

$$|g(x,t)|\leqslant c_1(1+|t|^{q-1})$$

(g_3) $tg(x,t)-4G(x,t)\geqslant g(x,\theta t)\theta t-4G(x,\theta t)((x,t)\in\mathbb{R}^3\times\mathbb{R}\ ,\ \theta\in[0,1])$, 其中 $G(x,t)=\displaystyle\int_0^t g(x,\tau)\mathrm{d}\tau$.

(g_4) 存在一个关于 x 是周期的函数 $g_p\in C(\mathbb{R}^3\times\mathbb{R},\ \mathbb{R})$ 使得

① $|g(x,t)|\geqslant|g_p(x,t)|(\forall(x,t)\in\mathbb{R}^3\times\mathbb{R})$;

② $|g(x,t)-g_p(x,t)|\leqslant|h(x)|(|t|+|t|^{q-1})(\forall(x,t)\in\mathbb{R}^3\times\mathbb{R},h\in\mathcal{F})$;

③ $tg_p(x,t)-4G_p(x,t)\geqslant g_p(x,\theta t)\theta t-4G_p(x,\theta t)((x,t)\in\mathbb{R}^3\times\mathbb{R},\ \theta\in[0,1])$, 其中 $G_p(x,t)=\displaystyle\int_0^t g_p(x,\tau)\mathrm{d}\tau$.

我们得到如下结果:

定理 2.1.1[79] (1) 假设 (V), (K) 和 $(g_1) \sim (g_4)$ 成立. 此外, $\alpha \geqslant 3-2s$ 和假设 g 满足:

(g_5) 存在 $p \in (2, 2_s^*)$ 和 $C_0 > 0$ 使得 $|G(x,t)| \geqslant C_0|t|^p$.

① 若 $p \in \left(\dfrac{4s}{3-2s}, 2_s^*\right)$, 则对任意的 $\lambda > 0$, 方程 (2.1.4) 有一个正基态解;

② 若 $p \in \left(2, \dfrac{4s}{3-2s}\right)$, 则对充分大的 $\lambda > 0$, 方程 (2.1.4) 有一个正基态解.

(2) 假设 (V), (K) 和 $(g_1) \sim (g_4)$ 成立. 此外, $\alpha \geqslant 3-2s$ 和假设 g 满足:

(g_5') 存在一个开子集 $\Omega \in \mathbb{R}^3$ 且 $x_0 \in \Omega$ 使得

$$\lim_{|t| \to +\infty} \frac{G(x,t)}{|t|^{\frac{2(3-\alpha)}{3-2s}}} = +\infty, \quad \text{a.e. } x \in \Omega$$

则对任意的 $\lambda > 0$, 方程 (2.1.4) 有一个正基态解.

注 2.1.1 条件 (V) 比如下条件更弱:

(V_1) $V_\infty = \lim\limits_{|y| \to +\infty} V(y) \geqslant V(x)$ (a.e. $x \in \mathbb{R}^3$), 严格不等式在一个正测集上成立.

函数 $G(x,u) = |u|^q$ ($q \in (4, 2_s^*)$) 和函数 $G(x,u) = |u|^{2_s^* - \frac{2}{3-2s}\alpha + \delta}$, $\alpha \in (0, 3-2s)$ 和 $\delta \in \left(0, \dfrac{2}{3-2s}\right)$, 分别满足条件 (g_5) 和 (g_5').

上述问题的研究必须克服几个困难. 首先, 由于非局部项 $\int_{\mathbb{R}^3} |(-\Delta)^{\frac{s}{2}} u|^2 \mathrm{d}x$ 的出现, 使得从 $H^s(\mathbb{R}^3)$ 中的弱收敛 $u_n \rightharpoonup u$ 不能直接推出

$$\int_{\mathbb{R}^3} |(-\Delta)^{\frac{s}{2}} u_n|^2 \mathrm{d}x \to \int_{\mathbb{R}^3} |(-\Delta)^{\frac{s}{2}} u|^2 \mathrm{d}x$$

从而不能直接验证方程 (2.1.4) 对应的能量泛函满足 $(\mathrm{PS})_c$ 条件. 其次, Kirchhoff 项 $M(t) = a + bt$ 和分数阶 Laplace 算子 $(-\Delta)^s$ 的结合使得精确计算临界能量 c(见引理 (2.2.6)) 变得更加困难, 因为分数阶代数方程的可解性是未知的 (可参见文献 [114]). 但在方程 (2.1.4) 中当 $s = 1$ 时, 临界能量是能够精确计算的, 可参见文献 [92], [93] 及其他参考文献. 最后, 因为非线性项 g 不是 C^1 的, 使得相对应的 Nehari 流形 $\mathcal{N}$ 未必是一个 C^1 的流形. 我们将利用文献 [152] 中提出的方法: 证明 Nehari 流形 $\mathcal{N}$ 与单位球面同胚, 从而对泛函限制在 Nehari 流形 $\mathcal{N}$ 的临界值进行另一种新的刻画.

其次, 我们研究分数阶 Kirchhoff 型方程:

$$M\left(\int_{\mathbb{R}^3} |(-\Delta)^{\frac{s}{2}} u|^2 \mathrm{d}x\right)(-\Delta)^s u + V(x)u = f(x,u), \quad x \in \mathbb{R}^3 \tag{2.1.5}$$

其中 $(-\Delta)^s$ 是阶数为 $s \in \left(\dfrac{3}{4}, 1\right)$ 的分数阶 Laplace 算子. M 和 f 满足如下假设:

(M_1) $M \in C(\mathbb{R}^+, \mathbb{R}^+)$ 是一个非减的函数, $\inf\limits_{t \in \mathbb{R}^+} M(t) \geqslant a > 0$.

(M_2) 存在常数 $\theta \in \left[1, \dfrac{3}{3-2s}\right)$ 使得

$$\theta \overline{M}(t) - tM(t) \geqslant \theta \overline{M}(\alpha t) - \alpha t M(\alpha t), \quad \alpha \in [0,1]$$

其中 $\overline{M}(t)=\int_0^t M(\tau)\mathrm{d}\tau$.

(f_1) $f\in C(\mathbb{R}^3\times\mathbb{R},\ \mathbb{R})$, $f(x,t)=o(|t|^{2\theta-1})$ 关于 x 一致成立.

(f_2) 存在常数 $c_1>0$ 和 $2\theta<q<2_s^*=\dfrac{6}{3-2s}$ 使得 $|f(x,t)|\leqslant c_1(1+|t|^{q-1})$.

(f_3) $tf(x,t)-2\theta F(x,t)\geqslant f(x,\tau t)\tau t-2\theta F(x,\tau t)((x,t)\in\mathbb{R}^3\times\mathbb{R}$, $\tau\in[0,1])$, 其中 $F(x,t)=\int_0^t f(x,\xi)\mathrm{d}\xi$.

(f_4) $\lim\limits_{|t|\to+\infty}\dfrac{F(x,t)}{t^{2\theta}}=+\infty$ 关于 x 一致成立.

(f_5) 存在一个关于 x 是周期的函数 $f_p\in C(\mathbb{R}^3\times\mathbb{R},\ \mathbb{R})$ 使得

① $|f(x,t)|\geqslant|f_p(x,t)|(\forall(x,t)\in\mathbb{R}^3\times\mathbb{R})$;

② $|f(x,t)-f_p(x,t)|\leqslant|h(x)||(|t|+|t|^{q-1})|(\forall(x,t)\in\mathbb{R}^3\times\mathbb{R},h\in\mathcal{F})$;

③ $tf_p(x,t)-2\theta F_p(x,t)\geqslant f_p(x,\tau t)\tau t-2\theta F_p(x,\tau t)((x,t)\in\mathbb{R}^3\times\mathbb{R}$, $\tau\in[0,1])$, 其中 $F_p(x,t)=\int_0^t f_p(x,\xi)\mathrm{d}\xi$.

我们得到如下结果:

定理 2.1.2　假设 (V), (M_1), (M_2) 和 (f_1) ∼(f_4) 成立, 则方程 (2.1.5) 有一个正基态解.

注 2.1.2　满足 (M_1) 和 (M_2) 条件的函数有很多, 比如:

$$M(t)=a+bt^{\theta-1},\quad a>0,b\geqslant0,\theta\in\left[1,\frac{3}{3-2s}\right)$$

有关带有更一般 Kirchhoff 函数的结果可参见文献 [71], [130] , [22], [68], [12], [121] 及其参考文献. 满足 (f_1) ∼ (f_4) 条件的函数很多, 比如: 函数 $f(x,t)=f_p(x,t)=|t|^{q-2}t$.

注 2.1.3　条件 (f_3) 比如下条件更弱:

($\tilde{\mathrm{f}}_3$) $\dfrac{f(\cdot,t)}{t^{2\theta-1}}$ 在 $(-\infty,0)$ 上是非增的, 在 $(0,+\infty)$ 上是非减的.

事实上, 记

$$k(\tau):=\tau^{2\theta}tf(x,t)-2\theta F(x,\tau t),\quad \tau\in[0,1],t>0$$

由 ($\tilde{\mathrm{f}}_3$) 可知对任意的 $t>0$ 有

$$\begin{aligned}k'(\tau)&=2\theta\tau^{2\theta-1}tf(x,t)-2\theta f(x,\tau t)t\\&=2\theta\tau^{2\theta-1}tf(x,t)-2\theta\frac{f(x,\tau t)}{(\tau t)^{2\theta-1}}\tau^{2\theta-1}t^{2\theta}\\&\geqslant2\theta\tau^{2\theta-1}tf(x,t)-2\theta\frac{f(x,t)}{t^{2\theta-1}}\tau^{2\theta-1}t^{2\theta}\\&=2\theta\tau^{2\theta-1}tf(x,t)-2\theta f(x,t)\tau^{2\theta-1}t=0\end{aligned}$$

从上式可知 $k(\tau)$ 在 $[0,1]$ 上是增函数. 故对任意的 $\tau\in[0,1]$ 我们有

$$\begin{aligned}tf(x,t)-2\theta F(x,t)=k(1)\geqslant k(\tau)&=\tau^{2\theta}tf(x,t)-2\theta F(x,\tau t)\\&=\tau^{2\theta}t^{2\theta}\frac{f(x,t)}{t^{2\theta-1}}-2\theta F(x,\tau t)\end{aligned}$$

$$\geqslant \tau^{2\theta}t^{2\theta}\frac{f(x,\tau t)}{(\tau t)^{2\theta-1}}-2\theta F(x,\tau t)$$
$$=\tau t f(x,\tau t)-2\theta F(x,\tau t),\quad t>0$$

此外, 当 $\theta=1$ 时条件 (f_3) 退化为文献 [106] 中的条件 (f_3).

2.2 预备知识

在分数阶 Sobolev 空间 $H^s(\mathbb{R}^3)$ 上赋予如下范数:

$$||u||=\left(a\int_{\mathbb{R}^3}|(-\Delta)^{\frac{s}{2}}u|^2dx+\int_{\mathbb{R}^3}V(x)u^2(x)\mathrm{d}x\right)^{\frac{1}{2}}$$

$$||u||_p=\left(a\int_{\mathbb{R}^3}|(-\Delta)^{\frac{s}{2}}u|^2\mathrm{d}x+\int_{\mathbb{R}^3}V_p(x)u^2(x)\mathrm{d}x\right)^{\frac{1}{2}}$$

由假设 (V) 可知, 范数 $||\cdot||$ 和 $||\cdot||_p$ 等价于 $H^s(\mathbb{R}^3)$ 上的标准范数 $\|\cdot\|_{H^s(\mathbb{R}^3)}$.

方程 (2.1.4) 对应的能量泛函 $I: H^s(\mathbb{R}^3)\to\mathbb{R}$ 定义为

$$I(u)=\frac{1}{2}\|u\|^2+\frac{b}{4}\Big(\int_{\mathbb{R}^3}|(-\Delta)^{\frac{s}{2}}u|^2\mathrm{d}x\Big)^2-\frac{1}{2_s^*}\int_{\mathbb{R}^3}K(x)|u|^{2_s^*}\mathrm{d}x-\lambda\int_{\mathbb{R}^3}G(x,u)\mathrm{d}x$$

显然, $I\in C^1(H^s(\mathbb{R}^3),\mathbb{R})$ 且对任意的 $u,v\in H^s(\mathbb{R}^3)$, 有

$$\begin{aligned}\langle I'(u),v\rangle=&\Big(a+b\int_{\mathbb{R}^3}|(-\Delta)^{\frac{s}{2}}u|^2\mathrm{d}x\Big)\int_{\mathbb{R}^3}(-\Delta)^{\frac{s}{2}}u(-\Delta)^{\frac{s}{2}}v\mathrm{d}x+\int_{\mathbb{R}^3}V(x)uv\mathrm{d}x\\&-\int_{\mathbb{R}^3}K(x)|u|^{2_s^*-2}uv\mathrm{d}x-\lambda\int_{\mathbb{R}^3}g(x,u)v\mathrm{d}x\end{aligned}$$

因此, 能量泛函 I 的临界点是方程 (2.1.4) 的弱解.

泛函 I 相对应的 Nehari 流形 (可参见文献 [159]) 定义为

$$\mathcal{N}:=\Big\{u\in H^s(\mathbb{R}^3)\backslash\{0\}\Big|\langle I'(u),\ u\rangle=0\Big\}$$

定义 Nehari 流形 $\mathcal{N}$ 上的基态能量为

$$c:=\inf_{u\in\mathcal{N}}I(u) \tag{2.2.1}$$

因为 Nehari 流形 $\mathcal{N}$ 未必是 C^1 流形, 我们需要如下结果来克服 Nehari 流形 $\mathcal{N}$ 的不可微性:

引理 2.2.1 假设 (V), (K) 和 $(g_1)\sim(g_4)$ 成立, 则如下结论成立:

(i) 记 $h(t):=I(tu)$. 对任意的 $u\in H^s(\mathbb{R}^3)\backslash\{0\}$, 存在一个唯一的常数 $t_u>0$ 使得 $h(t_u)=\max\limits_{t\geqslant 0}h(t)$, 即对任意的 $t\in(0,t_u)$ 有 $h'(t)>0$; 对任意的 $t\in(t_u,\infty)$ 有 $h'(t)<0$. 此外, $tu\in\mathcal{N}$ 当且仅当 $t=t_u$.

(ii) 存在 $\tau > 0$ 使得 $t_u > \tau$ $(\forall u \in S_1)$; 并且对任意的紧子集 $\mathcal{W} \subset S_1$, 存在 $C_{\mathcal{W}} > 0$ 使得 $C_{\mathcal{W}} \geqslant t_u$ $(\forall u \in \mathcal{W})$.

证明　(i) 由 $(\mathrm{g}_1) \sim (\mathrm{g}_4)$ 可知, 对任意的 $\delta > 0$ 存在一个常数 $C_\delta > 0$ 使得

$$|g(x,t)| \leqslant \delta|t| + C_\delta|t|^{q-1}, \quad |G(x,t)| \leqslant \delta|t|^2 + C_\delta|t|^q, \quad \forall t \in \mathbb{R} \tag{2.2.2}$$

由 (2.2.2)式可知, 对任意的 $\delta > 0$ 和对任意充分小的 $t > 0$, 有

$$\begin{aligned}
h(t) = I(tu) &= \frac{1}{2}t^2||u||^2 + \frac{b}{4}t^4\left(\int_{\mathbb{R}^3}|(-\Delta)^{\frac{s}{2}}u|^2\mathrm{d}x\right)^2 \\
&\quad - \frac{t^{2_s^*}}{2_s^*}\int_{\mathbb{R}^3}K(x)|u|^{2_s^*}\mathrm{d}x - \lambda\int_{\mathbb{R}^3}G(x,tu)\mathrm{d}x \\
&\geqslant \frac{1}{2}t^2||u||^2 - \delta\lambda Ct^2||u||^2 - \lambda C_\delta t^q||u||^q - Ct^{2_s^*}||u||^{2_s^*} \\
&> 0 \\
h'(t) = t||u||^2 &+ bt^3\left(\int_{\mathbb{R}^3}|(-\Delta)^{\frac{s}{2}}u|^2\mathrm{d}x\right)^2 \\
&- t^{2_s^*-1}\int_{\mathbb{R}^3}K(x)|u|^{2_s^*}\mathrm{d}x - \lambda\int_{\mathbb{R}^3}g(x,tu)u\mathrm{d}x \\
&\geqslant t||u||^2 - \delta\lambda Ct||u||^2 - \lambda C_\delta t^{q-1}||u||^q - Ct^{2_s^*-1}||u||^{2_s^*} \\
&\geqslant 0
\end{aligned}$$

此外, 当 $t \to \infty$ 时, 有

$$h(t) \leqslant \frac{1}{2}t^2||u||^2 + \frac{1}{4}t^4||u||^4 - \frac{t^{2_s^*}}{2_s^*}\int_{\mathbb{R}^3}K(x)|u|^{2_s^*}\mathrm{d}x \to -\infty$$

因此, h 有一个正的极大值点, 即存在一个常数 $t_u > 0$ 使得, 对任意的 $0 < t < t_u$ 有 $h'(t_u) = 0$ 和 $h'(t) > 0$. 断言 $h'(t) \neq 0(\forall t > t_u)$. 若不然, 假设存在 $t_u < t_1 < +\infty$ 使得 $h'(t_1) = 0$ 和 $h(t_u) \geqslant h(t_1)$. 由 (g_3) 可得

$$\begin{aligned}
h(t_1) &= h(t_1) - \frac{t_1}{4}h'(t_1) \\
&= \frac{t_1^2}{4}||u||^2 + \frac{1}{4}\int_{\mathbb{R}^3}\Big(g(x,t_1u)t_1u - 4G(x,t_1u)\Big)\mathrm{d}x + \left(\frac{1}{4} - \frac{1}{2_s^*}\right)t_1^{2_s^*}\int_{\mathbb{R}^3}K(x)|u|^{2_s^*}\mathrm{d}x \\
&> \frac{t_u^2}{4}||u||^2 + \frac{1}{4}\int_{\mathbb{R}^3}\Big(g(x,t_uu)t_uu - 4G(x,t_2u)\Big)\mathrm{d}x + \left(\frac{1}{4} - \frac{1}{2_s^*}\right)t_u^{2_s^*}\int_{\mathbb{R}^3}K(x)|u|^{2_s^*}\mathrm{d}x \\
&= h(t_u) - \frac{t_u}{4}h'(t_u) = h(t_u)
\end{aligned}$$

矛盾. 因此断言成立, 即 $h'(t) \neq 0(\forall t > t_u)$. 此外, 由 $g'(t) = t^{-1}\langle I'(tu),\ tu\rangle$ 容易得出 $tu \in \mathcal{N}$ 当且仅当 $t = t_u$. 故完成 (i) 的证明.

(ii) 假设 $u \in S_1$ 和 $t_u u \in \mathcal{N}$, 则有

$$\begin{aligned} t_u^2||u||^2 &\leqslant t_u^2||u||^2 + bt^4\left(\int_{\mathbb{R}^3}|(-\Delta)^{\frac{s}{2}}u|^2\mathrm{d}x\right)^2 \\ &= t_u^{2_s^*}\int_{\mathbb{R}^3}K(x)|u|^{2_s^*}\mathrm{d}x + \lambda\int_{\mathbb{R}^3}g(x,t_u u)t_u u\mathrm{d}x \\ &\leqslant \lambda C\delta t_u^2 + \lambda C_\delta t_u^q + Ct_u^{2_s^*} \end{aligned}$$

从上式可知 $t_u \geqslant \tau > 0$. 如果存在 $\{w_n\} \subset \mathcal{W}$ 且 $t_n := t_{w_n} \to +\infty$, 那么从 $\mathcal{W}$ 的紧性可知, 存在一个 $w \in \mathcal{W}$ 使得在 $H^s(\mathbb{R}^3)$ 中 $w_n \to w$. 通过一个直接的计算可知

$$\begin{aligned} I(t_n w_n) &\leqslant \frac{1}{2}t_n^2||w_n||^2 + \frac{b}{4}t_n^4\left(\int_{\mathbb{R}^3}|(-\Delta)^{\frac{s}{2}}w_n|^2\mathrm{d}x\right)^2 - \frac{t_n^{2_s^*}}{2_s^*}\int_{\mathbb{R}^3}K(x)|w_n|^{2_s^*}\mathrm{d}x \\ &= t_n\left\{\frac{1}{t_n^2} + \frac{b}{4}\left(\int_{\mathbb{R}^3}|(-\Delta)^{\frac{s}{2}}w_n|^2\mathrm{d}x\right)^2 - \frac{t_n^{2_s^*-4}}{2_s^*}\int_{\mathbb{R}^3}K(x)|w_n|^{2_s^*}\mathrm{d}x\right\} \to -\infty \end{aligned}$$

另一方面, 由 $v_n := t_n w_n \in \mathcal{N}$ 和条件 (g_3) 可推出

$$\begin{aligned} I(t_n w_n) &= I(v_n) \\ &= I(v_n) - \frac{1}{4}\langle I'(v_n), v_n\rangle \\ &= \frac{1}{4}||v_n||^2 + \frac{1}{4}\int_{\mathbb{R}^3}\Big(g(x,v_n)v_n - 4G(x,v_n)\Big)\mathrm{d}x \\ &\quad + \left(\frac{1}{4} - \frac{1}{2_s^*}\right)\int_{\mathbb{R}^3}K(x)|v_n|^{2_s^*}\mathrm{d}x \geqslant 0 \end{aligned}$$

矛盾. 因此 (ii) 成立. □

引理 2.2.2 存在常数 $\rho > 0$ 使得 $c := \inf\limits_{u\in\mathcal{N}} I(u) \geqslant \inf\limits_{u\in S_\rho} I(u) > 0$, 其中 $S_\rho := \Big\{u \in H^s(\mathbb{R}^3) : ||u|| = \rho\Big\}$.

证明 对任意的 $u \in H^s(\mathbb{R}^3)\backslash\{0\}$, 由 (2.2.2) 式和 Sobolev 嵌入不等式可知

$$I(u) \geqslant \frac{1}{2}||u||^2 - \lambda C\delta||u||^2 - \lambda C_\delta||u||^q - C||u||^{2_s^*}$$

因此, 可取 $\rho \in (0,1]$ 使得 $I(u) \geqslant \alpha > 0$ 和 $||u|| = \rho$. 结合引理 2.2.1(i) 可知 $I(u) = \max\limits_{t>0} I(tu)$ $(\forall u \in \mathcal{N})$. 可取 $l > 0$ 使得 $lu \in S_\rho$. 则

$$I(u) \geqslant I(lu) \geqslant \inf_{u\in S_\rho} I(u) \geqslant \alpha > 0, \quad c := \inf_{u\in\mathcal{N}} I(u) \geqslant \inf_{u\in S_\rho} I(u) > 0$$ □

引理 2.2.3 泛函 I 在流形 $\mathcal{N}$ 上是强制的.

证明 用反证法, 假设存在一列 $\{u_n\} \subset \mathcal{N}$ 和一个常数 $d > 0$ 使得 $\|u_n\| \to +\infty$ 和 $I(u_n) \leqslant d$. 记 $v_n := \dfrac{u_n}{\|u_n\|}$, 在子列的意义下可设

$$\begin{aligned} &\text{在 } H^s(\mathbb{R}^3) \text{ 中 } v_n \rightharpoonup v \\ &\text{在 } L_{loc}^q(\mathbb{R}^3) \text{ 中 } v_n \to v, \quad \forall q \in [2, 2_s^*) \\ &v_n(x) \to v(x), \quad \text{a.e. } x \in \mathbb{R}^3 \end{aligned}$$

因为 $v_n \neq 0$, 所以存在一个点 $y \in \mathbb{R}^3$ 使得 $\delta := \int_{B_1(y)} |v_n|^{2_s^*}\mathrm{d}x > 0$. 记 $\xi(z) := \int_{B_1(z)} |v_n|^{2_s^*}\mathrm{d}x$. 显然在 $\mathbb{R}^3$ 上 $\xi(z)$ 是一个连续函数. 存在一个常数 $R>0$ 使得

$$\int_{\mathbb{R}^3 \setminus B_R(0)} |v_n|^{2_s^*}\mathrm{d}x < \delta$$

从而

$$\xi(z) = \int_{B_1(z)} |v_n|^{2_s^*}\mathrm{d}x < \delta, \quad z \in \mathbb{R}^3 \setminus B_{R+1}(0)$$

因此

$$\sup_{x\in\mathbb{R}^3} \xi(z) = \sup_{\bar{B}_{R+1}(0)} \xi(z)$$

由 ξ 的连续性和 $\bar{B}_{R+1}(0)$ 的紧性可知, 存在 $y_n \in \bar{B}_{R+1}(0)$ 使得 $\xi(y_n) = \sup\limits_{\bar{B}_{R+1}(0)} \xi(z)$, 并且

$$\int_{B_1(y_n)} |v_n|^{2_s^*}\mathrm{d}x = \sup_{z\in\mathbb{R}^3} \int_{B_1(z)} |v_n|^{2_s^*}\mathrm{d}x$$

断言: $\limsup\limits_{n\to+\infty} \int_{B_1(y_n)} |v_n|^{2_s^*}\mathrm{d}x > 0$. 否则 $\lim\limits_{n\to+\infty} \int_{B_1(y_n)} |v_n|^{2_s^*}\mathrm{d}x = 0$. 由引理 1.2.5 可知, 在 $L^{2_s^*}(\mathbb{R}^3)$ 中 $v_n \to 0$. 结合插值不等式可得

$$||v_n||_{L^t(\mathbb{R}^3)} \leqslant ||v_n||_{L^2(\mathbb{R}^3)}^{1-\theta} ||v_n||_{L^{2_s^*}(\mathbb{R}^3)}^{\theta}$$

其中 $t \in (2, 2_s^*)$ 和 $\theta = \dfrac{3(t-2)}{2t}$. 则在 $L^t(\mathbb{R}^3)$ 中 $v_n \to 0$, $t \in (2, 2_s^*]$. 因此, 当 $n \to +\infty$ 时, 有

$$\begin{aligned}
d &\geqslant I(u_n) = \max_{t>0} I(tu_n) \geqslant I(\frac{t}{||u_n||}u_n) = I(tv_n) \\
&\geqslant \frac{t^2}{2}||v_n||^2 - \lambda\delta t^2 \int_{\mathbb{R}^3} |v_n|^2\mathrm{d}x - \lambda C_\delta t^q \int_{\mathbb{R}^3} |v_n|^q\mathrm{d}x - \frac{t^{2_s^*}}{2_s^*} \int_{\mathbb{R}^3} K(x)|u|^{2_s^*}\mathrm{d}x \to \frac{t^2}{4}
\end{aligned}$$

矛盾. 从而可得到

$$0 \leqslant \frac{I(u_n)}{||u_n||^{2_s^*}} \leqslant -\frac{1}{2_s^*}\int_{\mathbb{R}^3} K(x)|v_n|^{2_s^*}\mathrm{d}x + o(1) \leqslant -\frac{1}{2_s^*}\int_{B_1(y_n)} K(x)|v_n|^{2_s^*}\mathrm{d}x + o(1) < 0$$

矛盾. 故完成引理的证明. □

定义泛函 $m: S_1 \to \mathcal{N}$ 和 $\Phi: S_1 \to \mathbb{R}$ 分别为 $m(u) = t_u u$ 和 $\Phi(u) = I(m(u))$.

结合引理 2.2.1~ 引理 2.2.3, 可得到引理 2.2.4~ 引理 2.2.5 (可参见文献 [152]):

引理 2.2.4　假设 (V), (K) 和 (g_1) ~(g_4) 成立, 则泛函 m 是 S_1 和 $\mathcal{N}$ 之间的一个同胚. 此外, 泛函 m 的逆映射为 $m^{-1}(u) = \dfrac{u}{\|u\|}$.

引理 2.2.5　假设 (V), (K) 和 $(g_1) \sim (g_4)$ 成立, 则下述结论成立:

(i) 如果序列 $\{w_n\}$ 是 Φ 的一个 (PS) 序列, 那么序列 $\{m(w_n)\}$ 是 I 的一个 (PS) 序列; 如果序列 $\{u_n\} \subset \mathcal{N}$ 是 I 的一个 (PS) 序列, 那么序列 $\{m^{-1}(u_n)\}$ 是 Φ 的一个 (PS) 序列.

(ii) $w\in S_1$ 是 $\varPhi$ 的临界点当且仅当 $m(w)$ 是 I 的临界点. 并且, $\varPhi(w)=I(m(w))$ 和 $\inf\limits_{S_1}\varPhi=\inf\limits_{\mathcal{N}}I$.

(iii) 泛函 I 在流形 $\mathcal{N}$ 上的极小元是方程 (6.1.1) 的基态解.

引理 2.2.6 $c<\dfrac{a}{2}\mathcal{S}_s\hat{T}^2+\dfrac{b}{4}\mathcal{S}_s^2\hat{T}^4-\dfrac{||K||_\infty}{2_s^*}\hat{T}^{2_s^*}$, 其中 $\hat{T}>0$ 不依赖参数 λ.

证明 记

$$u_\varepsilon(x):=\psi(x)U_\varepsilon(x),\quad x\in\mathbb{R}^3$$

其中 $U_\varepsilon(x)=\varepsilon^{-\frac{3-2s}{2}}u^*(\dfrac{x}{\varepsilon}),u^*(x)=\dfrac{\tilde{u}(x/\mathcal{S}_s^{\frac{1}{2s}})}{\|\tilde{u}\|_{2_s^*}},\kappa\in\mathbb{R}\setminus\{0\},\mu_0>0$ 和 $x_0\in\mathbb{R}^3$ 是固定的, $\tilde{u}(x)=\kappa(\mu_0^2+|x-x_0|^2)^{-\frac{3-2s}{2}}$ (可参见文献 [138]), 以及选取截断函数 $\psi\in C^\infty(\mathbb{R}^3)$ 满足: 在 $\mathbb{R}^3$ 上 $0\leqslant\psi\leqslant1$; 在 $B_{\rho/2}$ 上 $\psi\equiv1$ 和在 $\mathbb{R}^3\setminus B_\rho$ 上 $\psi\equiv0$. 由文献 [138] 中命题 21 和命题 22 可知

$$A_\varepsilon:=\int_{\mathbb{R}^3}|(-\Delta)^{\frac{s}{2}}u_\varepsilon(x)|^2\mathrm{d}x\leqslant\mathcal{S}_s^{\frac{3}{2s}}+O(\varepsilon^{3-2s})\tag{2.2.3}$$

$$B_\varepsilon:=\int_{\mathbb{R}^3}|u_\varepsilon(x)|^2\mathrm{d}x=O(\varepsilon^{3-2s})\tag{2.2.4}$$

$$C_\varepsilon:=\int_{\mathbb{R}^3}|u_\varepsilon(x)|^t\mathrm{d}x=\begin{cases}O(\varepsilon^{3-\frac{3-2s}{2}t}), & t>\dfrac{3}{3-2s}\\ O(\varepsilon^{3-\frac{3-2s}{2}t}|\log\varepsilon|), & t=\dfrac{3}{3-2s}\\ O(\varepsilon^{\frac{3-2s}{2}t}), & t<\dfrac{3}{3-2s}\end{cases}\tag{2.2.5}$$

$$D_\varepsilon:=\int_{\mathbb{R}^3}|u_\varepsilon(x)|^{2_s^*}\mathrm{d}x=\mathcal{S}_s^{\frac{3}{2s}}+O(\varepsilon^3)\tag{2.2.6}$$

不失一般性, 我们可以假设 $K(0)=||K||_\infty$. 因为当 $x\to0$ 时 $K(x)-K(0)=O(|x|^\alpha)$, 所以可取足够小的 ρ 使得 $K(0)-K(x)\leqslant C|x|^\alpha(\forall x\in B_\rho(0))$. 因此, 由计算可得到

$$\begin{aligned}
E_\varepsilon&=\int_{\mathbb{R}^3}\Big(K(0)-K(x)\Big)|u_\varepsilon|^{2_s^*}\mathrm{d}x\\
&=\varepsilon^{-3}\int_{B_\rho(0)}\frac{\|\tilde{u}\|_{2_s^*}^{-2_s^*}\kappa^{2_s^*}}{\Big(\mu^2+\big(\frac{x}{\varepsilon\mathcal{S}_s^{1/2s}}\big)^2\Big)^3}\mathrm{d}x+\int_{\mathbb{R}^3\setminus B_\rho(0)}\frac{\|\tilde{u}\|_{2_s^*}^{-2_s^*}\kappa^{2_s^*}}{\Big(\mu^2+\big(\frac{x}{\varepsilon\mathcal{S}_s^{1/2s}}\big)^2\Big)^3}\mathrm{d}x\\
&\leqslant\varepsilon^{-3}C\int_{B_\rho(0)}\frac{|x|^\alpha}{\Big(\mu^2+\big(\frac{x}{\varepsilon\mathcal{S}_s^{1/2s}}\big)^2\Big)^3}\mathrm{d}x+\varepsilon^{-3}C\int_{\mathbb{R}^3\setminus B_\rho(0)}\frac{1}{\Big(\mu^2+\big(\frac{x}{\varepsilon\mathcal{S}_s^{1/2s}}\big)^2\Big)^3}\mathrm{d}x\\
&\leqslant\varepsilon^\alpha C\int_{B_{\frac{\rho}{\varepsilon\mathcal{S}_s^{1/2s}}}}\frac{|x|^\alpha}{(\mu^2+x^2)^3}\mathrm{d}x+C\int_{\mathbb{R}^3\setminus B_{\frac{\rho}{\varepsilon\mathcal{S}_s^{1/2s}}}}\frac{1}{(\mu^2+x^2)^3}\mathrm{d}x\\
&\leqslant\varepsilon^\alpha C\int_0^{\frac{\rho}{\varepsilon\mathcal{S}_s^{1/2s}}}\frac{r^{\alpha+2}}{(\mu^2+r^2)^3}\mathrm{d}r+C\int_{\frac{\rho}{\varepsilon\mathcal{S}_s^{1/2s}}}^{+\infty}\frac{r^2}{(\mu^2+r^2)^3}\mathrm{d}r\\
&\leqslant\varepsilon^\alpha C\int_0^{\frac{\rho}{\varepsilon\mathcal{S}_s^{1/2s}}}r^{\alpha-4}\mathrm{d}r+C\int_{\frac{\rho}{\varepsilon\mathcal{S}_s^{1/2s}}}^{+\infty}r^{-4}\mathrm{d}r
\end{aligned}$$

$$\leqslant \begin{cases} O(\varepsilon^{\alpha}), & \alpha < 3 \\ O(\varepsilon^{\alpha}|\log\varepsilon|), & \alpha = 3 \\ O(\varepsilon^{3}), & \alpha > 3 \end{cases} \tag{2.2.7}$$

由引理 2.2.1 可知, 存在 $t_\varepsilon := t_{u_\varepsilon} > 0$ 使得 $I(t_\varepsilon u_\varepsilon) = \max\limits_{t>0} I(tu_\varepsilon)$. 从而可得

$$t_\varepsilon^2||u_\varepsilon||^2 + t_\varepsilon^4\Big(\int_{\mathbb{R}^3}|(-\Delta)^{\frac{s}{2}}u_\varepsilon|^2\mathrm{d}x\Big)^2 = t_\varepsilon^{2_s^*}\int_{\mathbb{R}^3}K(x)|u_\varepsilon|^{2_s^*}\mathrm{d}x + \lambda\int_{\mathbb{R}^3}g(x,t_\varepsilon u_\varepsilon)t_\varepsilon u_\varepsilon\mathrm{d}x$$

由 (g_1) 可知

$$t_\varepsilon^2||u_\varepsilon||^2 + t_\varepsilon^4\Big(\int_{\mathbb{R}^3}|(-\Delta)^{\frac{s}{2}}u_\varepsilon|^2\mathrm{d}x\Big)^2 \geqslant t_\varepsilon^{2_s^*}\int_{\mathbb{R}^3}K(x)|u_\varepsilon|^{2_s^*}\mathrm{d}x$$

从上式可知 $|t_\varepsilon| < C_1$, 其中 $C_1 > 0$.

另一方面, 我们可以假设存在一个正常数 $C_2 > 0$ 使得对任意小的 $\varepsilon > 0$ 有 $t_\varepsilon > C_2$. 否则, 可以假设存在一列 $\varepsilon_n \to 0$ 使得当 $n \to \infty$ 时有 $t_{\varepsilon_n} \to 0$. 从而可得到

$$0 < c \leqslant \max_{t\geqslant 0}\mathcal{I}(tu_\varepsilon) = \mathcal{I}(t_{\varepsilon_n}u_\varepsilon) \to 0$$

矛盾. 因此 $C_2 \leqslant t_{\varepsilon_n} \leqslant C_1$.

定义

$$J(t) := \frac{aA_\varepsilon}{2}t^2 + \frac{bA_\varepsilon^2}{4}t^4 - \frac{||K||_\infty D_\varepsilon}{2_s^*}t^{2_s^*}$$

则

$$c \leqslant \sup_{t>0} J(t) + B_\varepsilon + E_\varepsilon - \lambda C_\varepsilon$$

由 (2.2.3) 式、(2.2.4) 式和 (2.2.7) 式可知, $\sup\limits_{t>0} J(t) \geqslant \dfrac{c}{2}$ 对充分小的 $\varepsilon > 0$ 一致成立. 从上述证明可知,存在一个与 $t > 0$ 无关的常数 C_3, $C_4 > 0$ 使得 $\sup\limits_{t>0} J(t) = \sup\limits_{t\in[C_3,C_4]} J(t)$. 因此

$$c \leqslant \sup_{t>0} K(\mathcal{S}_s^{\frac{3-2s}{4s}}t) + B_\varepsilon + E_\varepsilon - \lambda C_\varepsilon \tag{2.2.8}$$

其中

$$K(t) = \frac{a}{2}\mathcal{S}_s t^2 + \frac{b}{4}\mathcal{S}_s^2 t^4 - \frac{||K||_\infty}{2_s^*}t^{2_s^*}$$

注意到, 对任意的 $t > 0$, 有

$$K'(t) = t\tilde{K}(t) \quad 和 \quad \tilde{K}'(t) = t\Big(2b\mathcal{S}_s^2 + (2_s^* - 2)t^{2_s^*-4}\Big)$$

其中 $\tilde{K}(t) = a\mathcal{S} + b\mathcal{S}_s^2 t^2 - ||K||_\infty t^{2_s^*-2}$, 则存在一个唯一的 $\hat{T} > 0$ 使得当 $t \in (0,\hat{T})$ 时 $\tilde{K} > 0$; 当 $t \in (\hat{T},+\infty)$ 时 $\tilde{K} < 0$. 因此, K 有一个唯一的极大值点 $\hat{T}$.

当 $\alpha \geqslant 3 - 2s$ 时, 由 (g_5), (2.2.2)~(2.2.7) 式和 (2.2.8) 式可知

$$I(t_\varepsilon u_\varepsilon) = \frac{a}{2}t_\varepsilon^2\int_{\mathbb{R}^3}|(-\Delta)^{\frac{s}{2}}u_\varepsilon(x)|^2\mathrm{d}x + \frac{b}{4}t_\varepsilon^4\Big(\int_{\mathbb{R}^3}|(-\Delta)^{\frac{s}{2}}u_\varepsilon|^2\mathrm{d}x\Big)^2$$

$$
\begin{aligned}
&+\frac{1}{2}t_\varepsilon^2\int_{\mathbb{R}^3}|u_\varepsilon(x)|^2\mathrm{d}x-\frac{t_\varepsilon^{2_s^*}}{2_s^*}\int_{\mathbb{R}^3}K(x)|u_\varepsilon|^{2_s^*}\mathrm{d}x+\lambda\int_{\mathbb{R}^3}G(x,t_\varepsilon u_\varepsilon)\mathrm{d}x\\
\leqslant&K(\mathcal{S}_s^{\frac{3-2s}{4s}}\hat{T})+O(\varepsilon^{3-2s})-C\int_{\mathbb{R}^3}\Big(K(x)-K(0)\Big)|u_\varepsilon|^{2_s^*}\mathrm{d}x-\lambda C\int_{\mathbb{R}^3}|u_\varepsilon|^p\mathrm{d}x
\end{aligned}
\tag{2.2.9}
$$

由 (2.2.7)式可得

$$
\lim_{\varepsilon\to0}\frac{\displaystyle\int_{\mathbb{R}^3}\big(K(0)-K(x)\big)|u_\varepsilon|^{2_s^*}\mathrm{d}x}{\varepsilon^{3-2s}}\leqslant\begin{cases}\displaystyle\lim_{\varepsilon\to0}\frac{O(\varepsilon^\alpha)}{\varepsilon^{3-2s}}=0, & 3-2s\leqslant\alpha<3\\ \displaystyle\lim_{\varepsilon\to0}\frac{O(\varepsilon^\alpha|\log\varepsilon|)}{\varepsilon^{3-2s}}=0, & \alpha=3\\ \displaystyle\lim_{\varepsilon\to0}\frac{O(\varepsilon^3)}{\varepsilon^{3-2s}}=0, & \alpha>3\end{cases}
$$

此外, 由 $\dfrac{3}{4}<s<1$ 可知

$$
\lim_{\varepsilon\to0}\lambda\frac{\displaystyle\int_{\mathbb{R}^3}|u_\varepsilon(x)|^p\mathrm{d}x}{\varepsilon^{3-2s}}=\begin{cases}\displaystyle\lim_{\varepsilon\to0}\lambda\frac{O(\varepsilon^{3-\frac{3-2s}{2}t})}{\varepsilon^{3-2s}}=+\infty, & \dfrac{4s}{3-2s}<p<\dfrac{6}{3-2s}\\ \displaystyle\lim_{\varepsilon\to0}\lambda\frac{O(\varepsilon^{3-\frac{3-2s}{2}p})}{\varepsilon^{3-2s}}, & \dfrac{4s}{3-2s}<p<\dfrac{6}{3-2s}\\ \displaystyle\lim_{\varepsilon\to0}\lambda\frac{O(\varepsilon^{3-\frac{3-2s}{2}p}|\log\varepsilon|)}{\varepsilon^{3-2s}}, & p=\dfrac{3}{3-2s}\\ \displaystyle\lim_{\varepsilon\to0}\lambda\frac{O(\varepsilon^{\frac{3-2s}{2}t})}{\varepsilon^{3-2s}}, & 2<p<\dfrac{3}{3-2s}\end{cases}
$$

可取足够大的 λ 使得上述三个极限均趋于 $+\infty$, 例如取 $\lambda=\varepsilon^{-2s}$. 因此

$$
c\leqslant I(t_\varepsilon u_\varepsilon)<K(\mathcal{S}_s^{\frac{3-2s}{4s}}\hat{T})
$$

当 $0<\alpha<3-2s$ 时, 可取足够小的 ε 使得 $B_\varepsilon(0)\subset\Omega$, 则由 (g_5) 和 $U_\varepsilon(x)$ 定义可知, 当 $\varepsilon\to0^+$ 时, 有

$$
t_\varepsilon U_\varepsilon(x)\geqslant\frac{t_\varepsilon\kappa\mathcal{S}_s^{\frac{3-2s}{2s}}}{\varepsilon^{\frac{3-2s}{2}}\|\tilde{u}\|_{2_s^*}\Big(\mathcal{S}_s^{\frac{1}{s}}\mu^2+x^2\Big)^{\frac{3-2s}{2}}}\geqslant C\varepsilon^{\frac{2s-3}{2}}\to+\infty
$$

从上式可知, 对任意的 $M>0$, 存在 $\varepsilon_0>0$ 使得当 $\varepsilon\in(0,\varepsilon_0)$ 时, 有

$$
\int_{\mathbb{R}^3}G(x,t_\varepsilon u_\varepsilon)\mathrm{d}x\geqslant\int_{B_\varepsilon(0)}G(x,t_\varepsilon U_\varepsilon(x))\mathrm{d}x\geqslant CM\int_{B_\varepsilon(0)}\varepsilon^{\alpha-3}\mathrm{d}x\geqslant CM\varepsilon^\alpha
\tag{2.2.10}
$$

因此

$$
\begin{aligned}
I(t_\varepsilon u_\varepsilon)=&\frac{a}{2}t_\varepsilon^2\int_{\mathbb{R}^3}|(-\Delta)^{\frac{s}{2}}u_\varepsilon(x)|^2\mathrm{d}x+\frac{b}{4}t_\varepsilon^4\bigg(\int_{\mathbb{R}^3}|(-\Delta)^{\frac{s}{2}}u_\varepsilon|^2\mathrm{d}x\bigg)^2\\
&+\frac{1}{2}t_\varepsilon^2\int_{\mathbb{R}^3}|u_\varepsilon(x)|^2\mathrm{d}x-\frac{t_\varepsilon^{2_s^*}}{2_s^*}\int_{\mathbb{R}^3}K(x)|u_\varepsilon|^{2_s^*}\mathrm{d}x-\lambda\int_{\mathbb{R}^3}G(x,t_\varepsilon u_\varepsilon)\mathrm{d}x\\
\leqslant&K(\mathcal{S}_s^{\frac{3-2s}{4s}}\hat{T})+O(\varepsilon^{3-2s})-C\int_{\mathbb{R}^3}\Big(K(x)-K(0)\Big)|u_\varepsilon|^{2_s^*}\mathrm{d}x-\lambda M\varepsilon^\alpha
\end{aligned}
$$

$$\leqslant K(\mathcal{S}_s^{\frac{3-2s}{4s}}\hat{T})+O(\varepsilon^{3-2s})+O(\varepsilon^{\alpha})-\lambda CM\varepsilon^{\alpha} \tag{2.2.11}$$

因为 $3-2s>\alpha$, 所以由 (2.2.7) 式和 (2.2.11) 式可知

$$I(t_\varepsilon u_\varepsilon)\leqslant K(\mathcal{S}_s^{\frac{3-2s}{4s}}\hat{T})+O(\varepsilon^{\alpha})-\lambda M\varepsilon^{\alpha}$$

因此, 若 M 充分大, 则对充分小的 ε 我们有

$$I(t_\varepsilon u_\varepsilon)<K(\mathcal{S}_s^{\frac{3-2s}{4s}}\hat{T})$$

故完成引理 2.2.6 的证明. □

2.3　临界情形基态解的存在性

在这一节首先研究方程 (2.1.4) 对应的周期方程:

$$\left(a+b\int_{\mathbb{R}^3}|(-\Delta)^{\frac{s}{2}}u|^2\mathrm{d}x\right)(-\Delta)^s u+V_p(x)u=K_p(x)|u|^{2_s^*-2}u+\lambda g_p(x,u),\quad x\in\mathbb{R}^3 \tag{2.3.1}$$

方程 (2.3.1) 的弱解是 C^1 泛函 $I_p:H^s(\mathbb{R}^3)\to\mathbb{R}$ 的临界点. I_p 定义为

$$I_p(u)=\frac{1}{2}||u||_p^2+\frac{b}{4}\left(\int_{\mathbb{R}^3}|(-\Delta)^{\frac{s}{2}}u|^2\mathrm{d}x\right)^2-\frac{1}{2_s^*}\int_{\mathbb{R}^3}K_p(x)|u|^{2_s^*}\mathrm{d}x-\lambda\int_{\mathbb{R}^3}G_p(x,u)\mathrm{d}x$$

此外, 对任意的 $u,v\in H^s(\mathbb{R}^3)$ 我们有

$$\begin{aligned}\langle I_p'(u),v\rangle=&\left(a+b\int_{\mathbb{R}^3}|(-\Delta)^{\frac{s}{2}}u|^2\mathrm{d}x\right)\int_{\mathbb{R}^3}(-\Delta)^{\frac{s}{2}}u(-\Delta)^{\frac{s}{2}}v\mathrm{d}x+\int_{\mathbb{R}^3}V_p(x)uv\mathrm{d}x\\&-\int_{\mathbb{R}^3}K_p(x)|u|^{2_s^*-2}uv\mathrm{d}x-\lambda\int_{\mathbb{R}^3}g_p(x,u)v\mathrm{d}x\end{aligned}$$

相应于泛函 I_p 的 Nehari 流形定义为

$$\mathcal{N}_p:=\left\{u\in H^s(\mathbb{R}^3)\backslash\{0\}:\langle I_p'(u),u\rangle=0\right\}$$

记

$$c_p:=\inf_{u\in\mathcal{N}_p}I_p(u)$$

显然, c_p 是方程 (2.3.1) 的基态能量.

引理 2.3.1　假设 (V), (K) 和 $(\mathrm{g}_1)\sim(\mathrm{g}_4)$ 成立, 则对任意的 $u\in H^s(\mathbb{R}^3)$, $I(u)\leqslant I_p(u)$. 此外 $c\leqslant c_p$.

引理 2.3.2　假设序列 $\{u_n\}\subset H^s(\mathbb{R}^3)$ 有界, 记 $\varphi_n(x):=\varphi(x-x_n)$, 其中 $\varphi\in H^s(\mathbb{R}^3)$ 和 $x_n\in\mathbb{R}^3$. 若 $|x_n|\to\infty$, 则

$$\lim_{n\to+\infty}\int_{\mathbb{R}^3}\Big(K(x)-K_p(x)\Big)|u_n|^{2_s^*-2}u_n\varphi_n\mathrm{d}x=0$$

证明 对任意的 $\varepsilon>0$ 和 $R>0$, 记 $D_\varepsilon(R):=\{x\in\mathbb{R}^3:|h|\geqslant\varepsilon,|x|\geqslant R\}$. 由 (K) 可知存在 $R_1>0$ 使得 $|D_\varepsilon(R_1)|<\varepsilon$. 注意到

$$\begin{aligned}\mathcal{K}:=&\int_{\mathbb{R}^3}\Big(K(x)-K_p(x)\Big)|u_n|^{2_s^*-2}u_n\varphi_n\mathrm{d}x\\ \leqslant&\int_{\mathbb{R}^3}\Big|K(x)-K_p(x)\Big||u_n|^{2_s^*-1}|\varphi(x-x_n)|\mathrm{d}x\\ =&\Big\{\int_{D_\varepsilon(R_1)}+\int_{B_{R_1(0)}}+\int_{\mathbb{R}^3\backslash(D_\varepsilon(R_1)\cup B_{R_1(0)})}\Big\}\Big|K(x)-K_p(x)\Big||u_n|^{2_s^*-1}|\varphi(x-x_n)|\mathrm{d}x\\ :=&\mathcal{K}_1+\mathcal{K}_2+\mathcal{K}_3\end{aligned}$$

对给定 $\epsilon>0$, 由 $\varphi\in L^{2_s^*}(\mathbb{R}^3)$ 可知, 存在 $\varepsilon\in(0,\epsilon)$ 使得, 对任意的可测集 $A\subset\mathbb{R}^3$ 有 $|A|<\varepsilon$ 和 $\displaystyle\int_A|\varphi|^{2_s^*}<\epsilon$. 因此

$$\mathcal{K}_1\leqslant2||K||_\infty\Big(\int_{\mathbb{R}^3}|u_n|^{2_s^*}|\mathrm{d}x\Big)^{\frac{2_s^*-1}{2_s^*}}\Big(\int_{D_\varepsilon(R_1)}|\varphi_n|^{2_s^*}|\mathrm{d}x\Big)^{\frac{1}{2_s^*}}\leqslant C\epsilon^{\frac{1}{2_s^*}}$$

因为 $\varphi\in L^{2_s^*}(\mathbb{R}^3)$ 和 $|x_n|\to\infty$, 所以当 $n\to\infty$ 时, 有

$$\begin{aligned}\mathcal{K}_2\leqslant&2||K||_\infty\Big(\int_{\mathbb{R}^3}|u_n|^{2_s^*}|\mathrm{d}x\Big)^{\frac{2_s^*-1}{2_s^*}}\Big(\int_{B_{R_1(0)}}|\varphi(x-x_n)|^{2_s^*}|\mathrm{d}x\Big)^{\frac{1}{2_s^*}}\\ \leqslant&C\Big(\int_{B_{R_1(x_n)}}|\varphi(x)|^{2_s^*}|\mathrm{d}x\Big)^{\frac{1}{2_s^*}}\leqslant C\epsilon\end{aligned}$$

此外

$$\mathcal{K}_3\leqslant\epsilon\Big(\int_{\mathbb{R}^3}|u_n|^{2_s^*}|\mathrm{d}x\Big)^{\frac{2_s^*-1}{2_s^*}}\Big(\int_{\mathbb{R}^3}|\varphi_n|^{2_s^*}|\mathrm{d}x\Big)^{\frac{1}{2_s^*}}\leqslant C\epsilon$$

因此, 对充分大的 n 有 $\mathcal{K}\leqslant C(\epsilon+\epsilon^{\frac{1}{2_s^*}})$. □

如下结论在定理 2.1.1 的证明过程中起到关键性的作用, 为了内容的完整性我们给出简要证明, 详细的证明过程可参见文献 [176] 或 [106].

引理 2.3.3 若序列 $\{u_n\}\subset H^s(\mathbb{R}^3)$ 满足 $u_n\rightharpoonup0$, 则对任意有界的 $\varphi_n\in H^s(\mathbb{R}^3)$, 有

$$\lim_{n\to+\infty}\int_{\mathbb{R}^3}\Big(V(x)-V_p(x)\Big)u_n\varphi_n\mathrm{d}x=0\tag{2.3.2}$$

$$\lim_{n\to+\infty}\int_{\mathbb{R}^3}\Big(g(x,u_n)-g_p(x,u_n)\Big)\varphi_n\mathrm{d}x=0\tag{2.3.3}$$

$$\lim_{n\to+\infty}\int_{\mathbb{R}^3}\Big(G(x,u_n)-G_p(x,u_n)\Big)\mathrm{d}x=0\tag{2.3.4}$$

证明 对任意的 $\varepsilon>0$ 和 $R>0$, 记

$$D_\varepsilon(R):=\Big\{x\in\mathbb{R}^3:|h(x)|\geqslant\varepsilon,|x|\geqslant R\Big\}$$

断言: 存在 $R_1>0$ 使得 $|D_\varepsilon(R_1)|<\varepsilon$. 若不然, 假设存在一列 $\{R_n\}:=\{n\}$ 使得 $|D_\varepsilon(R_n)|\geqslant\varepsilon>0$. 记

$$\Omega:=\Big\{x\in\mathbb{R}^3:|h(x)|\geqslant\varepsilon\Big\}$$

和

$$\Omega_n:=\Omega\setminus D_n(R_n)=\Big\{x\in\mathbb{R}^3:|h(x)|<\varepsilon,|x|<R_n\Big\}$$

则由 $h\in\mathcal{F}$ 可知 $\alpha:=|\Omega|<+\infty$. 此外 $\Omega_n\subset\Omega_{n+1}$ 和 $\Omega=\bigcup\limits_{n=1}^{\infty}\Omega_n$. 因此

$$\alpha=|\Omega|=\lim_{n\to\infty}|\Omega_n|=\lim_{n\to\infty}|\Omega\setminus D_\varepsilon(R_n)|=\lim_{n\to\infty}\Big(|\Omega|-|D_\varepsilon(R_n)|\Big)\leqslant\alpha-\varepsilon<\alpha$$

矛盾. 故断言成立. 因为在 $H^s(\mathbb{R}^3)$ 中 $u_n\rightharpoonup u$, 所以对充分大的 n, 有

$$|u_n|_{L^2(B_{R_1}(0))}<\varepsilon,\quad |u_n|_{L^q(B_{R_1}(0))}^{q-1}<\varepsilon$$

注意到

$$\begin{aligned}
&|\int_{\mathbb{R}^3}\Big(g(x,u_n)-g_p(x,u_n)\Big)\varphi_n\mathrm{d}x|\leqslant\int_{\mathbb{R}^3}|g(x,u_n)-g_p(x,u_n)||\varphi_n|\mathrm{d}x\\
&\leqslant\int_{\mathbb{R}^3}|h(x)|\Big(|u_n|+|u_n|^{q-1}\Big)|\varphi_n|\mathrm{d}x\\
&=\left[\int_{D_\varepsilon(R_1)}+\int_{B_{R_1}(0)}+\int_{\mathbb{R}^3\setminus(D_\varepsilon(R_1)\cup B_{R_1}(0))}\right]|h(x)|\big(|u_n|+|u_n|^{q-1}\big)|\varphi_n|\mathrm{d}x\\
&:=I_1+I_2+I_3
\end{aligned}\tag{2.3.5}$$

由 Hölder 不等式以及 $\{||u_n||\}$ 和 $\{||\varphi_n||\}$ 的有界性可知

$$\begin{aligned}
I_1&\leqslant|h|_\infty|D_\varepsilon(R_1)|^{\frac{s}{3}}|u_n|_2|\varphi_n|_{2_s^*}+|h|_\infty|D_\varepsilon(R_1)|^{\frac{2_s^*-q}{2_s^*q}}|u_n|_q^{q-1}|\varphi_n|_{2_s^*}\\
&\leqslant C(\varepsilon^{\frac{s}{3}}+\varepsilon^{\frac{2_s^*-q}{2_s^*q}})\\
I_2&\leqslant|h|_\infty|u_n|_{L^2(B_{R_1}(0))}|\varphi_n|_2+|h|_\infty|u_n|_{L^q(B_{R_1}(0))}^{q-1}|\varphi_n|_q\leqslant C\varepsilon\\
I_3&\leqslant\varepsilon|u_n|_2|\varphi_n|_2+\varepsilon|u_n|_q^{q-1}|\varphi_n|_q\leqslant C\varepsilon
\end{aligned}$$

因此, 当 $n\to+\infty$ 时 $\int_{\mathbb{R}^3}\Big(g(x,u_n)-g_p(x,u_n)\Big)\varphi_n\mathrm{d}x\to 0$, 即 (2.3.3) 式成立. 类似地, (2.3.2) 式成立. 注意到

$$\int_{\mathbb{R}^3}\Big(g(x,tu_n)-g_p(x,tu_n)\Big)\varphi_n\mathrm{d}x\to 0,\quad t\in[0,1]$$

则

$$\begin{aligned}
\int_{\mathbb{R}^3}\Big(G(x,u_n)-G_p(x,u_n)\Big)\mathrm{d}x&=\int_{\mathbb{R}^3}\left(\int_0^1\Big(g(x,tu_n)-g_p(x,tu_n)\Big)u_n\mathrm{d}t\right)\mathrm{d}x\\
&=\int_0^1\left(\int_{\mathbb{R}^3}\Big(g(x,tu_n)-g_p(x,tu_n)\Big)\mathrm{d}x\right)\mathrm{d}t\to 0
\end{aligned}$$

即 (2.3.4)式成立. 因而完成引理的证明. □

定理 2.1.1 的证明 假设 $\{w_n\}\subset S_1$ 是一列极小化序列, 即 $\Phi(w_n)\to\inf\limits_{S_1}\Phi$. 由 Ekeland 变分原理可假设 $\Phi'(w_n)\to 0$, 则由引理 2.2.5 可知, $I'(u_n)\to 0$ 和 $I(u_n)=\Phi(w_n)\to c$, 其中 $u_n=m(w_n)\in\mathcal{N}$. 此外, 通过引理 2.2.5 可知, u_n 在 $H^s(\mathbb{R}^3)$ 中有界, 则在子列的意义下, 可设

$$
\begin{aligned}
&\text{在 } H^s(\mathbb{R}^3) \text{ 中 } u_n\rightharpoonup u\\
&\text{在 } L^q_{loc}(\mathbb{R}^3) \text{ 中 } u_n\to u,\quad \forall q\in[2,2_s^*)\\
&u_n(x)\to u(x),\quad \text{a.e. } x\in\mathbb{R}^3
\end{aligned}
$$

接下来, 我们证明 $I'(u)=0$. 若 $u=0$, 则 $I'(u)=0$. 若 $u\neq 0$, 我们断言

$$
\lim_{n\to+\infty}\int_{\mathbb{R}^3}|(-\Delta)^{\frac{s}{2}}u_n|^2\mathrm{d}x=\int_{\mathbb{R}^3}|(-\Delta)^{\frac{s}{2}}u|^2\mathrm{d}x \tag{2.3.6}
$$

事实上, 可设

$$
\int_{\mathbb{R}^3}|(-\Delta)^{\frac{s}{2}}u|^2\mathrm{d}x\leqslant\lim_{n\to+\infty}\int_{\mathbb{R}^3}|(-\Delta)^{\frac{s}{2}}u_n|^2\mathrm{d}x=A>0
$$

由 $I'(u_n)\to 0$ 可知, u 是方程

$$
(a+bA)(-\Delta)^s u(x)+V(x)u=K(x)|u|^{2_s^*-2}u+\lambda g(x,u),\quad x\in\mathbb{R}^3
$$

的弱解, 则

$$
\begin{aligned}
&\left(a+b\int_{\mathbb{R}^3}|(-\Delta)^{\frac{s}{2}}u|^2\mathrm{d}x\right)\int_{\mathbb{R}^3}|(-\Delta)^{\frac{s}{2}}u|^2\mathrm{d}x+\int_{\mathbb{R}^3}V(x)u^2\mathrm{d}x\\
&\leqslant(a+bA)\int_{\mathbb{R}^3}|(-\Delta)^{\frac{s}{2}}u|^2\mathrm{d}x+\int_{\mathbb{R}^3}V(x)u^2\mathrm{d}x\\
&=\int_{\mathbb{R}^3}K(x)|u|^{2_s^*}\mathrm{d}x+\lambda\int_{\mathbb{R}^3}G(x,u)\mathrm{d}x
\end{aligned} \tag{2.3.7}
$$

记

$$
h_1(t):=\langle I'(tu),tu\rangle,\quad \forall\, t\geqslant 0
$$

当 $\int_{\mathbb{R}^3}|(-\Delta)^{\frac{s}{2}}u|^2\mathrm{d}x=A$ 时 (2.3.6) 式成立. 当 $\int_{\mathbb{R}^3}|(-\Delta)^{\frac{s}{2}}u|^2\mathrm{d}x<A$ 时, 由 (2.3.7) 式可知 $h_1(1)<0$. 由 (2.2.2) 式可得

$$
h_1(t)\geqslant t^2\|u\|^2-\delta\lambda Ct^2\int_{\mathbb{R}^3}|u|^2\mathrm{d}x-\lambda C_\delta t^q\int_{\mathbb{R}^3}|u|^q\mathrm{d}x-t^{2_s^*}\int_{\mathbb{R}^3}K(x)|u|^{2_s^*}\mathrm{d}x
$$

从上式可知, 当 $t>0$ 充分小时 $h_1(t)>0$. 因此, 存在一个常数 $t_0\in(0,1)$ 使得 $h_1(t_0)=\langle I'(t_0u),t_0u\rangle=0$, 即 $t_0u\in\mathcal{N}$. 由 (g_3) 可知

$$
\begin{aligned}
c&\leqslant I(t_0u)=I(t_0u)-\frac{1}{4}\langle I'(t_0u),\ t_0u\rangle\\
&=\frac{t_0^2}{4}||u||^2+\frac{\lambda}{4}\int_{\mathbb{R}^3}\Big(g(x,t_0u)t_0u-4G(x,t_0u)\Big)\mathrm{d}x+\left(\frac{1}{4}-\frac{1}{2_s^*}\right)t_0^{2_s^*}\int_{\mathbb{R}^3}K(x)|u|^{2_s^*}\mathrm{d}x
\end{aligned}
$$

$$\begin{aligned}
&< \frac{1}{4}||u||^2 + \frac{\lambda}{4}\int_{\mathbb{R}^3}\Big(g(x,u)u - 4G(x,u)\Big)\mathrm{d}x + \left(\frac{1}{4} - \frac{1}{2_s^*}\right)\int_{\mathbb{R}^3} K(x)|u|^{2_s^*}\mathrm{d}x \\
&= \liminf_{n\to+\infty}\left\{I(u_n) - \frac{1}{4}\langle I'(u_n),\ u_n\rangle\right\} \\
&= c
\end{aligned} \tag{2.3.8}$$

矛盾, 从而 (2.3.6)式成立并且 $I'(u)=0$.

接下来, 我们分别从如下两种情形继续我们的证明: $u\neq 0$ 和 $u=0$.

情形 1: $u\neq 0$. 在此情形下 $u\in\mathcal{N}$ 和 $I(u)\geqslant c$. 由 (g_3) 可知

$$\begin{aligned}
c &= \lim_{n\to\infty}\{I(u_n) - \frac{1}{4}\langle I'(u_n),u_n\rangle\} \\
&\geqslant \liminf_{n\to\infty}\left\{\frac{1}{4}||u_n||^2 + \lambda\int_{\mathbb{R}^3}\Big(\frac{1}{4}g(x,u_n)u_n - G(x,u_n)\Big)\mathrm{d}x\right. \\
&\quad \left.+\left(\frac{1}{4}-\frac{1}{2_s^*}\right)\int_{\mathbb{R}^3}K(x)|u_n|^{2_s^*}\mathrm{d}x\right\} \\
&\geqslant \frac{1}{4}||u||^2 + \lambda\int_{\mathbb{R}^3}\Big(\frac{1}{4}g(x,u)u - G(x,u)\Big)\mathrm{d}x + \left(\frac{1}{4}-\frac{1}{2_s^*}\right)\int_{\mathbb{R}^3}K(x)|u|^{2_s^*}\mathrm{d}x \\
&= I(u) - \frac{1}{4}\langle I'(u),u\rangle \\
&= I(u)
\end{aligned} \tag{2.3.9}$$

从上式可得 $I(u)\leqslant c$. 从而

$$I(u)=c$$

因此 u 是方程 (2.1.4) 的基态解.

情形 2: $u=0$. 即 $\{u_n\}$ 是"消失的"或"非消失的". 若 $\{u_n\}$ 是"消失的", 即

$$\lim_{n\to+\infty}\sup_{y\in\mathbb{R}^3}\int_{B_1(y)}|u_n(x)|^2\mathrm{d}x = 0$$

由命题 1.2.4 可知, 在 $L^t(\mathbb{R}^3)$ 中 $u_n\to 0$ $(2<t<2_s^*)$. 由 (2.2.2)式可知

$$\lim_{n\to+\infty}\int_{\mathbb{R}^3} g(x,u_n)u_n\mathrm{d}x = 0$$

$$\lim_{n\to+\infty}\int_{\mathbb{R}^3} G(x,u_n)\mathrm{d}x = 0$$

因此

$$\begin{aligned}
&a\int_{\mathbb{R}^3}|(-\Delta)^{\frac{s}{2}}u_n|^2\mathrm{d}x + b\left(\int_{\mathbb{R}^3}|(-\Delta)^{\frac{s}{2}}u_n|^2\mathrm{d}x\right)^2 \\
&= \int_{\mathbb{R}^3}K(x)|u_n|^{2_s^*}\mathrm{d}x + o(1)
\end{aligned} \tag{2.3.10}$$

由命题 1.2.3 可知

$$a\mathcal{S}_s\left(\int_{\mathbb{R}^3}|u_n|^{2_s^*}\mathrm{d}x\right)^{\frac{2}{2_s^*}} + b\mathcal{S}_s^2\left(\int_{\mathbb{R}^3}|u_n|^{2_s^*}\mathrm{d}x\right)^{\frac{4}{2_s^*}}$$

$$
\begin{aligned}
&\leqslant a\int_{\mathbb{R}^3}|(-\Delta)^{\frac{s}{2}}u_n|^2\mathrm{d}x+b\left(\int_{\mathbb{R}^3}|(-\Delta)^{\frac{s}{2}}u_n|^2\mathrm{d}x\right)^2\\
&\leqslant ||K||_\infty\int_{\mathbb{R}^3}|u_n|^{2_s^*}\mathrm{d}x
\end{aligned}
\tag{2.3.11}
$$

即 $\int_{\mathbb{R}^3}|u_n|^{2_s^*}\mathrm{d}x:=L^{2_s^*}+o_n(1)$. 由 (2.3.11)式可知

$$
a\mathcal{S}_sL^2+b\mathcal{S}_s^2L^4-||K||_\infty L^{2_s^*}\leqslant 0
$$

从而 $L>\hat{T}$. 因此

$$
\begin{aligned}
&c+o_n(1)\\
&\quad=I(u_n)-\frac{1}{4}\langle I'(u_n),u_n\rangle\\
&\quad=\frac{a}{4}\int_{\mathbb{R}^3}|(-\Delta)^{\frac{s}{2}}u_n|^2\mathrm{d}x+\frac{1}{4}\int_{\mathbb{R}^3}V(x)u_n^2\mathrm{d}x+\lambda\int_{\mathbb{R}^3}\Big(\frac{1}{4}g(x,u_n)u_n-G(x,u_n)\Big)\mathrm{d}x\\
&\qquad+\Big(\frac{1}{4}-\frac{1}{2_s^*}\Big)\int_{\mathbb{R}^3}K(x)|u_n|^{2_s^*}\mathrm{d}x\\
&\quad\geqslant\frac{a}{4}\int_{\mathbb{R}^3}|(-\Delta)^{\frac{s}{2}}u|^2\mathrm{d}x+\Big(\frac{1}{4}-\frac{1}{2_s^*}\Big)\left\{a\int_{\mathbb{R}^3}|(-\Delta)^{\frac{s}{2}}u_n|^2\mathrm{d}x+b\Big(\int_{\mathbb{R}^3}|(-\Delta)^{\frac{s}{2}}u_n|^2\mathrm{d}x\Big)^2\right\}\\
&\quad\geqslant\frac{a}{4}\mathcal{S}_s\Big(\int_{\mathbb{R}^3}|u_n|^{2_s^*}\mathrm{d}x\Big)^{\frac{2}{2_s^*}}+\Big(\frac{1}{4}-\frac{1}{2_s^*}\Big)\left\{a\mathcal{S}_s\Big(\int_{\mathbb{R}^3}|u_n|^{2_s^*}\mathrm{d}x\Big)^{\frac{2}{2_s^*}}\right.\\
&\qquad\left.+b\mathcal{S}_s^2\Big(\int_{\mathbb{R}^3}|u_n|^{2_s^*}\mathrm{d}x\Big)^{\frac{4}{2_s^*}}\right\}\\
&\quad=\frac{a}{4}\mathcal{S}_sL^2+\Big(\frac{1}{4}-\frac{1}{2_s^*}\Big)\Big(a\mathcal{S}_sL^2+b\mathcal{S}_s^2L^4\Big)\\
&\quad\geqslant\frac{a}{4}\mathcal{S}_s\hat{T}^2+\Big(\frac{1}{4}-\frac{1}{2_s^*}\Big)\Big(a\mathcal{S}_s\hat{T}^2+b\mathcal{S}_s^2\hat{T}^4\Big)\\
&\quad=\frac{a}{2}\mathcal{S}_s\hat{T}^2+\frac{b}{4}\mathcal{S}_s^2\hat{T}^4+\frac{||K||_\infty}{2_s^*}\hat{T}^{2_s^*}
\end{aligned}
$$

上式与引理 2.2.6 矛盾. 因此 $\{u_n\}$ 是"非消失的", 则存在 $x_n\in\mathbb{R}^3$ 和 $\delta_0>0$ 使得

$$
\int_{B_1(x_n)}|u_n(x)|^2\mathrm{d}x\geqslant\delta_0 \tag{2.3.12}
$$

不失一般性, 我们可以假设 $x_n\in\mathbb{Z}^N$ 且满足 $|x_n|\to\infty$. 记 $\tilde{u}_n(\cdot):=u_n(\cdot+x_n)$, 在子列的意义下, 可设

$$
\begin{aligned}
&在\ H^s(\mathbb{R}^3)\ 中\ \tilde{u}_n\rightharpoonup\tilde{u}\\
&在\ L^q_{loc}(\mathbb{R}^3)\ 中\ \tilde{u}_n\to\tilde{u},\quad\forall q\in[2,2_s^*)\\
&\tilde{u}_n(x)\to\tilde{u}(x),\quad\text{a.e. }x\in\mathbb{R}^3
\end{aligned}
$$

首先, 断言:

$$
I_p'(\tilde{u})=0 \tag{2.3.13}
$$

事实上, 对任意的 $\psi \in H^s(\mathbb{R}^3)$, 令 $\psi_n(\cdot) := \psi(\cdot - x_n)$. 结合引理 2.3.2 和引理 2.3.3, 将 φ_n 替换为 ψ_n 可得

$$\lim_{n\to+\infty}\int_{\mathbb{R}^3}\Big(V(x)-V_p(x)\Big)u_n\psi_n\mathrm{d}x=0$$
$$\lim_{n\to+\infty}\int_{\mathbb{R}^3}\Big(K(x)-K_p(x)\Big)|u_n|^{2_s^*-2}u_n\varphi_n\mathrm{d}x=0$$
$$\lim_{n\to+\infty}\int_{\mathbb{R}^3}\Big(g(x,u_n)-g_p(x,u_n)\Big)\psi_n\mathrm{d}x=0$$

因此

$$\langle I'(u_n),\psi_n\rangle-\langle I_p'(u_n),\psi_n\rangle\to 0$$

由 $I'(u_n)\to 0$ 和 $||\psi_n||=||\psi||$ 可知, $\langle I'(u_n),\psi_n\rangle\to 0$. 因此 $\lim\limits_{n\to+\infty}\langle I_p'(u_n),\psi_n\rangle=0$. 此外, 由 (V), (K) 和 (g_4) 可得 $\langle I_p'(\tilde{u}_n),\psi\rangle=\langle I_p'(u_n),\psi_n\rangle$, 则 $\langle I_p'(\tilde{u}_n),\psi\rangle\to 0$ 和 $I_p'(\tilde{u}_n)\rightharpoonup 0$.

接下来我们验证

$$I_p(\tilde{u})\leqslant c \tag{2.3.14}$$

结合引理 2.3.2, 将 φ_n 替换为 u_n 可得

$$\lim_{n\to+\infty}\int_{\mathbb{R}^3}\Big(V(x)-V_p(x)\Big)|u_n|^2\mathrm{d}x=0$$
$$\lim_{n\to+\infty}\int_{\mathbb{R}^3}\Big(g(x,u_n)-g_p(x,u_n)\Big)u_n\mathrm{d}x=0$$
$$\lim_{n\to+\infty}\int_{\mathbb{R}^3}\Big(G(x,u_n)-G_p(x,u_n)\Big)\mathrm{d}x=0$$

结合上式和 (K) 可知

$$\begin{aligned}
c=&\lim_{n\to\infty}\left\{I(u_n)-\frac{1}{4}\langle I'(u_n),u_n\rangle\right\}\\
=&\lim_{n\to\infty}\left\{\frac{1}{4}||u_n||^2+\lambda\int_{\mathbb{R}^3}\Big(\frac{1}{4}g(x,u_n)u_n-G(x,u_n)\Big)\mathrm{d}x\right.\\
&\left.+\Big(\frac{1}{4}-\frac{1}{2_s^*}\Big)\int_{\mathbb{R}^3}K(x)|u_n|^{2_s^*}\mathrm{d}x\right\}\\
\geqslant&\lim_{n\to\infty}\left\{\frac{1}{4}||u_n||_p^2+\lambda\int_{\mathbb{R}^3}\Big(\frac{1}{4}g_p(x,u_n)u_n-G_p(x,u_n)\Big)\mathrm{d}x\right.\\
&\left.+\Big(\frac{1}{4}-\frac{1}{2_s^*}\Big)\int_{\mathbb{R}^3}K_p(x)|u_n|^{2_s^*}\mathrm{d}x\right\}\\
=&\lim_{n\to\infty}\left\{\frac{1}{4}||\tilde{u}_n||_p^2+\lambda\int_{\mathbb{R}^3}\Big(\frac{1}{4}g_p(x,\tilde{u}_n)\tilde{u}_n-G_p(x,\tilde{u}_n)\Big)\mathrm{d}x\right.\\
&\left.+\Big(\frac{1}{4}-\frac{1}{2_s^*}\Big)\int_{\mathbb{R}^3}K_p(x)|\tilde{u}_n|^{2_s^*}\mathrm{d}x\right\}\\
\geqslant&||\tilde{u}||_p^2+\lambda\int_{\mathbb{R}^3}\Big(\frac{1}{4}g_p(x,\tilde{u})\tilde{u}-G_p(x,\tilde{u})\Big)\mathrm{d}x+\Big(\frac{1}{4}-\frac{1}{2_s^*}\Big)\int_{\mathbb{R}^3}K_p(x)|\tilde{u}|^{2_s^*}\mathrm{d}x\\
=&I_p(\tilde{u})-\frac{1}{4}\langle I_p'(\tilde{u}),\tilde{u}\rangle=I_p(\tilde{u})
\end{aligned}$$

因此有 $I_p(\tilde{u})\leqslant c$.

因为在 $H^s(\mathbb{R}^3)$ 中 $\tilde{u}_n\rightharpoonup\tilde{u}$, 所以可设

$$\int_{\mathbb{R}^3}|(-\Delta)^{\frac{s}{2}}\tilde{u}|^2\mathrm{d}x\leqslant\lim_{n\to+\infty}\int_{\mathbb{R}^3}|(-\Delta)^{\frac{s}{2}}\tilde{u}_n|^2\mathrm{d}x=\tilde{A}>0$$

由 $I_p'(\tilde{u}_n)\rightharpoonup 0$ 可知, $\tilde{u}$ 是方程

$$(a+b\tilde{A})(-\Delta)^s u(x)+V_p(x)u=K_p(x)|u|^{2_s^*-2}u+\lambda g_p(x,u),\quad x\in\mathbb{R}^3$$

的弱解, 则

$$\begin{aligned}&\left(a+b\int_{\mathbb{R}^3}|(-\Delta)^{\frac{s}{2}}\tilde{u}|^2\mathrm{d}x\right)\int_{\mathbb{R}^3}|(-\Delta)^{\frac{s}{2}}\tilde{u}|^2\mathrm{d}x+\int_{\mathbb{R}^3}V_p(x)\tilde{u}^2\mathrm{d}x\\&\leqslant\left(a+b\tilde{A}\right)\int_{\mathbb{R}^3}|(-\Delta)^{\frac{s}{2}}\tilde{u}|^2\mathrm{d}x+\int_{\mathbb{R}^3}V_p(x)\tilde{u}^2\mathrm{d}x\\&=\int_{\mathbb{R}^3}K_p(x)|\tilde{u}|^{2_s^*}\mathrm{d}x+\lambda\int_{\mathbb{R}^3}G_p(x,\tilde{u})\mathrm{d}x\end{aligned}\tag{2.3.15}$$

记

$$h_2(t):=\langle I_p'(t\tilde{u}),t\tilde{u}\rangle,\quad\forall\, t\geqslant 0$$

由 (2.3.15)式可知, $h_2(1)\leqslant 0$.

假设 $h_2(1)=0$, 即 $\langle I_p'(\tilde{u}),\tilde{u}\rangle=0$. 否则 $h_2(1)<0$. 由 (2.2.2) 式可得

$$h_2(t)\geqslant t^2||\tilde{u}||_p^2-\delta\lambda Ct^2\int_{\mathbb{R}^3}|\tilde{u}|^2\mathrm{d}x-\lambda C_\delta t^q\int_{\mathbb{R}^3}|\tilde{u}|^q\mathrm{d}x-t^{2_s^*}\int_{\mathbb{R}^3}K(x)|\tilde{u}|^{2_s^*}\mathrm{d}x$$

从上式可知, 对充分小的 $t>0$ 有 $h_2(t)>0$. 因此, 存在一个常数 $t_*\in(0,1)$ 使得 $h_2(t_*)=\langle I'(t_*u),t_*u\rangle=0$, 即 $t_*u\in\mathcal{N}_p$. 故由 (g_3) 可知

$$\begin{aligned}c_p\leqslant&I_p(t_*u)=I_p(t_*u)-\frac{1}{4}\langle I_p'(t_*u),\ t_*u\rangle\\=&\frac{t_*^2}{4}||\tilde{u}||_p^2+\frac{\lambda}{4}\int_{\mathbb{R}^3}\Big(g_p(x,t_*\tilde{u})t_*\tilde{u}-4G_p(x,t_*\tilde{u})\Big)\mathrm{d}x\\&+\left(\frac{1}{4}-\frac{1}{2_s^*}\right)t_*^{2_s^*}\int_{\mathbb{R}^3}K_p(x)|\tilde{u}|^{2_s^*}\mathrm{d}x\\<&\frac{1}{4}||\tilde{u}||_p^2+\frac{\lambda}{4}\int_{\mathbb{R}^3}\Big(g_p(x,\tilde{u})\tilde{u}-4G_p(x,\tilde{u})\Big)\mathrm{d}x+\left(\frac{1}{4}-\frac{1}{2_s^*}\right)\int_{\mathbb{R}^3}K_p(x)|\tilde{u}|^{2_s^*}\mathrm{d}x\\=&\liminf_{n\to+\infty}\left\{I_p(\tilde{u}_n)-\frac{1}{4}\langle I_p'(\tilde{u}_n),\ \tilde{u}_n\rangle\right\}\\=&c\end{aligned}\tag{2.3.16}$$

矛盾. 因此断言成立, 并且 $\langle I_p'(\tilde{u}),\tilde{u}\rangle=0$.

类似引理 2.2.1 的证明, 容易验证 $\max\limits_{t\geqslant 0}I_p(t\tilde{u})=I_p(\tilde{u})$. 由引理 2.2.1 可知, 存在常数 $t_{\tilde{u}}>0$ 使得 $t_{\tilde{u}}\tilde{u}\in\mathcal{N}$. 结合引理 2.3.1 可得

$$I(t_{\tilde{u}}\tilde{u})\leqslant I_p(t_{\tilde{u}}\tilde{u})=\max_{t\geqslant 0}I_p(t\tilde{u})=I_p(\tilde{u})$$

由 (2.3.14) 式可得 $I(t_{\tilde{u}}\tilde{u}) \leqslant c$. 所以, 结合 $t_{\tilde{u}}\tilde{u} \in \mathcal{N}$ 可知 $I(t_{\tilde{u}}\tilde{u}) \geqslant c$, 则 $I(t_{\tilde{u}}\tilde{u}) = c$. 综上所述, 极小值 c 可达, 并且相应的极小元是方程 (2.1.4) 的基态解.

接下来,我们将证明方程 (2.1.4) 的基态解是正的. 事实上, 上述对泛函 $I(u)$ 的讨论可逐字逐句地替换为泛函 $\mathcal{I}^+(u)$, 其中 $\mathcal{I}^+(u)$ 定义为

$$\mathcal{I}^+(u) = \frac{1}{2}||u||^2 + \frac{b}{4}\Big(\int_{\mathbb{R}^3}|(-\Delta)^{\frac{s}{2}}u|^2\mathrm{d}x\Big)^2 - \frac{1}{2_s^*}\int_{\mathbb{R}^3}K(x)|u^+|^{2_s^*}\mathrm{d}x - \lambda\int_{\mathbb{R}^3}G(x,u^+)\mathrm{d}x$$

故可获得如下方程的一个基态解 u:

$$\Big(a + b\int_{\mathbb{R}^3}|(-\Delta)^{\frac{s}{2}}u|^2\mathrm{d}x\Big)(-\Delta)^s u + V(x)u = K(x)|u^+|^{2_s^*-1} + \lambda g(x,u^+), \quad x \in \mathbb{R}^3 \quad (2.3.17)$$

用 u^- 作为方程 (2.3.17) 的检验函数, 则可得

$$\begin{aligned} 0 =& \Big(a + b\int_{\mathbb{R}^3}|(-\Delta)^{\frac{s}{2}}u|^2\mathrm{d}x\Big)\int_{\mathbb{R}^3}(-\Delta)^{\frac{s}{2}}u(-\Delta)^{\frac{s}{2}}u^-\mathrm{d}x + \int_{\mathbb{R}^3}V(x)|u^-|^2\mathrm{d}x \\ \geqslant& a\int_{\mathbb{R}^3}|(-\Delta)^{\frac{s}{2}}u^-|^2\mathrm{d}x + \int_{\mathbb{R}^3}V(x)|u^-|^2\mathrm{d}x \geqslant 0 \end{aligned}$$

从上式可知 $u^- = 0$, 从而 $u \geqslant 0$. 此外, 若存在某个 $x_0 \in \mathbb{R}^3$ 使得 $u(x_0) = 0$, 则 $(-\Delta)^s u(x_0) = 0$. 由 (1.1.3) 和 $u(x_0) = 0$ 可知

$$(-\Delta)^s u(x_0) = -\frac{C_{3,s}}{2}\int_{\mathbb{R}^3}\frac{u(x_0+y) + u(x_0-y)}{|y|^{3+2s}}\mathrm{d}y = 0$$

从上式可得 $u \equiv 0$. 故 u 是正的. □

2.4 带一般 Kirchhoff 函数项情形基态解的存在性

在这一节将研究分数阶 Kirchhoff 型方程:

$$M\Big(\int_{\mathbb{R}^3}|(-\Delta)^{\frac{s}{2}}u|^2\mathrm{d}x\Big)(-\Delta)^s u + V(x)u = f(x,u), \quad x \in \mathbb{R}^3 \qquad (2.4.1)$$

方程 (2.4.1) 对应的能量泛函为

$$\mathcal{I}(u) = \frac{1}{2}\overline{M}\Big([u]_{s,2}^2\Big) + \frac{1}{2}\int_{\mathbb{R}^3}V(x)u^2\mathrm{d}x - \int_{\mathbb{R}^3}F(x,u)\mathrm{d}x$$

显然 $\mathcal{I} \in C^1(H^s(\mathbb{R}^3),\mathbb{R})$. 方程 (2.4.1) 对应的周期方程为

$$M\Big(\int_{\mathbb{R}^3}|(-\Delta)^{\frac{s}{2}}u|^2\mathrm{d}x\Big)(-\Delta)^s u(x) + V_p(x)u = f_p(x,u), \quad x \in \mathbb{R}^3 \qquad (2.4.2)$$

此外, 方程 (2.4.2) 相应的能量泛函为

$$\mathcal{I}_p(u) = \frac{1}{2}\overline{M}\Big([u]_{s,2}^2\Big) + \frac{1}{2}\int_{\mathbb{R}^3}V_p(x)u^2\mathrm{d}x - \int_{\mathbb{R}^3}F_p(x,u)\mathrm{d}x$$

泛函 $\mathcal{I}$ 相对应的 Nehari 流形定义为

$$\mathcal{M}:=\left\{u\in H\backslash\{0\}\middle|\langle\mathcal{I}'(u),\ u\rangle=0\right\}$$

因为 f 只是连续的, 所以需要如下结果来克服 Nehari 流形 $\mathcal{M}$ 的不可微性:

引理 2.4.1 假设 (V), (M_1), (M_2) 和 $(f_1)\sim(f_5)$ 成立, 则如下结论成立:

(i) 对任意的 $u\in H^s(\mathbb{R}^3)\backslash\{0\}$, 存在一个唯一的 $t_u>0$ 使得 $g(t_u)=\max\limits_{t\geqslant 0}g(t)$, $g'(t)>0(\forall t\in(0,t_u))$ 和 $g'(t)<0(\forall t\in(t_u,\infty))$. 此外, $tu\in\mathcal{M}$ 当且仅当 $t=t_u$, 其中 $g(t):=\mathcal{I}(tu)$.

(ii) 存在 $\tau>0$ 使得 $t_u>\tau(\forall u\in S_1)$; 并且对任意的紧子集 $\mathcal{W}\subset S_1$, 存在 $C_{\mathcal{W}}>0$ 使得 $C_{\mathcal{W}}\geqslant t_u(\forall u\in\mathcal{W})$, 其中 $S_r:=\left\{u\in H^s(\mathbb{R}^3):||u||=r\right\}$.

(iii) 存在一个常数 $\rho>0$ 使得 $c:=\inf\limits_{u\in\mathcal{N}}\mathcal{I}(u)\geqslant\inf\limits_{u\in S_\rho}\mathcal{I}(u)>0$.

(iv) 泛函 $\mathcal{I}$ 在 Nehari 流形 $\mathcal{M}$ 上是强制的.

证明 (i) 由 $(f_1)\sim(f_5)$ 和 (M_2) 可知, 对充分小的 $t>0$, 有

$$\begin{aligned}g(t)&=\frac{1}{2}\overline{M}\Big([tu]_{s,2}^2\Big)+\frac{t^2}{2}\int_{\mathbb{R}^N}V(x)u^2\mathrm{d}x-\int_{\mathbb{R}^3}F(x,tu)\mathrm{d}x\\&\geqslant\frac{a}{2\theta}t^2[u]_{s,2}^2+\frac{t^2}{2}\int_{\mathbb{R}^N}V(x)u^2\mathrm{d}x-t^{2\theta}\delta\int_{\mathbb{R}^3}|u|^{2\theta}\mathrm{d}x-t^qC_\delta\int_{\mathbb{R}^3}|u|^q\mathrm{d}x\\&>0\\g'(t)&=M\Big([tu]_{s,2}^2\Big)t[u]_{s,2}^2+t\int_{\mathbb{R}^N}V(x)u^2\mathrm{d}x-\int_{\mathbb{R}^3}f(x,tu)u\mathrm{d}x\\&\geqslant at[u]_{s,2}^2+t\int_{\mathbb{R}^3}V(x)u^2\mathrm{d}x-t^{2\theta-1}\delta\int_{\mathbb{R}^3}|u|^{2\theta-1}\mathrm{d}x-t^qC_\delta\int_{\mathbb{R}^3}|u|^q\mathrm{d}x\\&\geqslant 0\end{aligned}$$

由 (M_2) 可得

$$\frac{M(t)}{\overline{M}(t)}\leqslant\frac{\theta}{t}$$

对上式在 $[1,t]$ 上积分可得

$$\overline{M}(t)\leqslant\overline{M}(1)t^\theta,\quad t\geqslant 1\tag{2.4.3}$$

此外, 由 (f_4) 可知, 当 $t\to\infty$ 时, 有

$$\begin{aligned}g(t)&\leqslant\frac{1}{2}\overline{M}(1)t^{2\theta}[u]_{s,2}^{2\theta}+\frac{t^2}{2}\int_{\mathbb{R}^N}V(x)u^2\mathrm{d}x-\int_{\mathbb{R}^N}F(x,tu)\mathrm{d}x\\&\leqslant t^{2\theta}\left\{\frac{1}{2}\overline{M}(1)[u]_{s,2}^{2\theta}+\frac{1}{2}\int_{\mathbb{R}^N}V(x)u^2\mathrm{d}x-\int_{\mathbb{R}^N}\frac{F(x,tu)}{(tu)^{2\theta}}u^{2\theta}\mathrm{d}x\right\}\\&\to-\infty\end{aligned}$$

则 $g(t)$ 有一个极大值点, 即存在常数 $t_u>0$ 使得 $g'(t_u)=0$ 和 $g'(t)>0$ $(\forall t\in(0,t_u))$. 接下来我们证明: $g'(t)\neq 0(\forall t>t_u)$. 若不然, 可假设存在常数 $t_u<t_1<+\infty$ 使得 $g'(t_1)=0$

和 $g(t_u) \geqslant g(t_1)$. 由 (M_2) 和 (f_3) 可知

$$\begin{aligned}
g(t_1) &= g(t_1) - \frac{t_1}{2\theta} g'(t_1) \\
&\geqslant \frac{1}{2}\overline{M}\left([t_1 u]_{s,2}^2\right) - \frac{1}{2\theta} M\left([t_1 u]_{s,2}^2\right)[t_1 u]_{s,2}^2 + \left(\frac{1}{2} - \frac{1}{2\theta}\right) t_1^2 \int_{\mathbb{R}^3} V(x) u^2 \mathrm{d}x \\
&\quad + \int_{\mathbb{R}^3} \left(\frac{1}{2\theta} f(x, t_1 u) t_1 u - F(x, t_1 u)\right) \mathrm{d}x \\
&> \frac{1}{2}\overline{M}\left([t_u u]_{s,2}^2\right) - \frac{1}{2\theta} M\left([t_u u]_{s,2}^2\right)[t_u u]_{s,2}^2 + \left(\frac{1}{2} - \frac{1}{2\theta}\right) t_u^2 \int_{\mathbb{R}^3} V(x) u^2 \mathrm{d}x \\
&\quad + \int_{\mathbb{R}^3} \left(\frac{1}{2\theta} f(x, t_u u) t_1 u - F(x, t_u u)\right) \mathrm{d}x \\
&= g(t_u) - \frac{t_u}{2\theta} g'(t_u) = g(t_u)
\end{aligned}$$

矛盾. 因此, 当 $t > t_u$ 时 $g'(t) \neq 0$. 此外, 由 $g'(t) = t^{-1}\langle I'(tu),\ tu\rangle$ 可知, $tu \in \mathcal{N}$ 当且仅当 $t = t_u$.

(ii) 由 (i) 可知, 对任意的 $u \in S_1$ 存在 $t_u > 0$ 使得 $t_u u \in \mathcal{N}$. 因此, 我们有

$$t_u^2 \min\{a, 1\}||u||^2 \leqslant M\left([t_u u]_{s,2}^2\right)[t_u u]_{s,2}^2 + t_u^2 \int_{\mathbb{R}^N} V(x) u^2 \mathrm{d}x \leqslant \delta t_u^{2\theta} + C_\delta t_u^q$$

从上式可知, 存在 $\tau > 0$ 使得 $t_u \geqslant \tau$. 假设 $\mathcal{W} \subset S_1$ 是紧的, 以及序列 $\{w_n\} \subset \mathcal{W}$ 和 $t_n := t_{w_n} \to +\infty$. 由 $\mathcal{W}$ 的紧性可知, 存在 $w \in \mathcal{W}$ 使得在 $H^s(\mathbb{R}^3)$ 中 $w_n \to w$. 此外 $I(t_n w_n) \to -\infty$.

另一方面, 由 $v_n := t_n w_n \in \mathcal{N}$ 和 (f_3) 可知

$$\mathcal{I}(t_n w_n) = \mathcal{I}(v_n) = \mathcal{I}(v_n) - \frac{1}{2\theta}\langle I'(v_n), v_n\rangle \geqslant \left(\frac{1}{2} - \frac{1}{2\theta}\right) \int_{\mathbb{R}^3} V(x) v_n^2 \mathrm{d}x \geqslant 0$$

矛盾. 因此结论 (ii) 成立.

(iii) 类似 (2.4.3)式的证明, 可得

$$\overline{M}(t) \geqslant \overline{M}(1) t^\theta, \quad t \in (0, 1] \tag{2.4.4}$$

对任意的 $u \in H\backslash\{0\}$ 满足 $\|u\|^2 \leqslant 1$, 由 (f_1) $\sim$ (f_5) 和 Sobolev 不等式可知

$$\begin{aligned}
\mathcal{I}(u) &\geqslant \frac{1}{2}\overline{M}\left([u]_{s,2}^2\right) + \int_{\mathbb{R}^N} V(x) u^2 \mathrm{d}x - \delta \int_{\mathbb{R}^3} |u|^{2\theta} \mathrm{d}x - C_\delta \int_{\mathbb{R}^3} |u|^q \mathrm{d}x \\
&\geqslant \frac{1}{2} M(1)[u]_{s,2}^{2\theta} + \left(\int_{\mathbb{R}^N} V(x) u^2 \mathrm{d}x\right)^\theta - \delta\|u\|^{2\theta} - C_\delta \|u\|^q \\
&\geqslant C_1\left([u]_{s,2}^2 + \int_{\mathbb{R}^N} V(x) u^2 \mathrm{d}x\right)^\theta - \delta\|u\|^{2\theta} - C_\delta \|u\|^q \\
&\geqslant C_1 \|u\|^{2\theta} - \delta\|u\|^{2\theta} - C_\delta \|u\|^q
\end{aligned}$$

因此, 存在一个常数 $\rho \in (0, 1]$ 使得当 $\|u\| = \rho$ 时, 有

$$\mathcal{I}(u) \geqslant \alpha > 0$$

对任意的 $u\in\mathcal{N}$, 由引理 2.4.1(i) 可知, $\mathcal{I}(u)=\max\limits_{t>0}I(tu)$. 可取常数 $l>0$ 使得 $lu\in S_\rho$, 则

$$\mathcal{I}(u)\geqslant\mathcal{I}(lu)\geqslant\inf_{u\in S_\rho}\mathcal{I}(u)\geqslant\alpha>0$$

$$c:=\inf_{u\in\mathcal{N}}\mathcal{I}(u)\geqslant\inf_{u\in S_\rho}\mathcal{I}(u)>0$$

(iv) 用反证法, 假设存在一个序列 $\{u_n\}\subset\mathcal{M}$ 和一个常数 $d>0$ 使得 $\|u_n\|\to+\infty$ 和 $I(u_n)\leqslant d$. 记 $v_n:=\dfrac{u_n}{\|u_n\|}$, 则在子列的意义下可设

$$\begin{aligned}&\text{在 } H^s(\mathbb{R}^3)\text{ 中 } v_n\rightharpoonup v\\&\text{在 } L^q_{loc}(\mathbb{R}^3)\text{ 中 } v_n\to v,\quad\forall q\in[2,2_s^*)\\&v_n(x)\to v(x),\quad\text{a.e. } x\in\mathbb{R}^3\end{aligned}$$

若 $\{v_n\}$ 是"消失的", 由 $(\mathrm{f}_1)\sim(\mathrm{f}_5)$ 可知, 在 $L^q(\mathbb{R}^3)$ 中 $v_n\to0$, $q\in(2,2_s^*)$. 因此, 对任意的 $t\in\mathbb{R}$, 有

$$\int_{\mathbb{R}^3}F(tv_n)\mathrm{d}x\to0$$

由 $u_n\in\mathcal{N}$ 可知, 当 $t\to\infty$ 时, 有

$$d\geqslant\mathcal{I}(u_n)\geqslant\mathcal{I}(tv_n)\geqslant\frac{t^2}{2}\min\left\{\frac{a}{\theta},1\right\}\|v_n\|^2-\int_{\mathbb{R}^3}F(tv_n)\mathrm{d}x\geqslant\frac{t^2}{2}\min\left\{\frac{a}{\theta},1\right\}\to+\infty$$

若 $t>\sqrt{\dfrac{2d}{\min\left\{\frac{a}{\theta},1\right\}}}$, 这与上式矛盾. 故 $\{v_n\}$ 是"非消失的"并且 $v\neq0$. 由命题 1.2.4 可知, 存在常数 $\delta>0$ 和 $y_n\in\mathbb{R}^3$ 使得

$$\liminf_{n\to\infty}\int_{B_1(y_n)}v_n^2\geqslant\delta\tag{2.4.5}$$

记 $\bar{v}(\cdot):=v_n(\cdot+y_n)$, 则在子列的意义下可设

$$\begin{aligned}&\text{在 } H^s(\mathbb{R}^3)\text{ 中 } \bar{v}_n\rightharpoonup\bar{v}\\&\text{在 } L^q_{loc}(\mathbb{R}^3)\text{ 中 } \bar{v}_n\to\bar{v},\quad\forall q\in[2,2_s^*)\\&\bar{v}_n(x)\to\bar{v}(x),\quad\text{a.e. } x\in\mathbb{R}^3\end{aligned}$$

记 $\Omega:=\{x\in\mathbb{R}^3,\bar{v}\neq0\}$. 由 (2.4.5) 式可得 $\mathrm{meas}\{\Omega\}>0$. 由 (f_4) 和 Fatou 引理可知

$$\int_{\mathbb{R}^3}\frac{F(x+y_n,||u_n||\bar{v}_n)}{||u_n||^{2\theta}}\mathrm{d}x\geqslant\int_\Omega\frac{F(x+y_n,||u_n||\bar{v}_n)}{||u_n||^{2\theta}\bar{v}_n^{2\theta}}v_n^{2\theta}\mathrm{d}x\to+\infty\tag{2.4.6}$$

由 (2.4.6) 式可知

$$0\leqslant\frac{\mathcal{I}(u_n)}{||u_n||^{2\theta}}\leqslant\frac{\max\{\overline{M}(1),1\}\|u_n\|^{2\theta}}{2\|u_n\|^{2\theta}}-\int_{\mathbb{R}^3}\frac{F(x+y_n,||u_n||\bar{v}_n)}{||u_n||^{2\theta}}\mathrm{d}x\to-\infty$$

矛盾. 故完成引理 2.4.1 的证明.

类似引理 2.2.4 和 2.2.5, 分别定义泛函 $m: S_1 \to \mathcal{N}$ 和 $\Phi: S_1 \to \mathbb{R}$ 为 $m(u) = t_u u$ 和 $\Phi(u) = \mathcal{I}(m(u))$.

由引理 2.4.1 可得如下结果 (可参见文献 [149]):

引理 2.4.2　假设 (V), ($\mathrm{M_1}$), ($\mathrm{M_2}$) 和 ($\mathrm{f_1}$) $\sim$ ($\mathrm{f_5}$) 成立, 则泛函 m 是 S_1 和 $\mathcal{N}$ 之间的一个同胚. 此外, 泛函 m 的逆映射为 $m^{-1}(u) = \dfrac{u}{\|u\|}$.

引理 2.4.3　假设 (V), ($\mathrm{M_1}$), ($\mathrm{M_2}$) 和 ($\mathrm{f_1}$) $\sim$ ($\mathrm{f_5}$) 成立, 则如下结果成立:

(i) 若序列 $\{w_n\}$ 是 Φ 的一个 (PS) 序列, 则序列 $\{m(w_n)\}$ 是 $\mathcal{I}$ 的一个 (PS) 序列; 若序列 $\{u_n\} \subset \mathcal{M}$ 是 $\mathcal{I}$ 的一个 (PS) 序列, 则序列 $\{m^{-1}(u_n)\}$ 是 Φ 的一个 (PS) 序列.

(ii) $w \in S_1$ 是 Φ 的临界点当且仅当 $m(w)$ 是 $\mathcal{I}$ 的临界点. 并且, $\Phi(w) = \mathcal{I}(m(w))$ 和 $\inf\limits_{S_1} \Phi = \inf\limits_{\mathcal{N}} \mathcal{I}$.

(iii) 泛函 $\mathcal{I}$ 在流形 $\mathcal{M}$ 上的极小元是方程 (2.4.1) 的基态解.

定理 2.1.2 的证明　假设 $\{w_n\} \subset S_1$ 是一列极小化序列, 即 $\Phi(w_n) \to \inf\limits_{S_1} \Phi$. 结合 Ekeland 变分原理可以假设 $\Phi'(w_n) \to 0$. 则由引理 2.4.3 可得 $\mathcal{I}'(u_n) \to 0$ 和 $\mathcal{I}(u_n) = \Phi(w_n) \to c$, 其中 $u_n = m(w_n) \in \mathcal{N}$. 此外, 通过引理 2.4.1 可知, u_n 在 $H^s(\mathbb{R}^3)$ 中有界. 则在子列的意义下可设

$$
\begin{aligned}
&\text{在 } H^s(\mathbb{R}^3) \text{ 中 } u_n \rightharpoonup u \\
&\text{在 } L^q_{loc}(\mathbb{R}^3) \text{ 中 } u_n \to u, \quad \forall q \in [2, 2_s^*) \\
&u_n(x) \to u(x), \quad \text{a.e. } x \in \mathbb{R}^3
\end{aligned}
$$

接下来, 我们证明 $\mathcal{I}'(u) = 0$. 若 $u = 0$, 则 $\mathcal{I}'(u) = 0$. 若 $u \neq 0$, 则断言

$$
\lim_{n \to +\infty} \int_{\mathbb{R}^3} |(-\Delta)^{\frac{s}{2}} u_n|^2 \mathrm{d}x = \int_{\mathbb{R}^3} |(-\Delta)^{\frac{s}{2}} u|^2 \mathrm{d}x \tag{2.4.7}
$$

事实上, 可设

$$
\int_{\mathbb{R}^3} |(-\Delta)^{\frac{s}{2}} u|^2 \mathrm{d}x \leqslant \lim_{n \to +\infty} \int_{\mathbb{R}^3} |(-\Delta)^{\frac{s}{2}} u_n|^2 \mathrm{d}x = A \geqslant 0
$$

对任意的 $\varphi \in H^s(\mathbb{R}^3)$, 由 $\{u_n\}$ 的弱收敛性可知

$$
\int_{\mathbb{R}^3} (-\Delta)^{\frac{s}{2}} u_n (-\Delta)^{\frac{s}{2}} \varphi \mathrm{d}x + \int_{\mathbb{R}^3} V(x) u_n v \mathrm{d}x \to \int_{\mathbb{R}^3} (-\Delta)^{\frac{s}{2}} u (-\Delta)^{\frac{s}{2}} \varphi \mathrm{d}x + \int_{\mathbb{R}^3} V(x) u v \mathrm{d}x
$$

$$
\int_{\mathbb{R}^3} (-\Delta)^{\frac{s}{2}} u_n (-\Delta)^{\frac{s}{2}} \varphi \mathrm{d}x \to \int_{\mathbb{R}^3} (-\Delta)^{\frac{s}{2}} u (-\Delta)^{\frac{s}{2}} \varphi \mathrm{d}x
$$

由 ($\mathrm{f_1}$) $\sim$ ($\mathrm{f_5}$) 可知

$$
\int_{\mathbb{R}^3} f(x, u_n) \varphi \mathrm{d}x \to \int_{\mathbb{R}^3} f(x, u) \varphi \mathrm{d}x
$$

因此可得

$$
o_n(1) = \langle \mathcal{I}'(u_n),\ \varphi \rangle
$$

$$
\begin{aligned}
&= M\left([u_n]_{s,2}^2\right)\int_{\mathbb{R}^3}(-\Delta)^{\frac{s}{2}}u_n(-\Delta)^{\frac{s}{2}}\varphi\mathrm{d}x+\int_{\mathbb{R}^3}V(x)u_n\varphi\mathrm{d}x-\int_{\mathbb{R}^3}f(x,u_n)\varphi\mathrm{d}x\\
&\geqslant M\left([u]_{s,2}^2\right)\int_{\mathbb{R}^3}(-\Delta)^{\frac{s}{2}}u(-\Delta)^{\frac{s}{2}}\varphi\mathrm{d}x+\int_{\mathbb{R}^3}V(x)u\varphi\mathrm{d}x-\int_{\mathbb{R}^3}f(x,u)\varphi\mathrm{d}x \qquad (2.4.8)
\end{aligned}
$$

若 $\int_{\mathbb{R}^3}|(-\Delta)^{\frac{s}{2}}u|^2\mathrm{d}x=A$, 则 (2.4.7) 式成立. 若 $\int_{\mathbb{R}^3}|(-\Delta)^{\frac{s}{2}}u|^2\mathrm{d}x<A$, 则可得 $\langle\mathcal{I}'(u),\varphi\rangle<0$. 特别地, $\langle\mathcal{I}'(u),u\rangle<0$. 记

$$
h_1(t):=\langle\mathcal{I}'(tu),tu\rangle\ ,\quad t\geqslant 0
$$

由 (2.4.8)式可知 $h(1)<0$. 结合 $(\mathrm{f}_1)\sim(\mathrm{f}_5)$ 我们有

$$
\begin{aligned}
h_1(t):&=M\left(t^2[u]_{s,2}^2\right)t^2\int_{\mathbb{R}^3}|(-\Delta)^{\frac{s}{2}}u|^2\mathrm{d}x+t^2\int_{\mathbb{R}^3}V(x)u^2\mathrm{d}x-\int_{\mathbb{R}^3}f(x,tu)tu\mathrm{d}x\\
&\geqslant \min\{a,1\}t^2\|u\|^2-t^{2\theta}\delta\int_{\mathbb{R}^3}|u|^{2\theta}\mathrm{d}x-t^qC_\delta\int_{\mathbb{R}^3}|u|^q\mathrm{d}x
\end{aligned}
$$

从上式可得对充分小的 $t>0$, $h_1(t)>0$. 因此, 存在常数 $t_0\in(0,1)$ 使得 $h(t_0)=\langle\mathcal{I}'(t_0u),t_0u\rangle=0$, 即 $t_0u\in\mathcal{N}$. 从而 $\mathcal{I}(t_0u)=\max\limits_{t\in[0,1]}\mathcal{I}(tu)$. 由 $(\mathrm{f}_1)\sim(\mathrm{f}_5)$ 可知

$$
\begin{aligned}
c\leqslant\mathcal{I}(t_0u)&=\mathcal{I}(t_0u)-\frac{1}{2\theta}\langle I'(t_0u),\ t_0u\rangle\\
&=\frac{1}{2}\overline{M}\left(t_0^2[u]_{s,2}^2\right)-\frac{1}{2\theta}M\left(t_0^2[u]_{s,2}^2\right)t_0^2[u]_{s,2}^2+\left(\frac{1}{2}-\frac{1}{2\theta}\right)t_0^2\int_{\mathbb{R}^3}V(x)u^2\mathrm{d}x\\
&\quad+\int_{\mathbb{R}^3}\left(\frac{1}{2\theta}f(x,t_0u)t_0u-F(x,t_0u)\right)\mathrm{d}x\\
&<\frac{1}{2}\overline{M}\left([u]_{s,2}^2\right)-\frac{1}{2\theta}M\left([u]_{s,2}^2\right)[u]_{s,2}^2+\left(\frac{1}{2}-\frac{1}{2\theta}\right)\int_{\mathbb{R}^3}V(x)u^2\mathrm{d}x\\
&\quad+\int_{\mathbb{R}^3}\left(\frac{1}{2\theta}f(x,u)u-F(x,u)\right)\mathrm{d}x\\
&=\liminf_{n\to+\infty}\left\{\mathcal{I}(u_n)-\frac{1}{2\theta}\langle\mathcal{I}'(u_n),\ u_n\rangle\right\}\\
&=c \qquad (2.4.9)
\end{aligned}
$$

这一矛盾表明 (2.4.7) 式成立并且 $\mathcal{I}'(u)=0$.

接下来我们分两种情形继续证明: $u\neq 0$ 和 $u=0$.

情形 1: $u\neq 0$. 在此情形下, $u\in\mathcal{M}$ 和 $\mathcal{I}(u)\geqslant c$. 由 $(\mathrm{f}_1)\sim(\mathrm{f}_5)$ 和 Fatou 引理可得

$$
\begin{aligned}
c&=\lim_{n\to\infty}\{\mathcal{I}(u_n)-\frac{1}{2\theta}\langle\mathcal{I}'(u_n),u_n\rangle\}\\
&=\liminf_{n\to\infty}\left\{\frac{1}{2}\overline{M}\left([u_n]_{s,2}^2\right)-\frac{1}{2\theta}M\left([u_n]_{s,2}^2\right)[u_n]_{s,2}^2+\left(\frac{1}{2}-\frac{1}{2\theta}\right)\int_{\mathbb{R}^3}V(x)u_n^2\mathrm{d}x\right.\\
&\quad\left.+\int_{\mathbb{R}^3}\left(\frac{1}{2\theta}f(x,u_n)u_n-F(x,u_n)\right)\mathrm{d}x\right\}\\
&\geqslant\frac{1}{2}\overline{M}\left([u]_{s,2}^2\right)-\frac{1}{2\theta}M\left([u]_{s,2}^2\right)[u]_{s,2}^2+\left(\frac{1}{2}-\frac{1}{2\theta}\right)\int_{\mathbb{R}^3}V(x)u^2\mathrm{d}x\\
&\quad+\int_{\mathbb{R}^3}\left(\frac{1}{2\theta}f(x,u)u-F(x,u)\right)\mathrm{d}x
\end{aligned}
$$

$$= I(u) - \frac{1}{2\theta}\langle \mathcal{I}'(u), u\rangle$$
$$= \mathcal{I}(u)$$

故 $\mathcal{I}(u) = c$.

情形 2: $u = 0$. 即 $\{u_n\}$ 是“消失的”或“非消失的”. 若 $\{u_n\}$ 是“消失的”, 即

$$\lim_{n\to+\infty}\sup_{y\in\mathbb{R}^3}\int_{B_1(y)}|u_n(x)|^2\mathrm{d}x = 0$$

由命题 1.2.4 可知在 $L^t(\mathbb{R}^3)$ 中 $u_n \to 0$ $(2 < t < 2_s^*)$. 由 $(\mathrm{f}_1) \sim (\mathrm{f}_5)$ 可知

$$\lim_{n\to+\infty}\int_{\mathbb{R}^3} f(x, u_n)u_n\mathrm{d}x = 0 \quad 和 \quad \lim_{n\to+\infty}\int_{\mathbb{R}^3} F(x, u_n)\mathrm{d}x = 0$$

因此当 $n \to +\infty$ 时, 有

$$0 \leqslant \min\{a, 1\}\|u_n\|^2 \leqslant M\left([u_n]_{s,2}^2\right)[u_n]_{s,2}^2 + \int_{\mathbb{R}^3} V(x)u_n^2\mathrm{d}x = \int_{\mathbb{R}^3} f(x, u_n)u_n\mathrm{d}x \to 0$$

结合 $\mathcal{I}(u_n) = \Phi(w_n) \to c$ 可得 $c = 0$, 这与引理 2.4.1 矛盾. 故 $\{u_n\}$ 是“非消失的”. 则存在 $x_n \in \mathbb{R}^3$ 和 $\delta_0 > 0$ 使得

$$\int_{B_1(x_n)}|u_n(x)|^2\mathrm{d}x \geqslant \delta_0 \tag{2.4.10}$$

不失一般性, 可以假设 $x_n \in \mathbb{Z}^N$ 并满足 $|x_n| \to \infty$. 记 $\tilde{u}_n(\cdot) := u_n(\cdot + x_n)$, 在子列的意义下可设在 $H^s(\mathbb{R}^3)$ 中 $\tilde{u}_n \rightharpoonup \tilde{u}$, 在 $L^q_{\mathrm{loc}}(\mathbb{R}^3)$ 中 $\tilde{u}_n \to \tilde{u}(\forall q \in [2, 2_s^*))$, $\tilde{u}_n(x) \to \tilde{u}(x)(\text{a.e. } x \in \mathbb{R}^3)$. 由 (2.4.10)式可得 $\tilde{u} \neq 0$.

首先断言:

$$\mathcal{I}_p'(\tilde{u}) = 0 \tag{2.4.11}$$

事实上, 对任意的 $\psi \in H^s(\mathbb{R}^3)$, 记 $\psi_n(\cdot) := \psi(\cdot - x_n)$. 结合引理 2.3.3, 将 φ_n 替换为 ψ_n 可得

$$\lim_{n\to+\infty}\int_{\mathbb{R}^3}\Big(V(x) - V_p(x)\Big)u_n\psi_n\mathrm{d}x = 0 \quad 和 \quad \lim_{n\to+\infty}\int_{\mathbb{R}^3}\Big(f(x, u_n) - f_p(x, u_n)\Big)\psi_n\mathrm{d}x = 0$$

上式表明 $\langle I'(u_n), \psi_n\rangle - \langle \mathcal{I}_p'(u_n), \psi_n\rangle \to 0$. 由 $I'(u_n) \to 0$ 和 $||\psi_n|| = ||\psi||$ 可知 $\langle \mathcal{I}'(u_n), \psi_n\rangle \to 0$. 从而 $\lim\limits_{n\to+\infty}\langle \mathcal{I}_p'(u_n), \psi_n\rangle = 0$. 此外, 由 (V), (M_1), (M_2) 和 (f_5) 可知 $\langle \mathcal{I}_p'(\tilde{u}_n), \psi\rangle = \langle \mathcal{I}_p'(u_n), \psi_n\rangle$. 因此 $\langle \mathcal{I}_p'(\tilde{u}_n), \psi\rangle \to 0$. 由 ψ 的任意性可得 $\mathcal{I}_p'(\tilde{u}_n) \rightharpoonup 0$.

接下来我们证明

$$\mathcal{I}_p(\tilde{u}) \leqslant c \tag{2.4.12}$$

在引理 2.3.3 中, 将 φ_n 替换为 u_n 可得

$$\lim_{n\to+\infty}\int_{\mathbb{R}^3}\Big(V(x) - V_p(x)\Big)u_n^2\mathrm{d}x = 0 \quad 和 \quad \lim_{n\to+\infty}\int_{\mathbb{R}^3}\Big(f(x, u_n) - f_p(x, u_n)\Big)u_n\mathrm{d}x = 0$$

因此

$$\begin{aligned}
c &= \lim_{n\to\infty}\left\{\mathcal{I}(u_n)-\frac{1}{2\theta}\langle\mathcal{I}'(u_n),u_n\rangle\right\}\\
&\geqslant \liminf_{n\to\infty}\left\{\frac{1}{2}\overline{M}\Big([u_n]_{s,2}^2\Big)-\frac{1}{2\theta}M\Big([u_n]_{s,2}^2\Big)[u_n]_{s,2}^2+\left(\frac{1}{2}-\frac{1}{2\theta}\right)\int_{\mathbb{R}^3}V(x)u_n^2\mathrm{d}x\right\}\\
&\quad+\liminf_{n\to\infty}\left\{\int_{\mathbb{R}^3}\left(\frac{1}{2\theta}f(x,u_n)u_n-F(x,u_n)\right)\mathrm{d}x\right\}\\
&= \liminf_{n\to\infty}\left\{\frac{1}{2}\overline{M}\Big([u_n]_{s,2}^2\Big)-\frac{1}{2\theta}M\Big([u_n]_{s,2}^2\Big)[u_n]_{s,2}^2+\left(\frac{1}{2}-\frac{1}{2\theta}\right)\int_{\mathbb{R}^3}V_p(x)u_n^2\mathrm{d}x\right\}\\
&\quad+\liminf_{n\to\infty}\left\{\int_{\mathbb{R}^3}\left(\frac{1}{2\theta}f_p(x,u_n)u_n-F_p(x,u_n)\right)\mathrm{d}x\right\}\\
&= \liminf_{n\to\infty}\left\{\frac{1}{2}\overline{M}\Big([\tilde{u}_n]_{s,2}^2\Big)-\frac{1}{2\theta}M\Big([\tilde{u}_n]_{s,2}^2\Big)[\tilde{u}_n]_{s,2}^2+\left(\frac{1}{2}-\frac{1}{2\theta}\right)\int_{\mathbb{R}^3}V_p(x)\tilde{u}_n^2\mathrm{d}x\right\}\\
&\quad+\liminf_{n\to\infty}\left\{\int_{\mathbb{R}^3}\left(\frac{1}{2\theta}f_p(x,\tilde{u}_n)\tilde{u}_n-F_p(x,\tilde{u}_n)\right)\mathrm{d}x\right\}\\
&\geqslant \frac{1}{2}\overline{M}\Big([\tilde{u}]_{s,2}^2\Big)-\frac{1}{2\theta}M\Big([\tilde{u}]_{s,2}^2\Big)[\tilde{u}]_{s,2}^2+\left(\frac{1}{2}-\frac{1}{2\theta}\right)\int_{\mathbb{R}^3}V_p(x)\tilde{u}^2\mathrm{d}x\\
&\quad+\int_{\mathbb{R}^3}\left(\frac{1}{2\theta}f_p(x,\tilde{u})\tilde{u}\mathrm{d}x-F_p(x,\tilde{u})\right)\mathrm{d}x\\
&= \mathcal{I}_p(\tilde{u})-\frac{1}{2\theta}\langle\mathcal{I}_p'(\tilde{u}),\tilde{u}\rangle\\
&= \mathcal{I}_p(\tilde{u})
\end{aligned}$$

上式表明 $\mathcal{I}_p(\tilde{u})\leqslant c$.

类似引理 2.4.1 的证明, 可得 $\mathcal{I}(t_1u)=\max\limits_{t\in[0,1]}\mathcal{I}(tu)$. 由 $(\mathrm{f}_1)\sim(\mathrm{f}_5)$ 可知

$$\begin{aligned}
c_p\leqslant\mathcal{I}_p(t_1\tilde{u}) &= \mathcal{I}_p(t_1\tilde{u})-\frac{1}{2\theta}\langle\mathcal{I}_p'(t_1\tilde{u}),\ t_1\tilde{u}\rangle\\
&= \frac{1}{2}\overline{M}\Big(t_1^2[\tilde{u}]_{s,2}^2\Big)-\frac{1}{2\theta}M\Big(t_1^2[\tilde{u}]_{s,2}^2\Big)t_1^2[\tilde{u}]_{s,2}^2+\left(\frac{1}{2}-\frac{1}{2\theta}\right)t_1^2\int_{\mathbb{R}^3}V_p(x)\tilde{u}^2\mathrm{d}x\\
&\quad+\int_{\mathbb{R}^3}\left(\frac{1}{2\theta}f_p(x,t_1\tilde{u})t_1\tilde{u}-F_p(x,t_1\tilde{u})\right)\mathrm{d}x\\
&< \frac{1}{2}\overline{M}\Big([\tilde{u}]_{s,2}^2\Big)-\frac{1}{2\theta}M\Big([\tilde{u}]_{s,2}^2\Big)[\tilde{u}]_{s,2}^2+\left(\frac{1}{2}-\frac{1}{2\theta}\right)\int_{\mathbb{R}^3}V_p(x)\tilde{u}^2\mathrm{d}x\\
&\quad+\int_{\mathbb{R}^3}\left(\frac{1}{2\theta}f_p(x,\tilde{u})\tilde{u}-F_p(x,\tilde{u})\right)\mathrm{d}x\\
&= \liminf_{n\to+\infty}\left\{\mathcal{I}_p(\tilde{u}_n)-\frac{1}{2\theta}\langle\mathcal{I}_p'(\tilde{u}_n),\ \tilde{u}_n\rangle\right\}\\
&\leqslant \lim_{n\to+\infty}\mathcal{I}_p(\tilde{u}_n)=c_p
\end{aligned}$$

矛盾. 因此 $\langle\mathcal{I}_p'(\tilde{u}),\tilde{u}\rangle=0$.

类似引理 2.4.1 的证明, 可得 $\max\limits_{t\geqslant0}\mathcal{I}_p(t\tilde{u})=\mathcal{I}_p(\tilde{u})$, 以及存在常数 $t_{\tilde{u}}>0$ 使得 $t_{\tilde{u}}\tilde{u}\in\mathcal{N}$. 则由 $\mathcal{I}(u)\leqslant\mathcal{I}_p(u)$ 可知

$$\mathcal{I}(t_{\tilde{u}}\tilde{u})\leqslant\mathcal{I}_p(t_{\tilde{u}}\tilde{u})=\max_{t\geqslant0}\mathcal{I}_p(t\tilde{u})=\mathcal{I}_p(\tilde{u})$$

由 (2.4.12)式和 $t_{\tilde{u}}\tilde{u} \in \mathcal{N}$ 可得 $\mathcal{I}(t_{\tilde{u}}\tilde{u}) \geqslant c$. 从而, $\mathcal{I}(t_{\tilde{u}}\tilde{u}) = c$. 因此, 极小值 c 可达, 并且相应的极小元是方程 (2.4.1) 的基态解.

若 u 是方程 (2.4.1) 的基态解, 则

$$
\begin{aligned}
0 = \langle \mathcal{I}'(u),\ u^- \rangle &= M\left([u]_{s,2}^2\right) \int_{\mathbb{R}^3} (-\Delta)^{\frac{s}{2}} u (-\Delta)^{\frac{s}{2}} u^- \mathrm{d}x + \int_{\mathbb{R}^3} V(x) u u^- \mathrm{d}x \\
&\geqslant M\left([u]_{s,2}^2\right) \int_{\mathbb{R}^3} |(-\Delta)^{\frac{s}{2}} u^-|^2 \mathrm{d}x + \int_{\mathbb{R}^3} V(x) |u^-|^2 \mathrm{d}x \\
&\geqslant a \int_{\mathbb{R}^3} |(-\Delta)^{\frac{s}{2}} u^-|^2 \mathrm{d}x + \int_{\mathbb{R}^3} V(x) |u^-|^2 \mathrm{d}x \geqslant 0
\end{aligned}
$$

上式表明 $u^- = 0$ 和 $u \geqslant 0$. 此外, 若存在某个 $x_0 \in \mathbb{R}^3$ 使得 $u(x_0) = 0$, 则 $(-\Delta)^s u(x_0) = 0$. 由 (1.1.3) 式和 $u(x_0) = 0$ 可知

$$
\int_{\mathbb{R}^3} \frac{u(x_0 + y) + u(x_0 - y)}{|y|^{3+2s}} \mathrm{d}y = 0
$$

上式与 $u \neq 0$ 矛盾, 从而 u 是正的. □

第 3 章　消失位势条件下分数阶 Kirchhoff 方程正解的存在性

在本章中将研究带有临界指数增长的分数阶 Kirchhoff 方程:

$$\left(a+b\int_{\mathbb{R}^3}|(-\Delta)^{\frac{s}{2}}u|^2\mathrm{d}x\right)(-\Delta)^s u+V(x)u=Q(x)f(u)+|u|^{2_s^*-2}u,\quad x\in\mathbb{R}^3$$

其中 $a>0,b\geqslant 0$, $(-\Delta)^s$ 是阶数为 $s\in\left(\frac{3}{4},1\right)$ 的分数阶 Laplace 算子, $2_s^*=\frac{6}{3-2s}$, V 是连续的正函数并且在无穷远处消失, f 是一个满足适当条件的连续函数. 利用变分方法我们证明了正解的存在性.

3.1　引言及主要结果

本章考虑带有临界指数增长的分数阶 Kirchhoff 方程:

$$\left(a+b\int_{\mathbb{R}^3}|(-\Delta)^{\frac{s}{2}}u|^2dx\right)(-\Delta)^s u+V(x)u=Q(x)f(u)+|u|^{2_s^*-2}u,\quad x\in\mathbb{R}^3 \tag{3.1.1}$$

其中 $a>0,b\geqslant 0$, $(-\Delta)^s$ 是阶数为 $s\in\left(\frac{3}{4},1\right)$ 的分数阶 Laplace 算子. V 和 Q 满足如下假设:

(VQ_1) V 和 Q 是连续的, $V(x),Q(x)>0(\forall x\in\mathbb{R}^3)$, $Q\in L^\infty(\mathbb{R}^3)$;

(VQ_2) 若 $\{A_n\}$ 是 $\mathbb{R}^3$ 中的一列 Borel 集并且满足对某个 $R>0$, $|A_n|\leqslant R(\forall n)$, 则

$$\lim_{r\to+\infty}\int_{A_n\cap B_r^c(0)}Q(x)\mathrm{d}x=0,\quad 对\ n\in\mathbb{N}\ 一致成立$$

下面两个条件仅有一个成立:

(VQ_3) $\frac{Q}{V}\in L^\infty(\mathbb{R}^3)$,

(VQ_4) 存在 $p\in(2,2_s^*)$ 使得

$$\lim_{|x|\to+\infty}\frac{Q(x)}{V^\gamma(x)}=0,\quad \gamma=\frac{2_s^*-p}{2_s^*-2}$$

此外, $f:\mathbb{R}\to:\mathbb{R}^+$, $f(t)=0,\ t\leqslant 0$, 满足:

(f_1) 若 (VQ_3) 成立, 则 $\lim\limits_{t\to 0}\frac{f(t)}{t^3}=0$;

若 (VQ_4) 成立, 则 $\lim\limits_{t\to 0}\dfrac{f(t)}{|t|^{p-1}}<+\infty,\ p\in(4,2_s^*)$.

(f_2) $\lim\limits_{t\to+\infty}\dfrac{f(t)}{t^{2_s^*-1}}=0$;

(f_3) $tf(t)-4F(t)\geqslant\theta tf(\theta t)-4F(\theta t)$ ($\forall\theta\in\mathbb{R},\ \theta\in[0,1]$), 其中 $F(t)=\int_0^t f(s)\mathrm{d}s$;

(f_4) 存在 $C>0$ 和 $q\in[3,2_s^*)$ 使得 $f(t)\geqslant Ct^{q-1}$.

当 $b=0$ 时, 方程 (3.1.1) 退化为如下带有临界指数增长的分数阶 Schrödinger 方程:

$$(-\Delta)^s u+V(x)u=Q(x)f(u)+|u|^{2_s^*-2}u,\quad x\in\mathbb{R}^3 \tag{3.1.2}$$

Marcos do Ó, Miyagaki 和 Squassina[62] 利用 s-调和延拓方法 [36] 获得了方程 (3.1.2) 基态解的存在性, 其中关于 f 的假设比如下假设 ($\tilde{f}_3$) 更强:

($\tilde{f}_3$) $\dfrac{f(t)}{t}$ 在 $\mathbb{R}^+$ 上是非减的.

需要指出的是条件 (VQ_1) $\sim$ (VQ_4) 是由 Alves 和 Souto 在文献 [14] 中研究 Schrödinger-Poisson 方程基态解的存在性时提出的. Li, Teng 和 Wu[105] 在一个更弱的条件下改进了文献 [62] 中的工作, 其中关于 f 的条件:

$$\frac{f(t)}{t}\ \text{在}\ \mathbb{R}^+\ \text{上是非减的}$$

被减弱为

$$tf(t)-4F(t)\geqslant\theta tf(\theta t)-4F(\theta t),\quad t\in\mathbb{R}\ \text{和}\ \theta\in[0,1]$$

Yang 和 Zhao[171] 在消失位势的条件证明分数阶 Schrödinger 方程三个解的存在性. Ambrosio 和 Isernia [24] 在消失位势的条件下利用约束极小方法和形变引理证明了分数阶 Schrödinger 方程变号解的存在性. Yun, An 和 Zuo[173] 在消失位势的条件下利用一个改进的喷泉定理获得了次临界增长的分数阶 Schrödinger 方程无穷多解的存在性. Ambrosio 和 Isernia[24] 在消失位势的条件下利用约束极小方法和形变引理证明了分数阶 Schrödinger 方程变号解的存在性. 当 $s=1$ 时, Alves 和 Souto在[14] 在消失位势的条件下获得了 Schrödinger 方程正基态解的存在性. 关于消失位势条件的更多结果可参见文献 [127], [139], [120], [155], [80] , [25], [16], [34], [59], [63], [70], [69], [111], [117] 及其他参考文献.

本章的主要结果如下:

定理 3.1.1 [78] 假设 (VQ_1) $\sim$ (VQ_4) 和 (f_1) $\sim$ (f_4) 成立, 则方程 (3.1.1) 有一个正解.

3.2 预备知识

引入子空间

$$H := \left\{u \in H^s(\mathbb{R}^3) : \int_{\mathbb{R}^3} V(x)u(x)^2 \mathrm{d}x < +\infty\right\}$$

并赋予范数:

$$\|u\| = \left(a\int_{\mathbb{R}^3} |(-\Delta)^{\frac{s}{2}}u|^2 \mathrm{d}x + \int_{\mathbb{R}^3} V(x)u^2 \mathrm{d}x\right)^{\frac{1}{2}}$$

根据假设条件 (VQ_1) ~(VQ_4) 可知, 嵌入 $H \hookrightarrow L^p_K(\mathbb{R}^3)$ 是紧的, $2 < p < 2^*_s$(见引理 3.2.1), 其中

$$L^p_K(\mathbb{R}^3) := \left\{u : \mathbb{R}^3 \to \mathbb{R} \text{ 可测和 } \int_{\mathbb{R}^3} Q(x)|u|^p \mathrm{d}x < +\infty\right\}$$

其范数为 $\|u\|_{L^p_K} = \left(\int_{\mathbb{R}^3} Q(x)|u|^p \mathrm{d}x\right)^{\frac{1}{p}}$.

方程 (3.1.1) 对应的能量泛函定义为

$$I(u) = \frac{1}{2}\|u\|^2 + \frac{b}{4}\left(\int_{\mathbb{R}^3} |(-\Delta)^{\frac{s}{2}}u|^2 \mathrm{d}x\right)^2 - \int_{\mathbb{R}^3} Q(x)F(u)\mathrm{d}x - \frac{1}{2^*_s}\int_{\mathbb{R}^3} |u|^{2^*_s} \mathrm{d}x$$

易验证 $I \in \mathcal{C}^1(E, \mathbb{R})$. 此外, 对任意的 $u, \varphi \in H$, 有

$$\begin{aligned}\langle I'(u), \varphi\rangle =& \left(a + b\int_{\mathbb{R}^3} |(-\Delta)^{\frac{s}{2}}u|^2 \mathrm{d}x\right)\int_{\mathbb{R}^3} (-\Delta)^{\frac{s}{2}}u(-\Delta)^{\frac{s}{2}}\varphi \mathrm{d}x \\ &+ \int_{\mathbb{R}^3} V(x)u\varphi \mathrm{d}x - \int_{\mathbb{R}^3} Q(x)f(u)\varphi \mathrm{d}x - \int_{\mathbb{R}^3} |u|^{2^*_s-2}u\varphi \mathrm{d}x\end{aligned}$$

因此, 能量泛函 I 的临界点是方程 (3.1.1) 的弱解.

如下嵌入定理在证明过程中起了非常重要的作用:

引理 3.2.1 (i) 若 (VQ_3) 成立, 则对任意的 $q \in (2, 2^*_s)$, 嵌入 $H \hookrightarrow L^q_K(\mathbb{R}^3)$ 是紧的.

(ii) 若 (VQ_4) 成立, 则对任意的 $p \in (2, 2^*_s)$, 嵌入 $H \hookrightarrow L^p_K(\mathbb{R}^3)$ 是紧的.

证明 (i) 若在 H 中存在序列 $\{u_n\}$ 满足 $u_n \rightharpoonup u \in H$, 则存在正常数 C_1 使得

$$||u_n|| \leqslant C_1 \text{ 和 } \int_{\mathbb{R}^3} |u_n|^{2^*_s} \leqslant C_1, \quad \forall n \in \mathbb{N}$$

假设 (VQ_3) 成立, 对固定的 $q \in (2, 2^*_s)$ 以及任意的 $\varepsilon > 0$, 存在 $0 < t_0 < t_1$ 和正常数 C 使得

$$Q(x)|t|^q \leqslant \varepsilon C\left(V(x)t^2 + |t|^{2^*_s}\right) + CQ(x)\chi_{[t_0,t_1]}(|t|)|t|^{2^*_s}, \quad \forall t \in \mathbb{R} \tag{3.2.1}$$

记 $A_n := \left\{x \in \mathbb{R}^3 : t_0 \leqslant |v_n(x)| \leqslant t_1\right\}$, 则对任意的 $n \in \mathbb{N}$ 有 $t_0^{2^*_s}|A_n| \leqslant \int_{A_n} |v_n|^{2^*_s} \leqslant C_1$, 即 $\sup_{n\in\mathbb{N}} |A_n| < \infty$. 由 (VQ_3) 可知, 存在充分大的 r 使得

$$\int_{A_n \cap B^c_r(0)} K(x)\mathrm{d}x < \varepsilon,\ n \in \mathbb{N} \quad \text{和} \quad \int_{B^c_r(0)} K(x)|u|^q \mathrm{d}x < \varepsilon \tag{3.2.2}$$

由 (3.2.1) 式和 (3.2.2) 式可知

$$\begin{aligned}\int_{B_r^c(0)} K(x)|u_n|^q\mathrm{d}x &\leqslant \varepsilon C\int_{B_r^c(0)}(V(x)|u_n|^2+|u_n|^{2_s^*})\mathrm{d}x+Ct_1^*\int_{A_n\cap B_r^c(0)}K(x)\mathrm{d}x\\ &\leqslant C\varepsilon,\quad \forall n\in\mathbb{N}\end{aligned}$$

根据 Q 的连续性和 $q\in(2,2_s^*)$ 可知

$$\int_{B_r(0)}K(x)|u_n|^q\mathrm{d}x\to\int_{B_r(0)}K(x)|u|^q\mathrm{d}x$$

所以

$$\int_{\mathbb{R}^3}K(x)|u_n|^q\mathrm{d}x\to\int_{\mathbb{R}^3}K(x)|u|^q\mathrm{d}x$$

从而在 $L_K^q(\mathbb{R}^3)$ 中 $u_n\to u$.

(ii) 假设在 H 中存在序列 $\{u_n\}$ 使得 $u_n\rightharpoonup u\in H$, 则存在正常数 C_2 使得

$$||u_n||\leqslant C_2 \text{ 和 } \int_{\mathbb{R}^3}|u_n|^{2_s^*}\mathrm{d}x\leqslant C_2,\quad \forall n\in\mathbb{N}$$

记 $h(t):=V(x)t^{2-p}+t^{2_s^*-p}$ $(\forall t>0)$. 显然对任意的 $x\in\mathbb{R}^3$ 有 $h_{\min}=C_pV(x)^{\frac{2_s^*-p}{2_s^*-2}}$, 其中 $C_p=\dfrac{2_s^*-2}{2_s^*-p}\cdot\left(\dfrac{p-2}{2_s^*-p}\right)^{\frac{2-p}{2_s^*-2}}$. 因此

$$C_pV(x)^{\frac{2_s^*-p}{2_s^*-2}}\leqslant V(x)t^{2-p}+t^{2_s^*-p},\quad \forall x\in\mathbb{R}^3 \text{ 和 } \forall t>0 \tag{3.2.3}$$

由 (VQ_4) 和 (3.2.3) 式可知, 对任意的 $\varepsilon\in(0,C_p)$, 存在充分大的常数 $r>0$ 使得

$$K(x)t^p\leqslant\varepsilon\big(V(x)t^2+t^{2_s^*}\big),\quad \forall x\in\mathbb{R}^3 \text{ 和 } \forall|x|>r$$

所以对任意的 $n\in\mathbb{N}$ 有 $\displaystyle\int_{B_r^c(0)}K(x)|u|^p\mathrm{d}x<C\varepsilon$. 此外

$$\int_{B_r(0)}K(x)|u_n|^p\mathrm{d}x\to\int_{B_r(0)}K(x)|u|^p\mathrm{d}x$$

故

$$\int_{\mathbb{R}^3}K(x)|u_n|^q\mathrm{d}x\to\int_{\mathbb{R}^3}K(x)|u|^q\mathrm{d}x$$

即在 $L_K^p(\mathbb{R}^3)$ 中 $u_n\to u$ $(p\in(2,2_s^*))$. 从而完成引理的证明.

下述结果证明是标准的, 为了本书完整性我们给出简要证明, 详细证明过程参见文献 [24] 中的引理 2.2 和文献 [62] 中的命题 2.1 等.

引理 3.2.2　假设 $(VQ_1)\sim(VQ_4)$ 和 $(f_1)\sim(f_4)$ 成立. 若在 H 中有 $u_n\rightharpoonup u$, 则在子列的意义下有

$$\lim_{n\to+\infty}\int_{\mathbb{R}^3}Q(x)F(u_n)\mathrm{d}x=\int_{\mathbb{R}^3}Q(x)F(u)\mathrm{d}x$$

$$\lim_{n\to+\infty}\int_{\mathbb{R}^3} Q(x)f(u_n)u_n\mathrm{d}x=\int_{\mathbb{R}^3} Q(x)f(u)u\mathrm{d}x$$

$$\lim_{n\to+\infty}\int_{\mathbb{R}^3} Q(x)f(u_n)u\mathrm{d}x=\int_{\mathbb{R}^3} Q(x)f(u)u\mathrm{d}x$$

证明 因为引理中 3 个结果的证明类似, 在此只证明

$$\lim_{n\to+\infty}\int_{\mathbb{R}^3} Q(x)F(u_n)\mathrm{d}x=\int_{\mathbb{R}^3} Q(x)F(u)\mathrm{d}x$$

假设 (VQ_3) 成立, 对固定的 $q\in(2,2_s^*)$ 和对任意的 $\varepsilon>0$, 存在 $0<t_0<t_1$ 和正常数 C 使得

$$Q(x)F(t)\leqslant\varepsilon C\Big(V(x)|t|^2+|t|^{2_s^*}\Big)+Q(x)|t|^q,\quad t\in\mathbb{R} \tag{3.2.4}$$

由引理 3.2.1 可知 $\int_{\mathbb{R}^3}Q(x)|u_n|^q\mathrm{d}x\to\int_{\mathbb{R}^3}Q(x)|u|^q\mathrm{d}x$, 从而存在正常数 $r>0$ 使得

$$\int_{B_r^c(0)}Q(x)|u_n|^q\mathrm{d}x<\varepsilon,\quad \forall x\in\mathbb{N}$$

从 $\{u_n\}$ 的有界性可知存在正常数 $C>0$ 使得

$$\int_{\mathbb{R}^3}V(x)|u_n|^2\mathrm{d}x\leqslant C\ \ 和\ \int_{\mathbb{R}^3}|u_n|^{2_s^*}\mathrm{d}x\leqslant C,\quad \forall n\in\mathbb{N}$$

因此 $\int_{B_r^c(0)}Q(x)F(u_n)\mathrm{d}x<C\varepsilon(\forall n\in\mathbb{N})$.

若 (VQ_4) 成立, 类似引理 3.2.1 的证明, 对充分小的 $\varepsilon>0$, 存在足够大的 $r>0$ 使得对任意的 $t\in\Lambda$ 和 $|x|\geqslant r$ 有

$$Q(x)\leqslant\varepsilon\big(V(x)|t|^{2-p}+|t|^{2_s^*-p}\big)$$

由 $(\mathrm{f}_1)\sim(\mathrm{f}_2)$ 可知存在正常数 C,t_0,t_1 使得 对任意的 $t\in\Lambda$ 和 $|x|\geqslant r$ 有

$$Q(x)|F(t)|\leqslant\varepsilon C\big(V(x)|t|^2+|t|^{2_s^*}\big)$$

其中 $\Lambda=\{t\in\mathbb{R}:|t|<t_0\ 或\ |t|>t_1\}$. 结合 $\{u_n\}$ 的有界性可知

$$\int_{B_r^c(0)}Q(x)F(u_n)\mathrm{d}x\leqslant C\varepsilon+C\int_{A_n\cap B_r^c(0)}Q(x)\mathrm{d}x \tag{3.2.5}$$

其中 $A_n:=\{x\in\mathbb{R}^3:t_0\leqslant|u_n(x)|\leqslant t_1\}$. 类似文献 [31] 的证明, 当 $r\to+\infty$ 时, 有

$$\int_{A_n\cap B_r^c(0)}K(x)\mathrm{d}x\to 0$$

由 (3.2.5) 式可知

$$\int_{B_r^c(0)}Q(x)F(u_n)\mathrm{d}x\leqslant C\varepsilon$$

由文献 [31] 可得

$$\int_{B_r(0)} Q(x)F(u_n)\mathrm{d}x \to \int_{B_r(0)} Q(x)F(u)\mathrm{d}x$$

故

$$\lim_{n\to+\infty}\int_{\mathbb{R}^3} Q(x)F(u_n)\mathrm{d}x = \int_{\mathbb{R}^3} Q(x)F(u)\mathrm{d}x$$ □

下述引理表明泛函 I 满足山路几何结构.

引理 3.2.3　假设 $(\mathrm{VQ}_1)\sim(\mathrm{VQ}_4)$ 和 $(\mathrm{f}_1)\sim(\mathrm{f}_4)$ 成立, 则泛函 I 满足:

(i) 存在 $\alpha,\ \rho>0$ 使得当 $||u||=\rho$ 时, $I(u)\geqslant\alpha$.

(ii) 存在 $e\in H$ 和 $||e||\geqslant\rho$ 使得 $I(e)<0$.

证明　(i) 假设 (VQ_3) 成立. 由 $(\mathrm{f}_1)\sim(\mathrm{f}_2)$ 可知, 对任意的 $\varepsilon>0$ 存在 $C_\varepsilon>0$ 使得

$$|f(t)|\leqslant\varepsilon|t|^3+C_\varepsilon|t|^{2_s^*-1}$$

因此

$$\begin{aligned}I(u)&\geqslant\frac{1}{2}||u||^2+\frac{b}{4}\left(\int_{\mathbb{R}^3}|(-\Delta)^{\frac{s}{2}}u|^2\mathrm{d}x\right)^2-\varepsilon\int_{\mathbb{R}^3}|u|^4\mathrm{d}x-C_\varepsilon\int_{\mathbb{R}^3}|u|^{2_s^*}\mathrm{d}x\\&\geqslant\frac{1}{2}||u||^2+\frac{b}{4}\left(\int_{\mathbb{R}^3}|(-\Delta)^{\frac{s}{2}}u|^2\mathrm{d}x\right)^2-\varepsilon C||u||^4-C_\varepsilon||u||^{2_s^*}\end{aligned}$$

从而, 存在 $\rho>0$ 使得当 $||u||=\rho$ 时有

$$I(u)\geqslant\alpha$$

通过类似的讨论可证明在条件 (VQ_4) 下也成立.

(ii) 对固定的 $u\in H\backslash\{0\}$ 由 $(\mathrm{f}_1)\sim(\mathrm{f}_3)$ 可知, 当 $t\to+\infty$ 时, 有

$$I(tu)\leqslant t^4\left\{\frac{1}{t^2}\|u\|^2+\frac{b}{4}\left(\int_{\mathbb{R}^3}|(-\Delta)^{\frac{s}{2}}u|^2\mathrm{d}x\right)^2-\frac{t^{2_s^*-4}}{2_s^*}\int_{\mathbb{R}^3}u^{2_s^*}\mathrm{d}x\right\}\to-\infty$$

因此, 可取某个 $t_*>0$ 使得 $I(e)<0$, 其中 $e=t_*u$. □

结合引理 3.2.3 和没有 (PS) 条件的山路定理 [159] 可知, 存在一个序列 $\{u_n\}\subset H$ 使得

$$I(u_n)\to c^* \quad 和 \quad I'(u_n)\to 0 \tag{3.2.6}$$

其中

$$c^*:=\inf_{\gamma\in\varGamma}\max_{t\in[0,1]}I(\gamma(t)),\quad \varGamma=:\Big\{\gamma\in C([0,1],H):\gamma(0)=0,I(\gamma(1))<0\Big\}$$

引理 3.2.4　假设 $(\mathrm{VQ}_1)\sim(\mathrm{VQ}_4)$ 和 $(\mathrm{f}_1)\sim(\mathrm{f}_4)$ 成立, 则

$$c^*<\frac{a}{2}\mathcal{S}_s\hat{T}^2+\frac{b}{4}\mathcal{S}_s^2\hat{T}^4-\frac{1}{2_s^*}\hat{T}^{2_s^*}$$

其中 $\hat{T}$ 是函数 $K(t)=\dfrac{a}{2}\mathcal{S}_st^2+\dfrac{b}{4}\mathcal{S}_s^2t^4-\dfrac{1}{2_s^*}t^{2_s^*}$ 的唯一最大值点.

证明 记

$$u_\varepsilon(x) := \psi(x)U_\varepsilon(x), \quad x \in \mathbb{R}^3$$

其中 $U_\varepsilon(x) = \varepsilon^{-\frac{3-2s}{2}} u^*\Big(\dfrac{x}{\varepsilon}\Big), u^*(x) = \dfrac{\tilde{u}(x/\mathcal{S}_s^{\frac{1}{2s}})}{\|\tilde{u}\|_{2_s^*}}, \kappa \in \mathbb{R}\setminus\{0\}, \mu_0 > 0$ 和 $x_0 \in \mathbb{R}^3$ 是固定的, $\tilde{u}(x) = \kappa(\mu_0^2 + |x-x_0|^2)^{-\frac{3-2s}{2}}$ (可参见文献 [138]), 以及选取截断函数 $\psi \in C^\infty(\mathbb{R}^3)$ 满足在 $\mathbb{R}^3$ 上 $0 \leqslant \psi \leqslant 1$; 在 $B_{\rho/2}$ 上 $\psi \equiv 1$ 和在 $\mathbb{R}^3 \setminus B_\rho$ 上 $\psi \equiv 0$. 由文献 [138] 中命题 21 和命题 22 可知

$$A_\varepsilon := \int_{\mathbb{R}^3} |(-\Delta)^{\frac{s}{2}} u_\varepsilon(x)|^2 \mathrm{d}x \leqslant \mathcal{S}_s^{\frac{3}{2s}} + O(\varepsilon^{3-2s}) \tag{3.2.7}$$

$$B_\varepsilon := \int_{\mathbb{R}^3} |u_\varepsilon(x)|^2 \mathrm{d}x = O(\varepsilon^{3-2s}) \tag{3.2.8}$$

$$C_\varepsilon := \int_{\mathbb{R}^3} |u_\varepsilon(x)|^q \mathrm{d}x = \begin{cases} O(\varepsilon^{3-\frac{3-2s}{2}q}), & q > \dfrac{3}{3-2s} \\ O(\varepsilon^{3-\frac{3-2s}{2}q}|\log\varepsilon|), & q = \dfrac{3}{3-2s} \\ O(\varepsilon^{\frac{3-2s}{2}q}), & q < \dfrac{3}{3-2s} \end{cases} \tag{3.2.9}$$

$$D_\varepsilon := \int_{\mathbb{R}^3} |u_\varepsilon(x)|^{2_s^*} \mathrm{d}x = \mathcal{S}_s^{\frac{3}{2s}} + O(\varepsilon^3) \tag{3.2.10}$$

由 $(\mathrm{f}_1) \sim (\mathrm{f}_3)$ 可知, 存在 $t_\varepsilon := t_{u_\varepsilon} > 0$ 使得 $I(t_\varepsilon u_\varepsilon) = \max\limits_{t>0} I(tu_\varepsilon)$. 因此

$$t_\varepsilon^2 ||u_\varepsilon||^2 + t_\varepsilon^4 \Big(\int_{\mathbb{R}^3} |(-\Delta)^{\frac{s}{2}} u_\varepsilon|^2 \mathrm{d}x\Big)^2 = t_\varepsilon^{2_s^*} \int_{\mathbb{R}^3} |u_\varepsilon|^{2_s^*} \mathrm{d}x + \lambda \int_{\mathbb{R}^3} Q(x) f(t_\varepsilon u_\varepsilon) t_\varepsilon u_\varepsilon \mathrm{d}x$$

此外

$$t_\varepsilon^2 ||u_\varepsilon||^2 + t_\varepsilon^4 \Big(\int_{\mathbb{R}^3} |(-\Delta)^{\frac{s}{2}} u_\varepsilon|^2 \mathrm{d}x\Big)^2 \geqslant t_\varepsilon^{2_s^*} \int_{\mathbb{R}^3} |u_\varepsilon|^{2_s^*} \mathrm{d}x$$

上式表明 $|t_\varepsilon| < C_1$, 其中常数 $C_1 > 0$.

另一方面, 存在一个常数 $C_2 > 0$ 使得对充分小的 $\varepsilon > 0$, $t_\varepsilon > C_2$. 否则, 存在一列 $\varepsilon_n \to 0$ 使得当 $n \to \infty$ 时 $t_{\varepsilon_n} \to 0$. 从而

$$0 < c^* \leqslant \max_{t \geqslant 0} I(tu_\varepsilon) = I(t_{\varepsilon_n} u_\varepsilon) \to 0$$

矛盾. 因此 $C_2 \leqslant t_{\varepsilon_n} \leqslant C_1$.

由 (f_4) 和 (3.2.7) ~ (3.2.10)式可知

$$\begin{aligned} I(t_\varepsilon u_\varepsilon) \leqslant{}& \frac{a}{2} t_\varepsilon^2 \int_{\mathbb{R}^3} |(-\Delta)^{\frac{s}{2}} u_\varepsilon(x)|^2 \mathrm{d}x + \frac{1}{2} t_\varepsilon^2 \int_{\mathbb{R}^3} |u_\varepsilon(x)|^2 \mathrm{d}x + \frac{b}{4} t_\varepsilon^4 \Big(\int_{\mathbb{R}^3} |(-\Delta)^{\frac{s}{2}} u_\varepsilon|^2 \mathrm{d}x\Big)^2 \\ & - \frac{t_\varepsilon^{2_s^*}}{2_s^*} \int_{\mathbb{R}^3} |u_\varepsilon|^{2_s^*} \mathrm{d}x - C t_\varepsilon^q \int_{\mathbb{R}^3} |u_\varepsilon|^q \mathrm{d}x \\ \leqslant{}& J(t_\varepsilon) + B_\varepsilon - C_\varepsilon \end{aligned} \tag{3.2.11}$$

其中

$$J(t) := \frac{aA_\varepsilon}{2}t^2 + \frac{bA_\varepsilon^2}{4}t^4 - \frac{D_\varepsilon}{2_s^*}t^{2_s^*}$$

则

$$c^* \leqslant \sup_{t>0} J(t) + B_\varepsilon - C_\varepsilon$$

由 (3.2.8) 式和 (3.2.10) 式可得, $\sup\limits_{t>0} J(t) \geqslant \dfrac{c}{2}$ 对充分小的 $\varepsilon > 0$ 一致成立. 因此存在常数 $C_3, C_4 > 0$ 使得 $\sup\limits_{t>0} J(t) = \sup\limits_{t\in[C_3,C_4]} J(t)$. 故

$$c^* \leqslant \sup_{t>0} K(\mathcal{S}_s^{\frac{3-2s}{4s}} t) + B_\varepsilon - C_\varepsilon \tag{3.2.12}$$

其中

$$K(t) = \frac{a}{2}\mathcal{S}_s t^2 + \frac{b}{4}\mathcal{S}_s^2 t^4 - \frac{1}{2_s^*}t^{2_s^*}$$

注意到, 对任意的 $t > 0$ 有

$$K'(t) = t\tilde{K}(t)$$

其中 $\tilde{K}(t) = a\mathcal{S}_s + b\mathcal{S}_s^2 t^2 - t^{2_s^*-2}$. 另一方面, $\tilde{K}'(t) = t\Big(2b\mathcal{S}_s^2 + (2_s^* - 2)t^{2_s^*-4}\Big)$. 因此, 存在唯一的 $\hat{T} > 0$ 使得当 $t \in (0, \hat{T})$ 时, $\tilde{K} > 0$; 当 $t \in (\hat{T}, +\infty)$ 时, $\tilde{K} < 0$. 故 $\hat{T}$ 是函数 K 的唯一最大值点.

此外

$$\lim_{\varepsilon\to 0} \frac{\displaystyle\int_{\mathbb{R}^3} |u_\varepsilon(x)|^q \mathrm{d}x}{\varepsilon^{3-2s}} = \begin{cases} \lim\limits_{\varepsilon\to 0} \dfrac{O(\varepsilon^{3-\frac{3-2s}{2}q})}{\varepsilon^{3-2s}} = +\infty, & q \in \left(\dfrac{4s}{3-2s}, \dfrac{6}{3-2s}\right) \\ \lim\limits_{\varepsilon\to 0} \dfrac{O(\varepsilon^{3-2s})}{\varepsilon^{3-2s}} = 1, & q = \dfrac{4s}{3-2s} \\ \lim\limits_{\varepsilon\to 0} \dfrac{O(\varepsilon^{3-\frac{3-2s}{2}q})}{\varepsilon^{3-2s}}, & q \in \left(\dfrac{3}{3-2s}, \dfrac{4s}{3-2s}\right) \\ \lim\limits_{\varepsilon\to 0} \dfrac{O(\varepsilon^{3-\frac{3-2s}{2}q}|\log\varepsilon|)}{\varepsilon^{3-2s}}, & q = \dfrac{3}{3-2s} \\ \lim\limits_{\varepsilon\to 0} \dfrac{O(\varepsilon^{\frac{3-2s}{2}q})}{\varepsilon^{3-2s}}, & q \in \left(2, \dfrac{3}{3-2s}\right) \end{cases}$$

由 $s \in \left(\dfrac{3}{4}, 1\right)$ 和 $q \in (4, 2_s^*)$ 可得

$$c^* \leqslant I(t_\varepsilon u_\varepsilon) < K(\mathcal{S}_s^{\frac{3-2s}{4s}} \hat{T})$$

从而完成引理的证明. □

引理 3.2.5　序列 $\{u_n\}$ 是有界的.

证明　反证, 假设 $\|u_n\| \to \infty$. 记 $v_n := u_n/\|u_n\|$, 则 $\|v_n\| = 1$, 在子列的意义下可设在 H 中 $v_n \rightharpoonup v$ 和 $v_n(x) \to v(x)$ (a.e. $x \in \mathbb{R}^3$). 由 $I(u_n) \to c^*$ 可知

$$o_n(1) + \frac{b}{4} \geqslant \int_{\mathbb{R}^3} \frac{Q(x)F(u_n)}{\|u_n\|^4}\mathrm{d}x + \frac{1}{2_s^*}\int_{\mathbb{R}^3} \frac{|u|^{2_s^*}}{\|u_n\|^4}\mathrm{d}x$$

记 $|\Omega| := \left\{x \in \mathbb{R}^3 : v(x) \neq 0\right\}$. 若 $\text{meas}(\Omega) > 0$, 则由 Fatou 引理可知, 当 $n \to +\infty$ 时, 有

$$o_n(1) + \frac{b}{4} \geqslant \int_{\mathbb{R}^3} \frac{Q(x)F(u_n)}{||u_n||^4}\mathrm{d}x + \frac{1}{2_s^*}\int_{\mathbb{R}^3} \frac{|u|^{2_s^*}}{||u_n||^4}\mathrm{d}x \geqslant \frac{1}{2_s^*}\int_{\Omega} \frac{|u|^{2_s^*}}{||u_n||^4}\mathrm{d}x \to +\infty$$

矛盾. 若 $\text{meas}(\Omega) = 0$, 即 $v = 0$ (a.e. $x \in \mathbb{R}^3$). 由引理 1.2.4 可知, 在 $L^q(\mathbb{R}^3)$ 中 $v_n \to 0$ $(q \in (2, 2_s^*))$. 对任意的 $\theta > 0$, 结合引理 3.2.2 可知

$$\int_{\mathbb{R}^3} Q(x)F(\theta v_n)\mathrm{d}x \to 0, \quad \int_{\mathbb{R}^3} Q(x)f(\theta v_n)\theta v_n \mathrm{d}x \to 0$$

此外, 由 $(\mathrm{f}_1) \sim (\mathrm{f}_4)$ 可得

$$\int_{\mathbb{R}^3} |v_n|^{2_s^*}\mathrm{d}x \leqslant \frac{1}{||u_n||^{2_s^*-2}} + \frac{b}{4||u_n||^{2_s^*-4}} + \frac{1}{4||u_n||^{2_s^*}}\int_{\mathbb{R}^3} Q(x)f(u_n)u_n\mathrm{d}x \to 0$$

由 $||u_n|| \to +\infty$ 可知, 当 $n \to +\infty$ 时, 有

$$\begin{aligned}
I(t_n u_n) &\geqslant I(\frac{\theta}{||u_n||^2}u_n) = I(\theta v_n) \\
&= \frac{\theta^2}{2}||v_n||^2 + \frac{\theta^4}{4}\left(\int_{\mathbb{R}^3} |(-\Delta)^{\frac{s}{2}} v_n|^2\mathrm{d}x\right)^2 - \int_{\mathbb{R}^3} Q(x)F(\theta v_n)\mathrm{d}x - \frac{\theta^{2_s^*}}{2_s^*}\int_{\mathbb{R}^3} |v_n|^{2_s^*}\mathrm{d}x \\
&\geqslant \frac{\theta^2}{2}
\end{aligned}$$

这与 $\{I(t_n u_n)\}$ 是上方有界的矛盾, 其中 $I(t_n u_n) = \max\limits_{t\in[0,1]} I(tu_n)$. 事实上, 若 $t_n = 0$ 或 $t_n = 1$, $I(t_n u_n)$ 是上方有界的. 故考虑 $t_n \in (0,1)$ 情形, 由 (f_3) 可知

$$\begin{aligned}
I(t_n u_n) &= I(t_n u_n) - \frac{1}{4}\langle I'(t_n u_n), t_n u_n\rangle \\
&= \frac{a}{4}t_n^2\int_{\mathbb{R}^3} |(-\Delta)^{\frac{s}{2}} u_n|^2\mathrm{d}x + \frac{t_n^2}{4}\int_{\mathbb{R}^3} V(x)u_n^2\mathrm{d}x + \left(\frac{1}{4} - \frac{1}{2_s^*}\right)t_n^{2_s^*}\int_{\mathbb{R}^3} |u_n|^{2_s^*}\mathrm{d}x \\
&\quad + \frac{1}{4}\int_{\mathbb{R}^3} Q(x)\left(f(t_n^2 u_n)t_n^2 u_n - 4F(t_n^2 u_n)\right)\mathrm{d}x \\
&\leqslant \frac{a}{4}\int_{\mathbb{R}^3} |(-\Delta)^{\frac{s}{2}} u_n|^2\mathrm{d}x + \frac{1}{4}\int_{\mathbb{R}^3} V(x)u_n^2\mathrm{d}x + \left(\frac{1}{4} - \frac{1}{2_s^*}\right)\int_{\mathbb{R}^3} |u_n|^{2_s^*}\mathrm{d}x \\
&\quad + \frac{1}{4}\int_{\mathbb{R}^3} Q(x)\left(f(u_n)u_n - 4F(u_n)\right)\mathrm{d}x \\
&= I(u_n) - \frac{1}{4}\langle I'(u_n), u_n\rangle \\
&= c^* + o_n(1)
\end{aligned}$$

上式表明 $\{I(t_n u_n)\}$ 是上方有界的. 故完成引理的证明. □

3.3　正基态解的存在性

定理 3.1.1 的证明　由引理 3.2.5 可知, 在 H 中 u_n 有界, 则在子列的意义下有

$$\text{在 } H \text{ 中 } u_n \rightharpoonup u$$
$$\text{在 } L^q_{loc}(\mathbb{R}^3) \text{ 中 } u_n \to u, \quad \forall q \in [2, 2_s^*)$$
$$u_n(x) \to u(x), \quad \text{a.e. } x \in \mathbb{R}^3$$

接下来, 我们证明 $I'(u) = 0$. 若 $u = 0$, 则 $I'(u) = 0$. 若 $u = 0$, 我们断言:

$$\lim_{n\to+\infty} \int_{\mathbb{R}^3} |(-\Delta)^{\frac{s}{2}} u_n|^2 \mathrm{d}x = \int_{\mathbb{R}^3} |(-\Delta)^{\frac{s}{2}} u|^2 \mathrm{d}x \tag{3.3.1}$$

事实上, 可假设

$$\int_{\mathbb{R}^3} |(-\Delta)^{\frac{s}{2}} u|^2 \mathrm{d}x \leqslant \lim_{n\to+\infty} \int_{\mathbb{R}^3} |(-\Delta)^{\frac{s}{2}} u_n|^2 \mathrm{d}x = A > 0$$

由 $I'(u_n) \to 0$ 可知, u 是方程

$$(a + bA)(-\Delta)^s u(x) + V(x)u = \lambda Q(x) f(u) + |u|^{2_s^*-2} u, \quad x \in \mathbb{R}^3$$

的弱解, 则

$$\begin{aligned} &\left(a + b\int_{\mathbb{R}^3} |(-\Delta)^{\frac{s}{2}} u|^2 \mathrm{d}x\right) \int_{\mathbb{R}^3} |(-\Delta)^{\frac{s}{2}} u|^2 \mathrm{d}x + \int_{\mathbb{R}^3} V(x) u^2 \mathrm{d}x \\ &\leqslant (a + bA) \int_{\mathbb{R}^3} |(-\Delta)^{\frac{s}{2}} u|^2 \mathrm{d}x + \int_{\mathbb{R}^3} V(x) u^2 \mathrm{d}x \\ &= \lambda \int_{\mathbb{R}^3} Q(x) f(u) u \mathrm{d}x + \int_{\mathbb{R}^3} |u|^{2_s^*} \mathrm{d}x \end{aligned} \tag{3.3.2}$$

记

$$h_1(t) := \langle I'(tu), tu \rangle, \quad \forall\, t \geqslant 0$$

若 $\int_{\mathbb{R}^3} |(-\Delta)^{\frac{s}{2}} u|^2 \mathrm{d}x = A$, 则 (3.3.1)式成立. 若 $\int_{\mathbb{R}^3} |(-\Delta)^{\frac{s}{2}} u|^2 \mathrm{d}x < A$, 则由 (3.3.2)式可知 $h_1(1) < 0$. 由 (f_1) 可得

$$h_1(t) \geqslant \begin{cases} t^2\|u\|^2 - \varepsilon t^4 \int_{\mathbb{R}^3} |u|^4 \mathrm{d}x - C_\varepsilon t^{2_s^*} \int_{\mathbb{R}^3} |u|^{2_s^*} \mathrm{d}x, & \text{若 } (Q_2) \text{ 成立} \\ t^2\|u\|^2 - C_1 t^p \int_{\mathbb{R}^3} |u|^p \mathrm{d}x - C_2 t^{2_s^*} \int_{\mathbb{R}^3} |u|^{2_s^*} \mathrm{d}x, & \text{若 } (Q_3) \text{ 成立} \end{cases}$$

上式表明对充分小的 $t > 0$, $h_1(t) > 0$. 因此, 存在一个常数 $t_0 \in (0,1)$ 使得 $h_1(t_0) = \langle I'(t_0 u), t_0 u \rangle = 0$, 即 $t_0 u \in \mathcal{N}$, 其中 $\mathcal{N} := \left\{u \in H\backslash\{0\} : \langle I'(u),\ u \rangle = 0\right\}$. 类似文献 [159] 中的证明, 我们可得

$$c^* = \inf_{u\in\mathcal{N}}\sup_{t\geqslant 0} I(tu)$$

由 (f_3) 可知

$$\begin{aligned}
c^* \leqslant I(t_0u) &= I(t_0u) - \frac{1}{4}\langle I'(t_0u),\ t_0u\rangle \\
&= \frac{t_0^2}{4}||u||^2 + \frac{\lambda}{4}\int_{\mathbb{R}^3} Q(x)\Big(f(t_0u)t_0u - 4F(t_0u)\Big)\mathrm{d}x + \Big(\frac{1}{4} - \frac{1}{2_s^*}\Big)t_0^{2_s^*}\int_{\mathbb{R}^3}|u|^{2_s^*}\mathrm{d}x \\
&< \frac{1}{4}||u||^2 + \frac{\lambda}{4}\int_{\mathbb{R}^3} Q(x)\Big(f(u)u - 4F(u)\Big)\mathrm{d}x + \Big(\frac{1}{4} - \frac{1}{2_s^*}\Big)\int_{\mathbb{R}^3}|u|^{2_s^*}\mathrm{d}x \\
&= \liminf_{n\to+\infty}\Big\{I(u_n) - \frac{1}{4}\langle I'(u_n),\ u_n\rangle\Big\} \\
&= c^*
\end{aligned} \tag{3.3.3}$$

上述矛盾表明 (3.3.1)式成立并且可得 $I'(u) = 0$.

接下来, 我们证明 u 是正的. 用 u^- 作为方程 (3.1.1) 的检验函数, 则可得

$$\begin{aligned}
0 &= \Big(a + b\int_{\mathbb{R}^3}|(-\Delta)^{\frac{s}{2}}u|^2\mathrm{d}x\Big)\int_{\mathbb{R}^3}(-\Delta)^{\frac{s}{2}}u(-\Delta)^{\frac{s}{2}}u^-\mathrm{d}x + \int_{\mathbb{R}^3}V(x)|u^-|^2\mathrm{d}x \\
&\geqslant a\int_{\mathbb{R}^3}|(-\Delta)^{\frac{s}{2}}u^-|^2\mathrm{d}x + \int_{\mathbb{R}^3}V(x)|u^-|^2\mathrm{d}x \geqslant 0
\end{aligned}$$

上式表明 $u^- = 0$ 并且有 $u \geqslant 0$. 此外, 若存在某个 $x_0 \in \mathbb{R}^3$ 使得 $u(x_0) = 0$, 则 $(-\Delta)^s u(x_0) = 0$. 根据 (1.1.3)式和 $u(x_0) = 0$ 可知

$$(-\Delta)^s u(x_0) = -\frac{C_{3,s}}{2}\int_{\mathbb{R}^3}\frac{u(x_0+y) + u(x_0-y)}{|y|^{3+2s}}\mathrm{d}y = 0$$

从上式可看出 $u \equiv 0$. 由引理 3.2.2 可知

$$a\int_{\mathbb{R}^3}|(-\Delta)^{\frac{s}{2}}u_n|^2\mathrm{d}x + b\Big(\int_{\mathbb{R}^3}|(-\Delta)^{\frac{s}{2}}u_n|^2\mathrm{d}x\Big)^2 = \int_{\mathbb{R}^3}|u_n|^{2_s^*}\mathrm{d}x + o(1) \tag{3.3.4}$$

从而

$$\begin{aligned}
&a\mathcal{S}_s\Big(\int_{\mathbb{R}^3}|u_n|^{2_s^*}\mathrm{d}x\Big)^{\frac{2}{2_s^*}} + b\mathcal{S}_s^2\Big(\int_{\mathbb{R}^3}|u_n|^{2_s^*}\mathrm{d}x\Big)^{\frac{4}{2_s^*}} \\
&\leqslant a\int_{\mathbb{R}^3}|(-\Delta)^{\frac{s}{2}}u_n|^2\mathrm{d}x + b\Big(\int_{\mathbb{R}^3}|(-\Delta)^{\frac{s}{2}}u_n|^2\mathrm{d}x\Big)^2 \\
&= \int_{\mathbb{R}^3}|u_n|^{2_s^*}\mathrm{d}x
\end{aligned} \tag{3.3.5}$$

记 $\int_{\mathbb{R}^3}|u_n|^{2_s^*}\mathrm{d}x := L^{2_s^*} + o_n(1)$. 由 (3.3.5) 式可知

$$a\mathcal{S}_sL^2 + b\mathcal{S}_s^2L^4 - L^{2_s^*} \leqslant 0$$

从上式可得 $L>\hat{T}$. 因此

$$\begin{aligned}
&c^*+o_n(1)\\
&=I(u_n)-\frac{1}{4}\langle I'(u_n),u_n\rangle\\
&=\frac{a}{4}\int_{\mathbb{R}^3}|(-\Delta)^{\frac{s}{2}}u_n|^2\mathrm{d}x+\frac{1}{4}\int_{\mathbb{R}^3}V(x)u_n^2\mathrm{d}x+\int_{\mathbb{R}^3}Q(x)\Big(\frac{1}{4}f(u_n)u_n-F(u_n)\Big)\mathrm{d}x\\
&\quad+\Big(\frac{1}{4}-\frac{1}{2_s^*}\Big)\int_{\mathbb{R}^3}|u_n|^{2_s^*}\mathrm{d}x\\
&\geqslant\frac{a}{4}\int_{\mathbb{R}^3}|(-\Delta)^{\frac{s}{2}}u|^2\mathrm{d}x+\Big(\frac{1}{4}-\frac{1}{2_s^*}\Big)\Big(a\int_{\mathbb{R}^3}|(-\Delta)^{\frac{s}{2}}u_n|^2\mathrm{d}x\\
&\quad+b\Big(\int_{\mathbb{R}^3}|(-\Delta)^{\frac{s}{2}}u_n|^2\mathrm{d}x\Big)^2\Big)\\
&\geqslant\frac{a}{4}\mathcal{S}_s\Big(\int_{\mathbb{R}^3}|u_n|^{2_s^*}\mathrm{d}x\Big)^{\frac{2}{2_s^*}}+\Big(\frac{1}{4}-\frac{1}{2_s^*}\Big)\Big(a\mathcal{S}_s\Big(\int_{\mathbb{R}^3}|u_n|^{2_s^*}\mathrm{d}x\Big)^{\frac{2}{2_s^*}}\\
&\quad+b\mathcal{S}_s^2\Big(\int_{\mathbb{R}^3}|u_n|^{2_s^*}\mathrm{d}x\Big)^{\frac{4}{2_s^*}}\Big)\\
&=\frac{a}{4}\mathcal{S}_sL^2+\Big(\frac{1}{4}-\frac{1}{2_s^*}\Big)\Big(a\mathcal{S}_sL^2+b\mathcal{S}_s^2L^4\Big)\\
&\geqslant\frac{a}{4}\mathcal{S}_s\hat{T}^2+\Big(\frac{1}{4}-\frac{1}{2_s^*}\Big)\Big(a\mathcal{S}_s\hat{T}^2+b\mathcal{S}_s^2\hat{T}^4\Big)\\
&=\frac{a}{2}\mathcal{S}_s\hat{T}^2+\frac{b}{4}\mathcal{S}_s^2\hat{T}^4+\frac{1}{2_s^*}\hat{T}^{2_s^*}
\end{aligned}$$

这与引理 3.2.4 矛盾. 故 u 是方程 (6.1.1) 的正解. □

第 4 章 非自治的分数阶 Kirchhoff 方程基态解的存在性

本章考虑非自治的分数阶 Kirchhoff 方程:

$$\left(a+b\int_{\mathbb{R}^3}|(-\Delta)^{\frac{s}{2}}u|^2\mathrm{d}x\right)(-\Delta)^s u+u=Q(x)|u|^{p-2}u,\quad x\in\mathbb{R}^3$$

其中 $a>0, b\geqslant 0$, $(-\Delta)^s$ 是阶数为 $s\in\left(\frac{3}{4},1\right)$ 的分数阶 Laplace 算子, $4<p<2_s^*:=\frac{6}{3-2s}$. Q 满足适当的条件, 利用变分法我们证明了基态解的存在性.

4.1 引言及主要结果

本章首先研究非自治的分数阶 Kirchhoff 方程:

$$\left(a+b\int_{\mathbb{R}^3}|(-\Delta)^{\frac{s}{2}}u|^2\mathrm{d}x\right)(-\Delta)^s u+u=Q(x)|u|^{p-2}u,\quad x\in\mathbb{R}^3 \tag{4.1.1}$$

其中 $a>0, b\geqslant 0$, $(-\Delta)^s$ 是阶数为 $s\in\left(\frac{3}{4},1\right)$ 的分数阶 Laplace 算子, $4<p<2_s^*:=\frac{6}{3-2s}$. $Q(x)$ 满足如下条件:

(Q_1) $\lim\limits_{|x|\to+\infty}Q(x)=Q_\infty>0$ 和 $Q(x)\in L^{\frac{2_s^*}{2_s^*-p}}(\mathbb{R}^3)$.

(Q_2) 对任意的 $x\in\mathbb{R}^3$ 有 $Q(x)\geqslant Q_\infty$ 且在一个正可测集上 $Q(x)-Q_\infty>0$ 成立.

需要指出的是, 在 $s=1$ 的情形下, Xie 和 Ma 在文献 [166] 中研究了如下非自治的 Kirchhoff 方程正基态解的存在性:

$$-\left(1+b\int_{\mathbb{R}^3}|\nabla u|^2dx\right)\Delta u+u=a(x)|u|^{p-1}u,\quad x\in\mathbb{R}^3 \tag{4.1.2}$$

其中 $b>0$, $3<p<5$ 和 a 满足:

(a_1) $\lim\limits_{|x|\to+\infty}a(x)=a_\infty>0$ 和 $\alpha(x):=a(x)-a_\infty\in L^{\frac{2}{5-p}}(\mathbb{R}^3)$.

(a_2) 对任意的 $x\in\mathbb{R}^3$ 有 $a(x)\geqslant a_\infty$ 且 $a(x)-a_\infty>0$ 在一个正可测集上成立.

上述条件 (a_1) 和 (a_2) 首次由 Cerami 和 Vaira[41] 在研究非自治 Schrödinger-Poisson 系统

正基态解存在性时提出的. 由于非局部项 $\int_{\mathbb{R}^3}|\nabla u|^2\mathrm{d}x$ 的出现, 使得从 $H^1(\mathbb{R}^3)$ 中的弱收敛 $u_n \rightharpoonup u$ 不能直接推出

$$\int_{\mathbb{R}^3}|\nabla u_n|^2\mathrm{d}x \to \int_{\mathbb{R}^3}|\nabla u|^2\mathrm{d}x$$

从而使得验证方程 (4.1.2) 对应的能量泛函弱导数的连续性变得非常困难. 这也是处理非局部方程 (4.1.2) 与文献 [41] 中处理 Shrödinger-Poisson 方程的一个区别. 类似 $(\mathrm{Q}_1) \sim (\mathrm{Q}_2)$ 条件的相关工作可参见文献 [64], [145], [147] 及其他参考文献.

为简便起见, 设 $a=1$, 则方程 (4.1.1) 简化为

$$\left(1+b\int_{\mathbb{R}^3}|(-\Delta)^{\frac{s}{2}}u|^2\mathrm{d}x\right)(-\Delta)^s u+u=Q(x)|u|^{p-2}u, \quad x\in\mathbb{R}^3 \tag{4.1.3}$$

方程 (4.1.3) 对应的能量泛函定义为

$$I(u)=\frac{1}{2}\|u\|^2+\frac{b}{4}\left(\int_{\mathbb{R}^3}|(-\Delta)^{\frac{s}{2}}u|^2\mathrm{d}x\right)^2-\frac{1}{p}\int_{\mathbb{R}^3}Q(x)|u|^p\mathrm{d}x$$

其中 $u\in H^s(\mathbb{R}^3)$. 分数阶 Soblev 空间 $H^s(\mathbb{R}^3)$ 上赋予范数:

$$\|u\|=\left(\int_{\mathbb{R}^3}|(-\Delta)^{\frac{s}{2}}u|^2\mathrm{d}x+\int_{\mathbb{R}^3}u^2\mathrm{d}x\right)^{\frac{1}{2}}$$

注意到, 由于非局部项

$$\int_{\mathbb{R}^3}|(-\Delta)^{\frac{s}{2}}u|^2\mathrm{d}x$$

使得研究泛函 I 的 (PS) 序列的紧性变得非常困难, 因为从空间 $H^s(\mathbb{R}^3)$ 中的弱收敛 $u_n \rightharpoonup u$ 不能直接推出

$$\lim_{n\to\infty}\int_{\mathbb{R}^3}|(-\Delta)^{\frac{s}{2}}u_n|^2\mathrm{d}x=\int_{\mathbb{R}^3}|(-\Delta)^{\frac{s}{2}}u|^2\mathrm{d}x$$

克服这一困难的最直接方法是将工作空间换成对称的分数阶 Soblev 空间 $H^s_{\mathrm{rad}}(\mathbb{R}^3)$, 这是因为嵌入 $H^s_{\mathrm{rad}}(\mathbb{R}^3)\hookrightarrow L^t(\mathbb{R}^3)$ $(2\leqslant t<2_s^*)$ 是紧的. 而我们的工作空间是 $H^s(\mathbb{R}^3)$, 需要借助如下分数阶 Schrödinger 方程 (即在方程 (4.1.3) 中令 $b=0$):

$$(-\Delta)^s u+u=Q(x)|u|^{p-2}u, \quad x\in\mathbb{R}^3 \tag{4.1.4}$$

方程 (4.1.4) 的弱解是泛函:

$$I_Q(u)=\frac{1}{2}\|u\|^2-\frac{1}{p}\int_{\mathbb{R}^3}Q(x)|u|^p\mathrm{d}x$$

的临界点. 方程 (4.1.4) 相对应的能量泛函 I_Q 的 Nehari 流形定义为

$$\mathcal{N}_Q:=\left\{u\in H^s(\mathbb{R}^3)\setminus\{0\}:<I_Q'(u),u>=0\right\}$$

对于极限问题

$$(-\Delta)^s u+u=Q_\infty|u|^{p-2}u, \quad x\in\mathbb{R}^3 \tag{4.1.5}$$

为简便, 记 $Q_\infty=1$. 分别用 I_∞ 和 $\mathcal{N}_\infty$ 表示相应的能量泛函和 Nehari 流形, 即

$$I_\infty(u)=\frac{1}{2}\|u\|^2-\frac{1}{p}\int_{\mathbb{R}^3}|u|^p\mathrm{d}x$$

$$\mathcal{N}_\infty:=\Big\{u\in H^s(\mathbb{R}^3)\setminus\{0\}:<I'_\infty(u),u>=0\Big\}$$

由 (Q_2) 可知 $c_\infty>c_Q$, 其中

$$c_\infty:=\inf_{u\in\mathcal{N}_\infty}I_\infty(u)\ 和\ c_Q:=\inf_{u\in\mathcal{N}_Q}I_Q(u)$$

我们得到如下结果:

定理 4.1.1[77] 假设 (Q_1) 和 (Q_2) 成立. 若 $s\in\left(\frac{3}{4},1\right)$, $0<b\leqslant\dfrac{c_\infty^\mu-c_Q^\mu}{\theta c_Q^{\mu+1}}$, 则方程 (4.1.1) 有一个基态解, 其中 $\mu=\dfrac{p-4}{p}$ $(p\in(4,2_s^*))$, $\theta=\dfrac{2p}{p-2}$.

4.2 预备知识

方程 (4.1.3) 对应的 Nehari 流形定义为

$$\mathcal{N}:=\Big\{u\in H^s(\mathbb{R}^3)\setminus\{0\}:\langle I'(u),u\rangle=0\Big\}$$

接下来, 给出一些关于 Nehari 流形 $\mathcal{N}$ 的性质:

引理 4.2.1 (i) Nehari 流形 $\mathcal{N}$ 是一个与 $H^s(\mathbb{R}^3)$ 中的球面微分同胚的 C^1 的正则流形.

(ii) I 在 Nehari 流形 $\mathcal{N}$ 上是下方有界的.

(iii) u 是泛函 I 的临界点当且仅当 u 是泛函 I 限制在流形 $\mathcal{N}$ 上的临界点.

证明 对任意的 $u\in H^s(\mathbb{R}^3)\backslash\{0\}$ 且满足 $||u||=1$, 则存在一个唯一的 $t>0$ 使得 $tu\in\mathcal{N}$. 事实上, 由 $p\in(4,2_s^*)$ 可知, 当 $t>0$ 充分小时, $g(t)>0$; 当 $t\to\infty$ 时, $g(t)\to-\infty$, 其中 $g(t)=\langle I'(tu),tu\rangle$. 因此 g 有一个极大值点并且存在一个常数 $t>0$ 使得 $g'(t)=0$ 和 $tu\in\mathcal{N}$. 假设存在 $t_1>t>0$ 使得 $t_1u\in\mathcal{N}$, 则

$$\left(\frac{1}{t_1^2}-\frac{1}{t^2}\right)||u||^2=\left(t_1^{p-4}-t^{p-4}\right)\int_{\mathbb{R}^3}Q(x)|u|^p\mathrm{d}x$$

矛盾. 故 $t'u\in\mathcal{N}$ 当且仅当 $t=t'$.

若 $u\in\mathcal{N}$, 则

$$\begin{aligned}0&=||u||^2+b\left(\int_{\mathbb{R}^3}|(-\Delta)^{\frac{s}{2}}u|^2\mathrm{d}x\right)^2-\int_{\mathbb{R}^3}Q(x)|u|^p\mathrm{d}x\\&\geqslant||u||^2-C_1||u||^p\end{aligned}$$

表明存在常数 $C_2>0$ 使得 $||u||^2>C_2$. 由 $I\in C^2(H^s(\mathbb{R}^3),\mathbb{R})$ 可知, $G(u):=\langle I'(u),u\rangle$ 是一个 C^1 泛函并且

$$\begin{aligned}\langle G'(u),u\rangle&=\langle I''(u),u\rangle\\&=2||u||^2+4b\Big(\int_{\mathbb{R}^3}|(-\Delta)^{\frac{s}{2}}u|^2\mathrm{d}x\Big)^2-p\int_{\mathbb{R}^3}Q(x)|u|^p\mathrm{d}x\\&=\Big(2-p\Big)||u||^2+\Big(4-p\Big)b\Big(\int_{\mathbb{R}^3}|(-\Delta)^{\frac{s}{2}}u|^2\mathrm{d}x\Big)^2\\&\leqslant\Big(2-p\Big)||u||^2\leqslant\Big(2-p\Big)C_2^2<0\end{aligned}$$

性质 (ii) 可由公式

$$I=\Big(\frac{1}{2}-\frac{1}{p}\Big)||u||^2+\Big(\frac{1}{4}-\frac{1}{p}\Big)b\Big(\int_{\mathbb{R}^3}|(-\Delta)^{\frac{s}{2}}u|^2\mathrm{d}x\Big)^2\geqslant\Big(\frac{1}{2}-\frac{1}{p}\Big)||u||^2>C_2>0$$

得出.

(iii) 若 $u\neq0$ 是泛函 I 的临界点, 则 $u\in\mathcal{N}$. 另一方面, 若 u 是泛函 I 限制在流形 $\mathcal{N}$ 上的临界点, 则由 $G'(u)\neq0$ 和

$$I|'_{\mathcal{N}}(u)=I'(u)-\frac{\langle I'(u),\ u\rangle}{||G'(u)||^2}G'(u)$$

可知 $I'(u)=0$. □

从下面的结果, 我们可知方程 (4.1.5) 正基态解的一些性质, 可参见文献 [72] 和 [73].

引理 4.2.2　方程 (4.1.5) 有一个唯一的、径向对称的、径向递减的正基态解 $w_\infty\in H^{2s+1}(\mathbb{R}^3)\cap C^\infty\mathbb{R}^3$ 并且满足衰减性质:

$$\frac{C_1}{1+|x|^{3+2s}}\leqslant w_\infty(x)\leqslant\frac{C_2}{1+|x|^{3+2s}},\quad\forall x\in\mathbb{R}^3,\ 0<C_1<C_2$$

结合集中紧性原理 (可参见文献 [109] 和 [159]) 可获得如下结果:

引理 4.2.3　假设 (Q_1) 和 (Q_2) 成立, 则方程 (4.1.4) 有一个正的基态解 $w_Q\in H^s(\mathbb{R}^3)$.

类似引理 4.2.1 的证明, 易证对任意的 $u\in H^s(\mathbb{R}^3)\setminus\{0\}$, 存在一个唯一的 $\tau u\in\mathcal{N}_Q$ 使得 $I_Q(\tau u)=\max\limits_{t>0}I_Q(tu)$.

引理 4.2.4　对任意的 $u\in H^s(\mathbb{R}^3)\setminus\{0\}$, 假设 $tu\in\mathcal{N}$ 和 $\tau u\in\mathcal{N}_Q$, 则 $\tau\leqslant t$.

证明　对任意的 $u\in H^s(\mathbb{R}^3)\setminus\{0\}$, 由 $tu\in\mathcal{N}$ 和 $\tau u\in\mathcal{N}_Q$ 可知

$$\begin{aligned}&t^2\|u\|^2+t^4\Big(\int_{\mathbb{R}^3}|(-\Delta)^{\frac{s}{2}}u|^2\mathrm{d}x\Big)^2=t^p\int_{\mathbb{R}^3}Q(x)|u|^p\mathrm{d}x\\&\tau^2\|u\|^2=\tau^p\int_{\mathbb{R}^3}Q(x)|u|^p\mathrm{d}x\end{aligned}$$

由 (Q_1) 可得

$$\tau^{p-2}=\frac{\|u\|^2}{\displaystyle\int_{\mathbb{R}^3}Q(x)|u|^p\mathrm{d}x}$$

$$
\begin{aligned}
&= \frac{-t^2\left(\int_{\mathbb{R}^3}|(-\Delta)^{\frac{s}{2}}u|^2\mathrm{d}x\right)^2 + t^{p-1}\int_{\mathbb{R}^3}Q(x)|u|^p\mathrm{d}x}{\int_{\mathbb{R}^3}Q(x)|u|^p\mathrm{d}x} \\
&\leqslant t^{p-2}
\end{aligned}
$$

上式表明 $\tau \leqslant t$. □

在结束本节之前, 我们给出一个将在后面才用到的结果.

引理 4.2.5 假设 $\{u_n\}$ 是泛函 I 的一个 $(\mathrm{PS})_d$ 序列. 此外, 存在 $u \in H^s(\mathbb{R}^3)$ 使得 $u_n \rightharpoonup u \neq 0$. 则

$$
\lim_{n\to+\infty}\int_{\mathbb{R}^3}|(-\Delta)^{\frac{s}{2}}u_n|^2\mathrm{d}x = \int_{\mathbb{R}^3}|(-\Delta)^{\frac{s}{2}}u|^2\mathrm{d}x
$$

证明 假设存在 $A \geqslant 0$ 使得

$$
\lim_{n\to+\infty}\int_{\mathbb{R}^3}|(-\Delta)^{\frac{s}{2}}u_n|^2\mathrm{d}x = A
$$

则

$$
\int_{\mathbb{R}^3}|(-\Delta)^{\frac{s}{2}}u|^2\mathrm{d}x \leqslant A
$$

对任意的 $\varphi \in H^s(\mathbb{R}^3)$, 由 $\{u_n\}$ 的弱收敛性可知

$$
\int_{\mathbb{R}^3}u_n\varphi\mathrm{d}x \to \int_{\mathbb{R}^3}u\varphi\mathrm{d}x \quad 和 \quad \int_{\mathbb{R}^3}(-\Delta)^{\frac{s}{2}}u_n(-\Delta)^{\frac{s}{2}}\varphi\mathrm{d}x \to \int_{\mathbb{R}^3}(-\Delta)^{\frac{s}{2}}u(-\Delta)^{\frac{s}{2}}\varphi\mathrm{d}x
$$

此外

$$
\int_{\mathbb{R}^3}Q(x)|u_n|^{p-2}u_n\varphi\mathrm{d}x \to \int_{\mathbb{R}^3}Q(x)|u|^{p-2}u\varphi\mathrm{d}x
$$

由上式可知

$$
\begin{aligned}
o_n(1) &= \langle I'(u_n),\ \varphi\rangle \\
&= \int_{\mathbb{R}^3}(-\Delta)^{\frac{s}{2}}u_n(-\Delta)^{\frac{s}{2}}\varphi\mathrm{d}x + \int_{\mathbb{R}^3}u_n\varphi\mathrm{d}x \\
&\quad + b\int_{\mathbb{R}^3}|(-\Delta)^{\frac{s}{2}}u_n|^2\mathrm{d}x\int_{\mathbb{R}^3}(-\Delta)^{\frac{s}{2}}u_n(-\Delta)^{\frac{s}{2}}\varphi\mathrm{d}x - \int_{\mathbb{R}^3}Q(x)|u_n|^{p-2}u_n\varphi\mathrm{d}x + o_n(1) \\
&\geqslant \int_{\mathbb{R}^3}(-\Delta)^{\frac{s}{2}}u(-\Delta)^{\frac{s}{2}}\varphi\mathrm{d}x + \int_{\mathbb{R}^3}u\varphi\mathrm{d}x \\
&\quad + b\int_{\mathbb{R}^3}|(-\Delta)^{\frac{s}{2}}u|^2\mathrm{d}x\int_{\mathbb{R}^3}(-\Delta)^{\frac{s}{2}}u(-\Delta)^{\frac{s}{2}}\varphi\mathrm{d}x - \int_{\mathbb{R}^3}Q(x)|u|^{p-2}u\varphi\mathrm{d}x
\end{aligned}
\tag{4.2.1}
$$

我们只需要考虑 $\int_{\mathbb{R}^3}|(-\Delta)^{\frac{s}{2}}u|^2\mathrm{d}x < A$ 的情形. 在这种情形下, 易知 $\langle I'(u),\varphi\rangle < 0$. 特别地, $\langle I'(u),u\rangle < 0$. 令

$$
h_1(t) := \langle I'(tu),tu\rangle, \quad t \geqslant 0
$$

则由 (4.2.1) 式可知 $h_1(1) < 0$. 此外

$$
\begin{aligned}
h_1(t) &= t^2\int_{\mathbb{R}^3}|(-\Delta)^{\frac{s}{2}}u|^2\mathrm{d}x + t^2\int_{\mathbb{R}^3}u^2dx + bt^4\left(\int_{\mathbb{R}^3}|(-\Delta)^{\frac{s}{2}}u|^2\mathrm{d}x\right)^2 - t^p\int_{\mathbb{R}^3}Q(x)|u|^p\mathrm{d}x \\
&\geqslant \frac{t^2}{2}\|u\|^2 - t^p\int_{\mathbb{R}^3}Q(x)|u|^p\mathrm{d}x
\end{aligned}
$$

上式表明对充分小的 $t>0$ 有 $h_1(t)>0$. 显然 $h_1(t)$ 是连续的. 因此, 存在常数 $t_0\in(0,1)$ 使得 $h_1(t_0)=\langle I'(t_0u),t_0u\rangle=0$, 即 $t_0u\in\mathcal{N}$, 并且 $I(t_0u)=\max\limits_{t\in[0,1]}I(tu)$. 此外

$$\begin{aligned}
d&\leqslant I(t_0u)\\
&=I(t_0u)-\frac{1}{4}\langle I'(t_0u),\ t_0u\rangle\\
&=\frac{t_0^2}{4}\int_{\mathbb{R}^3}|(-\Delta)^{\frac{s}{2}}u|^2\mathrm{d}x+\frac{t_0^2}{4}\int_{\mathbb{R}^3}u^2\mathrm{d}x+\left(\frac{1}{4}-\frac{1}{p}\right)t_0^p\int_{\mathbb{R}^3}Q(x)|u|^p\mathrm{d}x\\
&<\frac{1}{4}\int_{\mathbb{R}^3}|(-\Delta)^{\frac{s}{2}}u_n|^2\mathrm{d}x+\frac{1}{4}\int_{\mathbb{R}^3}u_n^2\mathrm{d}x+\left(\frac{1}{4}-\frac{1}{p}\right)\int_{\mathbb{R}^3}Q(x)|u_n|^p\mathrm{d}x\\
&=\liminf_{n\to+\infty}\left\{I(u_n)-\frac{1}{4}\langle I'(u_n),\ u_n\rangle\right\}\\
&=d+o_n(1)
\end{aligned}\tag{4.2.2}$$

矛盾. 故完成引理的证明, 并且可得 $u\in\mathcal{N}$. □

4.3　基态解的存在性

假设 $\{u_n\}$ 是泛函 I 限制在 Nehari 流形 $\mathcal{N}$ 上的 $(\mathrm{PS})_d$ 序列, 即 $u_n\in\mathcal{N}$, 且满足

$$I(u_n)\to d \text{ 和在 } (H^s(\mathbb{R}^3))^{-1} \text{ 中 } \ I'|_{\mathcal{N}}(u_n)\to 0$$

注意到, 存在某个 $\lambda_n\in\mathbb{R}$ 使得

$$o_n(1)=I'|_{\mathcal{N}}(u_n)=I'(u_n)-\lambda_nG'(u_n)$$

因此

$$o_n(1)=\langle I'|_{\mathcal{N}}(u_n),u_n\rangle=\langle I'(u_n),u_n\rangle-\lambda_n\langle G'(u_n),\ u_n\rangle$$

由 $u_n\in\mathcal{N}$ 和 $\langle G'(u_n),\ u_n\rangle<0$ 可知, 当 $n\to+\infty$ 时, $\lambda_n\to0$. 所以 $I'(u_n)\to0$. 此外, 对充分大的 n, 有

$$\begin{aligned}
d+o(1)||u_n||&\geqslant I(u_n)-\frac{1}{p}\langle I'(u_n),u_n\rangle\\
&\geqslant\left(\frac{1}{2}-\frac{1}{p}\right)||u_n||^2+\left(\frac{1}{4}-\frac{1}{p}\right)b\Big(\int_{\mathbb{R}^3}|(-\Delta)^{\frac{s}{2}}u|^2\mathrm{d}x\Big)^2\\
&\geqslant\left(\frac{1}{2}-\frac{1}{p}\right)||u_n||^2
\end{aligned}$$

上式表明在 $H^s(\mathbb{R}^3)$ 中 $\{u_n\}$ 有界. 因此, 在子列的意义下可设

$$\begin{aligned}
&\text{在 } H^s(\mathbb{R}^3) \text{ 中 } u_n\rightharpoonup\tilde{u}\\
&\text{在 } L^q_{loc}(\mathbb{R}^3) \text{ 中 } u_n\to\tilde{u},\quad q\in[2,2_s^*)\\
&u_n(x)\to\tilde{u}(x),\quad \text{a.e. } x\in\mathbb{R}^3
\end{aligned}$$

引理 4.3.1 假设 $\{u_n\}$ 是泛函 I 限制在 Nehari 流形 $\mathcal{N}$ 上的 $(\mathrm{PS})_d$ 序列.

(i) 若 $\tilde{u}\neq 0$, 则 $\tilde{u}$ 是方程 (4.1.3) 的解, 存在一个常数 $l\in\mathbb{N}$ 和 $\{y_n^k\}\subset\mathbb{R}^3$ 满足当 $n\to+\infty$ 时, 对每个 $1\leqslant k\leqslant l$, $|y_n^k|\to+\infty$; 对 $k_1\neq k_2$, $|y_n^{k_1}-y_n^{k_2}|\to+\infty$, 方程 (4.1.5) 的非平凡解 $\tilde{u}$ 使得

$$\begin{aligned}&\left\|u_n-u-\sum_{k=1}^{l}w^k(\cdot-y_n^k)\right\|\to 0\\&I(u_n)\to I(\tilde{u})+\sum_{k=1}^{l}I_\infty(w^k)\end{aligned}\tag{4.3.1}$$

(ii) 若 $\tilde{u}=0$, 则存在方程 (4.3.3) 的非平凡弱解 $\tilde{w}^0\in H^s(\mathbb{R}^3)$, $\bar{y}_n\in\mathbb{R}^3$ 满足 $|\bar{y}_n|\to+\infty$(当 $n\to+\infty$ 时), 一个常数 $l\in\mathbb{N}$, $\{y_n^k\}\subset\mathbb{R}^3$ 满足当 $n\to+\infty$ 时, 对每个 $1\leqslant k\leqslant l$, $|y_n^k|\to+\infty$; 对 $k_1\neq k_2$, $|y_n^{k_1}-y_n^{k_2}|\to+\infty$, 方程 (4.1.5) 的非平凡解 $w^1,\cdots,w^l$ 使得

$$\begin{aligned}&\left\|u_n-\tilde{w}^0(\cdot-\bar{y}_n)-\sum_{k=1}^{l}w^k(\cdot-y_n^k)\right\|\to 0\\&I(u_n)\to J(\tilde{w}^0)+\sum_{k=1}^{l}I_\infty(w^k)\end{aligned}\tag{4.3.2}$$

其中

$$\left(1+b\int_{\mathbb{R}^3}|(-\Delta)^{\frac{s}{2}}u|^2dx\right)(-\Delta)^s u+u=|u|^{p-2}u\tag{4.3.3}$$

泛函 J 定义为

$$J(u):=\frac{1}{2}\|u\|^2+\frac{b}{4}\left(\int_{\mathbb{R}^3}|(-\Delta)^{\frac{s}{2}}u|^2\mathrm{d}x\right)^2-\frac{1}{p}\int_{\mathbb{R}^3}|u|^p\mathrm{d}x\tag{4.3.4}$$

证明 我们分两种情形证明: $\tilde{u}\neq 0$ 和 $\tilde{u}=0$.

情形 (i): $\tilde{u}\neq 0$, 若在 $H^s(\mathbb{R}^3)$ 中 $u_n\to\tilde{u}$, 则证明结束. 由引理 4.2.5 可知 $I'(\tilde{u})=0$. 因此, $\tilde{u}$ 是方程 (4.1.3) 的弱解. 假设在 $H^s(\mathbb{R}^3)$ 中 $u_n\nrightarrow\tilde{u}$. 记 $u_n^1:=u_n-\tilde{u}$, 因此, 在 $H^s(\mathbb{R}^3)$ 中 $u_n^1\rightharpoonup 0$. 断言:

$$I(u_n)=I(\tilde{u})+I_\infty(u_n^1)+o_n(1),\quad I_\infty(u_n^1)=o_n(1)(\text{在 }(H^s(\mathbb{R}^3))^{-1}\text{ 中})$$

事实上, 由 Brezis-Lieb 引理可知

(a.1) $\int_{\mathbb{R}^3}|(-\Delta)^{\frac{s}{2}}u_n^1|^2\mathrm{d}x=\int_{\mathbb{R}^3}|(-\Delta)^{\frac{s}{2}}u_n|^2\mathrm{d}x-\int_{\mathbb{R}^3}|(-\Delta)^{\frac{s}{2}}\tilde{u}|^2\mathrm{d}x+o_n(1)$;

(a.2) $|u_n^1|_2^2=|u_n|_2^2-|\tilde{u}|_2^2+o_n(1)$;

(a.3) $\int_{\mathbb{R}^3}Q(x)|u_n^1|^p\mathrm{d}x=\int_{\mathbb{R}^3}Q(x)|u_n|^p\mathrm{d}x-\int_{\mathbb{R}^3}Q(x)|\tilde{u}|^p\mathrm{d}x+o_n(1)$.

此外, 由文献 [159] 可知, 对任意的 $\varphi\in H^s(\mathbb{R}^3)$, 有

$$\int_{\mathbb{R}^3}(Q(x)-1)|u_n^1|^p\mathrm{d}x=o_n(1),\quad\int_{\mathbb{R}^3}(Q(x)-1)|u_n^1|^{p-2}u_n^1\varphi\mathrm{d}x=o_n(1)$$

$$\int_{\mathbb{R}^3} Q(x)|u_n|^{p-2}u_n\varphi\mathrm{d}x = \int_{\mathbb{R}^3} Q(x)|u_n^1|^{p-2}u_n^1\varphi\mathrm{d}x + \int_{\mathbb{R}^3} Q(x)|\tilde{u}|^{p-2}\tilde{u}\varphi\mathrm{d}x + o_n(1)$$

因此

$$\begin{aligned}
I(u_n) &= \frac{1}{2}\|u_n\|^2 + \frac{b}{4}\left(\int_{\mathbb{R}^3} |(-\Delta)^{\frac{s}{2}}u_n|^2\mathrm{d}x\right)^2 - \frac{1}{p}\int_{\mathbb{R}^3} Q(x)|u_n|^p\mathrm{d}x \\
&= \frac{1}{2}\|u_n^1\|^2 + \frac{1}{2}\|\tilde{u}\|^2 + \frac{b}{4}\left(\int_{\mathbb{R}^3} |(-\Delta)^{\frac{s}{2}}\tilde{u}|^2\mathrm{d}x\right)^2 - \frac{1}{p}\int_{\mathbb{R}^3} Q(x)|\tilde{u}|^p\mathrm{d}x \\
&\quad - \frac{1}{p}\int_{\mathbb{R}^3} Q(x)|u_n^1|^p\mathrm{d}x \\
&= \frac{1}{2}\|u_n^1\|^2 + \frac{1}{2}\|\tilde{u}\|^2 + \frac{b}{4}\left(\int_{\mathbb{R}^3} |(-\Delta)^{\frac{s}{2}}\tilde{u}|^2\mathrm{d}x\right)^2 - \frac{1}{p}\int_{\mathbb{R}^3} Q(x)|\tilde{u}|^p\mathrm{d}x \\
&\quad - \frac{1}{p}\int_{\mathbb{R}^3} |u_n^1|^p\mathrm{d}x \\
&= I(\tilde{u}) + I_\infty(u_n^1) + o_n(1)
\end{aligned}$$

对任意的 $\varphi \in H^s(\mathbb{R}^3)$，有

$$\begin{aligned}
o_n(1) &= \langle I'(u_n), \varphi\rangle \\
&= \int_{\mathbb{R}^3} (-\Delta)^{\frac{s}{2}}u_n(-\Delta)^{\frac{s}{2}}\varphi\mathrm{d}x + \int_{\mathbb{R}^3} u_n\varphi\mathrm{d}x - \int_{\mathbb{R}^3} Q(x)|u_n|^{p-2}u_n\varphi\mathrm{d}x \\
&\quad + b\int_{\mathbb{R}^3} |(-\Delta)^{\frac{s}{2}}u_n|^2\mathrm{d}x\int_{\mathbb{R}^3} (-\Delta)^{\frac{s}{2}}u_n(-\Delta)^{\frac{s}{2}}\varphi\mathrm{d}x + o_n(1) \\
&= \int_{\mathbb{R}^3} (-\Delta)^{\frac{s}{2}}\tilde{u}(-\Delta)^{\frac{s}{2}}\varphi\mathrm{d}x + \int_{\mathbb{R}^3} \tilde{u}\varphi\mathrm{d}x - \int_{\mathbb{R}^3} Q(x)|\tilde{u}|^{p-2}\tilde{u}\varphi\mathrm{d}x \\
&\quad + b\int_{\mathbb{R}^3} |(-\Delta)^{\frac{s}{2}}\tilde{u}|^2\mathrm{d}x\int_{\mathbb{R}^3} (-\Delta)^{\frac{s}{2}}\tilde{u}(-\Delta)^{\frac{s}{2}}\varphi\mathrm{d}x - \int_{\mathbb{R}^3} |u_n^1|^{p-2}u_n^1\varphi\mathrm{d}x + o_n(1) \\
&= \langle I'(\tilde{u}), \varphi\rangle + \langle I'_\infty(u_n^1), \varphi\rangle + o_n(1)
\end{aligned}$$

因此, 在 $(H^s(\mathbb{R}^3))^{-1}$ 中 $I_\infty(u_n^1) = o_n(1)$. 故断言成立.

记

$$\delta := \limsup_{n\to+\infty} \sup_{y\in\mathbb{R}^3} \int_{B_1(y)} |u_n^1|^2\mathrm{d}x$$

若是"消失的"情形, 即 $\delta = 0$, 则 $u_n^1 \rightharpoonup 0$ 并且由引理 1.2.4 可知, 在 $L^t(\mathbb{R}^3)$ 中 $u_n^1 \to 0$ $(t \in (2, 2_s^*))$, 则 $\|u_n^1\| \to 0$. 因此 $H^s(\mathbb{R}^3)$ 中 $u_n^1 \to 0$.

若是"非消失的"情形, 即 $\delta > 0$, 则可假设存在 $\{y_n^1\} \subset \mathbb{R}^3$ 使得

$$\int_{B_1(y_n^1)} |u_n^1|^2\mathrm{d}x > \frac{\delta}{2}$$

故在子列的意义下, 存在某个 $w^1 \in H^s(\mathbb{R}^3)$ 使得

$$|y_n^1| \to +\infty \quad 和 \quad w_n^1 := u_n^1(\cdot + y_n^1) \rightharpoonup w^1$$

因为

$$\int_{B_1(0)} |w_n^1|^2\mathrm{d}x > \frac{\delta}{2}$$

所以

$$\int_{B_1(0)} |w^1|^2 \mathrm{d}x > \frac{\delta}{2} \quad 和 \quad w^1 \neq 0$$

但在 $H^s(\mathbb{R}^3)$ 中 $u_n^1 \rightharpoonup 0$, 从而序列 $\{y_n^1\}$ 有界. 在子列的意义下可设 $|y_n^1| \to +\infty$. 此外, 由 $I_\infty(u_n^1) = o_n(1)$ 可知 $I'_\infty(w^1) = 0$.

接下来, 记 $u_n^2 := u_n - u - w^1(\cdot - y_n^1)$, 则在 $H^s(\mathbb{R}^3)$ 中 $u_n^2 \rightharpoonup 0$. 由 Brezis-Lieb 引理可得

(b.1) $\int_{\mathbb{R}^3} |(-\Delta)^{\frac{s}{2}} u_n^2|^2 \mathrm{d}x = \int_{\mathbb{R}^3} |(-\Delta)^{\frac{s}{2}} u_n|^2 \mathrm{d}x - \int_{\mathbb{R}^3} |(-\Delta)^{\frac{s}{2}} \tilde{u}|^2 \mathrm{d}x - \int_{\mathbb{R}^3} |(-\Delta)^{\frac{s}{2}} w^1|^2 \mathrm{d}x + o_n(1)$;

(b.2) $|u_n^2|_2^2 = |u_n|_2^2 - |u|_2^2 - |w^1|_2^2 + o_n(1)$;

(b.3) $\int_{\mathbb{R}^3} Q(x)|u_n^2|^p \mathrm{d}x = \int_{\mathbb{R}^3} Q(x)|u_n|^p \mathrm{d}x - \int_{\mathbb{R}^3} Q(x)|\tilde{u}|^p \mathrm{d}x - \int_{\mathbb{R}^3} Q(x)|w^1(x - y_n^1)|^p \mathrm{d}x + o_n(1)$. 因此

$$\begin{aligned} &I_\infty(u_n^2) = I_\infty(u_n^1) - I_\infty(w^1) + o_n(1) \\ &I(u_n) = I(\tilde{u}) + I_\infty(u_n^1) + o_n(1) = I(\tilde{u}) + I_\infty(w^1) + I_\infty(u_n^2) + o_n(1) \end{aligned}$$

类似地, 在 $(H^s(\mathbb{R}^3))^{-1}$ 中有

$$I'_\infty(u_n^2) = o_n(1)$$

记

$$\sigma := \limsup_{n \to +\infty} \sup_{y \in \mathbb{R}^3} \int_{B_1(y)} |u_n|^2 \mathrm{d}x$$

若是“消失的”情形, 则 $\|u_n^2\| \to 0$ 并且完成证明. 若是“非消失的”情形, 则存在一列 $\{y_n^2\} \subset \mathbb{R}^3$ 和非平凡解 $w^2 \in H^s(\mathbb{R}^3)$ 使得在 $H^s(\mathbb{R}^3)$ 中 $w_n^2 := u_n^2(\cdot + y_n^2) \rightharpoonup w^2 \neq 0$. 因此, 可得 $I'_\infty(w^2) \to 0$. 此外, 由 $u_n^2 \rightharpoonup 0$ 可知, $|y_n^2| \to +\infty$ 和 $|y_n^2 - y_n^1| \to +\infty$.

通过迭代, 存在一列 $\{y_n^k\} \subset \mathbb{R}^3$ 使得 $|y_n^k| \to +\infty$ 和 $|y_n^{k_1} - y_n^{k_2}| \to +\infty$ $(k_1 \neq k_2)$, 以及 $u_n^k = u_n^{k-1} - w^{k-1}(\cdot - y_n^{k-1})$ $(k \geqslant 2)$ 使得在 $H^s(\mathbb{R}^3)$ 中, 有

$$u_n^k \rightharpoonup 0, \quad I'_\infty(w^k) = 0$$

以及

$$\begin{cases} \left\| u_n - u - \sum\limits_{k=1}^{l} w^k(\cdot - y_n^k) \right\| \to 0 \\ I(u_n) \to I(\tilde{u}) + \sum\limits_{k=1}^{l} I_\infty(w^1) \end{cases} \tag{4.3.5}$$

注意到 w^k 是泛函 I_∞ 的非平凡临界点, 若在 $H^s(\mathbb{R}^3)$ 中 $\{u_n\}$ 有界, 则 $I_\infty(w^k) \geqslant c_\infty > 0$, 其中 c_∞ 是泛函 I_∞ 的极小能量. 由 (4.3.5)式可知, 迭代在 $l+1$ 处停止. 因此, 在 $H^s(\mathbb{R}^3)$ 中 $u_n^{l+1} \to 0$. 故完成引理的证明.

情形 (ii): $\tilde{u}=0$, 即在 $H^s(\mathbb{R}^3)$ 中 $u_n \rightharpoonup 0$. 类似情形 (i) 的证明, 可得

$$I(u_n)=J(u_n)+o_n(1), \quad J'(u_n)=o_n(1)(\text{在 } (H^s(\mathbb{R}^3))^{-1} \text{ 中}) \tag{4.3.6}$$

记

$$\delta:=\limsup_{n\to+\infty}\sup_{y\in\mathbb{R}^3}\int_{B_1(y)}|u_n|^2\mathrm{d}x$$

若 $\delta=0$, 由引理 1.2.4 可知, 在 $L^t(\mathbb{R}^3)$ 中 $u_n\to 0$ $(t\in(2,2_s^*))$, 则 $\|u_n\|\to 0$, $I(u_n)\to 0$, 矛盾.

接下来考虑 $\delta>0$ 情形. 假设存在序列 $\{\tilde{y}_n^0\}\subset\mathbb{R}^3$ 使得

$$\int_{B_1(\tilde{y}_n^0)}|u_n|^2\mathrm{d}x>\frac{\delta}{2}$$

则在子列的意义下, 存在 $\tilde{w}^1\in H^s(\mathbb{R}^3)$ 使得

$$|\tilde{y}_n^0|\to+\infty, \quad w_n^0:=u_n(\cdot+\tilde{y}_n^0)\rightharpoonup\tilde{w}^0$$

因为

$$\int_{B_1(0)}|w_n^0|^2\mathrm{d}x>\frac{\delta}{2}$$

所以

$$\int_{B_1(0)}|\tilde{w}^0|^2\mathrm{d}x>\frac{\delta}{2}$$

$w^1\neq 0$. 由于在 $H^s(\mathbb{R}^3)$ 中 $u_n\rightharpoonup 0$, 故序列 $\{\tilde{y}_n^0\}$ 有界. 从而在子列的意义下可设 $|\tilde{y}_n^0|\to+\infty$.

此外, 由引理 4.2.5 和 (4.3.6) 式可知

$$\int_{\mathbb{R}^3}|(-\Delta)^{\frac{s}{2}}w_n^0|^2\mathrm{d}x\to\int_{\mathbb{R}^3}|(-\Delta)^{\frac{s}{2}}\tilde{w}^0|^2\mathrm{d}x, \quad J'(\tilde{w}^0)=0 \tag{4.3.7}$$

类似地, 记 $w_n^1:=w_n^0-\tilde{w}^0(\cdot-\tilde{y}_n^0)$, 则在 $H^s(\mathbb{R}^3)$ 中 $w_n^1\rightharpoonup 0$. 由 Brezis-Lieb 引理可知

(c.1) $\int_{\mathbb{R}^3}|(-\Delta)^{\frac{s}{2}}w_n^1|^2\mathrm{d}x=\int_{\mathbb{R}^3}|(-\Delta)^{\frac{s}{2}}w_n^0|^2\mathrm{d}x-\int_{\mathbb{R}^3}|(-\Delta)^{\frac{s}{2}}\tilde{w}^0|^2\mathrm{d}x$;

(c.2) $|w_n^1|_2^2=|w_n^0|_2^2-|\tilde{w}^0|_2^2+o_n(1)$;

(c.3) $\int_{\mathbb{R}^3}|w_n^1|^p\mathrm{d}x=\int_{\mathbb{R}^3}|w_n^0|^p\mathrm{d}x-\int_{\mathbb{R}^3}|\tilde{w}^0|^p\mathrm{d}x+o_n(1)$.

因此, 由 (4.3.7) 式可得

$$\begin{aligned}J(u_n)&=\frac{1}{2}\|u_n\|^2+\frac{b}{4}\Big(\int_{\mathbb{R}^3}|(-\Delta)^{\frac{s}{2}}u_n|^2\mathrm{d}x\Big)^2-\frac{1}{p}\int_{\mathbb{R}^3}|u_n|^p\mathrm{d}x\\&=\frac{1}{2}\|w_n^1\|^2+\frac{1}{2}\|\tilde{w}^0\|^2+\frac{b}{4}\Big(\int_{\mathbb{R}^3}|(-\Delta)^{\frac{s}{2}}\tilde{w}^0|^2\mathrm{d}x\Big)^2\\&\quad-\frac{1}{p}\int_{\mathbb{R}^3}|w_n^1|^p\mathrm{d}x-\frac{1}{p}\int_{\mathbb{R}^3}|\tilde{w}^0|^p\mathrm{d}x\\&=J(\tilde{w}^0)+I_\infty(w_n^1)+o_n(1)\end{aligned}$$

对任意的 $\varphi \in H^s(\mathbb{R}^3)$ ，有

$$\begin{aligned}
o_n(1) &= \langle J'(u_n), \varphi(\cdot - \tilde{y}_n^0)\rangle \\
&= \int_{\mathbb{R}^3} (-\Delta)^{\frac{s}{2}} \tilde{w}_n^0 (-\Delta)^{\frac{s}{2}} \varphi \mathrm{d}x + \int_{\mathbb{R}^3} \tilde{w}_n^0 \varphi \mathrm{d}x \\
&\quad + b\int_{\mathbb{R}^3} |(-\Delta)^{\frac{s}{2}} \tilde{w}_n^0|^2 \mathrm{d}x \int_{\mathbb{R}^3} (-\Delta)^{\frac{s}{2}} \tilde{w}_n^0 (-\Delta)^{\frac{s}{2}} \varphi \mathrm{d}x - \int_{\mathbb{R}^3} |\tilde{w}_n^0|^{p-2} \tilde{w}_n^0 \varphi \mathrm{d}x + o_n(1) \\
&= \int_{\mathbb{R}^3} (-\Delta)^{\frac{s}{2}} \tilde{w}^0 (-\Delta)^{\frac{s}{2}} \varphi \mathrm{d}x + \int_{\mathbb{R}^3} \tilde{w}^0 \varphi \mathrm{d}x - \int_{\mathbb{R}^3} |\tilde{w}^0|^{p-2} \tilde{w}^0 \varphi \mathrm{d}x \\
&\quad + b\int_{\mathbb{R}^3} |(-\Delta)^{\frac{s}{2}} \tilde{w}^0|^2 \mathrm{d}x \int_{\mathbb{R}^3} (-\Delta)^{\frac{s}{2}} \tilde{w}^0 (-\Delta)^{\frac{s}{2}} \varphi \mathrm{d}x - \int_{\mathbb{R}^3} |w_n^1|^{p-2} w_n^1 \varphi \mathrm{d}x + o_n(1) \\
&= \langle J'(\tilde{w}^0), \varphi\rangle + \langle I'_\infty(w_n^1), \varphi\rangle + o_n(1)
\end{aligned}$$

通过上述等式可知, 在 $(H^s(\mathbb{R}^3))^{-1}$ 中

$$I_\infty(w_n^1) = o_n(1)$$

若在 $H^s(\mathbb{R}^3)$ 中 $w_n^1 \to 0$, 则完成引理的证明. 若不然在 $H^s(\mathbb{R}^3)$ 中 $w_n^1 \rightharpoonup 0$. 重复情形 (i) 的证明, 存在一列 $\{\tilde{y}_n^i\} \in \mathbb{R}^3$ 使得

$$|\tilde{y}_n^{k_i}| \to +\infty, \quad |\tilde{y}_n^{k_1} - \tilde{y}_n^{k_2}| \to +\infty, \quad k_1 \neq k_2$$

记

$$w_n^k := w_n^{k-1} - w^{k-1}(\cdot - \tilde{y}_n^{k-1})$$

则当 $k \geqslant 2$ 时, 在 $H^s(\mathbb{R}^3)$ 中 $w_n^k \rightharpoonup 0$, $I'_\infty(\tilde{w}^k) = 0$ 和

$$I(u_n) \to J(\tilde{w}^0) + \sum_{k=1}^{l} I_\infty(w^k)$$

由 $\{u_n\}$ 的有界性和 $I_\infty(w^k) \geqslant c_\infty > 0$ 可知, 上述迭代在 $l+1$ 处停止. □

引理 4.3.2 假设 $\{u_n\}$ 是一个 $(\mathrm{PS})_d$ 序列, 则当 $d \in (0, c_\infty]$ 时, $\{u_n\}$ 是相对紧的.

证明 假设 $\{u_n\}$ 是一个 $(\mathrm{PS})_d$ 序列. 注意到对所有的 k 有 $I_\infty(w^k) > c_\infty$, 由引理 4.3.1 和 $I(u_n) \to d \leqslant c_\infty$ 可知, 引理 4.3.1 中的情形 (i) 发生并且 $l = 0$, 当 $d \leqslant c_\infty < d_\infty$ 时, 引理 4.3.1 中的情形 (ii) 不会发生. □

定理 4.1.1 的证明 为了证明方程 (4.1.3) 基态解的存在性, 由引理 4.3.1 和引理 4.3.2 可知, 只需要验证

$$d \leqslant c_\infty \tag{4.3.8}$$

注意到 w_Q 是方程 (4.1.4) 的正基态解, 则由引理 4.2.4 可知, 存在 $t \geqslant 1$ 使得 $tw_Q \in \mathcal{N}$.

因此

$$
\begin{aligned}
d &\leqslant I(tw_Q) \\
&= I(tw_Q) - \frac{1}{4}\langle I'(tw_Q),\ tw_Q\rangle \\
&= \frac{t^2}{4}\int_{\mathbb{R}^3}|(-\Delta)^{\frac{s}{2}}w_Q|^2\mathrm{d}x + \frac{t^2}{4}\int_{\mathbb{R}^3}w_Q^2\mathrm{d}x + \left(\frac{1}{4}-\frac{1}{p}\right)t^p\int_{\mathbb{R}^3}Q(x)|w_Q|^p\mathrm{d}x \\
&< t^p\left[\frac{1}{4}\int_{\mathbb{R}^3}|(-\Delta)^{\frac{s}{2}}w_Q|^2\mathrm{d}x + \frac{1}{4}\int_{\mathbb{R}^3}w_Q^2\mathrm{d}x + \left(\frac{1}{4}-\frac{1}{p}\right)\int_{\mathbb{R}^3}Q(x)|w_Q|^p\mathrm{d}x\right] \\
&= t^p\left(\frac{1}{2}-\frac{1}{p}\right)||w_Q||^2 = t^p c_Q
\end{aligned}
$$

此外

$$
\begin{aligned}
0 &= t^2||w_Q||^2 + t^4 b\left(\int_{\mathbb{R}^3}|(-\Delta)^{\frac{s}{2}}w_Q|^2\mathrm{d}x\right)^2 - t^p\int_{\mathbb{R}^3}Q(x)|w_Q|^p\mathrm{d}x \\
&\leqslant t^4||w_Q||^2 + t^4 b||w_Q||^4 - t^p||w_Q||^2
\end{aligned}
$$

由上式可得

$$
t \leqslant \left(1 + b||w_Q||^2\right)^{\frac{1}{p-4}} = \left(1 + \frac{2p}{p-2}bc_Q\right)^{\frac{1}{p-4}} \tag{4.3.9}
$$

由 $\theta = \dfrac{2(p+1)}{p-1}$ 可知

$$
d \leqslant I(tw_Q) \leqslant t^p c_Q \leqslant \left(1 + \theta b c_Q\right)^{\frac{p}{p-4}} c_Q \leqslant c_\infty
$$

故完成定理 4.1.1 的证明. □

第 5 章　分数阶 Kirchhoff 方程无穷多变号解的存在性

在本章中我们考虑分数阶 Kirchhoff 方程:

$$\left(a+b\int_{\mathbb{R}^3}|(-\Delta)^{\frac{s}{2}}u|\mathrm{d}x\right)(-\Delta)^s u+V(x)u=f(u),\quad x\in\mathbb{R}^3$$

其中 $a>0,b\geqslant 0$, $(-\Delta)^s$ 是阶数为 $s\in\left(\frac{3}{4},1\right)$ 的分数阶 Laplace 算子. 结合下降流不变集我们证明了上述方程变号解的多重性. 特别地, 本章中的非线性项包括幂函数 $f(u)=|u|^{p-2}u$ 的情形, 对 $p\in(4,2_s^*)$ 的情形已有部分结果, 但对 $p\in(3,4]$ 的情形, 目前还没有任何结果. 即使当 $s=1$ 时, 我们的结果也推广和改进了已有相关文献中的结果.

5.1　引言及主要结果

在本章中我们考虑分数阶 Kirchhoff 方程变号解的多重性:

$$\left(a+b\int_{\mathbb{R}^3}|(-\Delta)^{\frac{s}{2}}u|\mathrm{d}x\right)(-\Delta)^s u+V(x)u=f(u),\quad x\in\mathbb{R}^3 \tag{5.1.1}$$

其中 $a>0,b\geqslant 0$, $(-\Delta)^s$ 是阶数为 $s\in\left(\frac{3}{4},1\right)$ 的分数阶 Laplace 算子. V 和 f 满足如下假设:

(V_1) $V\in C^1(\mathbb{R}^3,\ \mathbb{R})$, $\inf_{x\in\mathbb{R}^3}V(x)>0$ 和 $\lim_{|x|\to+\infty}V(x)=\infty$;

(V_2) $\nabla V(x)\cdot x\in L^\infty(\mathbb{R}^3)$ 和

$$2sV(x)+\nabla V(x)\cdot x\geqslant 0,\quad x\in\mathbb{R}^3$$

(f_1) $f\in C^1(\mathbb{R},\mathbb{R})$ 和 $f(t)=o(t)$;

(f_2) 存在 $3<p<2_s^*=\dfrac{6}{3-2s}$ 使得

$$\limsup_{|t|\to\infty}\frac{|f(t)|}{|t|^{p-1}}<\infty$$

(f_3) 存在某个常数 $\mu > 3$ 使得

$$0 < \mu F(t) \leqslant f(t)t, \quad \forall\, t \neq 0$$

其中 $F(t) = \int_0^t f(\tau)\mathrm{d}\tau$.

需要指出的是, 在 $p \in (4, 2_s^*)$ 的情形下, Wang, Liu 和 Cui 在文献 [158] 中研究了分数阶 Kirchhoff 方程:

$$\left(a + b\int_{\mathbb{R}^3} |(-\Delta)^{\frac{s}{2}} u|^2\right)(-\Delta)^s u + V(x)u = f(u), \quad x \in \mathbb{R}^3$$

其中 V 和 f 满足如下假设:

(V') $V \in C^1(\mathbb{R}^3, \mathbb{R})$, $\inf\limits_{x\in\mathbb{R}^3} V(x) > 0$ 和 $\lim\limits_{|x|\to\infty} V(x) = \infty$;

(f_1') $f \in C^1(\mathbb{R}, \mathbb{R})$ 和 $\lim\limits_{|t|\to 0} \dfrac{f(t)}{t} = 0$;

(f_2') 存在 $p \in (4, 2_s^*)$ 使得 $\limsup\limits_{|t|\to+\infty} \dfrac{f(t)}{|t|^{p-1}} = 0$.

(f_3') 存在 $\mu > 4$ 使得 $tf(t) \geqslant \mu F(t) > 0, (\forall t \neq 0)$, $F(t) = \int_0^t f(s)\mathrm{d}s$.

他们利用下降流不变集证明了分数阶 Kirchhoff 方程存在无穷多变号解.

Wang, Liu 和 Cui 在文献 [158] 中已证明了方程 (5.1.1) 变号解的多重性. 当 $s = 1$ 时, Sun, Li 和 Cencelj 等[146] 结合下降流不变集和 Ljusternik-Schnirelman 型的极小极大方法获得了 Kirchhoff 方程变号解的多重性. Cheng 和 Gao 在文献 [50] 中利用变分方法结合 Miranda 定理和形变引理证明了方程 (5.1.1) 存在一个基态变号解并且其能量大于两倍的基态能量, 并分析了当 $b \to 0^+$ 时变号解的渐近行为. Luo, Tang 和 Gao[116] 利用 Miranda 定理和形变引 理[159] 证明了有界区域上分数阶 Kirchhoff 型方程存在一个基态变号解并且其能量大于两倍的基态能量, 并分析了当 $b \to 0^+$ 时变号解的渐近行为. 类似地, 全空间上的分数阶 Kirchhoff 型方程 (1.3.2) 变号解的存在性及其渐近行为可参见文献 [50] 和 [47]. 当 $g(x, u) = K(x)f(u)$ 时, Isernia[96] 在消失位势的条件下获得了方程 (5.1.1) 基态变号解的存在性. 关于更多方程 (5.1.1) 变号解的结果可参见文献 [47], [119], [140], [179], [40], [95], [103], [115], [131], [148], [152], [156] 及其他参考文献.

受上述文献的启发, 我们在 (V_1), (V_2) 和 (f_1) $\sim$ (f_3) 条件下, 我们将研究方程 (5.1.1) 变号解的多重性.

我们得到如下结果:

定理 5.1.1[81]　*假设条件 (V_1), (V_2) 和 (f_1) $\sim$ (f_3) 成立, 则方程 (5.1.1) 有一个变号解. 此外, 若 f 是奇函数, 则方程 (5.1.1) 有无穷多个变号解.*

注 5.1.1　当 $\mu > 4$ 时, (f_3) 被称为 Ambrosetti-Rabinowitz 型条件 (简称 (AR) 条件). 由 (AR) 条件易验证方程 (5.1.1) 对应的能量泛函 I 的 $(PS)_c$ 序列的有界性, 并且易验证当

$t \to +\infty$ 时，$I(tu) \to -\infty$ $(\forall u \neq 0)$. 而当 $\mu < 4$ 时, 验证 $(\mathrm{PS})_c$ 序列的有界性变得非常困难. 为了克服这一困难, 我们借用文献 [113] 中提出的扰动方法.

5.2 预 备 知 识

根据假设条件 (V_1) 和 (V_2), 在分数阶 Sobolev 空间中引入 Hilbert 空间:

$$H = \left\{ u \in H^s(\mathbb{R}^3) : \int_{\mathbb{R}^3} V(x)u(x)^2 \mathrm{d}x < +\infty \right\}$$

并赋予内积

$$(u,v) = a \int\int_{\mathbb{R}^3 \times \mathbb{R}^3} \frac{[u(x)-u(y)][v(x)-v(y)]}{|x-y|^{3+2s}} \mathrm{d}x\mathrm{d}y + \int_{\mathbb{R}^3} V(x)u(x)v(x)\mathrm{d}x$$

和范数:

$$\|u\|^2 = a \int\int_{\mathbb{R}^3 \times \mathbb{R}^3} \frac{|u(x)-u(y)|^2}{|x-y|^{3+2s}} \mathrm{d}x\mathrm{d}y + \int_{\mathbb{R}^N} V(x)u^2(x)\mathrm{d}x$$

众所周知, 嵌入 $H \hookrightarrow L^t(\mathbb{R}^3)$ 是连续的 $(2 \leqslant t \leqslant 2_s^*)$、嵌入 $H \hookrightarrow L^t(\mathbb{R}^3)$ 是紧的 $(2 \leqslant t < 2_s^*)$ (可参见文献 [136]).

方程 (5.1.1) 对应的能量泛函定义为

$$I(u) = \frac{a}{2} \int_{\mathbb{R}^3} |(-\Delta)^{\frac{s}{2}} u|^2 \mathrm{d}x + \frac{1}{2} \int_{\mathbb{R}^3} V(x)u^2 \mathrm{d}x + \frac{b}{4} \left(\int_{\mathbb{R}^3} |(-\Delta)^{\frac{s}{2}} u|^2 \mathrm{d}x \right)^2 - \int_{\mathbb{R}^3} F(u)\mathrm{d}x$$

根据假设条件 (V_1) 和 (V_2), 易验证 $I \in C^1(H, \mathbb{R})$ 并且对任意的 $u, \varphi \in H$ 有

$$\begin{aligned}\langle I'(u), \varphi \rangle = &\left(a + b \int_{\mathbb{R}^3} |(-\Delta)^{\frac{s}{2}} u|^2 \mathrm{d}x \right) \int_{\mathbb{R}^3} (-\Delta)^{\frac{s}{2}} u (-\Delta)^{\frac{s}{2}} \varphi \mathrm{d}x \\ &+ \int_{\mathbb{R}^3} V(x)u\varphi \mathrm{d}x - \int_{\mathbb{R}^3} f(u)\varphi \mathrm{d}x\end{aligned}$$

记 $u^+(x) := \max\{u(x), 0\}$ 和 $u^-(x) = \min\{u(x), 0\}$. 则 $u(x) = u^+(x) + u^-(x)$. 因为算子 $(-\Delta)^s$ 是非局部的, 所以对任意的 $u \in H$, $(u^+, u^-) \neq 0$. 此外我们有如下结果:

引理 5.2.1 对任意的 $u \in H$, 如下结论成立:

(i) $(u^+, u^-) \geqslant 0$;

(ii) $(u, u^+) \geqslant (u^+, u^+)$;

(iii) $(u, u^-) \geqslant (u^-, u^-)$.

证明 因为引理中 3 个结果的证明类似, 在此我们仅证明第 1 种情形. 对任意的 $u \in$

H, 易证 $u^+, u^- \in H$. 因此

$$
\begin{aligned}
(u^+, u^-) &= \int_{\mathbb{R}^3}\left((-\Delta)^{\frac{s}{2}}u^+(-\Delta)^{\frac{s}{2}}u^- + V(x)u^+u^-\right)\mathrm{d}x \\
&= \int_{\mathbb{R}^3}(-\Delta)^{\frac{s}{2}}u^+(-\Delta)^{\frac{s}{2}}u^-\mathrm{d}x \\
&= \int_{\mathbb{R}^3}\int_{\mathbb{R}^3}\frac{(u^+(x)-u^+(y))(u^-(x)-u^-(y))}{|x-y|^{3-2s}}\mathrm{d}x\mathrm{d}y \\
&= \int_{\{u(x)\geqslant 0\}\times\{u(y)\geqslant 0\}}\frac{(u^+(x)-u^+(y))(u^-(x)-u^-(y))}{|x-y|^{3-2s}}\mathrm{d}x\mathrm{d}y \\
&\quad + \int_{\{u(x)\geqslant 0\}\times\{u(y)\leqslant 0\}}\frac{(u^+(x)-u^+(y))(u^-(x)-u^-(y))}{|x-y|^{3-2s}}\mathrm{d}x\mathrm{d}y \\
&\quad + \int_{\{u(x)\leqslant 0\}\times\{u(y)\geqslant 0\}}\frac{(u^+(x)-u^+(y))(u^-(x)-u^-(y))}{|x-y|^{3-2s}}\mathrm{d}x\mathrm{d}y \\
&\quad + \int_{\{u(x)\leqslant 0\}\times\{u(y)\leqslant 0\}}\frac{(u^+(x)-u^+(y))(u^-(x)-u^-(y))}{|x-y|^{3-2s}}\mathrm{d}x\mathrm{d}y \\
&= \int_{\{u(x)\geqslant 0\}\times\{u(y)\leqslant 0\}}\frac{-u(x)u(y)}{|x-y|^{3-2s}}\mathrm{d}x\mathrm{d}y + \int_{\{u(x)\leqslant 0\}\times\{u(y)\geqslant 0\}}\frac{-u(x)u(y)}{|x-y|^{3-2s}}\mathrm{d}x\mathrm{d}y \\
&\geqslant 0
\end{aligned}
$$

从而 $(u^+, u^-) \geqslant 0$. □

接下来我们给出方程 (5.1.1) 对应的 Pohozǎev 等式.

引理 5.2.2　假设 (f_1) 和 (f_2) 成立. 若 $u \in H^s(\mathbb{R}^3)$ 是方程 (5.1.1) 的一个弱解, 则

$$
\begin{aligned}
&\frac{3-2s}{2}\left(a + b\int_{\mathbb{R}^3}|(-\Delta)^{\frac{s}{2}}u|^2\mathrm{d}x\right)\int_{\mathbb{R}^3}|(-\Delta)^{\frac{s}{2}}u|^2\mathrm{d}x \\
&\quad + \frac{3}{2}\int_{\mathbb{R}^3}V(x)u^2\mathrm{d}x + \frac{1}{2}\int_{\mathbb{R}^3}u^2(x\cdot\nabla V(x))\mathrm{d}x = 3\int_{\mathbb{R}^3}F(u)\mathrm{d}x
\end{aligned}
$$

证明　详细证明过程参见文献 [42], [154] 或 [178]. □

5.3　主要结论的证明

在本节中, 我们仅考虑 $3 < \mu \leqslant p \leqslant 4$ 情形的证明. 对于 $4 < \mu \leqslant p < 2_s^*$ 情形的证明是标准的, 可参见文献 [158]. 当 $3 < \mu \leqslant p \leqslant 4$ 时 (PS) 序列可能是无界的. 为了克服这一困难, 我们借用文献 [113] 中的提出的扰动方法.

记 $r \in (4, 2_s^*)$ 为一固定的常数. 对任意固定的 $\lambda \in (0,1)$, 考虑扰动方程:

$$
\left(a + b\int_{\mathbb{R}^3}|(-\Delta)^{\frac{s}{2}}u|^2\mathrm{d}x\right)(-\Delta)^s u + V(x)u = f(u) + \lambda|u|^{r-2}u \tag{5.3.1}
$$

其相应的能量泛函为

$$\begin{aligned}I_\lambda(u)&=I(u)-\frac{\lambda}{r}\int_{\mathbb{R}^3}|u|^r\mathrm{d}x\\&=\frac{1}{2}||u||^2+\frac{b}{4}\left(\int_{\mathbb{R}^3}|(-\Delta)^{\frac{s}{2}}u|^2\mathrm{d}x\right)^2-\int_{\mathbb{R}^3}F(u)\mathrm{d}x-\frac{\lambda}{r}\int_{\mathbb{R}^3}|u|^r\mathrm{d}x\end{aligned}$$

通过标准的讨论可知, $I_\lambda\in C^1(H,\mathbb{R})$, 对任意的 $u,v\in H$, 有

$$\langle I_\lambda'(u),v\rangle=\langle I'(u),v\rangle-\lambda\int_{\mathbb{R}^3}|u|^{r-2}uv\mathrm{d}x$$

引入辅助算子 $A_\lambda:H\to H$. 准确地说, 对任意的 $u\in H$, $v:=A_\lambda(u)\in H$ 为方程

$$\left(a+b\int_{\mathbb{R}^3}|(-\Delta)^{\frac{s}{2}}u|^2\mathrm{d}x\right)(-\Delta)^sv+V(x)v=f(u)+\lambda|u|^{r-2}u \tag{5.3.2}$$

的唯一解. 显然如下 3 种叙述等价: u 是方程 (5.3.1) 的解, u 是泛函 I_λ 的临界点和 u 是算子 A_λ 的不动点.

引理 5.3.1 算子 A_λ 是有定义的并且是连续的.

证明 为了简便, 记 $g(u):=f(u)+\lambda|u|^{r-2}u$. 定义

$$J_u(v):=\frac{1}{2}\left(a+b\int_{\mathbb{R}^3}|(-\Delta)^{\frac{s}{2}}u|^2\mathrm{d}x\right)\int_{\mathbb{R}^3}|(-\Delta)^{\frac{s}{2}}v|^2\mathrm{d}x+\frac{1}{2}\int_{\mathbb{R}^3}V(x)v^2\mathrm{d}x-\int_{\mathbb{R}^3}g(u)v\mathrm{d}x$$

其中 $v\in H$. 由 (f_1) 和 (f_2) 可知, $J_u\in C^1$ 是强制的、弱下半连续的、下方有界的、严格凸泛函. 因此, J_u 有一个唯一的极小元 $v=A_\lambda(u)\in H$, 其对应方程 (5.3.2) 的唯一解. 故 A_λ 是有定义的.

接下来, 证明算子 A_λ 是连续的. 假设 $\{u_n\}\subset H$ 在 H 中满足 $u_n\to u$. 记 $v_n=A_\lambda(u_n)$ 和 $v=A_\lambda(u)$. 我们只需要证明 $\|v_n-v\|\to 0$. 事实上, 对任意的 $w\in H$ 有

$$\left(a+b\int_{\mathbb{R}^3}|(-\Delta)^{\frac{s}{2}}u|^2\mathrm{d}x\right)\int_{\mathbb{R}^3}(-\Delta)^{\frac{s}{2}}v(-\Delta)^{\frac{s}{2}}w\mathrm{d}x+\int_{\mathbb{R}^3}V(x)vw\mathrm{d}x=\int_{\mathbb{R}^3}g(u)w\mathrm{d}x \tag{5.3.3}$$

$$\left(a+b\int_{\mathbb{R}^3}|(-\Delta)^{\frac{s}{2}}u_n|^2\mathrm{d}x\right)\int_{\mathbb{R}^3}(-\Delta)^{\frac{s}{2}}v_n(-\Delta)^{\frac{s}{2}}w\mathrm{d}x+\int_{\mathbb{R}^3}V(x)v_nw\mathrm{d}x=\int_{\mathbb{R}^3}g(u_n)w\mathrm{d}x \tag{5.3.4}$$

在 (5.3.3)式中取 $w=v_n-v$, 则

$$\begin{aligned}&\min\{a,1\}\|v_n-v\|^2\\&\leqslant\int_{\mathbb{R}^3}(g(u_n)-g(u))(v_n-v)\mathrm{d}x+b\left(\int_{\mathbb{R}^3}|(-\Delta)^{\frac{s}{2}}u|^2\mathrm{d}x\int_{\mathbb{R}^3}(-\Delta)^{\frac{s}{2}}v(-\Delta)^{\frac{s}{2}}(v_n-v)\mathrm{d}x\right.\\&\quad\left.-\int_{\mathbb{R}^3}|(-\Delta)^{\frac{s}{2}}u_n|^2\mathrm{d}x\int_{\mathbb{R}^3}(-\Delta)^{\frac{s}{2}}v_n(-\Delta)^{\frac{s}{2}}(v_n-v)\mathrm{d}x\right)\\&:=I_1+I_2\end{aligned}$$

取截断函数 $\varphi \in C_0^\infty(\mathbb{R})$ 满足 $\varphi(t) \in [0,1]$ 和

$$\varphi(t) = \begin{cases} 1, & |t| \leqslant 1 \\ 0, & |t| \geqslant 2 \end{cases}$$

记

$$h_1(t) = \varphi(t)g(t) \ \text{和}\ h_2(t) = g(t) - h_1(t)$$

由 (f_1) 和 (f_2) 可知, 存在常数 $C > 0$ 使得

$$h_1(t) \leqslant C|t| \ \text{和}\ h_2(t) \leqslant C|t|^{r-1}, \quad r \in \mathbb{R}$$

因此, 由 Hölder 不等式可知

$$\begin{aligned} I_1 &= \int_{\mathbb{R}^3} (h_1(u) - h_1(u_n))(v - v_n)\mathrm{d}x + \int_{\mathbb{R}^3} (h_2(u) - h_2(u_n))(v - v_n)\mathrm{d}x \\ &\leqslant \Big(\int_{\mathbb{R}^3} |h_1(u) - h_1(u_n)|^2 \mathrm{d}x \Big)^{\frac{1}{2}} \Big(\int_{\mathbb{R}^3} |v - v_n|^2 \mathrm{d}x \Big)^{\frac{1}{2}} \\ &\quad + \Big(\int_{\mathbb{R}^3} |h_2(u) - h_2(u_n)|^{\frac{r}{r-1}} \mathrm{d}x \Big)^{\frac{r-1}{r}} \Big(\int_{\mathbb{R}^3} |v - v_n|^r \mathrm{d}x \Big)^{\frac{1}{r}} \\ &\leqslant C_1 \|v - v_n\| \bigg(\Big(\int_{\mathbb{R}^3} |h_1(u) - h_1(u_n)|^2 \mathrm{d}x \Big)^{\frac{1}{2}} + \Big(\int_{\mathbb{R}^3} |h_2(u) - h_2(u_n)|^{\frac{r}{r-1}} \mathrm{d}x \Big)^{\frac{r-1}{r}} \bigg) \end{aligned}$$

$$\begin{aligned} I_2 &\leqslant b \bigg(\int_{\mathbb{R}^3} |(-\Delta)^{\frac{s}{2}} u|^2 \mathrm{d}x - \int_{\mathbb{R}^3} |(-\Delta)^{\frac{s}{2}} u_n|^2 \mathrm{d}x \bigg) \int_{\mathbb{R}^3} (-\Delta)^{\frac{s}{2}} v (-\Delta)^{\frac{s}{2}} (v_n - v) \mathrm{d}x \\ &\leqslant b \bigg(\int_{\mathbb{R}^3} |(-\Delta)^{\frac{s}{2}} u|^2 \mathrm{d}x - \int_{\mathbb{R}^3} |(-\Delta)^{\frac{s}{2}} u_n|^2 \mathrm{d}x \bigg) \|v\| \|v - v_n\| \end{aligned}$$

因此

$$\begin{aligned} &\min\{a, 1\} \|v_n - v\|^2 \\ &\quad \leqslant C_1 \|v - v_n\| \bigg(\Big(\int_{\mathbb{R}^3} |h_1(u) - h_1(u_n)|^2 \mathrm{d}x \Big)^{\frac{1}{2}} + \Big(\int_{\mathbb{R}^3} |h_2(u) - h_2(u_n)|^{\frac{r}{r-1}} \mathrm{d}x \Big)^{\frac{r-1}{r}} \bigg) \\ &\qquad + C_2 \bigg(\int_{\mathbb{R}^3} |(-\Delta)^{\frac{s}{2}} u|^2 \mathrm{d}x - \int_{\mathbb{R}^3} |(-\Delta)^{\frac{s}{2}} u_n|^2 \mathrm{d}x \bigg) \end{aligned}$$

注意到在 H 中 $u_n \to u$, 结合

$$\lim_{n \to \infty} \int_{\mathbb{R}^3} V(x) u_n^2 \mathrm{d}x = \int_{\mathbb{R}^3} V(x) u^2 \mathrm{d}x$$

可知

$$\int_{\mathbb{R}^3} |(-\Delta)^{\frac{s}{2}} u_n|^2 \mathrm{d}x \to \int_{\mathbb{R}^3} |(-\Delta)^{\frac{s}{2}} u|^2 \mathrm{d}x \tag{5.3.5}$$

因此, 由 (5.3.5)式和控制收敛定理可知, 当 $n \to \infty$ 时, $\|v_n - v\| \to 0$. □

引理 5.3.2　对任意的 $u \in H$, 则

(i) $\langle I_\lambda'(u), u - A_\lambda(u) \rangle \geqslant \min\{a, 1\} \|u - A_\lambda(u)\|^2$;

(ii) $\|I_\lambda'(u)\| \leqslant \big(1 + a + b \int_{\mathbb{R}^3} |(-\Delta)^{\frac{s}{2}} u|^2 \mathrm{d}x\big) \|u - A_\lambda(u)\|$.

证明 注意到 $A_\lambda(u)$ 是方程 (5.3.2) 的解, 则

$$\left(a+b\int_{\mathbb{R}^3}|(-\Delta)^{\frac{s}{2}}u|^2\mathrm{d}x\right)(-\Delta)^{\frac{s}{2}}A_\lambda(u)(-\Delta)^{\frac{s}{2}}\phi\mathrm{d}x+\int_{\mathbb{R}^3}V(x)A_\lambda(u)\phi\mathrm{d}x=\int_{\mathbb{R}^3}g(u)\phi\mathrm{d}x \tag{5.3.6}$$

在 (5.3.6) 式中取 $\phi=u-A_\lambda(u)$ 可得

$$\begin{aligned}&\left(a+b\int_{\mathbb{R}^3}|(-\Delta)^{\frac{s}{2}}u|^2\mathrm{d}x\right)(-\Delta)^{\frac{s}{2}}A_\lambda(u)(-\Delta)^{\frac{s}{2}}(u-A_\lambda(u))\mathrm{d}x\\&\quad+\int_{\mathbb{R}^3}V(x)A_\lambda(u)(u-A_\lambda(u))\mathrm{d}x=\int_{\mathbb{R}^3}g(u)(u-A_\lambda(u))\mathrm{d}x\end{aligned} \tag{5.3.7}$$

$$\begin{aligned}\langle I_\lambda'(u),u-A_\lambda(u)\rangle=&\left(a+b\int_{\mathbb{R}^3}|(-\Delta)^{\frac{s}{2}}u|^2\mathrm{d}x\right)(-\Delta)^{\frac{s}{2}}u(-\Delta)^{\frac{s}{2}}(u-A_\lambda(u))\mathrm{d}x\\&+\int_{\mathbb{R}^3}V(x)u(u-A_\lambda(u))\mathrm{d}x-\int_{\mathbb{R}^3}g(u)(u-A_\lambda(u))\mathrm{d}x\end{aligned} \tag{5.3.8}$$

由 (5.3.7)式和 (5.3.8) 式可知

$$\begin{aligned}\langle I_\lambda'(u),u-A_\lambda(u)\rangle&\geqslant a\int_{\mathbb{R}^3}|(-\Delta)^{\frac{s}{2}}(u-A_\lambda(u))|^2\mathrm{d}x+\int_{\mathbb{R}^3}V(x)(u-A_\lambda(u))^2\mathrm{d}x\\&\geqslant\min\{a,1\}\|u-A_\lambda(u)\|^2\end{aligned}$$

类似上面的讨论, 对任意的 $w\in H$, 有

$$\begin{aligned}\langle I_\lambda'(u),w\rangle=&\left(a+b\int_{\mathbb{R}^3}|(-\Delta)^{\frac{s}{2}}u|^2\mathrm{d}x\right)\int_{\mathbb{R}^3}(-\Delta)^{\frac{s}{2}}(u-A_\lambda(u))(-\Delta)^{\frac{s}{2}}w\mathrm{d}x\\&+\int_{\mathbb{R}^3}V(x)(u-A_\lambda(u))w\mathrm{d}x\end{aligned}$$

由 Hölder 不等式可得

$$\begin{aligned}\langle I_\lambda'(u),w\rangle&\leqslant\left(a+b\int_{\mathbb{R}^3}|(-\Delta)^{\frac{s}{2}}u|^2\mathrm{d}x\right)\|u-A_\lambda(u)\|\|w\|+\|u-A_\lambda(u)\|\|w\|\\&=\left(1+a+b\int_{\mathbb{R}^3}|(-\Delta)^{\frac{s}{2}}u|^2\mathrm{d}x\right)\|u-A_\lambda(u)\|\|w\|\end{aligned}$$

因此

$$\|I_\lambda'(u)\|\leqslant\left(1+a+b\int_{\mathbb{R}^3}|(-\Delta)^{\frac{s}{2}}u|^2\mathrm{d}x\right)\|u-A_\lambda(u)\|$$

□

引理 5.3.3 对任意的 $\lambda\in(0,1]$, $c<d$ 和 $\alpha>0$, 存在 $\beta(\lambda)>0$ 使得当 $u\in H$ 时, $\|u-A_\lambda(u)\|\geqslant\beta(\lambda)$, $I_\lambda(u)\in[c,d]$ 和 $\|I_\lambda'(u)\|\geqslant\alpha$.

证明　$\gamma \in (4, r)$ 是一个固定的数. 对任意的 $u \in H$, 有

$$\begin{aligned}
& I_\lambda(u) - \frac{1}{\gamma}\left(a + b\int_{\mathbb{R}^3} |(-\Delta)^{\frac{s}{2}}u|^2 \mathrm{d}x\right)\int_{\mathbb{R}^3}(-\Delta)^{\frac{s}{2}}(u - A_\lambda(u))(-\Delta)^{\frac{s}{2}}u\mathrm{d}x \\
&\quad - \frac{1}{\gamma}\int_{\mathbb{R}^3} V(x)u(u - A_\lambda(u))\mathrm{d}x \\
&= I_\lambda(u) - \frac{1}{\gamma}\left(a + b\int_{\mathbb{R}^3} |(-\Delta)^{\frac{s}{2}}u|^2 \mathrm{d}x\right)\int_{\mathbb{R}^3} |(-\Delta)^{\frac{s}{2}}u|^2 \mathrm{d}x - \frac{1}{\gamma}\int_{\mathbb{R}^3} V(x)u^2 \mathrm{d}x \\
&\quad + \frac{1}{\gamma}\int_{\mathbb{R}^3} f(u)u + \lambda|u|^r \mathrm{d}x \\
&= a\left(\frac{1}{2} - \frac{1}{\gamma}\right)\int_{\mathbb{R}^3} |(-\Delta)^{\frac{s}{2}}u|^2 \mathrm{d}x + \left(\frac{1}{2} - \frac{1}{\gamma}\right)\int_{\mathbb{R}^3} V(x)u^2 \mathrm{d}x \\
&\quad + b\left(\frac{1}{4} - \frac{1}{\gamma}\right)\left(\int_{\mathbb{R}^3} |(-\Delta)^{\frac{s}{2}}u|^2 \mathrm{d}x\right)^2 + \int_{\mathbb{R}^3}\left(\frac{1}{\gamma}f(u)u - F(u)\right)\mathrm{d}x + \lambda\left(\frac{1}{\gamma} - \frac{1}{r}\right)\|u\|_r^r \\
&\geqslant \left(\frac{1}{2} - \frac{1}{\gamma}\right)\min\{a, 1\}\|u\|^2
\end{aligned}$$

因此

$$\begin{aligned}
& \left(\frac{1}{2} - \frac{1}{\gamma}\right)\min\{a, 1\}\|u\|^2 \\
&\leqslant |I_\lambda(u)| + \frac{1}{\gamma}\left(1 + a + b\int_{\mathbb{R}^3} |(-\Delta)^{\frac{s}{2}}u|^2 \mathrm{d}x\right)\langle u, u - A_\lambda(u)\rangle \\
&\leqslant |I_\lambda(u)| + \frac{1}{\gamma}(a+1)\|u\|\|u - A_\lambda(u)\| + \frac{1}{\gamma}b\|u\|\|u - A_\lambda(u)\|\int_{\mathbb{R}^3} |(-\Delta)^{\frac{s}{2}}u|^2 \mathrm{d}x \\
&\leqslant |I_\lambda(u)| + \frac{1}{\gamma}(a+1)\|u\|\|u - A_\lambda(u)\| + \frac{1}{\gamma}b\|u\|^2\|u - A_\lambda(u)\|
\end{aligned} \tag{5.3.9}$$

若存在 $\{u_n\} \subset H$ 满足 $I_\lambda(u_n) \in [c, d]$ 和 $\|I'_\lambda(u_n)\| \geqslant \alpha$, 并使得当 $n \to \infty$ 时, $\|u_n - A_\lambda(u_n)\| \to 0$, 则由 (5.3.9)式可知, $\{u_n\}$ 是有界. 结合引理 5.3.2 可知, 当 $n \to \infty$ 时 $\|I'_\lambda(u_n)\| \to 0$, 这与 $\|I'_\lambda(u_n)\| \geqslant \alpha$ 矛盾. □

为了获得变号解的存在性, 需要利用如下正锥和负锥:

$$P^+ := \{u \in H:\ u \geqslant 0\}, \quad P^- := \{u \in H:\ u \leqslant 0\}$$

对任意的 $\varepsilon > 0$, 记

$$P_\varepsilon^+ := \{u \in H:\ \mathrm{dist}(u, P^+) < \varepsilon\}, \quad P_\varepsilon^- := \{u \in H:\ \mathrm{dist}(u, P^-) < \varepsilon\}$$

其中

$$\mathrm{dist}(u, P^\pm) = \inf_{v \in P^\pm}\|u - v\|$$

显然 $P_\varepsilon^+ = -P_\varepsilon^-$. 记 $W := P_\varepsilon^+ \cup P_\varepsilon^-$, 则 W 是 H 中的一个开的、对称的子集, 并且在 $H \backslash W$ 中只有变号解. 此外, 如下引理表明对充分小的 ε, $H \backslash W$ 包含了方程 (5.3.1) 所有的变号解:

引理 5.3.4 存在不依赖于 λ 的 $\varepsilon_0>0$ 使得对任意的 $\varepsilon\in(0,\varepsilon_0)$, 有

$$A_\lambda(\partial P_\varepsilon^\pm)\subset P_\varepsilon^\pm$$

此外, 任意的非平凡解 $u\in P_\varepsilon^+$ 都是正的、任意的非平凡解 $u\in P_\varepsilon^-$ 都是负的.

证明 由于这两个结论证明是相似的, 在此我们只证明第一个结论. 由 (f_1) 和 (f_2) 可知, 对任意的 $\delta>0$ 存在 $C_\delta>0$ 使得

$$|g(u)|\leqslant\delta|u|+C_\delta|u|^r,\quad u\in\mathbb{R}\tag{5.3.10}$$

假设 $u\in\partial P_\varepsilon^+$ 和 $v=A_\lambda(u)$, 则

$$\mathrm{dist}(v,P^+)=\inf_{w\in P^+}\|v-w\|\leqslant\|v^-\|\tag{5.3.11}$$

对任意的 $q\in[2,2_s^*]$, 存在 $C_q>0$ 使得

$$\|u^\pm\|_q=\inf_{w\in P^\pm}\|u-w\|_q\leqslant C_q\inf_{w\in P^+}\|u-w\|=C_q\mathrm{dist}(u,P^\pm)\tag{5.3.12}$$

在 (5.3.3) 式中取 $w=v^-$, 则

$$\min\{a,1\}\langle v,v^-\rangle\leqslant\int_{\mathbb{R}^3}g(u)v^-\mathrm{d}x-b\int_{\mathbb{R}^3}|(-\Delta)^{\frac{s}{2}}u|^2\mathrm{d}x\int_{\mathbb{R}^3}(-\Delta)^{\frac{s}{2}}v(-\Delta)^{\frac{s}{2}}v^-\mathrm{d}x\tag{5.3.13}$$

由引理 6.4.3 和 (5.3.10) ~ (5.3.13)式可知

$$\begin{aligned}\mathrm{dist}(v,P^+)\|v^-\|&\leqslant\|v^-\|^2\\&\leqslant C_1\Big(\int_{\mathbb{R}^3}g(u)v^-\mathrm{d}x-b\int_{\mathbb{R}^3}|(-\Delta)^{\frac{s}{2}}u|^2\mathrm{d}x\int_{\mathbb{R}^3}(-\Delta)^{\frac{s}{2}}v(-\Delta)^{\frac{s}{2}}v^-\mathrm{d}x\Big)\\&\leqslant C_1\int_{\mathbb{R}^3}g(u^-)v^-\mathrm{d}x\\&\leqslant C_2\delta\|u^-\|_2\|v^-\|_2+C_\delta\|u^-\|_r^{r-1}\|v^-\|_r\\&\leqslant C_3\big(\delta\mathrm{dist}(u,P^+)+C_\delta(\mathrm{dist}(u,P^+))^{r-1}\big)\|v^-\|\end{aligned}$$

则

$$\mathrm{dist}(A_\lambda(u),P^+)\leqslant C_3\big(\delta\mathrm{dist}(u,P^+)+C_\delta(\mathrm{dist}(u,P^+))^{r-1}\big)$$

因此, 取足够小的 δ, 存在 $\varepsilon_0>0$ 使得对任意的 $\varepsilon\in(0,\varepsilon_0)$, 有

$$\mathrm{dist}(A_\lambda(u),P^+)\leqslant\frac{1}{2}\mathrm{dist}(u,P^+)\tag{5.3.14}$$

上式表明 $A_\lambda(\partial P_\varepsilon^+)\subset P_\varepsilon^+$. 若存在 $u\in P_\varepsilon^+$ 使得 $A_\lambda(u)=u$, 则由 (5.3.14)式可知, $\mathrm{dist}(u,P^+)=0$, 从而 $u\in P^+$. 若 $u\neq0$, 则由极大值原理可知, $u>0$. □

记 A_λ 的不动点集为 $K_\lambda=\{u\in H:I_\lambda'(u)=0\}$, 这正是泛函 I_λ 的临界点集. 因为算子 A_λ 只是连续的以及算子本身不能构造泛函 I_λ 的下降流不变集, 所以我们需要在 $H\backslash K_\lambda$ 上构造一个与算子 A_λ 有着相同性质的局部连续的算子 B_λ 来获得泛函 I_λ 的下降流不变集. 类似文献 [29] 或 [115], 我们有如下结果:

引理 5.3.5 存在一个局部连续的算子 $B_\lambda : H\backslash K_\lambda \to H$ 使得

(1) 对任意的 $\varepsilon \in (0, \varepsilon_0)$, $B_\lambda(\partial P_\varepsilon^\pm) \subset P_\varepsilon^\pm$;

(2) 对任意的 $u \in H$, $\frac{1}{2}\|u - A_\lambda(u)\|^2 \leqslant \langle I'_\lambda(u), u - B_\lambda(u)\rangle$;

(3) 对任意的 $u \in H$, $\frac{1}{2}\|u - B_\lambda(u)\| \leqslant \|u - A_\lambda(u)\| \leqslant 2\|u - B_\lambda(u)\|$;

(4) 若算子 A_λ 是奇的, 则算子 B_λ 也是奇的.

5.3.1 变号解的存在性

结合极小极大理论和下降流不变集, 我们能找到方程 (5.3.1) 的一个变号解. 首先引入文献 [113] 中的临界点理论.

假设 X 是一个 Banach 空间, $J \in C^1(X, \mathbb{R})$, $P, Q \subset X$ 是一个开集, $M = P \cap Q$, $W = P \cup Q$, 和 $\varSigma = \partial P \cap \partial Q$. 对任意的 $c \in \mathbb{R}$, 记 $K_c := \{x \in X : J(x) = c, J'(x) = 0\}$, $J^c := \{x \in X : J(x) \leqslant c\}$.

定义 5.3.1[113] $\{P, Q\}$ 被称为关于泛函 J 在水平集 c 的可容许的不变集族, 是指满足形变性质: 若 $K_c\backslash W = \emptyset$, 则存在 $\varepsilon_0 > 0$ 使得对任意的 $\varepsilon \in (0, \varepsilon_0)$, 存在 $\eta \in C(X, X)$ 满足:

(1) $\eta(\bar{P}) \subset \bar{P}$, $\eta(\bar{Q}) \subset \bar{Q}$;

(2) $\eta|_{J^{c-2\varepsilon}} = \mathrm{id}$;

(3) $\eta(J^{c+\varepsilon}\backslash W) \subset J^{c-\varepsilon}$.

定理 5.3.1 假设 $\{P, Q\}$ 是一个关于泛函 J 在水平集 $c \geqslant c_* := \inf\limits_{u\in\varSigma} J(u)$ 的可容许的不变集族, 以及存在一个映射 $\varphi_0 : \varDelta \to X$ 满足:

(1) $\varphi_0(\partial_1\varDelta) \subset P$, $\varphi_0(\partial_2\varDelta) \subset Q$;

(2) $\varphi_0(\partial_0\varDelta) \cap M = \emptyset$;

(3) $\sup\limits_{u\in\varphi_0(\partial_0\varDelta)} J(u) < c_*$,

其中 $\varDelta = \{(t_1, t_2) \in \mathbb{R}^2 : t_1, t_2 \geqslant 0, t_1 + t_2 \leqslant 1\}$, $\partial_1\varDelta = \{0\} \times [0, 1]$, $\partial_2\varDelta = [0, 1] \times \{0\}$, $\partial_0\varDelta = \{(t_1, t_2) \in \mathbb{R}^2 : t_1, t_2 \geqslant 0, t_1 + t_2 = 1\}$. 定义

$$c := \inf_{\varphi\in\varGamma} \sup_{u\in\varphi(\varDelta)\backslash W} J(u)$$

其中 $\varGamma := \{\varphi \in C(\varDelta, X) : \varphi(\partial_1\varDelta) \subset P, \varphi(\partial_2\varDelta) \subset Q, \varphi|_{\partial_0\varDelta} = \varphi_0|_{\partial_0\varDelta}\}$, 则 $c \geqslant c_*$ 是泛函 J 的临界点, 并且 $K_c\backslash W \neq \emptyset$.

我们将利用定理 5.3.1 来证明方程 (5.3.1) 变号解的存在性. 为此, 取 $X = H$, $P = P_\varepsilon^+$, $Q = P_\varepsilon^-$ 和 $J = I_\lambda$, 则 $M = P_\varepsilon^+ \cap P_\varepsilon^-$, $\varSigma = \partial P_\varepsilon^+ \cap \partial P_\varepsilon^-$ 和 $W = P_\varepsilon^+ \cup P_\varepsilon^-$. 接下来, 我们首先证明 $\{P_\varepsilon^+, P_\varepsilon^-\}$ 是一个关于泛函 I_λ 在任意水平集 $c \in \mathbb{R}$ 的可容许的不变集族.

引理 5.3.6 若 $K_c\backslash W \neq \emptyset$, 则存在 $\varepsilon_0 > 0$ 使得对任意的 $0 < \varepsilon < \varepsilon' < \varepsilon_0$, 从而存在一个连续映射 $\sigma : [0, 1] \times H \to H$ 使得

(1) 对任意的 $u\in H$, $\sigma(0,u)=u$;

(2) 对任意的 $t\in[0,1]$, $\sigma(t,u)=u$, 并且满足 $u\notin I_\lambda^{-1}[c-\varepsilon',c+\varepsilon']$;

(3) $\sigma(1,I_\lambda^{c+\varepsilon}\backslash W)\subset I_\lambda^{c-\varepsilon}$;

(4) $\sigma(t,\bar{P_\varepsilon^{\pm}})\subset \bar{P_\varepsilon^{\pm}}$, $t\in[0,1]$.

证明 对任意的 $\delta>0$, 记 $N(\delta):=\{u\in H:\mathrm{dist}(u,K_c)<\delta\}$. 当 δ 充分小时, $N(\delta)\subset W$. 首先证明对任意固定的 $\lambda\in(0,1)$, I_λ 满足 $(\mathrm{PS})_c$ 条件. 假设存在序列 $\{u_n\}\subset H$ 和常数 $c\in\mathbb{R}$ 使得当 $n\to\infty$ 时, $I_\lambda\to c$ 和 $I_\lambda'(u_n)\to 0$. 类似引理 5.3.3 的证明, 可知 $\{u_n\}$ 在 H 中有界. 注意到嵌入 $H\hookrightarrow L^t(\mathbb{R}^3)(2\leqslant t\leqslant 2_s^*)$ 是连续的; 嵌入 $H\hookrightarrow L^t(\mathbb{R}^3)$ ($2\leqslant t<2_s^*$) 是紧的, 则 $\{u_n\}$ 有一个强收敛的子列, 从而 I_λ 满足 $(\mathrm{PS})_c$ 条件.

从上面的讨论我们可以看出存在 $\varepsilon_0,\alpha>0$ 使得

$$\|I_\lambda'(u)\|\geqslant\alpha,\quad \forall u\in I_\lambda^{-1}\big([c-\varepsilon_0,c+\varepsilon_0]\big)\backslash N\left(\frac{\delta}{2}\right)$$

由引理 5.3.3 和引理 5.3.5 可知, 存在 $\beta(\lambda)>0$ 使得

$$\|u-B_\lambda(u)\|\geqslant\beta(\lambda),\quad \forall u\in I_\lambda^{-1}\big([c-\varepsilon_0,c+\varepsilon_0]\big)\backslash N\left(\frac{\delta}{2}\right)$$

不失一般性, 可设 $\varepsilon_0\leqslant\dfrac{\beta(\lambda)\delta}{32}$. 记

$$H_\lambda(u):=\frac{u-B_\lambda(u)}{\|u-B_\lambda(u)\|},\quad \forall u\in H_0=H\backslash K$$

取两个局部 Lipschitz 连续的截断函数 $h,p:H\to[0,1]$:

$$h(u)=\begin{cases}0, & u\in N\left(\dfrac{\delta}{4}\right)\\ 1, & u\notin N\left(\dfrac{\delta}{2}\right)\end{cases}$$

$$p(u)=\begin{cases}0, & u\notin I_\lambda^{-1}([c-\varepsilon',c+\varepsilon'])\\ 1, & u\in I_\lambda^{-1}([c-\varepsilon,c+\varepsilon])\end{cases}$$

考虑初始值问题:

$$\begin{cases}\dfrac{\mathrm{d}\tau}{\mathrm{d}t}=-h(\tau)p(\tau)H_\lambda(\tau)\\ \tau(0,u)=u\end{cases}$$

对任意的 $u\in H$, 易知上述初始值问题有一个唯一的解 $\tau(\cdot,u)\in C(\mathbb{R}^+,H)$. 记 $\sigma(t,u):=\tau\left(\dfrac{16\varepsilon}{\beta(\lambda)}t,u\right)$. 已验证 (1)和(2). 此外 (4) 显然成立, 因此我们只需验证性质 (3).

事实上, 要验证 (3), 只需要证明

$$I_\lambda(\sigma(1,u))=I_\lambda\left(\tau\left(\frac{16\varepsilon}{\beta(\lambda)},u\right)\right)\leqslant c-\varepsilon,\quad \forall u\in I_\lambda^{c+\varepsilon}\backslash W$$

由引理 5.3.5 可知, 函数 $I_\lambda(\tau(t,u))$ 关于 $t\in\left[0,\dfrac{16\varepsilon}{\beta(\lambda)}\right]$ 是递减的. 若存在 $t_0\in\left[0,\dfrac{16\varepsilon}{\beta(\lambda)}\right]$ 使得 $I_\lambda(\tau(t_0,u))\leqslant c-\varepsilon$, 则

$$I_\lambda(\sigma(1,u))=I_\lambda\left(\tau\left(\frac{16\varepsilon}{\beta(\lambda)},u\right)\right)\leqslant c-\varepsilon$$

否则, 对任意的 $t\in\left[0,\dfrac{16\varepsilon}{\beta(\lambda)}\right]$ 满足 $I_\lambda(\tau(t,u))\geqslant c-\varepsilon$ 时, $p(\tau(t,u))=1$ $\left(\forall t\in\left[0,\dfrac{16\varepsilon}{\beta(\lambda)}\right]\right)$.

另一方面, 若存在 $t_1\in\left[0,\dfrac{16\varepsilon}{\beta(\lambda)}\right]$ 使得 $\tau(t_1,u)\in N\left(\dfrac{\delta}{2}\right)$, 则由 $u\notin N(\delta)$ 可知

$$\frac{\delta}{2}\leqslant\|\tau(t_1,u)-u\|\leqslant\int_0^{t_1}\|\tau'(s,u)\|\mathrm{d}s\leqslant t_1\leqslant\frac{16\varepsilon}{\beta(\lambda)}$$

上式与 $\varepsilon<\varepsilon_0<\dfrac{\beta(\lambda)\delta}{32}$ 矛盾. 则 $\tau(t,u)\notin N\left(\dfrac{\delta}{2}\right)$ $\left(\forall t\in\left[0,\dfrac{16\varepsilon}{\beta(\lambda)}\right]\right)$. 因此 $h(\tau(t,u))=1$ $\left(\forall t\in\left[0,\dfrac{16\varepsilon}{\beta(\lambda)}\right]\right)$. 由引理 5.3.5 可知

$$\begin{aligned}
I_\lambda(\sigma(1,u))&=I_\lambda\left(\tau\left(\frac{16\varepsilon}{\beta(\lambda)},u\right)\right)\\
&=I_\lambda(u)-\int_0^{\frac{16\varepsilon}{\beta(\lambda)}}(I'_\lambda(\tau(s,u)),H_\lambda(\tau(s,u)))\mathrm{d}s\\
&\leqslant I_\lambda(u)-\int_0^{\frac{16\varepsilon}{\beta(\lambda)}}\frac{1}{8}\|\tau(s,u),B_\lambda(\tau(s,u))\|\mathrm{d}s\\
&\leqslant c+\varepsilon-\frac{16\varepsilon}{\beta(\lambda)}\frac{\beta(\lambda)}{8}\\
&\leqslant c-\varepsilon
\end{aligned}$$

上式表明 (3) 成立. □

定理 5.1.1 第 1 部分的证明　第 1 步　结合引理 5.3.6, 若取 $\varepsilon'=2\varepsilon$ 和 $\eta(u)=\sigma(1,u)$, 我们断言: $\{P_\varepsilon^+,P_\varepsilon^-\}$ 是一个关于泛函 I_λ 在任何水平集 $c\in\mathbb{R}$ 的可容许的不变集族.

第 2 步　取 $v_1,v_2\in C_0^\infty(\mathbb{R}^3)\backslash\{0\}$ 满足

$$\mathrm{supp}(v_1)\cap\mathrm{supp}(v_2)=\emptyset,\quad v_1<0,\ v_2>0$$

令 $\varphi_0:\varDelta\to H$ 使得

$$\varphi_0(x,y)=R(xv_1+yv_2),\quad\forall(x,y)\in\varDelta$$

其中 $R>0$ 为待定的常数. 显然, 对任意的 $x,y\in[0,1]$ 有

$$\varphi_0(0,x)=Ryv_2\in P_\varepsilon^+,\quad\varphi_0(x,0)=Rxv_1\in P_\varepsilon^-$$

上式表明

$$\varphi_0(\partial_1\varDelta)\subset P_\varepsilon^+,\quad\varphi_0(\partial_2\varDelta)\subset P_\varepsilon^-$$

因此定理 5.3.1 中的 (1) 成立.

接下来, 我们证明定理 5.3.1 中的 (2) 成立. 通过一个直接的计算可得

$$\rho = \min\{\|xv_1 + (1-x)v_2\|_2 : 0 \leqslant x \leqslant 1\} > 0$$

因此

$$\|u\|_2 \geqslant \rho R, \qquad u \in \varphi_0(\partial_0 \varDelta) \tag{5.3.15}$$

由 (5.3.12)式可知, 对任意的 $q \in [2, 2_s^*)$ 存在 $C_q > 0$ 使得

$$\|u\|_q \leqslant C_q \varepsilon, \qquad u \in M \tag{5.3.16}$$

因此, 对充分大的 R 我们有 $\varphi_0(\partial_0 \varDelta) \cap M = \emptyset$.

最后, 我们证明定理 5.3.1 中的 (3) 成立. 注意到对任意的 $u \in \partial P_\varepsilon^+ \cap \partial P_\varepsilon^-$, 我们有

$$\|u^\pm\| \geqslant \mathrm{dist}(u, P^\pm) = \varepsilon$$

结合引理 6.4.3 可得

$$\|u\|^2 = \langle u^+ + u^-, u^+ + u^- \rangle \geqslant 2\varepsilon \tag{5.3.17}$$

由 (f_1) 和 (f_2) 可知

$$F(u) \leqslant \frac{\min\{a,1\}}{2C_2^2}|u|^2 + C|u|^p, \qquad \forall u \in \mathbb{R} \tag{5.3.18}$$

因此, 由 (5.3.16)~(5.3.18)式可知, 对充分小的 $\varepsilon > 0$ 和 $u \in \varSigma$ 我们有

$$\begin{aligned} I_\lambda(u) &\geqslant \frac{1}{2}\min\{a,1\}\|u\|^2 + \frac{b}{4}\Big(\int_{\mathbb{R}^3} |(-\Delta)^{\frac{s}{2}} u|^2 \mathrm{d}x\Big)^2 - \int_{\mathbb{R}^3} F(u)\mathrm{d}x \\ &\geqslant \frac{1}{2}\min\{a,1\}\|u\|^2 - \frac{\min\{a,1\}}{2C_2^2}|u|^2 - C|u|_p^p \\ &\geqslant \frac{1}{4}\min\{a,1\}\varepsilon^2 \end{aligned}$$

因此

$$c_* = \inf_{u \in \varSigma} I_\lambda(u) \geqslant \frac{1}{4}\min\{a,1\}\varepsilon^2 > 0 \tag{5.3.19}$$

另一方面, 对任意的 $u \in \varphi_0(\partial_0 \varDelta)$, 有

$$I_\lambda(u) \leqslant \frac{a+1}{2}\|u\|^2 + \frac{b}{4}\|u\|^4 - \frac{\lambda}{r}\|u\|_r^r$$

由 (5.3.15) 式可知

$$\sup_{u \in \varphi_0(\partial_0 \varDelta)} I_\lambda(u) < 0 \tag{5.3.20}$$

从而由 (5.3.19) 式和 (5.3.20)式可知, 对充分大的 R, 有

$$\sup_{u \in \varphi_0(\partial_0 \varDelta)} I_\lambda(u) < c_*$$

因此, 定理 5.3.1 中的 (3) 成立. 所以, 对独立于 λ 的充分大的 R 的泛函 φ_0 满足定理 5.3.1 的假设. 则

$$c_\lambda = \inf_{\varphi\in\Gamma} \sup_{u\in\varphi(\Delta)\setminus W} I_\lambda(u)$$

是泛函 I_λ 的一个临界值并且满足 $c_\lambda \geqslant c_*$, 以及存在 $u_\lambda \in H\setminus(P_\varepsilon^+ \cup P_\varepsilon^-)$ 使得 $I_\lambda(u_\lambda) = c_\lambda$ 和 $I'_\lambda(u_\lambda) = 0$. 从而 u_λ 是方程 (5.3.1) 的一个变号解.

第 3 步　由 c_λ 的定义可知, 对任意的 $\lambda \in (0,1)$, 有

$$c_\lambda \leqslant c(R) := \sup_{u\in\varphi_0(\Delta)} I(u) < \infty$$

我们断言: 在 H 中 $\{u_\lambda\}_{\lambda\in(0,1)}$ 有界. 事实上, 有

$$\begin{aligned} c_\lambda = &\frac{a}{2}\int_{\mathbb{R}^3} |(-\Delta)^{\frac{s}{2}}u_\lambda|^2\mathrm{d}x + \frac{1}{2}\int_{\mathbb{R}^3} V(x)u_\lambda^2\mathrm{d}x + \frac{b}{4}\left(\int_{\mathbb{R}^3} |(-\Delta)^{\frac{s}{2}}u_\lambda|^2\mathrm{d}x\right)^2 \\ &- \int_{\mathbb{R}^3} \left(F(u_\lambda)dx + \frac{\lambda}{r}|u_\lambda|^r\right)\mathrm{d}x \end{aligned} \tag{5.3.21}$$

此外, 我们有 Pohozăev 恒等式:

$$\begin{aligned} &\frac{3-2s}{2}\left(a + b\int_{\mathbb{R}^3} |(-\Delta)^{\frac{s}{2}}u_\lambda|^2\mathrm{d}x\right)\int_{\mathbb{R}^3} |(-\Delta)^{\frac{s}{2}}u_\lambda|^2\mathrm{d}x + \frac{3}{2}\int_{\mathbb{R}^3} V(x)u_\lambda^2\mathrm{d}x \\ &+ \frac{1}{2}\int_{\mathbb{R}^3} u_\lambda^2(x\cdot\nabla V(x))\mathrm{d}x - \int_{\mathbb{R}^3} \left(3F(u_\lambda) + \frac{3\lambda}{r}|u_\lambda|^r\right)\mathrm{d}x = 0 \end{aligned} \tag{5.3.22}$$

结合 (5.3.21) 式可知

$$3c_\lambda = sa\int_{\mathbb{R}^3} |(-\Delta)^{\frac{s}{2}}u_\lambda|^2\mathrm{d}x + \left(s - \frac{3}{4}\right)b\left(\int_{\mathbb{R}^3} |(-\Delta)^{\frac{s}{2}}u_\lambda|^2\mathrm{d}x\right)^2 - \frac{1}{2}\int_{\mathbb{R}^3} u_\lambda^2(x\cdot\nabla V(x))\mathrm{d}x \tag{5.3.23}$$

注意到 $s > \frac{3}{4}$, 可知在 H 中 $\{u_\lambda\}_{\lambda\in(0,1)}$ 有界. 在子列的意义下可设当 $\lambda \to 0^+$ 时在 H 中 $u_\lambda \rightharpoonup u$, 则在 $L^p(\mathbb{R}^3)$ 中 $u_\lambda \to u$, $p \in [2, 2_s^*)$. 通过一个标准的讨论可知, $I'_\lambda(u) = 0$ 和当 $\lambda \to 0^+$ 时在 H 中 $u_\lambda \to u$. 此外, 由 $u_\lambda \in H\setminus(P_\varepsilon^+ \cup P_\varepsilon^-)$ 和 $c_\lambda \geqslant c_*$, $\lambda \in (0,1)$ 可知, $u \in H\setminus(P_\varepsilon^+ \cup P_\varepsilon^-)$ 和 $c \geqslant c_*$. 因此, u 是方程 (5.1.1) 的一个变号解. □

5.3.2　无穷多变号解的存在性

在这一节中, 我们将证明方程 (5.3.1) 有无穷多变号解. 假设 $G: X \to X$ 满足: $G^2 = \mathrm{id}$ 和 $d(Gx, Gy) = d(x, y)$ $(\forall x, y \in X)$. 在 $J(Gx) = J(x)$ $(\forall x \in X)$ 的意义下, 假设泛函 J 是 G 不变的. 此外, 假设 $Q = GP$. 若对任意的 $x \in F$ 有 $Gx \in F$, 则称 $F \subset X$ 是对称的. $X\setminus\{0\}$ 中闭的对称子集 F 的亏格记为 $\gamma(F)$.

定义 5.3.2[113]　称 P 是关于泛函 J 在水平集 c 上的一个 G 容许不变集, 如果存在 $\varepsilon_0 > 0$ 和 $K_c\setminus W$ 中的一个对称开邻域 N 满足 $\gamma(\bar{N}) < \infty$, 使得对任意的, $\varepsilon \in (0, \varepsilon_0)$, 存在 $\eta \in C(X, X)$ 满足:

(1) $\eta(\bar{P}) \subset \bar{P}$, $\eta(\bar{Q}) \subset \bar{Q}$;

(2) $\eta \circ G = G \circ \eta$;

(3) $\eta|_{J^{c-2\varepsilon}} = \mathrm{id}$;

(4) $\eta(J^{c+\varepsilon} \backslash (N \cup W)) \subset J^{c-\varepsilon}$.

定理 5.3.2 假设 P 是关于泛函 J 在任意水平集 $c \geqslant c_* := \inf\limits_{u \in \Sigma} J(u)$ 上的一个 G 容许不变集, 且对任意的 $n \in \mathbb{N}$, 存在一个映射 $\varphi_n : B_n = \{x \in \mathbb{R}^N : |x| \leqslant 1\} \to X$ 满足:

(1) $\varphi_n(0) \in M := P \cap Q$, $\varphi_n(-t) = G\varphi_n(t)(\ \forall t \in B_n)$;

(2) $\varphi_n(\partial B_n) \cap M = \emptyset$;

(3) $\sup\limits_{u \in \mathrm{Fix}_G \cup \varphi_n(\partial B_n)} J(u) < c_*$, 其中 $\mathrm{Fix}_G = \{u \in X : Gu = u\}$.

对任意的 $j \in \mathbb{N}$, 记

$$c_j := \inf_{B \in \Gamma_j} \sup_{u \in B \backslash W} J(u)$$

其中

$$\Gamma_j := \Big\{B: \text{对任意的 } Y \subset B_n,\quad B = \varphi(B_n \backslash Y) \text{ 且存在 } \varphi \in G_n, n \geqslant j, \text{满足}$$
$$-Y = Y \text{和 } \gamma(\bar{Y}) \leqslant n - j\Big\}$$

$$G_n := \{\varphi : \varphi \in C(B_n, X), \varphi(-t) = G\varphi(t)(\forall t \in B_n), \varphi(0) \in M,\ \varphi|_{\partial B_n} = \varphi_n|_{\partial B_n}\}$$

则对任意的 $j \geqslant 2$, $c_j \geqslant c_*$ 是泛函 J 的一个临界点, 当 $j \to \infty$ 时, $c_j \to \infty$, $K_{c_j} \backslash W \neq \emptyset$.

接下来, 取 $X = H$, $G = -\mathrm{id}$, $J = I_\lambda$, $P = P_\varepsilon^+$, $Q = P_\varepsilon^-$, 则 $M = P_\varepsilon^+ \cap P_\varepsilon^-$, $\Sigma = \partial P_\varepsilon^+ \cap \partial P_\varepsilon^-$, $W = P_\varepsilon^+ \cup P_\varepsilon^-$. 若 f 是奇函数, 则泛函 I_λ 也是奇函数. 我们给出如下形变引理用来证明 P_ε^+ 是关于泛函 I_λ 在水平集 c 上的一个 G 容许不变集:

引理 5.3.7 存在 $\varepsilon_0 > 0$ 使得, 对任意的 $0 < \varepsilon < \varepsilon' < \varepsilon_0$, 存在一个连续映射 $\sigma : [0,1] \times H \to H$ 使得

(1) 对任意的 $u \in H$, $\sigma(0, u) = u$;

(2) 对任意的 $t \in [0,1]$ 和 $u \notin I_\lambda^{-1}[c - \varepsilon', c + \varepsilon']$, $\sigma(t, u) = u$;

(3) $\sigma(1, I_\lambda^{c+\varepsilon} \backslash W) \subset I_\lambda^{c-\varepsilon}$;

(4) $\sigma(t, \bar{P_\varepsilon^\pm}) \subset \bar{P_\varepsilon^\pm}$, $t \in [0,1]$;

(5) 对任意的 $(t, u) \in [0,1] \times H$, $\sigma(t, -u) = -\sigma(t, u)$.

证明 证明类似引理 5.3.6 的证明. □

定理 5.1.1 第 2 部分的证明 **第 1 步** 由 5.3.2 的定义和引理 5.3.7 可知, P_ε^+ 是关于泛函 I_λ 在水平集 c 的一个 G 容许不变集.

第 2 步 对任意的 $n \in \mathbb{N}$, 取 $\{v_i\}_1^n \subset C_0^\infty(\mathbb{R}^3) \backslash \{0\}$ 使得

$$\mathrm{supp}(v_i) \cap \mathrm{supp}(v_j) = \emptyset, \quad i \neq j$$

定义 $\varphi_n \in C(B_n, H)$ 为

$$\varphi_n(t) = R_n \sum_{i=1}^{n} x_i v_i, \quad x = (x_1, x_2, x_3) \in B_n$$

其中 $R_n > 0$ 是一个与 λ 无关的充分大的常数, 并且满足 $\varphi_n(\partial B_n) \cap (P_\varepsilon^+ \cap P_\varepsilon^-) = \emptyset$. 类似定理 5.1.1 第 1 部分的证明, 容易验证定理 5.3.2 中的所有条件都满足. 因此, 由定理 5.3.2 可知, 对任意的 $0 < \lambda < 1$ 和 $j \geqslant 2$, 有

$$0 < \inf_{u \in \Sigma} I_\lambda(u) = c_*(\lambda) \leqslant c_j(\lambda) \to \infty$$

以及存在 $\{u_{\lambda,j}\}_{j \geqslant 2} \subset H \backslash W$ 使得 $I_\lambda(u_{\lambda,j}) = c_j(\lambda)$ 和 $I'_\lambda(u_{\lambda,j}) = 0$, 其 $u_{\lambda,j}$ 是方程 (5.3.1) 的变号解.

第 3 步　类似第 1 部分的证明, 对任意固定的 $j \geqslant 2$, $\{u_{\lambda,j}\}_{\lambda \in (0,1)}$ 在 H 中有界. 不失一般性, 可假设当 $\lambda \to 0^+$ 时 $u_{\lambda,j} \rightharpoonup u_j \in H$. 注意到 $c_j(\lambda)$ 是关于 λ 递减的. 记 $c_j = \lim\limits_{\lambda \to 0^+} c_j(\lambda)$. 显然, 对任意的 $\lambda \in (0,1)$ 有 $c_j(\lambda) \leqslant c_j \leqslant \infty$. 因此存在 $u_j \in H \backslash W$, 当 $\lambda \to 0^+$ 时, 在 H 中 $u_{\lambda,j} \to u_j$, 并且满足 $I'(u_j) = 0$ 和 $I(u_j) = c_j$. 由 $c_j(\lambda) \leqslant c_j$ 和 $\lim\limits_{j \to \infty} c_j(\lambda) = \infty$ 可知, $\lim_{j \to \infty} c_j = \infty$. 因此, 方程 (5.1.1) 有无穷多变号解. □

第 6 章　分数阶 Kirchhoff 方程正解的多重性和集中性

在本章中我们考虑分数阶 Kirchhoff 方程:

$$\begin{cases} \left(\varepsilon^{2s}a+\varepsilon^{4s-3}\int_{\mathbb{R}^3}|(-\Delta)^{\frac{s}{2}}u|^2\mathrm{d}x\right)(-\Delta)^s u(x)+V(x)u=f(u), & x\in\mathbb{R}^3 \\ u\in H^s(\mathbb{R}^3) \end{cases}$$

其中 $a,b>0$, $\dfrac{3}{4}<s<1$, $\varepsilon>0$ 是小参数, 位势 V 是正连续函数且有全局极小, 非线性项 f 连续且在无穷远处次临界增长. 利用 Ljusternik-Schnirelmann 畴数理论, 我们得到了正解个数与位势 V 全局极小集拓扑之间的关系, 证明了当 $\varepsilon\to0^+$ 时, 这些正解在 $H^s(\mathbb{R}^3)$ 中收敛到极限方程的基态解, 且这些解集中在位势 V 的全局极小附近. 此外, 我们也得到了解的衰减估计.

6.1　引言及主要结果

在本章中考虑分数阶 Kirchhoff 方程正解的多重性和集中行为:

$$\begin{cases} \left(\varepsilon^{2s}a+\varepsilon^{4s-3}\int_{\mathbb{R}^3}|(-\Delta)^{\frac{s}{2}}u|^2\mathrm{d}x\right)(-\Delta)^s v(x)+V(x)v=f(v), & x\in\mathbb{R}^3 \\ v\in H^s(\mathbb{R}^3) \end{cases} \tag{6.1.1}$$

其中 $a,b>0$, $\varepsilon>0$ 是小参数, $a,b>0$, $\dfrac{3}{4}<s<1$, 位势 V 是正连续函数, 非线性项 f 在无穷远处超 3 次但次临界增长. $(-\Delta)^s$ 是阶数为 s 的分数阶 Laplace 算子.

当 $s=1$ 时, 方程 (6.1.1) 退化为 Kirchhoff 方程:

$$\begin{cases} -\left(\varepsilon^{2}a+\varepsilon b\int_{\mathbb{R}^3}|\nabla u|^2\mathrm{d}x\right)\Delta u+V(x)u=f(u), & x\in\mathbb{R}^3 \\ u\in H^1(\mathbb{R}^3) \end{cases} \tag{6.1.2}$$

近年来, 当 $\varepsilon=1$ 时, 在问题 (6.1.2) 解的存在性和多重性方面出现了一系列有意义的结果. 如 Li 和 Ye 在文献 [104] 中获得了方程 (6.1.2) 正基态解的存在性, 其中 $f(u)=|u|^{p-1}u(p\in$

$(2,5)$). 在 V 和 f 关于 x 径向对称的条件下, Deng, Peng 和 Shuai 在文献 [58] 中研究了方程 (6.1.2) 节点解的存在性及当 $b \to 0^+$ 时节点解的渐近行为. 关于方程 (6.1.2) 的解在 $\varepsilon \to 0^+$ 时的集中行为也有一些结果. 如 He 和 Zou[87] 利用 Ljusternik-Schnirelmann 畴数理论[159] 研究了方程 (6.1.2) 正解的多重性和集中现象, 他们证明了当 $\varepsilon \to 0^+$ 时, 正解集中在 $V(x)$ 的全局极小附近. 关于临界情形 $f(u) = \lambda g(u) + |u|^4 u$ 的类似结果可见文献 [88] 和 [157], 其中 $g(u) \sim |u|^{p-2}u(4 < p < 6)$. 如果位势 V 具有局部极小, Figueiredo 等[68] 证明了在次临界情形下, 当 $\varepsilon \to 0^+$ 时有一族正解集中在 V 的局部极小附近. 在文献 [93] 中, He, Li 和 Peng 则考虑了临界情形 $f(u) = g(u) + |u|^4 u$, 其中 $g(u) \sim |u|^{p-2}u$ $(4 < p < 6)$, 证明了当 $\varepsilon \to 0^+$ 时一族正解集中在 V 的局部极小点处. 带有更一般 Kichhooff 函数的 Kirchhoff 型方程解的集中现象见文献 [67]. 关于 $f(u) = \lambda |u|^{p-2}u + |u|^4 u(2 < p \leqslant 4)$ 的情形见文献 [92], 他们证明了当 $\varepsilon \to 0^+$ 时有一族正解集中在 V 的局部极小附近.

当 $b = 0$ 时, 方程 (6.1.1) 变形为

$$\varepsilon^{2s}(-\Delta)^s u + V(x)u = f(u), \quad x \in \mathbb{R}^3 \tag{6.1.3}$$

方程 (6.1.3) 与分数阶 Schrödinger 方程:

$$i\varepsilon \frac{\partial \psi}{\partial t} = \varepsilon^{2s}(-\Delta)^s \psi + V(x)\psi - f(|\psi|), \quad x \in \mathbb{R}^3$$

的驻波解有关. 该方程是分数阶量子力学中的基本方程[100]. 不同于经典的 Laplace 算子, 算子 $(-\Delta)^s$ 的非局部性妨碍我们直接把经典椭圆偏微分方程的理论应用到方程 (6.1.3) 上. 为克服这一困难, Cafferelli 和 Silvestre[36] 发展了一种延拓方法, 将非局部问题转化为相应的上半空间上的局部问题. 最近, Di Nizza, Palatucci 和 Valdinoci 在文献 [60] 中系统发展了分数阶 Sobolev 空间和分数阶 Laplace 方程的一些基本理论, 为应用变分方法研究分数阶微分方程提供了更便捷的空间框架. 当 $\varepsilon = 1$ 时, Niu 和 Tang 在文献 [123] 中获得了方程 (6.1.3) 基态解的存在性. Dávila, del Pino 和 Wei[55] 应用 Lyapunov-Schmidt 约化方法研究了非线性分数阶 Schrödinger 方程 (6.1.3) 解的集中现象. 而对于位势 V 有局部极小的情形, 文献 [13] 和 [89] 分别在次临界情形和临界情形研究了解的集中现象.

自然地, 我们要问, 当 $\varepsilon \to 0^+$ 时, 问题 (6.1.1) 的解有何种集中现象? 以及位势如何影响解的多重性? 本书主要研究上述两个问题. 为陈述我们的主要结果, 做如下假设:

(V) $V \in C(\mathbb{R}^3, \mathbb{R})$ 且

$$0 < V_0 := \inf_{x \in \mathbb{R}^3} V(x) < V_\infty := \lim_{|x| \to +\infty} V(x)$$

(f_1) $f \in C(\mathbb{R}, \mathbb{R})$, 当 $t \to 0$ 时, $f(t) = o(t^3)$, 且 $f(t) = 0$ $(t \leqslant 0)$;

(f_2) 存在 $4 < q < 2_s^* = \dfrac{6}{3-2s}$, 使得 $\lim\limits_{t \to \infty} \dfrac{f(t)}{t^{q-1}} = 0$;

(f_3) 存在 $\mu > 4$, 使得

$$0 < \mu F(t) = \mu \int_0^t f(s)\mathrm{d}s \leqslant f(t)t, \quad \forall\, t > 0$$

(f_4) $\dfrac{f(t)}{t^3}$ 和 $f(t)t - 4F(t)$ 在 $(0, \infty)$ 上为增函数.

为了研究方程 (6.1.1) 解的个数与位势 V 极小集拓扑之间的关系, 我们定义集合

$$\Lambda := \{x \in \mathbb{R}^3 : V(x) = V_0\} \text{ 和 } \Lambda_\delta = \{x \in \mathbb{R}^3 : \mathrm{dist}(x, \Lambda) \leqslant \delta\}, \quad \forall\, \delta > 0$$

不失一般性, 设 $0 \in \Lambda$. 根据假设 (V) 可知, Λ 是紧的. 我们将利用 Ljusternik-Schnirelmann 畴数理论研究解的多重性. 为此先回顾 Ljusternik-Schnirelmann 畴数[159]. 设 X 是一个拓扑空间, $A \subset X$ 是闭集. 称那些能覆盖 A 且在 X 中可收缩的闭子集的最小个数 k 为 A 的 Ljusternik-Schnirelmann 畴数, 记为 $\mathrm{cat}_X(A)$. 若不存在这样的 k, 则令 $\mathrm{cat}_X(A) = +\infty$. 本书主要结果如下:

定理 6.1.1[1] 设 $\dfrac{3}{4} < s < 1$, (V) 和 (f_1) $\sim$ (f_4) 成立, 则

(1) 对任意的 $\varepsilon > 0$, 存在 $\varepsilon_\delta > 0$, 使得对任意的 $\varepsilon \in (0, \varepsilon_\delta)$, 问题 (6.1.1) 至少有 $\mathrm{cat}_{\Lambda_\delta}(\Lambda)$ 个正解.

(2) 设 $\bar{v}_\varepsilon$ 为上述正解, 则 $\bar{v}_\varepsilon$ 有一个全局极大值点 $\eta_\varepsilon \in \mathbb{R}^3$, 使得 $\lim\limits_{\varepsilon \to 0} V(\eta_\varepsilon) = V_0$.

(3) 当 $\varepsilon \to 0^+$ 时, 在 $H^s(\mathbb{R}^3)$ 中有 $u_\varepsilon := \bar{v}_\varepsilon(\varepsilon x + \eta_\varepsilon) \to u$, 其中 u 是极限问题

$$\left(a + b\int_{\mathbb{R}^3} |(-\Delta)^{\frac{s}{2}} u|^2 \mathrm{d}x\right)(-\Delta)^s v(x) + V_0 v = f(v), \quad x \in \mathbb{R}^3, \quad v \in H^s(\mathbb{R}^3)$$

的基态解.

(4) 存在常数 $C > 0$, 使得

$$\bar{v}_\varepsilon(x) \leqslant \frac{C\varepsilon^{3+2s}}{\varepsilon^{3+2s} + |x - \eta_\varepsilon|^{3+2s}}$$

需要指出, 对于有界的 $(\mathrm{PS})_c$ 序列 $\{u_n\}$, 由于非局部项 $M(u)$ 的出现, 一般从 $u_n \rightharpoonup u$ 不能推出

$$\int_{\mathbb{R}^3} |(-\Delta)^{\frac{s}{2}} u_n|^2 \mathrm{d}x \to \int_{\mathbb{R}^3} |(-\Delta)^{\frac{s}{2}} u|^2 \mathrm{d}x$$

因此不能直接验证 I_ε 满足 $(\mathrm{PS})_c$ 条件. 然而, 在 $\varepsilon = 1$ 的情形下, 若方程 (6.1.2) 相应的工作空间有紧嵌入性质, 则可以克服这个困难, 见文献 [160]. 但在我们研究的问题中, 工作空间没有紧嵌入性质. 为克服此困难, 受文献 [104] 启发, 我们将建立一个全局紧性引理恢复能量泛函的部分紧性.

为获得多解, 需要利用 Nehari 流形上的约束极小获得相应的极限问题的基态解. 然而, 因为 f 仅连续而非 C^1 函数, 我们不能直接运用 Nehari 流形. 为了克服 Nehari 流形的不可微性, 我们将运用 Szulkin 和 Weth 在文献 [149] 中建立的约化方法. 进而沿用

Benci 和 Cerami[30] 的思想, 我们比较能量泛函某个特定的水平集与位势 V 的全局极小集的 Ljusternik-Schnirelmann 畴数.

获得解的一致 L^∞ 估计是研究解的集中现象关键的一步. 因为分数阶 Laplace 算子 $(-\Delta)^s$ 是非局部的, 故我们研究的问题与带经典 Laplace 算子的椭圆方程有不同之处, 加之 Kirchhooff 项本身又是一个非局部项, 故要对我们的问题建立解的 L^∞ 估计更加复杂. 受文献 [61] 启发, 我们将不利用 Kato 型不等式而是采用基于 Moser 迭代的方法建立解的 L^∞ 估计.

6.2 预备知识

为叙述简便, 本章接下来我们用 $\|\cdot\|$ 表示 $\|\cdot\|_{H^s}$.

作变换 $u(x) := v(\varepsilon x)$, 则问题 (6.1.1) 等价于

$$\left(a+b\int_{\mathbb{R}^3}|(-\Delta)^{\frac{s}{2}}u|^2\mathrm{d}x\right)(-\Delta)^s u(x)+V(\varepsilon x)u=f(u),\quad x\in\mathbb{R}^3 \tag{6.2.1}$$

因此, 只需要研究问题 (6.2.1) 即可. 考虑到关于位势函数 $V(x)$ 的假设, 我们引入子空间:

$$H_\varepsilon=\left\{u\in H^s(\mathbb{R}^3):\int_{\mathbb{R}^3}V(\varepsilon x)u(x)^2\mathrm{d}x<+\infty\right\}$$

这是一个 Hilbert 空间, 其内积为

$$(u,v)_\varepsilon=a\int\int_{\mathbb{R}^3\times\mathbb{R}^3}\frac{[u(x)-u(y)][v(x)-v(y)]}{|x-y|^{3+2s}}\mathrm{d}x\mathrm{d}y+\int_{\mathbb{R}^3}V(\varepsilon x)u(x)v(x)\mathrm{d}x$$

相应范数为

$$\|u\|_\varepsilon^2=(u,u)_\varepsilon=a\int\int_{\mathbb{R}^3\times\mathbb{R}^3}\frac{|u(x)-u(y)|^2}{|x-y|^{3+2s}}\mathrm{d}x\mathrm{d}y+\int_{\mathbb{R}^3}V(\varepsilon x)u^2(x)\mathrm{d}x$$

问题 (6.2.1) 对应的能量泛函为

$$I_\varepsilon(u)=\frac{a}{2}\int_{\mathbb{R}^3}|(-\Delta)^{\frac{s}{2}}u|^2\mathrm{d}x+\frac{1}{2}\int_{\mathbb{R}^3}V(\varepsilon x)u^2\mathrm{d}x+\frac{b}{4}\left(\int_{\mathbb{R}^3}|(-\Delta)^{\frac{s}{2}}u|^2\mathrm{d}x\right)^2-\int_{\mathbb{R}^3}F(u)\mathrm{d}x \tag{6.2.2}$$

由假设可知, $I_\varepsilon\in C^1(H_\varepsilon,\mathbb{R}^3)$ 且对任意的 $u,\varphi\in H_\varepsilon$, 有

$$\begin{aligned}\langle I_\varepsilon'(u),\ \varphi\rangle=&\left(a+b\int_{\mathbb{R}^3}|(-\Delta)^{\frac{s}{2}}u|^2\mathrm{d}x\right)\int_{\mathbb{R}^3}(-\Delta)^{\frac{s}{2}}u(-\Delta)^{\frac{s}{2}}\varphi\mathrm{d}x+\int_{\mathbb{R}^3}V(\varepsilon x)u\varphi\mathrm{d}x\\&-\int_{\mathbb{R}^3}f(u)\varphi\mathrm{d}x\end{aligned} \tag{6.2.3}$$

引理 6.2.1[125] $u \in \mathcal{D}^{s,2}(\mathbb{R}^3)$, $\varphi \in C_0^\infty(\mathbb{R}^3)$. 令 $\varphi_r(x) = \varphi\left(\dfrac{x}{r}\right)$ $(r > 0)$. 则在 $\mathcal{D}^{s,2}(\mathbb{R}^3)$ 中, 当 $r \to +\infty$ 时, 有

$$u\varphi_r \to 0$$

此外, 如果在以原点为心的某个领域上 $\varphi \equiv 1$, 则在 $\mathcal{D}^{s,2}(\mathbb{R}^3)$ 中, 当 $r \to +\infty$ 时, 有

$$u\varphi_r \to u$$

引理 6.2.2 设 $(\mathrm{f}_1) \sim (\mathrm{f}_4)$ 成立, 则

(1) 对任意的 $\delta > 0$, 存在 $C_\delta > 0$, 使得

$$|f(t)| \leqslant \delta|t|^3 + C_\delta|t|^{q-1} \text{ 且 } |F(x,t)| \leqslant \delta|t|^4 + C_\delta|t|^q, \quad \forall\, t \in \mathbb{R}$$

(2) 存在常数 $C_1,\ C_2 > 0$, 使得对任意的 $t \geqslant 0$, $F(t) \geqslant C_1|t|^\mu - C_2t^2$.

泛函 I_ε 对应的 Nehari 流形为 [159]

$$\mathcal{N}_\varepsilon := \left\{u \in H_\varepsilon\backslash\{0\} | J_\varepsilon(u) = 0\right\}$$

其中 $J_\varepsilon(u) = \langle I'_\varepsilon(u),\ u\rangle$.

接下来我们将给出一个关于 Nehari 流形 $\mathcal{N}_\varepsilon$ 性质的引理.

引理 6.2.3 设 (V) 和 $(\mathrm{f}_1) \sim (\mathrm{f}_4)$ 成立, 则

(i) 对任意的 $u \in H_\varepsilon\backslash\{0\}$, 存在唯一的 $t_u > 0$ 使得 $t_uu \in \mathcal{N}_\varepsilon$. 此外, $tu \in \mathcal{N}_\epsilon$ 当且仅当 $t = t_u$.

(ii) 对任意的 $u \in \mathcal{N}_\epsilon$, 存在 $r^* > 0$, 使得 $\|u\|_\varepsilon > r^* > 0$.

证明 (i) 对任意的 $t > 0$, 令

$$\begin{aligned} h_u(t) := I_\varepsilon(tu) = &\frac{a}{2}t^2\int_{\mathbb{R}^3}|(-\Delta)^{\frac{s}{2}}u|^2\mathrm{d}x + \frac{t^2}{2}\int_{\mathbb{R}^3}V(\epsilon x)u^2\mathrm{d}x \\ &+ \frac{b}{4}t^4\left(\int_{\mathbb{R}^3}|(-\Delta)^{\frac{s}{2}}u|^2\mathrm{d}x\right)^2 - \int_{\mathbb{R}^3}F(tu)\mathrm{d}x \end{aligned}$$

由引理 6.2.2 知

$$h_u(t) \geqslant \frac{t^2}{2}\|u\|_\epsilon^2 - t^4C_1\int_{\mathbb{R}^3}|u|^4dx - t^qC_2\int_{\mathbb{R}^3}|u|^q\mathrm{d}x$$

因为 $4 < q < 2_s^*$, 易见对充分小的 $t > 0$, $h_u(t) > 0$. 此外, 由引理 6.2.2 可知, 当 $t \to \infty$ 时, 有

$$h_u(t) \leqslant \frac{t^2}{2}\|u\|_\epsilon^2 + \frac{b}{4}t^4\left(\int_{\mathbb{R}^3}|(-\Delta)^{\frac{s}{2}}u|^2\mathrm{d}x\right)^2 - t^\mu C\int_{\mathbb{R}^3}|u|^\mu\mathrm{d}x + t^2C_1\int_{\mathbb{R}^3}|u|^2\mathrm{d}x \to -\infty$$

因此, $h_u(t)$ 有最大值, 从而存在 $t_u > 0$, 使得 $h'_u(t_u) = 0$ 及 $t_uu \in \mathcal{N}_\epsilon$. 而 $h'_u(t) = 0$ 等价于

$$\frac{1}{t^2}a\int_{\mathbb{R}^3}\left(|(-\Delta)^{\frac{s}{2}}u|^2 + V(\epsilon x)u^2\right)\mathrm{d}x + b\left(\int_{\mathbb{R}^3}|(-\Delta)^{\frac{s}{2}}u|^2\mathrm{d}x\right)^2 = \int_{\mathbb{R}^3}\frac{f(tu)}{(tu)^3}u^4\mathrm{d}x$$

若存在 $t'_u > t_u > 0$, 使得 $t'_u u,\ t_u u \in \mathcal{N}_\epsilon$. 则

$$\left(\frac{1}{{t'_u}^2} - \frac{1}{t_u^2}\right) a \int_{\mathbb{R}^3} \left(|(-\Delta)^{\frac{s}{2}} u|^2 + V(\epsilon x) u^2\right) \mathrm{d}x = \int_{\mathbb{R}^3} \left(\frac{f(t'_u u)}{(t'_u u)^3} - \frac{f(t_u u)}{(t_u u)^3}\right) u^4 \mathrm{d}x$$

上式与假设 (f_4) 矛盾. 这就得到了引理 6.2.3(i) 的第 1 个结论. 由 $h'_u(t) = t^{-1}\langle I'_\epsilon(tu),\ tu\rangle$ 可知, 引理 6.2.3(i) 中的第 2 个结论成立.

(ii) 对任意的 $u \in \mathcal{N}_\epsilon$, 由引理 6.2.2可知

$$\begin{aligned} 0 &= a \int_{\mathbb{R}^3} |(-\Delta)^{\frac{s}{2}} u|^2 \mathrm{d}x + \int_{\mathbb{R}^3} V(\epsilon x) u^2 \mathrm{d}x + b\left(\int_{\mathbb{R}^3} |(-\Delta)^{\frac{s}{2}} u|^2 \mathrm{d}x\right)^2 - \int_{\mathbb{R}^3} f(u) u \mathrm{d}x \\ &\geqslant ||u||_\varepsilon^2 - \delta \int_{\mathbb{R}^3} |u|^4 \mathrm{d}x - C_\delta \int_{\mathbb{R}^3} |u|^q \mathrm{d}x \\ &\geqslant ||u||_\varepsilon^2 - \delta C_1 ||u||_\varepsilon^4 - C_\delta ||u||_\varepsilon^q \end{aligned}$$

从上式可知, 对任意的 $r^* > 0$, 有

$$||u||_\varepsilon > r^* > 0 \tag{6.2.4}$$

□

引理 6.2.4　存在 $\alpha,\ \rho > 0$, 使得 $c_\varepsilon = \inf\limits_{u \in \mathcal{N}_\varepsilon} I_\varepsilon(u) \geqslant \inf\limits_{u \in S_\rho} I_\varepsilon(u) > 0$, 其中 $S_\rho = \{u \in H_\varepsilon : ||u||_\varepsilon = \rho\}$.

证明　对任意的 $u \in H_\varepsilon \backslash \{0\}$, 由引理 6.2.2 和 Sobolev 嵌入不等式知

$$\begin{aligned} I_\varepsilon(u) &= \frac{a}{2} \int_{\mathbb{R}^3} |(-\Delta)^{\frac{s}{2}} u|^2 \mathrm{d}x + \frac{1}{2} \int_{\mathbb{R}^3} V(\epsilon x) u^2 \mathrm{d}x + \frac{b}{4}\left(\int_{\mathbb{R}^3} |(-\Delta)^{\frac{s}{2}} u|^2 \mathrm{d}x\right)^2 - \int_{\mathbb{R}^3} F(u) \mathrm{d}x \\ &\geqslant \frac{1}{2}\|u\|_\epsilon^2 - \delta \int_{\mathbb{R}^3} |u|^4 \mathrm{d}x - C_\delta \int_{\mathbb{R}^3} |u|^q \mathrm{d}x \\ &\geqslant \frac{a}{2}\|u\|_\epsilon^2 - \delta C \|u\|_\epsilon^4 - C_\delta |u\|_\epsilon^q \end{aligned}$$

因此, 当 $\rho > 0$ 充分小时, $\inf\limits_{u \in S_\rho} I_\varepsilon(u) > 0$. 对任意的 $u \in \mathcal{N}_\varepsilon$, 由引理 6.2.3 可知, $I_\varepsilon(u) = \max\limits_{t \geqslant 0} I_\varepsilon(tu)$ 且存在唯一 $t_0 > 0$, 使得 $t_0 u \in S_\rho$. 于是

$$I_\varepsilon(u) \geqslant I_\varepsilon(t_0 u) \geqslant \inf_{v \in S_\rho} I_\varepsilon(v)$$

□

因为 f 仅连续而非 C^1 函数, 故 Nehari 流形不可微. 为此, 我们将运用 Szulkin 和 Weth 在文献 [149] 中发展的约化方法. 分别用 $\tilde{m}_\varepsilon(u) = t_u u$ 和 $m_\varepsilon = \tilde{m}_\varepsilon\big|_{S_\varepsilon}$ 来定义映射 $\tilde{m}_\varepsilon : H_\varepsilon \backslash \{0\} \to \mathcal{N}_\varepsilon$ 和 $m_\varepsilon : S_\varepsilon \to \mathcal{N}_\varepsilon$, 其中 t_u 来源于引理 6.2.3 且 $S_\varepsilon = \{u \in H_\varepsilon : \|u\|_\varepsilon = 1\}$ 是 H_ε 中的单位球, 则对任意的 $u \in S_\varepsilon$, 有 $H_\varepsilon = T_u S_\varepsilon \oplus \mathbb{R}u$, 其中 $T_u S_\varepsilon := \{v \in H_\varepsilon | (u, v)_\varepsilon = 0\}$.

引理 6.2.5　设 (V), (f_1) ~(f_4) 成立, 则如下结论成立:

(A_1) 对任意的 $u \in H_\varepsilon$, 定义 $h_u : \mathbb{R}^+ \to \mathbb{R}$ 为 $h_u(t) = I_\varepsilon(tu)$. 则存在 $t_u > 0$, 使得在 $(0, t_u)$ 上 $h'_u(t) > 0$; 在 (t_u, ∞) 上 $h'_u(t) < 0$.

(A_2) 存在与 u 无关的 $\tau>0$, 使得对任意的 $u\in S_\varepsilon$, $t_u\geqslant\tau$. 此外, 对任意的紧集 $\mathcal{W}\subset S_\varepsilon$, 存在 $C_{\mathcal{W}}>0$, 使得对任意的 $u\in\mathcal{W}$, $t_u\leqslant C_{\mathcal{W}}$.

(A_3) 映射 $\tilde{m}_\varepsilon:H_\varepsilon\setminus\{0\}\to\mathcal{N}_\varepsilon$ 连续且 m_ε 是 S_ε 和 $\mathcal{N}_\varepsilon$ 之间的一个同胚映射, 其逆映射为 $m_\varepsilon^{-1}(u)=\dfrac{u}{\|u\|_\varepsilon}$.

证明 (A_1) 可由引理 6.2.3 直接推出.

(A_2) 对任意的 $u\in S_\varepsilon$, 由 (A_1) 可知, 存在唯一 $t_u>0$, 使得 $t_u\mathcal{N}_\varepsilon$, 且

$$t_u\leqslant t_u+bt_u^3\Big(\int_{\mathbb{R}^3}|(-\Delta)^{\frac{s}{2}}u|^2\mathrm{d}x\Big)^2=\int_{\mathbb{R}^3}f(t_uu)u\mathrm{d}x\leqslant C\delta t_u^3+C_\delta t_u^{q-1}$$

从上式可知, 存在与 u 无关的 $\tau>0$, 使得 $t_u\geqslant\tau$. 接下来, 我们证明第 2 个结论. 若不然, 则存在序列 $\{u_n\}\subset\mathcal{W}$ 和 $\{t_n\}\subset\mathbb{R}^+$, 使得当 $n\to\infty$ 时, $t_n\to+\infty$. 由 $\mathcal{W}$ 紧, 不妨设在 H_ε 中 $u_n\to u\in\mathcal{W}$ 及对任意的 n, $\|u_n\|_\varepsilon\leqslant C$. 因此

$$\begin{aligned}0\leqslant\frac{I_\varepsilon(t_nu_n)}{t_n^4}=&\frac{1}{t_n^2}\|u_n\|_\varepsilon^2+b\bigg(\int_{\mathbb{R}^3}|(-\Delta)^{\frac{s}{2}}u_n|^2\mathrm{d}x\bigg)^2-t^{\mu-4}C\int_{\mathbb{R}^3}|u_n|^\mu\mathrm{d}x\\&+\frac{C}{2t_n^2}\int_{\mathbb{R}^3}|u_n|^2\mathrm{d}x\to-\infty\end{aligned}$$

矛盾.

(A_3) 注意到 $\tilde{m}_\varepsilon,m_\varepsilon,m_\varepsilon^{-1}$ 是有意义的. 事实上, 设 $u_n\in H_\varepsilon\setminus\{0\}$, $u\in H_\varepsilon\setminus\{0\}$, 使得 $u_n\to u$. 由 (A_2) 可知, 存在 $t_0>0$, 使得 $t_n:=t_{u_n}\to t_0$. 由 $t_nu_n\in\mathcal{N}_\varepsilon$, 有

$$t_n^2\int_{\mathbb{R}^3}|(-\Delta)^{\frac{s}{2}}u_n|^2\mathrm{d}x+t_n^2\int_{\mathbb{R}^3}V(\varepsilon x)u_n^2\mathrm{d}x+t_n^4\bigg(\int_{\mathbb{R}^3}|(-\Delta)^{\frac{s}{2}}u_n|^2\mathrm{d}x\bigg)^2=\int_{\mathbb{R}^3}f(t_nu_n)t_nu_n\mathrm{d}x$$

由上式, 得

$$t_0^2\int_{\mathbb{R}^3}|(-\Delta)^{\frac{s}{2}}u|^2\mathrm{d}x+t_0^2\int_{\mathbb{R}^3}V(\varepsilon x)u^2\mathrm{d}x+t_0^4\bigg(\int_{\mathbb{R}^3}|(-\Delta)^{\frac{s}{2}}u|^2\mathrm{d}x\bigg)^2=\int_{\mathbb{R}^3}f(t_0u)t_0u\mathrm{d}x$$

这就得出 $t_0u\in\mathcal{N}_\varepsilon$ 且 $t_u=t_0$. 从而在 $H_\varepsilon\setminus\{0\}$ 中, $\tilde{m}_\varepsilon(u_n)\to\tilde{m}_\varepsilon(u)$.

由引理 6.2.3 可知, $m_\varepsilon^{-1}(u)=\dfrac{u}{\|u\|_\varepsilon}\in S_\varepsilon$ 是有意义的连续映射. 由

$$m_\varepsilon^{-1}(m_\varepsilon(u))=m_\varepsilon^{-1}(t_uu)=\frac{t_uu}{t_u\|u\|_\varepsilon},\quad\forall u\in S_\varepsilon$$

可知, m_ε 是双射. □

定义泛函 $\tilde{\mathcal{R}}_\varepsilon:H_\varepsilon\setminus\{0\}\to\mathbb{R}$ 和 $\mathcal{R}_\varepsilon:S_\varepsilon\to\mathbb{R}$ 为

$$\tilde{\mathcal{R}}_\varepsilon(u)=I_\varepsilon(\tilde{m}_\varepsilon(u)),\quad\mathcal{R}_\varepsilon=\tilde{\mathcal{R}}_\varepsilon\big|_{S_\varepsilon}\tag{6.2.5}$$

引理 6.2.6 (i) $\mathcal{R}_\varepsilon\in C^1(S_\varepsilon,\mathbb{R})$ 且对任意的 $w\in S_\varepsilon$, 有

$$\langle\mathcal{R}_\varepsilon'(w),z\rangle=\|m_\varepsilon(w)\|_\varepsilon\langle I_\varepsilon'(m_\varepsilon(w)),z\rangle,\quad\forall z\in T_w(S_\varepsilon)=\{v\in H_\varepsilon:\langle w,v\rangle=0\}$$

(ii) 若 $\{w_n\}$ 是 $\mathcal{R}_\varepsilon$ 的 (PS) 序列, 则 $\{m_\varepsilon(w_n)\}$ 是 I_ε 的 (PS) 序列. 若 $\{u_n\}\subset\mathcal{N}_\varepsilon$ 是 I_ε 的有界 (PS) 序列, 则 $\{m_\varepsilon^{-1}(u_n)\}$ 是 $\mathcal{R}_\varepsilon$ 的 (PS) 序列.

(iii) w 是 $\mathcal{R}_\varepsilon$ 的临界点当且仅当 $m_\varepsilon(w)$ 是 I_ε 的非平凡临界点. 此外, $\mathcal{R}_\varepsilon$ 和 I_ε 的临界点是一一对应的. 特别地, 有

$$c_\varepsilon := \inf_{\mathcal{N}_\varepsilon} I_\varepsilon = \inf_{S_\varepsilon} \mathcal{R}_\varepsilon$$

利用标准的证明 (可见文献 [159]) 可知:

引理 6.2.7

$$c_\varepsilon = \inf_{u\in H_\varepsilon\setminus\{0\}} \max_{t>0} I_\varepsilon(tu) = \inf_{u\in S_\varepsilon\setminus\{0\}} \max_{t>0} I_\varepsilon(tu)$$

6.3 自治问题

本节将研究如下与问题 (6.2.1) 相关的自治问题:

$$\begin{cases} \left(a+b\int_{\mathbb{R}^3}|(-\Delta)^{\frac{s}{2}}u|^2dx\right)(-\Delta)^s u(x)+\mu u=f(u), \quad x\in\mathbb{R}^3 \\ u\in H^s(\mathbb{R}^3) \end{cases} \tag{6.3.1}$$

的基态解, 其弱解是泛函

$$I_\mu(u)=\frac{a}{2}\int_{\mathbb{R}^3}|(-\Delta)^{\frac{s}{2}}u|^2\mathrm{d}x+\frac{1}{2}\int_{\mathbb{R}^3}\mu u^2\mathrm{d}x+\frac{b}{4}\left(\int_{\mathbb{R}^3}|(-\Delta)^{\frac{s}{2}}u|^2\mathrm{d}x\right)^2-\int_{\mathbb{R}^3}F(u)\mathrm{d}x \tag{6.3.2}$$

的临界点. 显然 $I_\mu\in C^1(H_\mu,\mathbb{R})$, 且对任意的 $u,\varphi\in H_\mu$, 有

$$\langle I_\mu'(u),\varphi\rangle=\left(a+b\int_{\mathbb{R}^3}|(-\Delta)^{\frac{s}{2}}u|^2\mathrm{d}x\right)\int_{\mathbb{R}^3}(-\Delta)^{\frac{s}{2}}u(-\Delta)^{\frac{s}{2}}\varphi\mathrm{d}x+\int_{\mathbb{R}^3}\mu u\varphi\mathrm{d}x-\int_{\mathbb{R}^3}f(u)\varphi\mathrm{d}x$$

其中 $H_\mu := H^s(\mathbb{R}^3)$, 相应范数为

$$\|u\|_\mu^2=a\int\int_{\mathbb{R}^3\times\mathbb{R}^3}\frac{|u(x)-u(y)|^2}{|x-y|^{3+2s}}\mathrm{d}x\mathrm{d}y+\int_{\mathbb{R}^3}\mu u^2(x)\mathrm{d}x$$

泛函 I_μ 相应的 Nehari 流形为

$$\mathcal{M}_\mu := \{u\in H_\mu\setminus\{0\} : \langle u\rangle = 0\}$$

记问题 (6.3.2) 的最小能量为

$$m_\mu := \inf_{u\in\mathcal{M}_\mu} I_\mu(u)$$

易见, m_μ 和流形 $\mathcal{M}_\mu$ 的性质类似于上节中 c_ε 和 $\mathcal{N}_\epsilon$ 的性质. 因此, 对任意的 $u\in H_\mu\setminus\{0\}$, 存在唯一的 $t_u>0$, 使得 $t_u u\in\mathcal{M}_\mu$. 注意到 $S_\mu=\{u\in H_\mu : \|u\|_\mu=1\}$ 以及对任意的 $u\in S_\mu$,

$H_\mu = T_u S_\mu \oplus \mathbb{R}u$, 其中 $T_u S_\mu := \{v \in H_\mu | (u,v)_\mu = 0\}$. 定义映射 $\tilde{m}_\mu : H_\mu \setminus \{0\} \to \mathcal{M}_\mu$ 为 $\tilde{m}_\mu(u) = t_u u$, 令 $m_\mu = \tilde{m}_\mu\big|_{S_\mu}$. 此外, 类似引理 6.2.5 可知, m_μ 的逆映射为 $m_\mu^{-1}(u) = \dfrac{u}{\|u\|_\mu}$.

定义泛函 $\tilde{R}_\mu : H_\mu \setminus \{0\} \to \mathbb{R}$ 为

$$\tilde{R}_\mu(u) = E_\mu(\tilde{m}_\mu(u)) \quad 和 \quad R_\mu = \tilde{R}_\mu\big|_{S_\mu}$$

泛函 $\mathcal{R}_\mu$ 的性质类似于引理 6.2.6 所述. 此外, 我们有

$$m_\mu = \inf_{u \in S_\mu} R_\mu(u) = \inf_{u \in H_\mu \setminus \{0\}} \max_{t>0} I_\mu(tu) = \inf_{u \in S_\mu \setminus \{0\}} \max_{t>0} I_\mu(tu) \tag{6.3.3}$$

注 6.3.1 易验证映射 $\mu \mapsto m_\mu$ 关于 $\mu > 0$ 是递增的. 此外, 对任意的 $u \in H_\varepsilon$, $I_\varepsilon(u) \geqslant I_{V_0}(u)$, 且由 c_ε 的性质可知, $c_\varepsilon \geqslant m_{V_0} (\forall \varepsilon > 0)$.

如下引理说明泛函 I_μ 具有山路几何结构:

引理 6.3.1 泛函 I_μ 具有如下性质:

(i) 存在 α, $\rho > 0$, 使得当 $||u||_\varepsilon = \rho$ 时, $I_\mu(u) \geqslant \alpha$;

(ii) 存在 $e \in H_\mu \setminus \overline{B_\rho(0)}$, 使得 $I_\mu(e) < 0$.

证明 (i) 对任意的 $u \in H_\mu \setminus \{0\}$, 由引理 6.2.2 和 Sobolev 嵌入不等式知

$$\begin{aligned} I_\mu(u) &= \frac{a}{2}\int_{\mathbb{R}^3} |(-\Delta)^{\frac{s}{2}} u|^2 \mathrm{d}x + \frac{1}{2}\int_{\mathbb{R}^3} \mu u^2 \mathrm{d}x + \frac{b}{4}\left(\int_{\mathbb{R}^3} |(-\Delta)^{\frac{s}{2}} u|^2 \mathrm{d}x\right)^2 - \int_{\mathbb{R}^3} F(u)\mathrm{d}x \\ &\geqslant \frac{1}{2}\|u\|_\mu^2 - \delta \int_{\mathbb{R}^3} |u|^4 dx - C_\delta \int_{\mathbb{R}^3} |u|^q \mathrm{d}x \\ &\geqslant \frac{1}{2}\|u\|_\mu^2 - \delta C \|u\|_\mu^4 - C_\delta |u|_\mu^q \end{aligned}$$

因此, 可取 $\rho > 0$, 使得当 $||u||_\mu = \rho$ 时, 有

$$I_\mu(u) \geqslant \alpha$$

(ii) 由引理 6.2.2 知, 对固定的 $u \in H_\mu \setminus \{0\}$, 当 $t \to +\infty$ 时, 有

$$\begin{aligned} I_\mu(tu) \leqslant{}& \frac{t^2}{2}\|u\|_\mu^2 + \frac{b}{4}t^4\left(\int_{\mathbb{R}^3} |(-\Delta)^{\frac{s}{2}} u|^2 \mathrm{d}x\right)^2 - t^\mu C \int_{\mathbb{R}^3} |u|^\mu \mathrm{d}x \\ &+ t^2 C_1 \int_{\mathbb{R}^3} |u|^2 \mathrm{d}x \to -\infty \end{aligned}$$

因此, 存在 $t_* > 0$ 满足 $I_\mu(e) = I_\mu(t_* u) \leqslant 0$, 从而 (ii) 成立. □

引理 6.3.2 设 $\{u_n\}$ 是泛函 I_μ 的 $(\mathrm{PS})_c$ 序列. 则 $\{u_n\}$ 在 H_μ 中有界.

证明 设 $\{u_n\}$ 是泛函 I_μ 的 $(\mathrm{PS})_c$ 序列, i.e.,

$$I_\mu(u_n) \to c \text{ 且 } I'_\mu(u_n) \to 0$$

因此, 由引理 6.2.2 可知

$$
\begin{aligned}
c+o_n(1) &\geqslant I_\mu(u_n)-\frac{1}{4}\langle I'_\mu(u_n),u_n\rangle \\
&=\frac{a}{4}\int_{\mathbb{R}^3}|(-\Delta)^{\frac{s}{2}}u_n|^2\mathrm{d}x+\frac{\mu}{4}\int_{\mathbb{R}^3}u_n^2\mathrm{d}x+\frac{1}{4}\int_{\mathbb{R}^3}\Big(f(u_n)u_n-4F(u_n)\Big)\mathrm{d}x \\
&\geqslant \frac{a}{4}\int_{\mathbb{R}^3}|(-\Delta)^{\frac{s}{2}}u_n|^2\mathrm{d}x+\frac{\mu}{4}\int_{\mathbb{R}^3}u_n^2\mathrm{d}x=\frac{1}{4}\|u\|_\mu^2
\end{aligned}
$$

从而, $\{u_n\}$ 在 H_μ 中有界. □

从如下引理可知 $(\mathrm{PS})_c$ 序列的弱极限是非平凡的:

引理 6.3.3　设 $u_n\subset H_\mu$ 为泛函 I_μ 的 $(\mathrm{PS})_c$ 序列. 则如下结论有且只有一个成立:

(i) 在 H_μ 中 $u_n\to 0$;

(ii) 存在 $R,\sigma>0$, $\{y_n\}\subset\mathbb{R}^3$, 使得

$$
\liminf_{n\to+\infty}\int_{B_R(y_n)}|u_n|^2\mathrm{d}x\geqslant\sigma
$$

证明　若 (ii) 不成立. 则对任意的 $R>0$, 有

$$
\lim_{n\to+\infty}\sup_{y\in\mathbb{R}^3}\int_{B_R(y)}|u_n(x)|^2\mathrm{d}x=0
$$

由于 $\{u_n\}$ 在 H_μ 中有界, 由命题 1.2.4 知, 在 $L^t(\mathbb{R}^3)$ 中 $u_n\to 0(\forall t\in(2,2_s^*))$. 因此

$$
\lim_{n\to+\infty}\int_{\mathbb{R}^3}f(u_n)u_n\mathrm{d}x=0 \quad 且 \quad \lim_{n\to+\infty}\int_{\mathbb{R}^3}F(u_n)\mathrm{d}x=0
$$

注意到 $\langle I'_\varepsilon(u_n),\ u_n\rangle\to 0$, 故

$$
o_n(1)=||u_n||_\mu+b\int_{\mathbb{R}^3}|(-\Delta)^{\frac{s}{2}}u_n|^2\mathrm{d}x
$$

因此, 在 H_μ 中 $u_n\to 0$, 从而引理得证. □

注 6.3.2　由引理 6.3.3 可知, 如果 u 是泛函 I_μ 的某 $(\mathrm{PS})_{m_\mu}$ 序列的弱极限, 则可设 $u\neq 0$. 否则若 $u_n\rightharpoonup 0$, 注意到 $u_n\nrightarrow 0$, 由引理 6.3.3 知, 存在 $\{y_n\}\subset\mathbb{R}^3$, 使得

$$
\liminf_{n\to+\infty}\int_{B_R(y_n)}|u_n|^2\mathrm{d}x\geqslant\sigma>0
$$

记 $v_n(x)=u(x+y_n)$, 则 $\{v_n\}$ 也是泛函 I_μ 的 $(\mathrm{PS})_{m_\mu}$ 序列且在 H_μ 中有界, 从而存在 $v\in H_\mu$, 使得在 H_μ 中 $v_n\rightharpoonup v$ 且 $v\neq 0$.

定理 6.3.1　对任意的 $\mu>0$, 问题 (6.2.1) 存在正基态解.

证明　因为 I_μ 具有山路几何结构, 使用不带 (PS) 条件的山路定理[159] 可知, 存在序列 $\{u_n\}\subset H_\mu$, 使得当 $n\to\infty$ 时, 有

$$
I_\mu(u_n)\to m_\mu \quad 且 \quad I'_\mu(u_n)\to 0
$$

由引理 6.3.2知, $\{u_n\}$ 在 H_μ 中有界, 则在子列意义下, 有

$$\begin{aligned}&\text{在 } H_\mu \text{ 中 } u_n \rightharpoonup u\\&\text{在 } L^q_{loc}(\mathbb{R}^3) \text{ 中 } u_n \to u, \quad \forall q \in [2, 2_s^*)\\&u_n(x) \to u(x), \quad \text{a.e. } x \in \mathbb{R}^3\end{aligned} \tag{6.3.4}$$

由注 6.3.2 可设 $u \neq 0$. 我们断言:

$$\lim_{n\to+\infty}\int_{\mathbb{R}^3}|(-\Delta)^{\frac{s}{2}}u_n|^2\mathrm{d}x = \int_{\mathbb{R}^3}|(-\Delta)^{\frac{s}{2}}u|^2\mathrm{d}x \tag{6.3.5}$$

事实上, 由引理 6.3.2 可知, 至多选取一个子列, 有

$$\lim_{n\to+\infty}\int_{\mathbb{R}^3}|(-\Delta)^{\frac{s}{2}}u_n|^2\mathrm{d}x = A \geqslant 0 \tag{6.3.6}$$

由范数的弱下半连续性可知

$$\int_{\mathbb{R}^3}|(-\Delta)^{\frac{s}{2}}u|^2\mathrm{d}x \leqslant \lim_{n\to+\infty}\int_{\mathbb{R}^3}|(-\Delta)^{\frac{s}{2}}u_n|^2\mathrm{d}x = A$$

对任意的 $\varphi \in H_\mu$, 由 $\{u_n\}$ 的弱收敛性可知

$$a\int_{\mathbb{R}^3}(-\Delta)^{\frac{s}{2}}u_n(-\Delta)^{\frac{s}{2}}\varphi\mathrm{d}x + \mu\int_{\mathbb{R}^3}u_n\varphi\mathrm{d}x \to a\int_{\mathbb{R}^3}(-\Delta)^{\frac{s}{2}}u(-\Delta)^{\frac{s}{2}}\varphi\mathrm{d}x + \mu\int_{\mathbb{R}^3}u\varphi\mathrm{d}x$$

且

$$\int_{\mathbb{R}^3}(-\Delta)^{\frac{s}{2}}u_n(-\Delta)^{\frac{s}{2}}\varphi\mathrm{d}x \to \int_{\mathbb{R}^3}(-\Delta)^{\frac{s}{2}}u(-\Delta)^{\frac{s}{2}}\varphi\mathrm{d}x$$

此外, 由引理 6.2.2 和 Lebesgue 控制收敛定理可知

$$\int_{\mathbb{R}^3}f(u_n)\varphi\mathrm{d}x \to \int_{\mathbb{R}^3}f(u)\varphi\mathrm{d}x$$

从而

$$\begin{aligned}o_n(1) &= \langle I'_\mu(u_n),\ \varphi\rangle\\&= a\int_{\mathbb{R}^3}(-\Delta)^{\frac{s}{2}}u_n(-\Delta)^{\frac{s}{2}}\varphi\mathrm{d}x + \mu\int_{\mathbb{R}^3}u_n\varphi\mathrm{d}x\\&\quad + b\int_{\mathbb{R}^3}|(-\Delta)^{\frac{s}{2}}u_n|^2\mathrm{d}x\int_{\mathbb{R}^3}(-\Delta)^{\frac{s}{2}}u_n(-\Delta)^{\frac{s}{2}}\varphi\mathrm{d}x - \int_{\mathbb{R}^3}f(u_n)\varphi\mathrm{d}x\\&\geqslant a\int_{\mathbb{R}^3}(-\Delta)^{\frac{s}{2}}u(-\Delta)^{\frac{s}{2}}\varphi\mathrm{d}x + \mu\int_{\mathbb{R}^3}u\varphi\mathrm{d}x\\&\quad + b\int_{\mathbb{R}^3}|(-\Delta)^{\frac{s}{2}}u|^2\mathrm{d}x\int_{\mathbb{R}^3}(-\Delta)^{\frac{s}{2}}u(-\Delta)^{\frac{s}{2}}\varphi\mathrm{d}x - \int_{\mathbb{R}^3}f(u)\varphi\mathrm{d}x\end{aligned} \tag{6.3.7}$$

若 $\int_{\mathbb{R}^3}|(-\Delta)^{\frac{s}{2}}u|^2\mathrm{d}x = A$, 则 (6.3.7) 式中等号成立. 从而断言 (8.2.10) 式成立. 若 $\int_{\mathbb{R}^3}|(-\Delta)^{\frac{s}{2}}u|^2\mathrm{d}x < A$, 则由 (6.3.7)式得 $\langle I'_\mu(u),\ \varphi\rangle < 0$, 特别地, $\langle I'_\mu(u),\ u\rangle < 0$. 记

$$h_1(t) := \langle I'_\mu(tu), tu\rangle, \quad \forall t \geqslant 0$$

则 $h_1(1) < 0$, 由引理 6.2.2 可知

$$
\begin{aligned}
h_1(t) :&= at^2 \int_{\mathbb{R}^3} |(-\Delta)^{\frac{s}{2}} u|^2 \mathrm{d}x + t^2 \mu \int_{\mathbb{R}^3} u^2 \mathrm{d}x + bt^4 \left(\int_{\mathbb{R}^3} |(-\Delta)^{\frac{s}{2}} u|^2 \mathrm{d}x \right)^2 \\
&\quad - \int_{\mathbb{R}^3} f(tu) tu \mathrm{d}x \\
&\geqslant \frac{at^2}{2} \|u\|_\mu^2 - t^4 C_1 \int_{\mathbb{R}^3} |u|^4 \mathrm{d}x - t^q C_2 \int_{\mathbb{R}^3} |u|^q \mathrm{d}x
\end{aligned}
$$

因为 $4 < q < 2_s^*$, 故对充分小的 $t > 0$, $h_1(t) > 0$. 显然 $h_1(t)$ 是连续的, 因此, 存在 $t_0 \in (0,1)$ 使得 $\langle I_\mu'(t_0 u),\ t_0 u \rangle = 0$ 且 $I_\mu(t_0 u) = \max\limits_{t \in (0,1)} I_\mu(tu)$. 由 (f_4) 可知

$$
\begin{aligned}
m_\mu &\leqslant I_\mu(t_0 u) = I_\mu(t_0 u) - \frac{1}{4} \langle I_\mu'(t_0 u),\ t_0 u \rangle \\
&= \frac{a}{4} t_0^2 \int_{\mathbb{R}^3} |(-\Delta)^{\frac{s}{2}} u|^2 \mathrm{d}x + \frac{\mu}{4} t_0^2 \int_{\mathbb{R}^3} u^2 \mathrm{d}x + \int_{\mathbb{R}^3} \left(\frac{1}{4} f(t_0 u) t_0 u - F(t_0 u) \right) \mathrm{d}x \\
&< \frac{a}{4} \int_{\mathbb{R}^3} |(-\Delta)^{\frac{s}{2}} u|^2 \mathrm{d}x + \frac{\mu}{4} \int_{\mathbb{R}^3} u^2 \mathrm{d}x + \int_{\mathbb{R}^3} \left(\frac{1}{4} f(u) u_n - F(u) \right) \mathrm{d}x \\
&= \liminf_{n \to +\infty} \left\{ I_\mu(u_n) - \frac{1}{4} \langle I_\mu'(u_n),\ u_n \rangle \right\} \\
&= m_\mu
\end{aligned} \tag{6.3.8}
$$

矛盾. 从而, $\int_{\mathbb{R}^3} |(-\Delta)^{\frac{s}{2}} u|^2 \mathrm{d}x = \lim\limits_{n \to +\infty} \int_{\mathbb{R}^3} |(-\Delta)^{\frac{s}{2}} u_n|^2 \mathrm{d}x = A$ 且 $I_\varepsilon'(u) = 0$. 因此断言 (8.2.10) 式成立. 故 $u \in \mathcal{M}_\mu$. 用 u^- 作检验, 则

$$
\begin{aligned}
0 = \langle I_\mu'(u),\ u^- \rangle &= \left(a + b \int_{\mathbb{R}^3} |(-\Delta)^{\frac{s}{2}} u|^2 \mathrm{d}x \right) \int_{\mathbb{R}^3} (-\Delta)^{\frac{s}{2}} u (-\Delta)^{\frac{s}{2}} u^- \mathrm{d}x + \int_{\mathbb{R}^3} \mu u u^- \mathrm{d}x \\
&\geqslant \left(a + b \int_{\mathbb{R}^3} |(-\Delta)^{\frac{s}{2}} u|^2 \mathrm{d}x \right) \int_{\mathbb{R}^3} |(-\Delta)^{\frac{s}{2}} u^-|^2 \mathrm{d}x + \int_{\mathbb{R}^3} \mu |u^-|^2 \mathrm{d}x \\
&\geqslant a \int_{\mathbb{R}^3} |(-\Delta)^{\frac{s}{2}} u^-|^2 \mathrm{d}x + \int_{\mathbb{R}^3} \mu |u^-|^2 \mathrm{d}x \geqslant 0
\end{aligned}
$$

因此 $u^- = 0$, 故 $u \geqslant 0$. 此外, 若存在 $x_0 \in \mathbb{R}^3$, 则 $u(x_0) = 0$, 从而 $(-\Delta)^s u(x_0) = 0$, 并且由 (1.1.3) 式知

$$
(-\Delta)^s u(x_0) = -\frac{C(s)}{2} \int_{\mathbb{R}^3} \frac{u(x_0 + y) + u(x_0 - y) - 2u(x_0)}{|y|^{3+2s}} \mathrm{d}y
$$

因此

$$
\int_{\mathbb{R}^3} \frac{u(x_0 + y) + u(x_0 - y)}{|y|^{3+2s}} \mathrm{d}y = 0
$$

即 $u \equiv 0$, 与 $u \neq 0$ 矛盾. 因此, u 是正的. 此外, 由 (f_4) 和 Fatou 引理知

$$\begin{aligned}
m_\mu &\leqslant I_\mu(u) = I_\mu(u) - \frac{1}{4}\langle I'_\mu(u),\ u\rangle \\
&= \frac{a}{4}\int_{\mathbb{R}^3} |(-\Delta)^{\frac{s}{2}} u|^2 \mathrm{d}x + \frac{1}{4}\int_{\mathbb{R}^3} \mu u^2 \mathrm{d}x + \int_{\mathbb{R}^3} \left(\frac{1}{4} f(u_n)u_n - F(u)\right)\mathrm{d}x \\
&= \frac{1}{4}||u||_\mu^2 + \int_{\mathbb{R}^3} \left(\frac{1}{4} f(u)u - F(u)\right)\mathrm{d}x \\
&\leqslant \liminf_{n\to+\infty} \left\{\frac{1}{4}||u_n||_\mu^2 + \int_{\mathbb{R}^3} \left(\frac{1}{4} f(u_n)u_n - F(u_n)\right)\mathrm{d}x\right\} \\
&= \liminf_{n\to+\infty} \left\{ I_\mu(u_n) - \frac{1}{4}\langle I'_\mu(u_n),\ u_n\rangle \right\} = m_\mu
\end{aligned}$$

故 $I_\mu(u) = m_\mu$, 由 (6.3.3) 可知, u 是问题 (6.3.1) 的一个正基态解. □

下证泛函 I_{V_0} 限制在流形 $\mathcal{M}_{V_0}$ 上是强制的, 这一性质将在下节证明泛函满足部分紧性时用到.

引理 6.3.4 在 $\mathcal{M}_{V_0}$ 上泛函 I_{V_0} 是强制的, 即当 $u \in \mathcal{M}_{V_0}$ 满足 $\|u\|_{V_0} \to \infty$ 时, $I_{V_0}(u) \to +\infty$.

证明 若存在 $\{u_n\} \subset \mathcal{M}_{V_0}$, 使得 $\|u_n\|_{V_0} \to \infty$ 且存在 $d \in [m_{V_0}, \infty)$ 满足 $I_{V_0}(u_n) \leqslant d$. 记 $v_n = u_n/\|u_n\|_{V_0}$. 则在子列意义下, 在 H_{V_0} 中 $\|v_n\|_{V_0} = 1$, $v_n \rightharpoonup v$ 且 $v_n(x) \to v(x)$ (a.e. $x \in \mathbb{R}^3$).

若 $\{v_n\}$ 消失, 由命题 1.2.4 知, 在 $L^q(\mathbb{R}^3)$ 中 $v_n \to 0$ $(q \in (2, 2_s^*))$. 因此, 对任意的 $t \in \mathbb{R}$, 有

$$\int_{\mathbb{R}^3} F(tv_n)\mathrm{d}x \to 0$$

因为 $u_n \in \mathcal{M}_{V_0}$, 由命题 1.2.4 可知, 当 $t \to \infty$ 时, 有

$$\begin{aligned}
d &\geqslant I_{V_0}(u_n) \geqslant I_{V_0}(tv_n) \\
&= \frac{t^2}{2}\|v_n\|_{V_0}^2 + \frac{bt^4}{4}\Big(\int_{\mathbb{R}^3} |(-\Delta)^{\frac{s}{2}} v_n|^2 \mathrm{d}x\Big)^2 - \int_{\mathbb{R}^3} F(tv_n)\mathrm{d}x \\
&\geqslant \frac{t^2}{4} \to +\infty
\end{aligned}$$

矛盾. 因此 $\{v_n\}$ 是非消失的. 因为在 $L^2_{\mathrm{loc}}(\mathbb{R}^3)$ 中 $v_n \to v$, 所以 $v \neq 0$. 注意到当 $v(x) \neq 0$ 时, $u_n(x) \to +\infty$, 由引理 6.2.2 和 Fatou 引理可知

$$\int_{\mathbb{R}^3} \frac{F(u_n)}{u_n^4} v_n^4 \mathrm{d}x \to \infty$$

且当 $n \to \infty$ 时, 有

$$\begin{aligned}
0 &\leqslant \frac{I_{V_0}(u_n)}{\|u_n\|_{V_0}^4} = \frac{1}{2\|u_n\|_{V_0}^2} + \frac{b\Big(\int_{\mathbb{R}^3} |(-\Delta)^{\frac{s}{2}} v_n|^2 \mathrm{d}x\Big)^2}{4\|u_n\|_{V_0}^4} - \int_{\mathbb{R}^3} \frac{F(u_n)}{u_n^4} v_n^4 \mathrm{d}x \\
&\leqslant \frac{b}{2} - \int_{\mathbb{R}^3} \frac{F(u_n)}{u_n^4} v_n^4 \mathrm{d}x \to -\infty
\end{aligned}$$

这又是一个矛盾. 故结论成立. □

6.4　正解的多重性

本节中我们将研究方程 (6.1.1) 正解的多重性与位势 V 全局极小集 Λ 的拓扑之间的关系.

6.4.1　紧性结果

这部分我们将证明, 当 $c<m_{V_\infty}$ 时, (6.2.5) 定义的泛函 $\mathcal{R}_\varepsilon$ 满足 $(\mathrm{PS})_c$ 条件.

由定理 6.3.1 可知, 问题 (6.1.1) 相应的极限问题

$$\left(a+b\int_{\mathbb{R}^3}|(-\Delta)^{\frac{s}{2}}u|^2\mathrm{d}x\right)(-\Delta)^s u(x)+V_\infty u=f(u),\quad x\in\mathbb{R}^3$$

有一个正基态解, 故

$$m_{V_\infty}=\inf_{u\in\mathcal{M}_{V_\infty}}I_{V_\infty}(u)$$

在某 $u_{V_\infty}\in\mathcal{M}_{V_\infty}$ 处可达且 $I'_{V_\infty}(u_{V_\infty})=0$, 其中

$$I_{V_\infty}(u)=\frac{a}{2}\int_{\mathbb{R}^3}|(-\Delta)^{\frac{s}{2}}u|^2\mathrm{d}x+\frac{1}{2}\int_{\mathbb{R}^3}V_\infty u^2\mathrm{d}x+\frac{b}{4}\left(\int_{\mathbb{R}^3}|(-\Delta)^{\frac{s}{2}}u|^2\mathrm{d}x\right)^2-\int_{\mathbb{R}^3}F(u)\mathrm{d}x$$

且

$$\mathcal{M}_{V_\infty}=\{u\in H^s(\mathbb{R}^3)\setminus\{0\}:\langle I'_{V_\infty}(u),u\rangle=0\}$$

为证当 $c<m_{V_\infty}$ 时, 泛函 I_ε 满足 $(\mathrm{PS})_c$ 条件, 我们需要如下关于分数阶 kirchhoff 方程的全局紧性引理, 局部情形的结果可参见文献 [104].

引理 6.4.1　设 $\{u_n\}\subset H_\varepsilon$ 是泛函 I_ε 的 $(\mathrm{PS})_c$ 序列, 其中 $c>0$, 则存在 $u\in H^s(\mathbb{R}^3)$ 和 $A\in\mathbb{R}$, 使得 $L'_\varepsilon(u)=0$, 其中

$$L_\varepsilon(u)=\frac{a+bA^2}{2}\int_{\mathbb{R}^3}|(-\Delta)^{\frac{s}{2}}u|^2\mathrm{d}x+\frac{1}{2}\int_{\mathbb{R}^3}V(\varepsilon x)u^2\mathrm{d}x-\int_{\mathbb{R}^3}F(u)\mathrm{d}x$$

且如下的两个结论有且仅有一个成立:

(i) 在 H_ε 中 $u_n\to u$;

(ii) 存在 $l\in\mathbb{N}$ 和 $\{y_n^k\}\subset\mathbb{R}^3$ 满足, 当 $n\to+\infty$ 时, 对每个 $k\in[1,l]$, $|y_n^k|\to+\infty$, 以及当 $k_1\neq k_2$ 和 $n\to+\infty$ 时, $|y_n^{k_1}-y_n^{k_2}|\to+\infty$, 且问题

$$(a+bA^2)(-\Delta)^s u+V_\infty u=f(u)\tag{6.4.1}$$

存在非平凡解 $w^1,\cdots,w^l$ 满足

$$c+\frac{bA^4}{4}=L_\varepsilon(u)+\sum_{k=1}^{l}L_{V_\infty}(w^k) \tag{6.4.2}$$

$$\left\|u_n-u-\sum_{k=1}^{l}w^k(\cdot-y_n^k)\right\|\to 0 \tag{6.4.3}$$

$$A^2=\int_{\mathbb{R}^3}|(-\Delta)^{\frac{s}{2}}u|^2\mathrm{d}x+\sum_{k=1}^{l}\int_{\mathbb{R}^3}|(-\Delta)^{\frac{s}{2}}w^k|^2\mathrm{d}x \tag{6.4.4}$$

其中

$$L_{V_\infty}(u)=\frac{a+bA^2}{2}\int_{\mathbb{R}^3}|(-\Delta)^{\frac{s}{2}}u|^2\mathrm{d}x+\frac{1}{2}\int_{\mathbb{R}^3}V_\infty u^2\mathrm{d}x-\int_{\mathbb{R}^3}F(u)\mathrm{d}x$$

证明 设 $\{u_n\}$ 是泛函 I_ε 的 $(\mathrm{PS})_c$ 序列. 类似于引理 6.3.2 , $\{u_n\}$ 在 H_ε 中有界. 因此, 在子列意义下, 存在 $u\in H_\varepsilon$ 和 $A\in\mathbb{R}$, 使得在 H_ε 中

$$u_n\rightharpoonup u \tag{6.4.5}$$

且

$$\int_{\mathbb{R}^3}|(-\Delta)^{\frac{s}{2}}u_n|^2\mathrm{d}x\to A^2$$

由 $I'_\varepsilon(u_n)\to 0$ 可知

$$(a+bA^2)\int_{\mathbb{R}^3}(-\Delta)^{\frac{s}{2}}u(-\Delta)^{\frac{s}{2}}\varphi\mathrm{d}x+\int_{\mathbb{R}^3}V(\varepsilon x)u\varphi\mathrm{d}x=\int_{\mathbb{R}^3}f(u)\varphi\mathrm{d}x,\quad \forall\varphi\in H_\varepsilon$$

i.e. $L'_\varepsilon(u)=0$, 其中

$$\begin{aligned}L_\varepsilon(u_n)&=\frac{a+bA^2}{2}\int_{\mathbb{R}^3}|(-\Delta)^{\frac{s}{2}}u_n|^2\mathrm{d}x+\frac{1}{2}\int_{\mathbb{R}^3}V(\varepsilon x)u_n^2\mathrm{d}x-\int_{\mathbb{R}^3}F(u_n)\mathrm{d}x\\&=\frac{a}{2}\int_{\mathbb{R}^3}|(-\Delta)^{\frac{s}{2}}u_n|^2\mathrm{d}x+\frac{b}{4}\left(\int_{\mathbb{R}^3}|(-\Delta)^{\frac{s}{2}}u_n|^2\mathrm{d}x\right)^2+\frac{1}{2}\int_{\mathbb{R}^3}V(\varepsilon x)u_n^2\mathrm{d}x\\&\quad-\int_{\mathbb{R}^3}F(u_n)\mathrm{d}x+\frac{bA^2}{4}\int_{\mathbb{R}^3}|(-\Delta)^{\frac{s}{2}}u_n|^2\mathrm{d}x+o_n(1)\\&=I_\varepsilon(u_n)+\frac{bA^4}{4}+o_n(1)\end{aligned}$$

$$\begin{aligned}\langle L'_\varepsilon(u_n),\varphi\rangle&=(a+bA^2)\int_{\mathbb{R}^3}(-\Delta)^{\frac{s}{2}}u_n(-\Delta)^{\frac{s}{2}}\varphi\mathrm{d}x+\int_{\mathbb{R}^3}V(\varepsilon x)u_n\varphi\mathrm{d}x-\int_{\mathbb{R}^3}f(u_n)\varphi\mathrm{d}x\\&=a\int_{\mathbb{R}^3}(-\Delta)^{\frac{s}{2}}u_n(-\Delta)^{\frac{s}{2}}\varphi\mathrm{d}x+\int_{\mathbb{R}^3}V(\varepsilon x)u_n\varphi\mathrm{d}x-\int_{\mathbb{R}^3}f(u_n)\varphi\mathrm{d}x\\&\quad+b\int_{\mathbb{R}^3}|(-\Delta)^{\frac{s}{2}}u_n|^2\mathrm{d}x\int_{\mathbb{R}^3}(-\Delta)^{\frac{s}{2}}u_n(-\Delta)^{\frac{s}{2}}\varphi\mathrm{d}x+o_n(1)\\&=\langle I'_\varepsilon(u_n),\varphi\rangle+o_n(1)\end{aligned}$$

因此

$$L_\varepsilon(u_n)\to c+\frac{bA^4}{4},\quad L'_\varepsilon(u_n)\to 0 \tag{6.4.6}$$

接下来我们证明要么 (i) 成立, 要么 (ii) 成立. 这个证明是标准的, 这里仅简单叙述一下证明思路.

第 1 步　记 $u_n^1=u_n-u$, 由 (6.4.5) 式可知, 在 $H^s(\mathbb{R}^3)$ 中 $u_n^1\rightharpoonup 0$. 利用标准的证明 (见文献 [104]) 可得

(a.1) $\int_{\mathbb{R}^3}|(-\Delta)^{\frac{s}{2}}u_n^1|^2\mathrm{d}x=\int_{\mathbb{R}^3}|(-\Delta)^{\frac{s}{2}}u_n|^2\mathrm{d}x-\int_{\mathbb{R}^3}|(-\Delta)^{\frac{s}{2}}u|^2\mathrm{d}x+o_n(1)$;

(b.1) $|u_n^1|_2^2=|u_n|_2^2-|u|_2^2+o_n(1)$;

(c.1) $L_{V_\infty}(u_n^2)\to c+\dfrac{bA^4}{4}-L_\varepsilon(u)-L_{V_\infty}(w^1)$;

(d.1) 在 H_ε^{-1} 中 $L'_\varepsilon(u_n^1)\to 0$.

记

$$\delta:=\limsup_{n\to+\infty}\sup_{y\in\mathbb{R}^3}\int_{B_1(y)}|u_n^1|^2\mathrm{d}x$$

情形 1(消失): 即 $\delta=0$. 由命题 1.2.4 可知, 在 $L^t(\mathbb{R}^3)$ 中 $u_n^1\to 0$, $t\in(2,2_s^*)$. 则在 H_ε 中 $u_n^1\to 0$. 从而完成证明.

情形 2(非消失): 即 $\delta>0$. 于是存在一列 $\{y_n^1\}\subset\mathbb{R}^3$, 使得

$$\int_{B_1(y_n^1)}|u_n^1|^2\mathrm{d}x>\frac{\delta}{2}$$

记 $w_n^1:=u_n^1(\cdot+y_n^1)$, 则 $\{w_n^1\}$ 是泛函 L_{V_∞} 的一个有界的 $(\mathrm{PS})_{c+\frac{bA^4}{4}-L_\varepsilon}$ 序列, 在子列意义下, 可设

$$w_n^1\rightharpoonup w^1$$

因此, $L'_{V_\infty}(w^1)=0$, 因为

$$\int_{B_1(0)}|w_n^1|^2\mathrm{d}x>\frac{\delta}{2}$$

则

$$\int_{B_1(0)}|w^1|^2\mathrm{d}x>\frac{\delta}{2}$$

故 $w^1\neq 0$. 由 (6.4.5) 式知 $\{y_n^1\}$ 无界. 在子列意义下, 设 $|y_n^1|\to+\infty$.

第 2 步　记 $u_n^2=u_n-u-w^1(\cdot-y_n^1)$, 类似地, 有

(a.2) $\int_{\mathbb{R}^3}|(-\Delta)^{\frac{s}{2}}u_n^2|^2\mathrm{d}x=\int_{\mathbb{R}^3}|(-\Delta)^{\frac{s}{2}}u_n|^2\mathrm{d}x-\int_{\mathbb{R}^3}|(-\Delta)^{\frac{s}{2}}u|^2\mathrm{d}x-\int_{\mathbb{R}^3}|(-\Delta)^{\frac{s}{2}}w^1|^2\mathrm{d}x+o_n(1)$;

(b.2) $|u_n^2|_2^2=|u_n|_2^2-|u|_2^2-|w^1|_2^2+o_n(1)$;

(c.2) $L_{V_\infty}(u_n^2) \to c + \dfrac{bA^4}{4} - L_\varepsilon(u) - L_{V_\infty}(w^1)$;

(d.2) 在 H_ε^{-1} 中 $L'_\varepsilon(u_n^2) \to 0$.

令

$$\sigma := \limsup_{n\to+\infty} \sup_{y\in\mathbb{R}^3} \int_{B_1(y)} |u_n^2|^2 \mathrm{d}x$$

若消失发生, 则 $||u_n^2|| \to 0$, i.e.$||u_n - u - w^1(\cdot - y_n^1)|| \to 0$. 此外, 由 (6.4.5)式、(a.2) 和 (c.2) 可知

$$A^2 = \int_{\mathbb{R}^3} |(-\Delta)^{\frac{s}{2}} u|^2 \mathrm{d}x + \int_{\mathbb{R}^3} |(-\Delta)^{\frac{s}{2}} w^1|^2 \mathrm{d}x, \quad c + \frac{bA^4}{4} = L_\varepsilon(u) + L_{V_\infty}(w^1)$$

若非消失发生, 则存在一列 $\{y_n^2\} \subset \mathbb{R}^3$ 和 (6.4.1) 式的一个非平凡解 $w^2 \in H_\varepsilon$, 使得在 H_ε 中 $w_n^2 := u_n^2(\cdot + y_n^2) \rightharpoonup w^2$, 则由 (d.2) 可知, $L'_{V_\infty}(w^2) = 0$. 此外, $u_n^2 \rightharpoonup 0$ 蕴含着 $|y_n^2| \to +\infty$ 且 $|y_n^2 - y_n^1| \to +\infty$.

通过迭代可知, 存在 $\{y_n^k\} \subset \mathbb{R}^3$ 使得 $|y_n^k| \to +\infty$ 和 $|y_n^{k_1} - y_n^{k_2}| \to +\infty (k_1 \neq k_2)$ 以及 $u_n^k = u_n^{k-1} - w^{k-1}(\cdot - y_n^{k-1}) (k \geqslant 2)$ 满足在 H_ε 中

$$u_n^k \rightharpoonup 0, \quad L'_{V_\infty}(w^k) = 0$$

且

$$\begin{cases} ||u_n||^2 - ||u||^2 - \sum\limits_{j=1}^{k-1} ||w^j(\cdot - y_n^j)||^2 = ||u_n - u - \sum\limits_{j=1}^{k-1} w^j(\cdot - y_n^j)||^2 + o_n(1) \\ c + \frac{bA^4}{4} = L_\varepsilon(u) + \sum\limits_{j=1}^{k-1} L_{V_\infty}(w^j) + L_{V_\infty}(u_n^2) \end{cases} \tag{6.4.7}$$

因为 $\{u_n\}$ 在 H_ε 中有界, 注意到 w^k 是 L_{V_∞} 的非平凡临界点, 则 $L_{V_\infty}(w^k) \geqslant \gamma_{V_\infty} > 0$, 其中 γ_{V_∞} 是泛函 L_{V_∞} 的最小能量. 由 (6.4.7) 式可知, 存在某 $l \in \mathbb{N}$, 使得迭代在 $l+1$ 处停止. 因此, 在 H_ε 中 $u_n^{l+1} \to 0$. 于是完成引理的证明. □

引理 6.4.2 若 $c < m_{V_\infty}$, 则泛函 I_ε 满足 $(\mathrm{PS})_c$ 条件.

证明 类似于引理 6.3.2 , $\{u_n\}$ 在 H_ε 中有界. 由引理 6.4.1知, 存在 $u \in H_\varepsilon$ 和 $A \in \mathbb{R}$, 使得在 H_ε 中

$$u_n \rightharpoonup u$$

$$\int_{\mathbb{R}^3} |(-\Delta)^{\frac{s}{2}} u_n|^2 \mathrm{d}x \to A^2$$

$L'_\varepsilon(u) = 0$ 以及要么 (i) 成立, 要么 (ii) 成立.

如果 (ii) 成立, i.e. 存在 $l \in \mathbb{N}$ 和 $\{y_n^k\} \subset \mathbb{R}^3$, 使得对每个 $1 \leqslant k \leqslant l$ 都有, 当 $n \to +\infty$ 时, $|y_n^k| \to +\infty$, 且存在问题 (6.4.1) 的非平凡解 $w^1, \cdots, w^l$ 使得 (6.4.2)~ (6.4.4)式成立. 记

$$a_1 = a\int_{\mathbb{R}^3} |(-\Delta)^{\frac{s}{2}} u|^2 \mathrm{d}x, \quad a_2 = \int_{\mathbb{R}^3} V(\varepsilon x) u^2 \mathrm{d}x, \quad a_3 = bA^2 \int_{\mathbb{R}^3} |(-\Delta)^{\frac{s}{2}} u|^2 \mathrm{d}x$$

$$a_4 = \int_{\mathbb{R}^3} F(u)\mathrm{d}x, \quad a_5 = \int_{\mathbb{R}^3} f(u)u\mathrm{d}x$$

则 $a_i\ (i=1,2,\cdots,5)$ 非负. 由 $\langle L'_\varepsilon(u), u\rangle = 0$ 可知

$$\begin{cases} a_1 + a_2 + a_3 - a_5 = 0 \\ \dfrac{1}{2}a_1 + \dfrac{1}{2}a_2 + \dfrac{1}{4}a_3 - a_4 = L_\varepsilon(u) - \dfrac{1}{4}a_3 \end{cases}$$

因此

$$L_\varepsilon(u) - \frac{1}{4}a_3 = \frac{1}{4}(a_1 + a_2) + \frac{1}{4}(a_4 - 4a_5) > 0 \tag{6.4.8}$$

而问题 (6.4.1) 的非平凡解 $w^k(k=1,\cdots,l)$ 显然满足 $\langle L'_{V_\infty}(w^k), w^k\rangle = 0$. 由(6.4.8)式可知

$$\begin{aligned} 0 &= \langle L'_{V_\infty}(w^k), w^k\rangle \\ &= (a + bA^2)\int_{\mathbb{R}^3} |(-\Delta)^{\frac{s}{2}} w^k|^2\mathrm{d}x + \int_{\mathbb{R}^3} V_\infty |w^k|^2\mathrm{d}x - \int_{\mathbb{R}^3} f(w^k)w^k\mathrm{d}x \\ &= a\int_{\mathbb{R}^3} |(-\Delta)^{\frac{s}{2}} w^k|^2\mathrm{d}x + \int_{\mathbb{R}^3} V_\infty |w^k|^2\mathrm{d}x - \int_{\mathbb{R}^3} f(w^k)w^k\mathrm{d}x \\ &\quad + b\left(\int_{\mathbb{R}^3} |(-\Delta)^{\frac{s}{2}} u|^2\mathrm{d}x + \sum_{k=1}^{l}\int_{\mathbb{R}^3} |(-\Delta)^{\frac{s}{2}} w^k|^2\mathrm{d}x\right)\int_{\mathbb{R}^3} |(-\Delta)^{\frac{s}{2}} w^k|^2\mathrm{d}x \\ &\geqslant a\int_{\mathbb{R}^3} |(-\Delta)^{\frac{s}{2}} w^k|^2\mathrm{d}x + \int_{\mathbb{R}^3} V_\infty |w^k|^2\mathrm{d}x - \int_{\mathbb{R}^3} f(w^k)w^k\mathrm{d}x \\ &\quad + b\left(\int_{\mathbb{R}^3} |(-\Delta)^{\frac{s}{2}} w^k|^2\mathrm{d}x\right)^2 \\ &= \langle I'_{V_\infty}(w^k), w^k\rangle \end{aligned}$$

则存在 $t_k \in (0,1]$ 使得 $t_k w_k \in \mathcal{M}_{V_\infty}$, 即 $\langle I'_{V_\infty}(t_k w^k), t_k w^k\rangle = 0$. 由计算可知

$$\begin{aligned} L_{V_\infty}(w^k) &= L_{V_\infty}(w^k) - \frac{1}{4}\langle L'_{V_\infty}(w^k), w^k\rangle \\ &= \frac{a}{4}\int_{\mathbb{R}^3} |(-\Delta)^{\frac{s}{2}} w^k|^2\mathrm{d}x + \frac{1}{4}\int_{\mathbb{R}^3} V_\infty |w^k|^2\mathrm{d}x \\ &\quad + \frac{1}{4}\int_{\mathbb{R}^3}\Big(f(w^k)w^k - 4F(w^k)\Big)\mathrm{d}x + \frac{b}{4}A^2\int_{\mathbb{R}^3} |(-\Delta)^{\frac{s}{2}} w^k|^2\mathrm{d}x \end{aligned}$$

由引理 6.2.2 知, 对任意的 $w \in H_\varepsilon$, 有

$$h_2(t) = \frac{a}{4}t^2\int_{\mathbb{R}^3} |(-\Delta)^{\frac{s}{2}} w^k|^2\mathrm{d}x + \frac{1}{4}t^2\int_{\mathbb{R}^3} V_\infty |w^k|^2\mathrm{d}x + \frac{1}{4}\int_{\mathbb{R}^3}\Big(f(tw^k)tw^k - F(tw^k)\Big)\mathrm{d}x$$

在 $[0,+\infty)$ 上是递增的. 因此

$$\begin{aligned}
&L_{V_\infty}(w^k)-\frac{b}{4}A^2\int_{\mathbb{R}^3}|(-\Delta)^{\frac{s}{2}}w^k|^2\mathrm{d}x\\
&=\frac{a}{4}\int_{\mathbb{R}^3}|(-\Delta)^{\frac{s}{2}}w^k|^2\mathrm{d}x+\frac{1}{4}\int_{\mathbb{R}^3}V_\infty|w^k|^2\mathrm{d}x\\
&\quad+\frac{1}{4}\int_{\mathbb{R}^3}\Big(f(w^k)w^k-4F(w^k)\Big)\mathrm{d}x\\
&\geqslant\frac{a}{4}t_k^2\int_{\mathbb{R}^3}|(-\Delta)^{\frac{s}{2}}w^k|^2\mathrm{d}x+\frac{1}{4}t_k^2\int_{\mathbb{R}^3}V_\infty|w^k|^2\mathrm{d}x\\
&\quad-\frac{1}{4}\int_{\mathbb{R}^3}\Big(f(t_kw^k)t_kw^k-4F(t_kw^k)\Big)\mathrm{d}x\\
&=I_{V_\infty}(t_kw^k)-\langle I'_{V_\infty}(t_kw^k),t_kw^k\rangle\\
&=I_{V_\infty}(t_kw^k)
\end{aligned}$$

从上式可知

$$L_{V_\infty}(w^k)\geqslant m_{V_\infty}+\frac{b}{4}A^2\int_{\mathbb{R}^3}|(-\Delta)^{\frac{s}{2}}w^k|^2\mathrm{d}x \tag{6.4.9}$$

由 (6.4.2)式、(6.4.8) 式和 (6.4.9) 式可知

$$\begin{aligned}
c+\frac{bA^4}{4}&=L_\varepsilon(u)+\sum_{k=1}^{l}L_{V_\infty}(w^k)\\
&\geqslant\frac{bA^2}{4}\int_{\mathbb{R}^3}|(-\Delta)^{\frac{s}{2}}u_\lambda|^2\mathrm{d}x+\sum_{k=1}^{l}\left(m_{V_\infty}+\frac{b}{4}A^2\int_{\mathbb{R}^3}|(-\Delta)^{\frac{s}{2}}w^k|^2\mathrm{d}x\right)\\
&=lm_{V_\infty}+\frac{bA^2}{4}\left(\int_{\mathbb{R}^3}|(-\Delta)^{\frac{s}{2}}u|^2\mathrm{d}x+\sum_{k=1}^{l}\int_{\mathbb{R}^3}|(-\Delta)^{\frac{s}{2}}w^k|^2\mathrm{d}x\right)\\
&\geqslant m_{V_\infty}+\frac{bA^4}{4}
\end{aligned}$$

因此, $c\geqslant m_{V_\infty}$, 这与 $c<m_{V_\infty}$ 矛盾. 所以, 在 H_ε 中 $u_n\to u$. 从而, u 是泛函 I_ε 的非平凡临界点. □

引理 6.4.3 对任意的 $c<m_{V_\infty}$, (6.2.5) 式中定义的泛函 $\mathcal{R}_\varepsilon$ 满足 $(\mathrm{PS})_c$ 条件.

证明 设 $c<m_{V_\infty}$, $\{w_n\}\subset S_\varepsilon$ 是泛函 $\mathcal{R}_\varepsilon$ 的 $(\mathrm{PS})_c$ 序列. 因此

$$\mathcal{R}_\varepsilon(w_n)\to c\quad \text{且}\quad \|\mathcal{R}'_\varepsilon(w_n)\|_*\to 0$$

其中 $\|\cdot\|_*$ 是对偶空间 $(T_{w_n}S_\varepsilon)'$ 中的范数. 由引理 6.2.6 可知, $\{m_\varepsilon(w_n)\}\subset H_\varepsilon$ 是泛函 I_ε 的 $(\mathrm{PS})_c$ 序列. 由引理 6.4.2 知, 存在 $w\in S_\varepsilon$, 使得在子列意义下, 在 H_ε 中有

$$m_\varepsilon(w_n)\to m_\varepsilon(w)$$

再由引理 6.2.6知, 在 S_ε 中

$$w_n\to w$$

□

6.4.2　技术性引理

此部分我们将建立几个证明多解性和集中现象所需的技术性引理. 当 $\mu = V_0$ 时, 设 w 是问题:

$$\begin{cases} \left(a+b\int_{\mathbb{R}^3}|(-\Delta)^{\frac{s}{2}}u|^2\mathrm{d}x\right)(-\Delta)^s u(x)+V_0u=f(u), & x\in\mathbb{R}^3 \\ u\in H^s(\mathbb{R}^3) \end{cases} \tag{6.4.10}$$

的正基态解 (见定理 6.3.1), 则 $w \in \mathcal{M}_{V_0}$ 满足 $I_{V_0}(w) = m_{V_0}$, 其中 m_{V_0} 是方程 (6.4.10) 的最小能量. 由文献 [99] 中的命题 2.9 可知, 对任意的 $\alpha < 2s-1$, $w \in C^{1,\alpha}(\mathbb{R}^3)$. 接下来的引理将给出, 当 $\varepsilon \to 0^+$ 时, 最小能量 c_ε 的渐近行为.

引理 6.4.4　$\lim\limits_{\varepsilon\to 0^+} c_\varepsilon = m_{V_0}$.

证明　作截断函数 $\eta : [0,\ +\infty) \to \mathbb{R}^3$ 满足: 当 $0 \leqslant t \leqslant \frac{1}{2}$ 时, $\eta(t) = 1$; 当 $t \geqslant 1$ 时, $\eta(t) = 0$. 对任意的 $y \in \Lambda$, 定义

$$\Psi_{\varepsilon,y}(x) = \eta(|\varepsilon x - y|)w\left(\frac{\varepsilon x - y}{\varepsilon}\right)$$

取 $\{\varepsilon_n\}$ 满足: 当 $n \to 0$ 时, $\varepsilon_n \to 0$. 由引理 6.2.3知, 存在唯一的 $t_\varepsilon > 0$, 使得

$$\max_{t\geqslant 0} I_\varepsilon(t\Psi_{\varepsilon,y}) = I_\varepsilon(t_\varepsilon\Psi_{\varepsilon,y})$$

由注 6.3.1 可知, 只需验证

$$\lim_{n\to\infty} I_{\varepsilon_n}(t_{\varepsilon_n}\Psi_{\varepsilon_n,y}) = m_{V_0}\ \text{关于}\ y\in\Lambda\ \text{是一致的} \tag{6.4.11}$$

我们断言: $\lim\limits_{n\to+\infty} t_{\varepsilon_n} = 1$. 事实上, 由 t_{ε_n} 的定义和引理 6.2.3 可知

$$\begin{aligned} 0 < r^{*2} &\leqslant ||t_{\varepsilon_n}\Psi_{\varepsilon_n,y_n}||_\varepsilon^2 \\ &\leqslant t_{\varepsilon_n}^2 a\int_{\mathbb{R}^3}|(-\Delta)^{\frac{s}{2}}\Psi_{\varepsilon_n,y_n}|^2\mathrm{d}x + t_{\varepsilon_n}^2\int_{\mathbb{R}^3}V(\varepsilon x)\Psi_{\varepsilon_n,y_n}^2\mathrm{d}x \\ &\quad + t_{\varepsilon_n}^4 b\left(\int_{\mathbb{R}^3}|(-\Delta)^{\frac{s}{2}}\Psi_{\varepsilon_n,y_n}|^2\mathrm{d}x\right)^2 \\ &= \int_{\mathbb{R}^3} f(t_{\varepsilon_n}\Psi_{\varepsilon_n,y_n})t_{\varepsilon_n}\Psi_{\varepsilon_n,y_n}\mathrm{d}x \end{aligned} \tag{6.4.12}$$

由 (6.4.12) 式和引理 6.2.2 可知, $t_{\varepsilon_n} \nrightarrow 0$, 则存在 $t_0 > 0$, 使得 $t_{\varepsilon_n} \geqslant t_0 > 0$. 如果 $t_{\varepsilon_n} \to +\infty$, 则由引理 6.2.2 和 $\overline{B_{\frac{1}{2\varepsilon_n}}(0)}$ 为有界闭集知, $\mu := \inf\limits_{x\in B_{\frac{1}{2\varepsilon_n}}(0)} w(x) > 0$, 故

$f(t_{\varepsilon_n}\mu)/(t_{\varepsilon_n}\mu)^3\to+\infty$. 于是由 (f_1) 和 Ψ_{ε_n,y_n} 的有界性可知

$$\begin{aligned}&\frac{a}{t_{\varepsilon_n}^4}\left(\int_{\mathbb{R}^3}|(-\Delta)^{\frac{s}{2}}\Psi_{\varepsilon_n,y_n}|^2\mathrm{d}x+\int_{\mathbb{R}^3}V(\varepsilon x)\Psi_{\varepsilon_n,y_n}^2\mathrm{d}x\right)+b\left(\int_{\mathbb{R}^3}|(-\Delta)^{\frac{s}{2}}\Psi_{\varepsilon_n,y_n}|^2\mathrm{d}x\right)^2\\&=\int_{\mathbb{R}^3}\frac{f(t_{\varepsilon_n}\Psi_{\varepsilon_n,y_n})}{(t_{\varepsilon_n}\Psi_{\varepsilon_n,y_n})^3}\Psi_{\varepsilon_n,y_n}^4\mathrm{d}x\\&\xlongequal{\frac{\varepsilon_n-y_n}{\varepsilon_n}=z}\int_{\mathbb{R}^3}\frac{f(t_{\varepsilon_n}\eta(|\varepsilon_n z|)w(z))}{(t_{\varepsilon_n}\eta(|\varepsilon_n z|)w(z))^3}(\eta(|\varepsilon_n z|)w(z))^4\mathrm{d}z\\&\geqslant\int_{B_{\frac{1}{2\varepsilon_n}}(0)}\frac{f(t_{\varepsilon_n}\eta(|\varepsilon_n z|)w(z))}{(t_{\varepsilon_n}\eta(|\varepsilon_n z|)w(z))^3}(\eta(|\varepsilon_n z|)w(z))^4\mathrm{d}z\\&=\int_{B_{\frac{1}{2\varepsilon_n}}(0)}\frac{f(t_{\varepsilon_n}w)}{(t_{\varepsilon_n}w)^3}w^4\mathrm{d}x\\&\geqslant\int_{B_{\frac{1}{2\varepsilon_n}}(0)}\frac{f(t_{\varepsilon_n}\mu)}{(t_{\varepsilon_n}\mu)^3}\mu^4\mathrm{d}x\to+\infty\end{aligned}$$

而当 $n\to+\infty$ 时, 有

$$\begin{aligned}&\frac{a}{t_{\varepsilon_n}^4}\left(\int_{\mathbb{R}^3}|(-\Delta)^{\frac{s}{2}}\Psi_{\varepsilon_n,y_n}|^2\mathrm{d}x+\int_{\mathbb{R}^3}V(\varepsilon x)\Psi_{\varepsilon_n,y_n}^2\mathrm{d}x\right)+b\left(\int_{\mathbb{R}^3}|(-\Delta)^{\frac{s}{2}}\Psi_{\varepsilon_n,y_n}|^2\mathrm{d}x\right)^2\\&\quad\to\left(\int_{\mathbb{R}^3}|(-\Delta)^{\frac{s}{2}}w|^2\mathrm{d}x\right)^2<+\infty\end{aligned}$$

矛盾. 因此, $0<t_0<t_{\varepsilon_n}\leqslant C$. 不失一般性, 可假设 $t_{\varepsilon_n}\to T$. 接下来我们断言: $T=1$. 由引理 6.2.1 可知

$$\lim_{n\to+\infty}\int_{\mathbb{R}^3}|(-\Delta)^{\frac{s}{2}}\Psi_{\varepsilon_n,y_n}|^2\mathrm{d}x=\int_{\mathbb{R}^3}|(-\Delta)^{\frac{s}{2}}w|^2\mathrm{d}x\tag{6.4.13}$$

由 Lebesgue 控制收敛定理可知

$$\lim_{n\to+\infty}\int_{\mathbb{R}^3}F(\Psi_{\varepsilon_n,y_n})\mathrm{d}x=\int_{\mathbb{R}^3}F(w)\mathrm{d}x,\ \lim_{n\to+\infty}\int_{\mathbb{R}^3}V(\varepsilon_n x)\Psi_{\varepsilon_n,y_n}^2\mathrm{d}x=\int_{\mathbb{R}^3}V_0w^2\mathrm{d}x\tag{6.4.14}$$

$$\lim_{n\to+\infty}\int_{\mathbb{R}^3}f(\Psi_{\varepsilon_n,y_n})\Psi_{\varepsilon_n,y_n}\mathrm{d}x=\int_{\mathbb{R}^3}f(w)w\mathrm{d}x\tag{6.4.15}$$

因此

$$\frac{a}{T^2}\int_{\mathbb{R}^3}|(-\Delta)^{\frac{s}{2}}w|^2\mathrm{d}x+\frac{1}{T^2}\int_{\mathbb{R}^3}V_0w^2\mathrm{d}x+b\left(\int_{\mathbb{R}^3}|(-\Delta)^{\frac{s}{2}}w|^2\mathrm{d}x\right)^2=\int_{\mathbb{R}^3}\frac{f(Tw)}{(Tw)^3}w^4\mathrm{d}x\tag{6.4.16}$$

因为 w 是问题 (4.10) 的基态解, 所以

$$a\int_{\mathbb{R}^3}|(-\Delta)^{\frac{s}{2}}w|^2\mathrm{d}x+\int_{\mathbb{R}^3}V_0w^2\mathrm{d}x+b\left(\int_{\mathbb{R}^3}|(-\Delta)^{\frac{s}{2}}w|^2\mathrm{d}x\right)^2=\int_{\mathbb{R}^3}f(w)w\mathrm{d}x\tag{6.4.17}$$

结合 (6.4.16)~(6.4.17) 式有

$$\left(1-\frac{1}{T^2}\right)\left(a\int_{\mathbb{R}^3}|(-\Delta)^{\frac{s}{2}}w|^2\mathrm{d}x+\int_{\mathbb{R}^3}V_0w^2\mathrm{d}x\right)=\int_{\mathbb{R}^3}\left(\frac{f(w)}{w^3}-\frac{f(Tw)}{(Tw)^3}\right)w^4\mathrm{d}x$$

由 (f_4), $T=1$, 从而断言成立. 由 (6.4.13) 式和 (6.4.14) 式可知

$$\lim_{n\to+\infty} I_{\varepsilon_n}(t_{\varepsilon_n}\Psi_{\varepsilon_n,y}) = I_{V_0}(w) = m_{V_0}$$

因此引理证明完成. □

引入映射 $\Phi_\varepsilon : \Lambda \to \mathcal{N}_\epsilon$;

$$\Phi_\varepsilon(y) = t_\varepsilon \Psi_{\varepsilon,y} \tag{6.4.18}$$

显然, 对任意的 $y\in\Lambda$, $\Phi_\varepsilon(y)$ 有紧支集且 Φ_ε 连续.

注意到对于任意的 $\delta>0$, 存在 $\rho=\rho(\delta)>0$, 使得 $\Lambda_\delta\subset B_\rho(0)$. 考虑函数 $\chi:\mathbb{R}^3\to\mathbb{R}^3$: 当 $|x|\leqslant\rho$ 时, $\chi(x)=x$; 当 $|x|\geqslant\rho$ 时, $\chi(x)=\dfrac{\rho x}{|x|}$. 此外, 我们定义重心映射 $\beta_\varepsilon:\mathcal{N}_\varepsilon\to\mathbb{R}^3$:

$$\beta_\varepsilon(u) = \frac{\displaystyle\int_{\mathbb{R}^3}\chi(\varepsilon x)u^2(x)\mathrm{d}x}{\displaystyle\int_{\mathbb{R}^3}u^2(x)\mathrm{d}x} \in \mathbb{R}^3$$

引理 6.4.5　$\lim\limits_{\varepsilon\to 0}\beta_\varepsilon(\Phi_\varepsilon(y)) = y$ 对 $y\in\Lambda$ 一致地成立.

证明　假设结论不成立, 则存在 $\delta_0>0$, $\{y_n\}\subset\Lambda$ 以及 $\varepsilon_n\to 0$, 使得

$$|\beta_{\varepsilon_n}(\Phi_{\varepsilon_n}(y_n)) - y_n| \geqslant \delta_0 \tag{6.4.19}$$

作变量替换 $z=\dfrac{\varepsilon_n x - y_n}{\varepsilon_n}$, 由 (6.4.8) 式以及 β_ε 的定义, 有

$$\beta_{\varepsilon_n}(\Phi_{\varepsilon_n}(y_n)) = y_n + \frac{\displaystyle\int_{\mathbb{R}^3}(\chi(\varepsilon_n z + y)-y_n)|\eta(\varepsilon_n z)w(z)|^2\mathrm{d}x}{\displaystyle\int_{\mathbb{R}^3}|\eta(\varepsilon_n z)w(z)|^2\mathrm{d}z}$$

因为 $\{y_n\}\subset\Lambda\subset B_\rho(0)$ 且 $\chi\big|_{B_\rho}\equiv \mathrm{id}$, 我们得到

$$|\beta_{\varepsilon_n}(\Phi_{\varepsilon_n}(y_n)) - y_n| = o(1)$$

这与 (6.4.19) 式矛盾. 这就完成了引理的证明. □

引理 6.4.6　设 $\{u_n\}\subset\mathcal{M}_{V_0}$ 满足 $E_{V_0}(u_n)\to m_{V_0}$. 则如下结论有且仅有一个成立:

(i) $\{u_n\}$ 在 $H^s(\mathbb{R}^3)$ 中有强收敛的子列;

(ii) 存在 $\{y_n\}\subset\mathbb{R}^3$, 使得 $v_n(x):=u_n(x+y_n)$ 在 $H^s(\mathbb{R}^3)$ 中有强收敛的子列.

证明　由引理 6.3.4 可知, $\{u_n\}$ 在 $H^s(\mathbb{R}^3)$ 中有界. 注意到

$$\mathcal{R}_{V_0}(m_{V_0}^{-1}(u_n)) = I_{V_0}(u_n) \to c_{V_0}$$

及

$$c_{V_0} = \inf_{w\in S_{V_0}\setminus\{0\}}\max_{t>0} I_{V_0}(tw) = \inf_{w\in S_{V_0}\setminus\{0\}} I_{V_0}(m_{V_0}(w)) = \inf_{w\in S_{V_0}\setminus\{0\}}\mathcal{R}_{V_0}(w)$$

记 $w_n = m_{V_0}^{-1}(u_n)$. 因为 S_ε 是一个 C^1 流形, 由 Ekeland 变分原理可知, 存在 $\{v_n\} \subset S_\varepsilon$, 使得 $\mathcal{R}_{V_0}(v_n) \to c_{V_0}$, $\mathcal{R}'_{V_0}(v_n) \to c_{V_0}$ 且 $\|v_n - w_n\| \to 0$. 因此, 可设 $\mathcal{R}_{V_0}(w_n) \to c_{V_0}$ 和 $\mathcal{R}'_{V_0}(w_n) \to 0$. 故由引理 6.2.6 可知

$$I_{V_0}(u_n) = c_{V_0},\quad I'_{V_0}(u_n) \to 0,\quad \langle I'_{V_0}(u_n), u_n\rangle = 0$$

接下来分两种情形进行证明.

情形 1: $u \neq 0$. 在这种情形下, 类似引理 6.3.2 的证明, 可推出

$$\langle I'_{V_0}(u), u\rangle = 0$$

由 Fatou 引理可知

$$\begin{aligned}
m_{V_0} &\leqslant I_{V_0}(u)\\
&= I_{V_0}(u) - \frac{1}{4}\langle I'_{V_0}(u),\ u\rangle\\
&= \frac{a}{4}\int_{\mathbb{R}^3} |(-\Delta)^{\frac{s}{2}}u|^2\mathrm{d}x + \frac{1}{4}\int_{\mathbb{R}^3} V_0u^2\mathrm{d}x + \int_{\mathbb{R}^3}\left(\frac{1}{4}f(u)u - F(u)\right)\mathrm{d}x\\
&= \frac{1}{4}||u||_{V_0} + \int_{\mathbb{R}^3}\left(\frac{1}{4}f(u)u - F(u)\right)\mathrm{d}x\\
&\leqslant \liminf_{n\to+\infty}\left\{\frac{1}{4}||u_n||_{V_0} + \int_{\mathbb{R}^3}\left(\frac{1}{4}f(u_n)u_n - F(u_n)\right)\mathrm{d}x\right\}\\
&= \liminf_{n\to+\infty}\left\{I_{V_0}(u_n) - \frac{1}{4}\langle I'_{V_0}(u_n),\ u_n\rangle\right\}\\
&\leqslant m_{V_0}
\end{aligned}$$

由上式可知

$$\begin{aligned}
&\lim_{n\to+\infty}\left\{\frac{1}{4}||u_n||_{V_0} + \int_{\mathbb{R}^3}\left(\frac{1}{4}f(u_n)u_n - F(u_n)\right)\mathrm{d}x\right\}\\
&\quad= \frac{1}{4}||u||_{V_0} + \int_{\mathbb{R}^3}\left(\frac{1}{4}f(u)u - F(u)\right)\mathrm{d}x
\end{aligned}\tag{6.4.20}$$

因此, 由 (6.4.20) 式可知

$$\begin{aligned}
\frac{1}{4}||u||^2_{V_0} &\leqslant \liminf_{n\to+\infty}\frac{1}{4}||u_n||^2_{V_0}\\
&\leqslant \limsup_{n\to+\infty}\frac{1}{4}||u_n||^2_{V_0}\\
&\quad + \liminf_{n\to+\infty}\int_{\mathbb{R}^3}\left(\frac{1}{4}f(u_n)u_n - F(u_n)\right)\mathrm{d}x - \int_{\mathbb{R}^3}\left(\frac{1}{4}f(u)u - F(u)\right)\mathrm{d}x\\
&\leqslant \limsup_{n\to+\infty}\left\{\frac{1}{4}||u_n||^2_{V_0} + \int_{\mathbb{R}^3}\left(\frac{1}{4}f(u_n)u_n - F(u_n)\right)\mathrm{d}x\right\}\\
&\quad - \int_{\mathbb{R}^3}\left(\frac{1}{4}f(u)u - F(u)\right)\mathrm{d}x\\
&= \frac{1}{4}||u||^2_{V_0}
\end{aligned}$$

这就得出 $\|u_n\| \to \|u\|$. 从而在 $H^s(\mathbb{R}^3)$ 中 $u_n \to u$.

情形 2: $u=0$. 在此情形, 我们断言: 存在 $R, \eta > 0$ 和 $\{y_n\} \subset \mathbb{R}^3$, 使得

$$\liminf_{n\to\infty} \int_{B_R(y_n)} |u_n|^2 \mathrm{d}x \geqslant \eta$$

否则, 若

$$\lim_{n\to\infty} \sup_{y\in\mathbb{R}^3} \int_{B_R(y)} |u_n|^2 \mathrm{d}x = 0$$

则由引理 3.1 知, 对任意的 $2 < t < 2_s^*$, $\lim\limits_{n\to\infty} \|u_n\|_t = 0$. 注意到 $\{u_n\} \subset \mathcal{M}_{V_0}$, 容易验证当 $n\to\infty$ 时, $\|u_n\|_{V_0} \to 0$. 因此, 当 $n\to\infty$ 时, $I_{V_0}(u_n) \to 0$, 这与 $I_{V_0}(u_n) \to m_{V_0} > 0$ 矛盾, 故断言成立. 由 Sobolev 嵌入不等式知, $|y_n| \to +\infty$. 记 $v_n(x) = u_n(x+y_n)$, 则 $I_{V_0}(v_n) \to m_{V_0}$ 且 $I'_{V_0}(v_n) \to 0$. 显然 $\{v_n\}$ 在 $H^s(\mathbb{R}^3)$ 中有界且存在 $v \in H^s(\mathbb{R}^3)$, 使得 $v \neq 0$ 使得在 $H^s(\mathbb{R}^3)$ 中 $v_n \rightharpoonup v$. 接下来重复情形 1 的证明, 可知在 $H^s(\mathbb{R}^3)$ 中 $v_n \to v$ 且 $I_{V_0}(v) = m_{V_0}$. □

引理 6.4.7　设 $\varepsilon_n \to 0$, $\{u_n\} \subset \mathcal{N}_{\varepsilon_n}$ 满足 $I_{\varepsilon_n}(u_n) \to m_{V_0}$, 则存在 $\{\tilde{y}_n\} \subset \mathbb{R}^3$, 使得 $v_n(x) = u_n(x+\tilde{y}_n)$ 在 $H^s(\mathbb{R}^3)$ 中有收敛子列. 此外, 在子列意义下, $y_n := \varepsilon_n \tilde{y}_n \to y \in \Lambda$.

证明　类似于引理 6.3.4, $\{u_n\}$ 在 $H^s(\mathbb{R}^3)$ 中有界. 注意到 $m_{V_0} > 0$, 故不会有 $\|u_n\|_{\varepsilon_n} \to 0$. 由引理 6.2.2, 类似于注 6.3.2 的讨论知, 存在 $\{\tilde{y}_n\} \subset \mathbb{R}^3$ 和 R, $\beta > 0$, 使得

$$\liminf_{n\to\infty} \int_{B_R(\tilde{y}_n)} |u_n|^2 \mathrm{d}x \geqslant \beta > 0$$

记 $v_n(x) = u_n(x+\tilde{y}_n)$, 则 $\{v_n\}$ 在 $H^s(\mathbb{R}^3)$ 中有界, 故在子列意义下, 在 $H^s(\mathbb{R}^3)$ 中 $v_n \rightharpoonup v \neq 0$ 且 $v_n(x) \to v(x)$ (a.e. $x \in \mathbb{R}^3$). 取 $t_n > 0$, 使得 $\tilde{v}_n := t_n v_n \in \mathcal{M}_0$. 记 $y_n = \varepsilon_n \tilde{y}_n$, 由条件 (V) 和 $\{u_n\} \subset \mathcal{N}_{\varepsilon_n}$, 有

$$\begin{aligned} m_{V_0} \leqslant I_{V_0}(\tilde{v}_n) &\leqslant \frac{a}{2} \int_{\mathbb{R}^3} |(-\Delta)^{\frac{s}{2}} \tilde{v}_n|^2 \mathrm{d}x + \frac{b}{4} \left(\int_{\mathbb{R}^3} |(-\Delta)^{\frac{s}{2}} \tilde{v}_n|^2 \mathrm{d}x) \right)^2 \\ &\quad + \frac{1}{2} \int_{\mathbb{R}^3} V(\varepsilon_n(x+\tilde{y}_n)) \tilde{v}_n^2 \mathrm{d}x - \int_{\mathbb{R}^3} F(\tilde{v}_n) \mathrm{d}x \\ &= \frac{t_n^2}{2} a \int_{\mathbb{R}^3} |(-\Delta)^{\frac{s}{2}} u_n|^2 \mathrm{d}x + \frac{t_n^4}{4} b \left(\int_{\mathbb{R}^3} |(-\Delta)^{\frac{s}{2}} u_n|^2 \mathrm{d}x \right)^2 \\ &\quad + \frac{t_n^2}{2} \int_{\mathbb{R}^3} V(\varepsilon_n x) u^2 \mathrm{d}x - \int_{\mathbb{R}^3} F(t_n u_n) \mathrm{d}x \\ &= I_{\varepsilon_n}(t_n u_n) \leqslant I_{\varepsilon_n}(u_n) = m_{V_0} + o_n(1) \end{aligned} \tag{6.4.21}$$

这就得出 $\lim\limits_{n\to+\infty} I_{V_0}(\tilde{v}_n) = m_{V_0}$. 由 $\tilde{v}_n \in \mathcal{M}_{V_0}$ 和引理 6.3.4 可知, $\{\tilde{v}_n\}$ 在 H_{V_0} 中有界, 进而可知 $\{t_n\}$ 有界. 不失一般性, 设 $t_n \to t_0 \geqslant 0$. 如果 $t_0 = 0$, 由 $\{v_n\}$ 有界可知, 在 H_{V_0} 中 $\tilde{v}_n = t_n v_n \to 0$. 故 $I_{V_0}(\tilde{v}_n) \to 0$, 与 $m_{V_0} > 0$ 矛盾. 因此, 在子列意义下, 由弱极限的唯一

性可知, 在 H_{V_0} 中 $\tilde{v}_n \to t_n v := \tilde{v} \neq 0$. 由引理 6.4.6 可知, 在 $H^s(\mathbb{R}^3)$ 中 $\tilde{v}_n \to \tilde{v}$. 此外, $\tilde{v} \in \mathcal{M}_{V_0}$.

下证 $\{y_n\}$ 在 $\mathbb{R}^3$ 中有界. 在子列意义下, 不妨设 $|y_n| \to +\infty$. 由 Fatou 引理可知

$$\begin{aligned}
m_{V_0} &\leqslant I_{V_0}(\tilde{v}) < I_{V_\infty}(\tilde{v}) \\
&= \frac{a}{2}\int_{\mathbb{R}^3}|(-\Delta)^{\frac{s}{2}}\tilde{v}|^2\mathrm{d}x + \frac{1}{2}\int_{\mathbb{R}^3}V_\infty\tilde{v}^2\mathrm{d}x + \frac{b}{4}\left(\int_{\mathbb{R}^3}|(-\Delta)^{\frac{s}{2}}\tilde{v}|^2\mathrm{d}x\right)^2 - \int_{\mathbb{R}^3}F(\tilde{v})\mathrm{d}x \\
&\leqslant \liminf_{n\to+\infty}\left\{\frac{a}{2}\int_{\mathbb{R}^3}|(-\Delta)^{\frac{s}{2}}\tilde{v}_n|^2\mathrm{d}x + \frac{1}{2}\int_{\mathbb{R}^3}V(\varepsilon_n x + y_n)\tilde{v}_n^2\mathrm{d}x\right. \\
&\quad \left. + \frac{b}{4}\left(\int_{\mathbb{R}^3}|(-\Delta)^{\frac{s}{2}}\tilde{v}_n|^2\mathrm{d}x\right)^2 - \int_{\mathbb{R}^3}F(\tilde{v}_n)\mathrm{d}x\right\} \\
&= \liminf_{n\to+\infty}\left\{\frac{at_n^2}{2}\int_{\mathbb{R}^3}|(-\Delta)^{\frac{s}{2}}u_n|^2\mathrm{d}x + \frac{t_n^2}{2}\int_{\mathbb{R}^3}V(\varepsilon_n x + y_n)u_n^2\mathrm{d}x\right. \\
&\quad \left. + \frac{bt_n^4}{4}\left(\int_{\mathbb{R}^3}|(-\Delta)^{\frac{s}{2}}u_n|^2\mathrm{d}x\right)^2 - \int_{\mathbb{R}^3}F(t_n u_n)\mathrm{d}x\right\}
\end{aligned}$$

从而

$$m_{V_0} < \liminf_{n\to\infty} I_{\varepsilon_n}(t_n u_n) \leqslant \liminf_{n\to\infty} I_{\varepsilon_n}(u_n) = m_{V_0}$$

矛盾. 因此, $\{y_n\}$ 有界, 故在子列意义下, 在 $\mathbb{R}^3$ 中 $y_n \to y$. 如果 $y \notin \Lambda$, 则 $V_0 < V(y)$, 类似于上面的讨论可得出矛盾. 因此 $y \in \Lambda$, 从而完成引理的证明. □

设函数 $h : \mathbb{R}^+ \to \mathbb{R}^+$ 满足: 当 $\varepsilon \to 0^+$ 时, $h(\varepsilon) \to 0^+$. 定义

$$\Sigma_\varepsilon = \left\{u \in \mathcal{N}_\varepsilon : I_\varepsilon(u) \leqslant m_{V_0} + h(\varepsilon)\right\}$$

对每一个 $y \in \Lambda$, 从引理 6.4.6 知, 当 $\varepsilon \to 0^+$ 时, $h(\varepsilon) = |I_\varepsilon(\Phi_\varepsilon(y)) - m_{V_0}| \to 0$. 因此 $\Phi_\varepsilon(y) \in \Sigma_\varepsilon$, 从而对于 $\varepsilon > 0$, Σ_ε 非空. □

引理 6.4.8 对任意的 $\delta > 0$, 有 $\lim\limits_{\varepsilon\to 0}\sup\limits_{u\in\Sigma_\varepsilon}\inf\limits_{y\in\Lambda_\delta}|\beta_\varepsilon(u) - y| = 0$.

证明 设 $\{\varepsilon_n\} \subset \mathbb{R}^+$, 使得 $\varepsilon_n \to 0$. 由定义可知, 存在 $\{u_n\} \subset \Sigma_{\varepsilon_n}$, 使得

$$\inf_{y\in\Lambda_\delta}|\beta_{\varepsilon_n}(u_n) - y| = \sup_{u\in\Sigma_{\varepsilon_n}}\inf_{y\in\Lambda_\delta}|\beta_{\varepsilon_n}(u) - y| + o_n(1)$$

因此, 只需证明存在 $\{\tilde{y}_n\} \subset \Lambda_\delta$, 使得

$$\lim_{n\to\infty}|\beta_{\varepsilon_n}(u_n) - \tilde{y}_n| = 0 \tag{6.4.22}$$

因为 $\{u_n\} \subset \Sigma_{\varepsilon_n} \subset \mathcal{N}_{\varepsilon_n}$, 我们有

$$m_{V_0} \leqslant c_{\varepsilon_n} \leqslant I_{\varepsilon_n}(u_n) \leqslant m_{V_0} + h(\varepsilon_n)$$

从而 $I_{\varepsilon_n}(u_n) \to m_{V_0}$. 因此, 由引理 6.4.7知, 存在 $\{y_n\} \subset \mathbb{R}^3$, 使得对充分大的 n, $\tilde{y}_n = \varepsilon_n y_n \in \Lambda_\delta$. 故

$$\beta_{\varepsilon_n}(u_n) = \tilde{y}_n + \frac{\displaystyle\int_{\mathbb{R}^3} (\chi(\varepsilon_n z + \tilde{y}_n) - \tilde{y}_n)|u_n(z+y_n)|^2 \mathrm{d}z}{\displaystyle\int_{\mathbb{R}^3} |u_n(z+y_n)|^2 \mathrm{d}z}$$

由 $\varepsilon_n z + \tilde{y}_n \to y \in \Lambda$ 知, 序列 $\{\tilde{y}_n\}$ 满足 (6.4.22)式. 这就完成了引理 6.4.8 的证明. □

6.4.3　正解的多重性和集中性

定理 6.4.1　设 (V) 和 $(f_1) \sim (f_4)$ 成立. 则对任意的 $\delta > 0$, 存在 $\varepsilon_\delta > 0$, 使得对任意的 $\varepsilon \in (0,\ \varepsilon_\delta)$, 问题 (6.2.1) 至少有 $\mathrm{cat}_{\Lambda_\varepsilon}(\Lambda)$ 个正解.

证明　对任意的 $y \in \Lambda$, 令 $\gamma_\varepsilon : \Lambda \to S_\varepsilon$ 为

$$\gamma_\varepsilon(y) = m_\varepsilon^{-1}(\Phi_\varepsilon(y))$$

由 (6.2.5) 式和引理 6.4.4 可知

$$\lim_{\varepsilon \to 0} \mathcal{R}_\varepsilon(\gamma_\varepsilon(y)) = \lim_{\varepsilon \to 0} I_\varepsilon(\Phi_\varepsilon(y)) = c_{V_0}, \text{ 关于 } y \in \Lambda \text{ 一致成立} \tag{6.4.23}$$

记

$$\tilde{\Sigma}_\varepsilon = \{w \in S_\varepsilon : \mathcal{R}_\varepsilon(w) \leqslant c_{V_0} + h(\varepsilon)\}$$

由 (6.4.23) 式可知, 对充分小的 $\varepsilon > 0$, $\tilde{\Sigma}_\varepsilon \neq \emptyset$.

对固定的 $\delta > 0$, 由 (6.4.11)式、引理 6.2.5、引理 6.4.5 及引理 6.4.8 可知, 存在 $\varepsilon_\delta > 0$ 使得对任意的 $\varepsilon \in (0, \varepsilon_\delta)$, 有

$$\Lambda \xrightarrow{\Phi_\varepsilon} \Sigma_\varepsilon \xrightarrow{m_\varepsilon^{-1}} \tilde{\Sigma}_\varepsilon \xrightarrow{m_\varepsilon} \Sigma_\varepsilon \xrightarrow{\beta_\varepsilon} \Lambda_\delta$$

是有意义的. 由引理 6.4.5知

$$\lim_{\varepsilon \to 0} \beta_\varepsilon(\Phi_\varepsilon(y)) \text{ 关于 } y \in \Lambda \text{ 一致成立}$$

对充分小的 ε 以及 $y \in \Lambda$, 定义 $\beta_\varepsilon(\Phi_\varepsilon(y)) := y + \theta(y)$, 其中 $|\theta(y)| < \dfrac{\delta}{2}$ 关于 $y \in \Lambda$ 一致成立. 令 $H : [0,1] \times \Lambda \to \Lambda_\delta$ 为 $H(t,y) = y + (1-t)\theta(y)$, 则 H 连续. 显然, $H(0,y) = \beta_\varepsilon(\Phi_\varepsilon(y)), H(1,y) = y (y \in \Lambda)$, 故复合映射 $\beta_\varepsilon \circ \Phi_\varepsilon$ 同伦于包含映射 $\mathrm{id}: \Lambda \to \Lambda_\delta$. 记 $\pi_\varepsilon = \beta_\varepsilon \circ m_\varepsilon$, 由于 $\gamma_\varepsilon = m_\varepsilon^{-1} \circ \Phi_\varepsilon$, 因此 $\pi_\varepsilon \circ \gamma_\varepsilon = \beta_\varepsilon \circ \Phi_\varepsilon$ 同伦于映射 $\mathrm{id}: \Lambda \to \Lambda_\delta$. 由同伦不变性和文献 [30] 引理 4.3 可知

$$\mathrm{cat}_{\tilde{\Sigma}_\varepsilon} \gamma_\varepsilon(\Lambda) \geqslant \mathrm{cat}_{\Lambda_\delta}(\Lambda)$$

事实上, 设 $\text{cat}_{\tilde{\Sigma}_\varepsilon}\gamma_\varepsilon(\Lambda)=n$, 只需考虑 $n<+\infty$ 的情形. 当 $n<+\infty$ 时, $\gamma_\varepsilon(\Lambda)=A_1\cup A_1\cup\cdots\cup A_n$, 其中 $A_i(i=1,2,\cdots,n)$ 是 $\tilde{\Sigma}_\varepsilon$ 中的可缩闭集, i.e. 存在包含映射 $H_i\in C([0,1]\times A_i,\tilde{\Sigma}_\varepsilon)$, 使得

$$H_i(0,\cdot)=\text{id}|_{A_i},\ H_i(1,\cdot)=u_i\in\tilde{\Sigma}_\varepsilon$$

记 $K_i:=\Phi_\varepsilon^{-1}(m_\varepsilon(A_i))$, 则 K_i 在 Λ 中闭且 $\Lambda=\bigcup_{i=1}^{n}K_i$. 考虑映射 $G_i(t,x)=\beta_\varepsilon\circ m_\varepsilon(H_i(t,m_\varepsilon^{-1}\circ\Phi_\varepsilon(x)))$, 则

$$\begin{aligned}&G_i\in C([0,1]\times K_i,\Lambda_\delta)\\&G_i(0,\cdot)=\beta_\varepsilon\circ m_\varepsilon(H_i(0,m_\varepsilon^{-1}\circ\Phi_\varepsilon(x)))=\beta_\varepsilon(\Phi_\varepsilon(x))\\&G_i(1,\cdot)=\beta_\varepsilon(m_\varepsilon(u_i))\end{aligned}$$

因此, $\beta_\varepsilon\circ\Phi_\varepsilon|_{k_i}$ 同伦于映射 $\beta_\varepsilon(m_\varepsilon(u_i))\in\Lambda_\delta$. 从而, $n\geqslant\text{cat}_{\Lambda_\delta}(\Lambda)$, 故 $\text{cat}_{\tilde{\Sigma}_\varepsilon}\gamma_\varepsilon(\Lambda)\geqslant\text{cat}_{\Lambda_\delta}(\Lambda)$.

另一方面, $\mathcal{R}_\varepsilon$ 在 $\tilde{\Sigma}_\varepsilon$ 上满足 (PS) 条件. 取 $c=c_\varepsilon\leqslant c_{v_0}+h(\varepsilon)=d$, $\tilde{\Sigma}_\varepsilon=S_+^d$, $k=\pi_\varepsilon(\Lambda)$, 则由文献 [149] 定理 27 和推论 28 可知, $\mathcal{R}_\varepsilon$ 在 $\tilde{\Sigma}_\varepsilon$ 上至少有 $\text{cat}_{\Lambda_\delta}(\Lambda)$ 个临界点. 再由引理 2.6 知, I_ε 至少有 $\text{cat}_{\Lambda_\delta}(\Lambda)$ 个临界点. 与定理 6.3.1 的证明相同, 可得问题 (6.2.1) 至少有 $\text{cat}_{\Lambda_\delta}(\Lambda)$ 个正解. 因此, 问题 (6.1.1) 至少有 $\text{cat}_{\Lambda_\delta}(\Lambda)$ 个正解. □

为得到正解的 L^∞ 估计, 首先我们回顾如下结果 (见文献 [61](5.1.1) 式和 (5.1.2) 式), 但文献 [61] 中未给出具体证明, 其证明可见文献 [172].

引理 6.4.9 设 $h:\mathbb{R}\to\mathbb{R}$ 为 Lipschitz 连续的凸函数 (Lipschitz 常数为 L) 且 $h(0)=0$. 则对任意 $u\in H^s(\mathbb{R}^3)$, 有 $h(u)\in H^s(\mathbb{R}^3)$ 且在弱意义下, 有

$$(-\Delta)^s h(u)\leqslant h'(u)(-\Delta)^s u \tag{6.4.24}$$

如下引理给出了解的一致 L^∞ 估计, 其证明与 Moser[122] 迭代有关. 对于分数阶 Schrödinger 方程的类似结果可见文献 [88].

引理 6.4.10 设 $\varepsilon_n\to0^+$, $w_n\in\Sigma_{\varepsilon_n}$ 是问题 (6.2.1) 的正解. 则在子列意义下, $u_n(x):=w_n(x+\tilde{y}_n)\in L^\infty(\mathbb{R}^3)$ 且存在 $C>0$, 使得

$$||u_n(x)||_{L^\infty(\mathbb{R}^3)}\leqslant C,\quad\forall n\in\mathbb{N}$$

其中 $\tilde{y}_n$ 由引理 6.4.7 给出.

证明 由引理 6.4.7 可知, $\{u_n\}$ 有收敛子列, 在子列意义下, 存在常数 $C>0$, 使得

$$\|u_n\|_\varepsilon\leqslant C,\quad\forall n\in\mathbb{N}$$

由 Sobolev 不等式, 有

$$\|u_n\|_{2_s^*}\leqslant C,\quad\forall n\in\mathbb{N} \tag{6.4.25}$$

设 $T>0$, 定义

$$H(t)=\begin{cases}0, & t\leqslant 0\\ t^\beta, & 0<t<T\\ \beta T^{\beta-1}(t-T)+T^\beta, & t\geqslant T\end{cases}\tag{6.4.26}$$

其中 $\beta>1$ 为待定常数.

因为 H 是 Lipschitz 连续的凸函数, 则

$$(-\Delta)^s H(u)\leqslant H'(u)(-\Delta)^s u\tag{6.4.27}$$

由 (6.4.27) 式和 Sobolev 嵌入定理可知

$$\begin{aligned}&||H(u_n)||^2_{L^{2_s^*}(\mathbb{R}^3)}\\&\leqslant S^{-1}\int_{\mathbb{R}^3}|(-\Delta)^{\frac{s}{2}}H(u_n)|^2\mathrm{d}x\\&\leqslant \frac{1}{Sa}\left(a+b\int\int_{\mathbb{R}^3\times\mathbb{R}^3}\frac{|u_n(x)-u_n(y)|^2}{|x-y|^{3+2s}}\mathrm{d}x\mathrm{d}y\right)\int_{\mathbb{R}^3}|(-\Delta)^{\frac{s}{2}}H(u_n)|^2\mathrm{d}x\\&\leqslant C\left(a+b\int\int_{\mathbb{R}^3\times\mathbb{R}^3}\frac{|u_n(x)-u_n(y)|^2}{|x-y|^{3+2s}}\mathrm{d}x\mathrm{d}y\right)\int_{\mathbb{R}^3}H(u_n)H'(u_n)(-\Delta)^s u_n\mathrm{d}x\\&=C\int_{\mathbb{R}^3}H(u)H'(u)\frac{-V(\varepsilon_n x+\varepsilon_n\tilde{y}_n)u_n+f(u_n)}{a+b[u_n]^2}\mathrm{d}x\\&\leqslant C\int_{\mathbb{R}^3}H(u)H'(u)[-V(\varepsilon_n x+\varepsilon_n\tilde{y}_n)u_n+f(u_n)]\mathrm{d}x\\&\leqslant C\int_{\mathbb{R}^3}H(u_n)H'(u_n)(1+|u_n|^{2_s^*-1})\mathrm{d}x\end{aligned}\tag{6.4.28}$$

由 $H(u_n)H'(u_n)\leqslant\beta^2u_n^{2\beta-1}$ 和 $u_nH'(u_n)\leqslant\beta H(u_n)$ 可知

$$\begin{aligned}||H(u_n)||^2_{L^{2_s^*}(\mathbb{R}^3)}&\leqslant C\int_{\mathbb{R}^3}\left(\beta^2u_n^{2\beta-1}+\beta|u_n|^{2_s^*-2}H^2(u_n)\right)\mathrm{d}x\\&\leqslant C\beta^2\int_{\mathbb{R}^3}\left(u_n^{2\beta-1}+|u_n|^{2_s^*-2}H^2(u_n)\right)\mathrm{d}x\end{aligned}\tag{6.4.29}$$

其中 C 与 β 无关. 注意到在 (6.4.29) 式中的最后一个式子对 H 中所给的 T 都有意义. 在 (6.4.29) 式中选取 β, 使得 $2\beta-1=2_s^*$ 且记

$$\beta_1:=\frac{2_s^*+1}{2}$$

设 $R>0$ 为待定常数. 在 (6.4.29) 式中, 由 Hölder 不等式知

$$\begin{aligned}&\int_{\mathbb{R}^3}|u_n|^{2_s^*-2}H^2(u_n)\mathrm{d}x\\&=\int_{\{u_n\leqslant R\}}|u_n|^{2_s^*-2}H^2(u_n)\mathrm{d}x+\int_{\{u_n>R\}}|u_n|^{2_s^*-2}H^2(u_n)\mathrm{d}x\\&\leqslant R^{2_s^*-1}\int_{\{u_n\leqslant R\}}\frac{H^2(u_n)}{u_n}\mathrm{d}x+\left(\int_{\{u_n>R\}}|u_n|^{2_s^*}\mathrm{d}x\right)^{\frac{2_s^*-2}{2_s^*}}\times\left(\int_{\mathbb{R}^3}|H(u_n)|^{2_s^*}\mathrm{d}x\right)^{\frac{2}{2_s^*}}\end{aligned}\tag{6.4.30}$$

因为 $\{u_n\}$ 在 H_ε 中有界, 则存在充分大的 R, 使得

$$\left(\int_{\{u_n>R\}}|u_n|^{2_s^*}\mathrm{d}x\right)^{\frac{2_s^*-2}{2_s^*}}\leqslant\frac{1}{2C\beta_1^2} \tag{6.4.31}$$

由 (6.4.29)~(6.4.31) 式可知

$$\left(\int_{\mathbb{R}^3}|H(u_n)|^{2_s^*}\mathrm{d}x\right)^{\frac{2}{2_s^*}}\leqslant 2C\beta_1^2\left(\int_{\mathbb{R}^3}u_n^{2_s^*}\mathrm{d}x+R^{2_s^*-1}\int_{\mathbb{R}^3}\frac{H^2(u_n)}{u_n}\mathrm{d}x\right) \tag{6.4.32}$$

注意到 $H(u_n)\leqslant u_n^{\beta_1}$, 在 (6.4.32) 式中, 当 $T\to\infty$ 时, 有

$$\left(\int_{\mathbb{R}^3}|u_n|^{2_s^*\beta_1}\mathrm{d}x\right)^{\frac{2}{2_s^*}}\leqslant 2C\beta_1^2\left(\int_{\mathbb{R}^3}u_n^{2_s^*}\mathrm{d}x+R^{2_s^*-1}\int_{\mathbb{R}^3}u_n^{2_s^*}\mathrm{d}x\right)<\infty$$

因此

$$u_n\in L^{2_s^*\beta_1}(\mathbb{R}^3)\text{ 且 }\|u_n\|_{2_s^*\beta_1}\leqslant C\text{ 关于 }n\text{ 一致成立} \tag{6.4.33}$$

现假设 $\beta>\beta_1$. 注意到 $H(u_n)\leqslant u_n^\beta$, 在 (6.4.29) 式中, 当 $T\to\infty$ 时, 有

$$\left(\int_{\mathbb{R}^3}|u_n|^{2_s^*\beta}\mathrm{d}x\right)^{\frac{2}{2_s^*}}\leqslant C\beta^2\left(\int_{\mathbb{R}^3}u_n^{2\beta-1}\mathrm{d}x+\int_{\mathbb{R}^3}u_n^{2\beta+2_s^*-2}\mathrm{d}x\right)<\infty \tag{6.4.34}$$

记 $a_1:=\dfrac{2_s^*(2_s^*-1)}{2(\beta-1)}$ 且 $b_1:=2\beta-1-a_1$. 注意到 $\beta>\beta_1$, 则 $a_1\in(0,\ 2_s^*)$ 和 $b_1>0$. 因此, 由 Young 不等式可知

$$\begin{aligned}\int_{\mathbb{R}^3}u_n^{2\beta-1}\mathrm{d}x&\leqslant\frac{a}{2_s^*}\int_{\mathbb{R}^3}u_n^{2_s^*}\mathrm{d}x+\frac{2_s^*-a}{2_s^*}\int_{\mathbb{R}^3}u_n^{\frac{2_s^*b}{2_s^*-a}}\mathrm{d}x\\&\leqslant\int_{\mathbb{R}^3}u_n^{2_s^*}\mathrm{d}x+\int_{\mathbb{R}^3}u_n^{2\beta+2_s^*-2}\mathrm{d}x\\&\leqslant C\left(1+\int_{\mathbb{R}^33}u_n^{2\beta+2_s^*-2}\mathrm{d}x\right)\end{aligned} \tag{6.4.35}$$

结合 (6.4.34) 式和 (6.4.35) 式有

$$\left(\int_{\mathbb{R}^3}|u_n|^{2_s^*\beta}\mathrm{d}x\right)^{\frac{2}{2_s^*}}\leqslant C\beta^2\left(1+\int_{\mathbb{R}^3}u_n^{2\beta+2_s^*-2}\mathrm{d}x\right) \tag{6.4.36}$$

其中 C 与 β 无关. 因此

$$\left(1+\int_{\mathbb{R}^3}|u_n|^{2_s^*\beta}\mathrm{d}x\right)^{\frac{1}{2_s^*(\beta-1)}}\leqslant(C\beta^2)^{\frac{1}{2(\beta-1)}}\left(1+\int_{\mathbb{R}^3}u_n^{2\beta+2_s^*-2}\mathrm{d}x\right)^{\frac{1}{2(\beta-1)}} \tag{6.4.37}$$

重复上面的讨论, 可定义一列 $\beta_i(i\geqslant1)$ 使得

$$2\beta_{i+1}+2_s^*-2=2_s^*\beta_i$$

所以

$$\beta_{i+1}-1=\left(\frac{2_s^*}{2}\right)^i(\beta_1-1)$$

重复 (6.4.37) 式中的讨论, 我们有

$$\left(1+\int_{\mathbb{R}^3}|u_n|^{2_s^*\beta_{i+1}}\mathrm{d}x\right)^{\frac{2}{2_s^*(\beta_{i+1}-1)}}\leqslant (C\beta_{i+1}^2)^{\frac{1}{2(\beta_{i+1}-1)}}\left(1+\int_{\mathbb{R}^3}u_n^{2\beta_{i+1}+2_s^*-2}\mathrm{d}x\right)^{\frac{1}{2(\beta_{i+1}-1)}} \tag{6.4.38}$$

记 $C_{i+1}=C\beta_{i+1}^2$ 和

$$K_i:=\left(1+\int_{\mathbb{R}^3}u_n^{2\beta_i+2_s^*-2}\mathrm{d}x\right)^{\frac{1}{2(\beta_i-1)}}$$

因此 (6.4.38) 式可以重写为

$$K_{i+1}\leqslant C_{i+1}^{\frac{1}{2(\beta_{i+1}-1)}}K_i$$

故存在与 i 无关的 $D>0$, 使得

$$K_{i+1}\leqslant\prod_{j=2}^{i+1}C_j^{\frac{1}{2(\beta_i-1)}}K_2\leqslant DK_1$$

所以

$$u_n\in L^\infty(\mathbb{R}^3),\quad \forall n$$

结合 (6.4.33) 式可知

$$||u_n||_{L^\infty(\mathbb{R}^3)}\leqslant C$$

关于 $n\in\mathbb{N}$ 一致成立. 这就完成引理 6.4.10 的证明. □

定理 6.1.1 的证明 设 w_{ε_n} 是问题 (6.2.1) 在 $\varepsilon=\varepsilon_n$ 时由定理 6.4.1 给出的正解, 则 $u_n(x):=w_{\varepsilon_n}(x+\tilde{y}_n)$ 是如下问题的正解:

$$\begin{cases}\left(a+b\displaystyle\int_{\mathbb{R}^3}|(-\Delta)^{\frac{s}{2}}u_n|^2\mathrm{d}x\right)(-\Delta)^s u_n(x)+V_n(x)u_n=f(u_n), & x\in\mathbb{R}^3\\ u_n\in H^s(\mathbb{R}^3)\end{cases} \tag{6.4.39}$$

其中 $\{\tilde{y}_n\}\subset\mathbb{R}^3$ 由引理 6.4.7 给出, $V_n(x):=V(\varepsilon_n x+\varepsilon_n\tilde{y}_n)$. 由引理 6.4.4 可知

$$\lim_{n\to+\infty}I_{\varepsilon_n}(w_{\varepsilon n})=\lim_{n\to+\infty}\mathcal{J}_{\varepsilon_n}(u_n)=m_{V_0}$$

其中

$$\begin{aligned}\mathcal{J}_{\varepsilon_n}(u_n)=&\frac{a}{2}\int_{\mathbb{R}^3}|(-\Delta)^{\frac{s}{2}}u_n|^2\mathrm{d}x+\frac{1}{2}\int_{\mathbb{R}^3}V_n(x)u_n^2\mathrm{d}x\\&+\frac{b}{4}\left(\int_{\mathbb{R}^3}|(-\Delta)^{\frac{s}{2}}u_n|^2\mathrm{d}x\right)^2-\int_{\mathbb{R}^3}F(u_n)\mathrm{d}x\end{aligned}$$

是问题 (6.4.39) 对应的能量泛函. 在子列意义下, 由引理 6.2.2知, 在 $H^s(\mathbb{R}^3)$ 中

$$u_n\to u \tag{6.4.40}$$

及

$$y_n:=\varepsilon_n\tilde{y}_n\to y\in\varLambda \tag{6.4.41}$$

断言 1: u 是极限问题:

$$\left(a+b\int_{\mathbb{R}^3}|(-\Delta)^{\frac{s}{2}}u|^2\mathrm{d}x\right)(-\Delta)^s u(x)+V_0u=f(u),\quad x\in\mathbb{R}^3,\quad u\in H^s(\mathbb{R}^3)\tag{6.4.42}$$

的基态解. 事实上, 对任意的 $\varphi\in H^s(\mathbb{R}^3)$, 有

$$\left(a+b\int_{\mathbb{R}^3}|(-\Delta)^{\frac{s}{2}}u_n|^2\mathrm{d}x\right)\int_{\mathbb{R}^3}(-\Delta)^s u_n\varphi\mathrm{d}x+\int_{\mathbb{R}^3}V_n(x)u_n\varphi\mathrm{d}x=\int_{\mathbb{R}^3}f(u_n)\varphi\mathrm{d}x$$

由 (6.4.40)式、(6.4.41) 式和条件 (V) 可知

$$\begin{aligned}&\left|\int_{\mathbb{R}^3}V_n(x)u_n\varphi\mathrm{d}x-\int_{\mathbb{R}^3}V_0u\varphi\mathrm{d}x\right|\\&\quad\leqslant\int_{\mathbb{R}^3}\Big|V_n(x)\big(u_n\varphi-u\varphi\big)\Big|\mathrm{d}x+\int_{\mathbb{R}^3}\Big|\big(V_n(x)-V_0\big)u\varphi\Big|\mathrm{d}x\to 0\end{aligned}\tag{6.4.43}$$

因此

$$\left(a+b\int_{\mathbb{R}^3}|(-\Delta)^{\frac{s}{2}}u|^2\mathrm{d}x\right)\int_{\mathbb{R}^3}(-\Delta)^s u\varphi\mathrm{d}x+V_0\int_{\mathbb{R}^3}u\varphi\mathrm{d}x=\int_{\mathbb{R}^3}f(u)\varphi\mathrm{d}x,\quad\forall\varphi\in H^s(\mathbb{R}^3)$$

这就说明 u 是问题 (6.4.42) 的解.

另一方面, 由 Fatou 引理可知

$$\begin{aligned}m_{V_0}&\leqslant\frac{a}{2}\int_{\mathbb{R}^3}|(-\Delta)^{\frac{s}{2}}u|^2\mathrm{d}x+\frac{V_0}{2}\int_{\mathbb{R}^3}u^2\mathrm{d}x+\frac{b}{4}\left(\int_{\mathbb{R}^3}|(-\Delta)^{\frac{s}{2}}u|^2\mathrm{d}x\right)^2-\int_{\mathbb{R}^3}F(u)\mathrm{d}x\\&=\frac{a}{4}\int_{\mathbb{R}^3}|(-\Delta)^{\frac{s}{2}}u|^2\mathrm{d}x+\frac{V_0}{4}\int_{\mathbb{R}^3}u^2\mathrm{d}x+\frac{1}{4}\int_{\mathbb{R}^3}[f(u)u-F(u)]\mathrm{d}x\\&\leqslant\liminf_{n\to+\infty}\left(\frac{a}{4}\int_{\mathbb{R}^3}|(-\Delta)^{\frac{s}{2}}u_n|^2\mathrm{d}x+\frac{1}{4}\int_{\mathbb{R}^3}V_n(x)u_n^2\mathrm{d}x+\frac{1}{4}\int_{\mathbb{R}^3}[f(u_n)u_n-F(u_n)]\mathrm{d}x\right)\\&=\liminf_{n\to+\infty}(\mathcal{J}_{\varepsilon_n}(u_n)-\frac{1}{4}\langle\mathcal{J}'_{\varepsilon_n}(u_n),u_n\rangle)\\&=m_{V_0}\end{aligned}$$

因此, u 是问题 (6.4.42) 的基态解. 类似引理 6.3.3 的讨论, 可得 u 是正的. 则断言 1 成立.

断言 2: 存在 $\delta>0$, 使得 $||u_n||_{L^\infty(\mathbb{R}^3)}\geqslant\delta(\forall n\in\mathbb{N})$.

事实上, 假设 $||u_n||_{L^\infty(\mathbb{R}^3)}\to 0$. 取 $\varepsilon_0=V_0$, 由 (f_1) 可知, 存在 $n_0\in\mathbb{N}$, 使得对任意的 $n\geqslant n_0$, 有

$$\frac{f(||u_n||_{L^\infty(\mathbb{R}^3)})}{||u_n||^3_{L^\infty(\mathbb{R}^3)}}<V_0\text{ 和 }||u_n||_{L^\infty(\mathbb{R}^3)}<\frac{1}{2}$$

因此, 由 (f_4) 知

$$\begin{aligned}
&a\int_{\mathbb{R}^3}|(-\Delta)^{\frac{s}{2}}u_n|^2\mathrm{d}x+\int_{\mathbb{R}^3}V_0u_n^2\mathrm{d}x+b\left(\int_{\mathbb{R}^3}|(-\Delta)^{\frac{s}{2}}u_n|^2\mathrm{d}x\right)^2\\
&\leqslant\int_{\mathbb{R}^3}\frac{f(u_n)}{u_n^3}u_n^4\mathrm{d}x\\
&\leqslant\int_{\mathbb{R}^3}\frac{f(||u_n||_{L^\infty(\mathbb{R}^3)})}{||u_n||^3_{L^\infty(\mathbb{R}^3)}}u_n^4\mathrm{d}x\\
&\leqslant V_0\int_{\mathbb{R}^3}u_n^4\mathrm{d}x\\
&\leqslant V_0||u_n||^2_{L^\infty(\mathbb{R}^3)}\int_{\mathbb{R}^3}u_n^2\mathrm{d}x\\
&<\frac{V_0}{2}\int_{\mathbb{R}^3}u_n^2\mathrm{d}x
\end{aligned}$$

这说明对任意的 $n\geqslant n_0$, $||u_n||_{V_0}=0$. 因为在 $H^s(\mathbb{R}^3)$ 中 $u_n\to u$, 故 $u=0$, 与 $u\neq 0$ 矛盾. 从而断言 2 成立.

断言 3: 当 $|x|\to\infty$ 时, 对于 $n\in\mathbb{N}$ 一致地有 $u_n(x)\to 0$.

事实上, 把 (6.4.39) 式重写为

$$(-\Delta)^s u_n+u_n=\Upsilon_n,\quad x\in\mathbb{R}^3$$

其中

$$\Upsilon_n(x)=(a+b\int_{\mathbb{R}^3}|(-\Delta)^{\frac{s}{2}}u_n|^2\mathrm{d}x)^{-1}[f(u_n(x))-V_n(x)u_n(x)]+u_n(x)$$

由文献 [65] 可知

$$u_n=\mathcal{K}*\Upsilon_n=\int_{\mathbb{R}^3}\mathcal{K}(x-y)\Upsilon_n(y)\mathrm{d}y$$

其中 $\mathcal{K}$ 是 Bessel 核. 此外, $\mathcal{K}$ 具有如下性质:

- $\mathcal{K}$ 是 $\mathbb{R}^3\setminus\{0\}$ 上的正的径向对称的光滑函数;
- 存在 $C>0$, 使得 $\mathcal{K}(x)\leqslant C/|x|^{3+2s}$;
- $\mathcal{K}\in L^q(\mathbb{R}^3)(\forall q\in[1,3/(3-2s)))$.

由 (6.4.40)式、引理 6.4.10 及其证明和 L^p 空间上的内插不等式可知, 对任意的 $p\in(2,+\infty)$, 在 $L^p(\mathbb{R}^3)$ 中有

$$u_n\to u \tag{6.4.44}$$

及

$$f(u_n)\to f(u) \tag{6.4.45}$$

记

$$\Upsilon(x)=(a+b\int_{\mathbb{R}^3}|(-\Delta)^{\frac{s}{2}}u|^2\mathrm{d}x)^{-1}[f(u(x))-V(y)u(x)]+u(x)$$

由 (6.4.40)式、(6.4.44) 式和 (6.4.45) 式可知, 对任意的 $p \in (2, +\infty)$, 在 $L^p(\mathbb{R}^3)$ 中有

$$\Upsilon_n \to \Upsilon \tag{6.4.46}$$

且存在 $C > 0$, 使得

$$||\Upsilon u||_{L^\infty(\mathbb{R}^3)} \leqslant C \tag{6.4.47}$$

由 (6.4.44)~ (6.4.47)式, 类似于文献 [13] 中引理 2.6 的证明, 当 $|x| \to \infty$ 时, 有

$$u_n(x) \to 0$$

关于 $n \in \mathbb{N}$ 一致成立.

断言 4: 存在常数 $C > 0$, 使得

$$u_n(x) \leqslant \frac{C}{1 + |x|^{3+2s}}, \quad \forall\, x \in \mathbb{R}^3$$

事实上, 由文献 [65] 中的引理 4.2 知, 存在连续函数 $\bar{\omega}$, 使得

$$0 < \bar{\omega}(x) \leqslant \frac{C}{1 + |x|^{3+2s}} \tag{6.4.48}$$

且存在 $\bar{R} > 0$, 使得

$$(-\Delta)^s \bar{\omega} + \frac{V_0}{2(a + 2b[u]^2_{W^{s,2}})} \bar{\omega} = 0, \qquad x \in \mathbb{R}^3 \setminus B_{\bar{R}}(0) \tag{6.4.49}$$

由 (6.4.40) 式可知, 在 $L^2(\mathbb{R}^3)$ 中 $u_n \to u$ 且 $[u_n]_{W^{s,2}} \to [u]_{W^{s,2}}$. 因为 u_n 是 (6.4.39) 式的解, 且当 $|x| \to \infty$ 时, $u_n(x) \to 0$, 所以, 存在充分大的 $R_1 > 0$, 当 $x \in \mathbb{R}^3 \setminus B_{R_1}(0)$ 时, 有

$$\begin{aligned}
&(-\Delta)^s u_n + \frac{V_0}{2(a + 2b[u]^2_{W^{s,2}})} u_n \\
&= \frac{f(u_n) - V_n(x) u_n}{a + b[u_n]^2_{W^{s,2}}} + \frac{V_0}{2(a + 2b[u]^2_{W^{s,2}})} u_n \\
&= \frac{f(u_n) - V_n(x) u_n + (a + b[u_n]^2_{W^{s,2}}) \dfrac{V_0}{2(a + 2b[u]^2_{W^{s,2}})} u_n}{a + b[u_n]^2_{W^{s,2}}} \\
&\leqslant \frac{f(u_n) - V_n(x) u_n + \dfrac{V_0}{2} u_n}{a + b[u_n]^2_{W^{s,2}}} \\
&\leqslant \frac{f(u_n) - \dfrac{V_0}{2} u_n}{a + b[u_n]^2_{W^{s,2}}} \\
&\leqslant \frac{C(u_n^3 + u_n^{p-1}) - \dfrac{V_0}{2} u_n}{a + b[u_n]^2_{W^{s,2}}}
\end{aligned}$$

$$\leqslant \frac{C(u_n^2+u_n^{p-2})-\dfrac{V_0}{2}}{a+b[u_n]_{W^{s,2}}^2}u_n$$
$$\leqslant 0 \tag{6.4.50}$$

记 $R_2 := \max\{\bar{R}, R_1\}$,

$$z_n := (\alpha+1)\bar{\omega}-\beta u_n \tag{6.4.51}$$

其中 $\alpha := \sup\limits_{n\in\mathbb{N}}\|u_n\|_\infty < \infty$, $\beta := \min\limits_{\bar{B}_{R_2}(0)} \bar{\omega} > 0$. 我们将验证在 $\mathbb{R}^3$ 上有 $z_n \geqslant 0$. 若不然, 存在 $\{x_n^j\}$, 使得

$$\inf_{x\in\mathbb{R}^3} z_n(x) = \lim_{j\to\infty} z_n(x_n^j) < 0 \tag{6.4.52}$$

注意到

$$\lim_{|x|\to\infty}\bar{\omega}(x)=0$$

及当 $|x|\to\infty$ 时关于 n 一致地有 $u_n(x)\to 0$ 成立, 则关于 n 一致地有

$$\lim_{|x|\to\infty} z_n(x)=0$$

成立. 因此, $\{x_n^j\}$ 有界, 故在子列意义下, 可设当 $j\to\infty$ 时, $x_n^j \to x_n^* \in \mathbb{R}^3$. 所以 (6.4.52) 式变形为

$$z_n(x_n^*) = \inf_{x\in\mathbb{R}^3} z_n(x) < 0 \tag{6.4.53}$$

由 (6.4.53) 式和 (1.1.3) 式可知

$$(-\Delta)^s z_n(x_n^*) = -\frac{C(s)}{2}\int_{\mathbb{R}^3}\frac{z_n(x_n^*+y)+z_n(x_n^*-y)-2z_n(x_n^*)}{|y|^{3+2s}}\mathrm{d}y \leqslant 0 \tag{6.4.54}$$

由 (6.4.51)式, 在 $B_{R_2}(0)$ 上有

$$z_n(x) \geqslant \alpha\beta+\bar{\omega}-\alpha\beta > 0$$

由上式和 (6.4.53) 式可知

$$x_n^* \in \mathbb{R}^3 \setminus B_{R_2}(0) \tag{6.4.55}$$

由 (6.4.49)~ (6.4.50)式可知, 在 $\mathbb{R}^3\setminus B_{R_2}(0)$ 上有

$$(-\Delta)^s z_n + \frac{V_0}{2(a+2b[u]_{W^{s,2}}^2)} z_n \geqslant 0 \tag{6.4.56}$$

结合 (6.4.53) ~ (6.4.55)式, 有

$$0 \leqslant (-\Delta)^s z_n(x_n^*) + \frac{V_0}{2(a+2b[u]_{W^{s,2}}^2)} z_n(x_n^*) < 0$$

矛盾, 所以在 $\mathbb{R}^3$ 中 $z_n(x) \geqslant 0$. 从而, $u_n \leqslant (\alpha+1)\beta^{-1}\bar{\omega}$, 再由 (6.4.48) 式可知

$$u_n(x) \leqslant \frac{C}{1+|x|^{3+2s}}, \quad \forall\, x \in \mathbb{R}^3$$

故断言 4 成立.

接下来我们将结束定理 6.1.1 的证明. 由文献 [99] 中的命题 2.9 可知, 对任意的 $\alpha < 2s-1$, $u_n \in C^{1,\alpha}(\mathbb{R}^3)$. 设 p_n 为 u_n 的全局最大值点, 由引理 6.4.10 和 断言 3 可知, 存在 $R>0$, 使得 $p_n \in B_R(0)$. 因此, w_{ε_n} 的全局最大值点可记为 $z_{\varepsilon_n} = p_n + \tilde{y}_n$ 且满足 $\varepsilon_n z_{\varepsilon_n} = \varepsilon_n p_n + \varepsilon_n \tilde{y}_n$. 因为 $\{p_n\}$ 有界, 设 $\varepsilon_n z_{\varepsilon_n} \to y$, 则当 $n \to \infty$ 时, $V(\varepsilon_n z_{\varepsilon_n}) \to V_0$. 此外, 由 断言 4 可知

$$\begin{aligned} w_n\left(\frac{x}{\varepsilon_n}\right) &= u_n\left(\frac{x}{\varepsilon_n} - \tilde{y}_n\right) \\ &\leqslant \frac{C}{1+|\dfrac{x}{\varepsilon_n} - \tilde{y}_n|^{3+2s}} \\ &= \frac{C\varepsilon_n^{3+2s}}{\varepsilon_n^{3+2s} + |x - \varepsilon_n \tilde{y}_n|^{3+2s}} \\ &= \frac{C\varepsilon_n^{3+2s}}{\varepsilon_n^{3+2s} + |x - \eta_{\varepsilon_n}|^{3+2s}} \end{aligned}$$

记 $\bar{v}_{\varepsilon_n}(x) = w_{\varepsilon_n}\left(\dfrac{x}{\varepsilon_n}\right)$. 从上面的证明可见, $\bar{v}_{\varepsilon_n}(x)$ 具有定理 6.1.1 中所有的性质, 这就完成了定理 6.1.1 的证明. □

第 7 章　临界分数阶 Kirchhoff 方程正基态解的存在性

在本章中将研究如下分数阶 Kirchhoff 方程:

$$\left(a+b\int_{\mathbb{R}^3}|(-\Delta)^{\frac{s}{2}}u|^2dx\right)(-\Delta)^s u+mu=\lambda|u|^{p-2}u+|u|^{2_s^*-2}u,\quad x\in\mathbb{R}^3$$

其中 $a,b,m>0$, $p\in(2,2_s^*)$, $2_s^*=\dfrac{6}{3-2s}$ 和 $s\in\left(\dfrac{3}{4},1\right)$. 借助 Nehari-Pohozǎev 流形我们获得了上述临界分数阶 Kirchhoff 方程正基态解的存在性.

7.1　主 要 结 果

本章研究临界分数阶 Kirchhoff 方程基态解的存在性:

$$\left(a+b\int_{\mathbb{R}^3}|(-\Delta)^{\frac{s}{2}}u|^2\mathrm{d}x\right)(-\Delta)^s u+mu=\lambda|u|^{p-2}u+|u|^{2_s^*-2}u,\quad x\in\mathbb{R}^3\tag{7.1.1}$$

其中 $a,b,m>0$, $p\in(2,2_s^*)$, $2_s^*=\dfrac{6}{3-2s}$ 和 $s\in\left(\dfrac{3}{4},1\right)$. 方程 (7.1.1) 的能量泛函 $I_m\in C^1(H^s(\mathbb{R}^3),\mathbb{R}^3)$ 定义为

$$\begin{aligned}I_m(u)=&\frac{a}{2}\int_{\mathbb{R}^3}|(-\Delta)^{\frac{s}{2}}u|^2\mathrm{d}x+\frac{b}{4}\left(\int_{\mathbb{R}^3}|(-\Delta)^{\frac{s}{2}}u|^2\mathrm{d}x\right)^2+\frac{1}{2}\int_{\mathbb{R}^3}mu^2\mathrm{d}x\\&-\frac{\lambda}{p}\int_{\mathbb{R}^3}|u|^p\mathrm{d}x-\frac{1}{2_s^*}\int_{\mathbb{R}^3}|u|^{2_s^*}\mathrm{d}x,\quad u\in H^s(\mathbb{R}^3)\end{aligned}$$

其中分数阶 Sobolev 空间 $H^s(\mathbb{R}^3)$ 赋予等价范数:

$$\|u\|^2=a\int\int_{\mathbb{R}^3\times\mathbb{R}^3}\frac{|u(x)-u(y)|^2}{|x-y|^{3+2s}}\mathrm{d}x\mathrm{d}y+m\int_{\mathbb{R}^3}u(x)^2\mathrm{d}x$$

我们的主要结果如下:

定理 7.1.1　若 $p\in\left(\dfrac{4s}{3-2s},2_s^*\right)$ 和任意的 $\lambda>0$ 或者 $p\in\left(2,\dfrac{4s}{3-2s}\right]$ 和充分大的 $\lambda>0$, 则方程 (7.1.1) 存在一个正基态解. 另外, 方程 (7.1.1) 的基态解 U 所构成的集合 $\mathcal{L}_m$ 在 $H^s(\mathbb{R}^3)$ 中是紧的.

首先我们给出对应方程 (7.1.1) 的 Pohozǎev 等式 (可参见文献 [42], [114]):

$$P_m(u) := \frac{(3-2s)a}{2}\int_{\mathbb{R}^3}|(-\Delta)^{\frac{s}{2}}u|^2\mathrm{d}x + \frac{(3-2s)b}{2}\left(\int_{\mathbb{R}^3}|(-\Delta)^{\frac{s}{2}}u|^2\mathrm{d}x\right)^2 + \frac{3}{2}\int_{\mathbb{R}^3}mu^2\mathrm{d}x - \frac{3\lambda}{p}\int_{\mathbb{R}^3}|u|^p\mathrm{d}x - \frac{3}{2_s^*}\int_{\mathbb{R}^3}|u|^{2_s^*}\mathrm{d}x = 0$$

定义 Nehari-Pohozǎev 流形:

$$M_m = \left\{u \in H^s(\mathbb{R}^3)\setminus\{0\}\middle|G_m(u)=0\right\}$$

其中

$$\begin{aligned}G_m(u) :&= \frac{4s-3}{2}\langle I_m'(u),\ u\rangle + P_m(u)\\ &= as\int_{\mathbb{R}^3}|(-\Delta)^{\frac{s}{2}}u|^2\mathrm{d}x + bs\left(\int_{\mathbb{R}^3}|(-\Delta)^{\frac{s}{2}}u|^2\mathrm{d}x\right)^2 + 2s\int_{\mathbb{R}^3}mu^2\mathrm{d}x\\ &\quad - \frac{(4s-3)p+6}{2p}\lambda\int_{\mathbb{R}^3}|u|^p\mathrm{d}x - s\int_{\mathbb{R}^3}|u|^{2_s^*}\mathrm{d}x\end{aligned}$$

接下来的证明将用到如下集中紧性原理[109-110].

命题 7.1.1 假设 $\{\rho_n\}$ 是 $L^1(\mathbb{R}^N)$ 中的非负序列, 满足

$$\int_{\mathbb{R}^N}\rho_n(x)\mathrm{d}x = l$$

其中 l 是一固定的数. 则存在序列 $\{\rho_n\}$ 的子列, 仍记为 $\{\rho_n\}$, 使得只有如下三种可能发生:

(i) (紧性) 存在 $\varepsilon>0$, 使得对任意的 $\varepsilon>0$, 存在 $R>0$ 满足

$$\int_{B_R(y)}\rho_n(x)\mathrm{d}x \geqslant l-\varepsilon, \quad n=1,2,\cdots$$

(ii) (消失) 对任意的 $R>0$, 有

$$\lim_{n\to\infty}\sup_{y\in\mathbb{R}^N}\int_{B_R(y)}\rho_n(x)\mathrm{d}x = 0$$

(iii) (二分性) 存在 $\alpha\in(0,l)$ 使得对任意的 $\varepsilon>0$, 存在 $n_0\geqslant 1$, $\rho_n^{(1)},\rho_n^{(2)}\in L^1(\mathbb{R}^N)$, 对 $n\geqslant n_0$, 满足

$$\begin{aligned}&||\rho_n-(\rho_n^{(1)}+\rho_n^{(2)})||_{L^1(\mathbb{R}^N)}<\varepsilon\\ &\left|\int_{\mathbb{R}^N}\rho_n^{(2)}(x)\mathrm{d}x-\alpha\right|<\varepsilon\\ &\left|\int_{\mathbb{R}^N}\rho_n^{(2)}(x)\mathrm{d}x-(l-\alpha)\right|<\varepsilon\\ &\mathrm{dist}(\mathrm{supp}\rho_n^{(1)},\rho_n^{(2)})\to\infty, \quad n\to\infty\end{aligned}$$

需要注意的是, 由于 $p\in(2,2_s^*)$, 我们不能直接运用 Nehari 流形. 这就为什么要引入 Nehari-Pohozǎev 流形 M_m 的原因. 如下引理给出了流形 M_m 的性质:

引理 7.1.1 (i) 对任意的 $u\in H^s(\mathbb{R}^3)\setminus\{0\}$ 满足 $u\geqslant 0$, 则存在唯一的 $\theta_0>0$ 使得 $u_{\theta_0}\in M_m$. 此外, $I_m(u_{\theta_0})=\max\limits_{\theta>0}I_m(u_\theta)$;

(ii) $0\in\partial M_m$;

(iii) 对任意的 $u\in M_m$, 有 $I_m(u)>0$;

(iv) M_m 是一个 C^1 流形;

(v) M_m 是泛函 I_m 的一个自然约束, i.e., 泛函 I_m 在流形 M_m 上的临界点为泛函 I_m 的临界点;

(vi) 存在常数 $C>0$ 使得 $||u||_{p+1}\geqslant C$ $(\forall u\in M_m)$.

证明 (i) 对任意的 $u\in H^s(\mathbb{R}^3)\backslash\{0\}$ 满足 $u\geqslant 0$, 记 $u_\theta(x):=\theta^{\frac{4s-3}{2}}u(\theta^{-1}x)$ $(\theta>0)$, 并记

$$\begin{aligned}\eta(\theta):=I_m(u_\theta)=&\frac{\theta^{2s}a}{2}\int_{\mathbb{R}^3}|(-\Delta)^{\frac{s}{2}}u|^2\mathrm{d}x+\frac{\theta^{4s}b}{4}\left(\int_{\mathbb{R}^3}|(-\Delta)^{\frac{s}{2}}u|^2\mathrm{d}x\right)^2\\&+\frac{\theta^{4s}}{2}\int_{\mathbb{R}^3}mu^2\mathrm{d}x-\frac{\lambda}{p}\theta^{\frac{(4s-3)p+6}{2}}\int_{\mathbb{R}^3}|u|^p\mathrm{d}x-\frac{1}{2_s^*}\theta^{\frac{6s}{3-2s}}\int_{\mathbb{R}^3}|u|^{2_s^*}\mathrm{d}x\end{aligned}$$

从而当 θ 充分小时 $\eta(\theta)>0$, 当 θ 充分大时 $\eta(\theta)<0$. 因此, $\eta(\theta)$ 有唯一的临界点 θ_0, i.e. $\eta(\theta_0)=\max\limits_{t>0}\eta(t)$, $\eta'(\theta_0)=0$. 由于

$$\begin{aligned}G_m(u_{\theta_0})=&as{\theta_0}^{2s}\int_{\mathbb{R}^3}|(-\Delta)^{\frac{s}{2}}u|^2\mathrm{d}x+bs{\theta_0}^{4s}\left(\int_{\mathbb{R}^3}|(-\Delta)^{\frac{s}{2}}u|^2\mathrm{d}x\right)^2+2s{\theta_0}^{4s}\int_{\mathbb{R}^3}mu^2\mathrm{d}x\\&-\frac{\lambda}{p}\frac{(4s-3)p+6}{2}\theta_0^{\frac{(4s-3)p+6}{2}}\int_{\mathbb{R}^3}|u|^p\mathrm{d}x-s\theta_0^{\frac{6s}{3-2s}}\int_{\mathbb{R}^3}|u|^{2_s^*}\mathrm{d}x\\=&\theta_0\eta'(\theta_0)\end{aligned}$$

则 $u_{\theta_0}\in M_m$, $I_m(u_{\theta_0})=\max\limits_{\theta>0}I_m(u_\theta)$.

(ii) 由 Sobolev 嵌入可知, 对充分小的 $||u||$, 有

$$\begin{aligned}&as\int_{\mathbb{R}^3}|(-\Delta)^{\frac{s}{2}}u|^2\mathrm{d}x+bs\left(\int_{\mathbb{R}^3}|(-\Delta)^{\frac{s}{2}}u|^2\mathrm{d}x\right)^2+2s\int_{\mathbb{R}^3}mu^2\mathrm{d}x\\&-\frac{(4s-3)p+6}{2p}\lambda\int_{\mathbb{R}^3}|u|^p\mathrm{d}x-s\int_{\mathbb{R}^3}|u|^{2_s^*}\mathrm{d}x\\&\geqslant s||u||^2-C||u||^p-C||u||^{2_s^*}>0\end{aligned}$$

则 $0\in\partial M_m$.

(iii) 对任意的 $u\in M_m$, 引入记号

$$\begin{aligned}&a_m:=a\int_{\mathbb{R}^3}|(-\Delta)^{\frac{s}{2}}u|^2\mathrm{d}x,\quad b_m:=\int_{\mathbb{R}^3}mu^2\mathrm{d}x\\&c_m:=b\left(\int_{\mathbb{R}^3}|(-\Delta)^{\frac{s}{2}}u|^2\mathrm{d}x\right)^2,\ d_m:=\lambda\int_{\mathbb{R}^3}|u|^p\mathrm{d}x,\ e_m:=\int_{\mathbb{R}^3}|u|^{2_s^*}\mathrm{d}x\end{aligned}$$

则 a_m, b_m, c_m, d_m, e_m 是正的并且满足

$$\begin{cases} \frac{1}{2}a_m + \frac{1}{2}b_m + \frac{1}{4}c_m - \frac{1}{p}d_m - \frac{1}{2_s^*}e_m = I_m(u) \\ sa_m + 2sb_m + sc_m - \frac{(4s-3)p+6}{2p}d_m - se_m = 0 \end{cases}$$

由于 $p \in (2, 2_s^*)$ 可知

$$I_m(u) = \frac{1}{4}a_m + \Big(\frac{(4s-3)p+6}{8ps} - \frac{1}{p}\Big)d_m + \Big(\frac{1}{4} - \frac{1}{2_s^*}\Big)e_m > 0$$

(iv) 要证明 M_m 是一个 C^1 流形, 只需要证明 $G'_m(u) \neq 0 (\forall u \in M_m)$. 采用反证法, 假设存在某个 $u \in M_m$ 使得 $G'_m(u) = 0$. 由 $G'_m(u) = 0$ 可知

$$\begin{aligned}&\Big(2as + 4bs\int_{\mathbb{R}^3} |(-\Delta)^{\frac{s}{2}}u|^2 \mathrm{d}x\Big)(-\Delta)^s u(x) + 4smu \\ &= \frac{(4s-3)p+6}{2}\lambda|u|^{p-2}u + s2_s^*|u|^{2_s^*-2}u\end{aligned}$$

结合上式和 $u \in M_m$ 可推出

$$\begin{cases} 2sa_m + 4sb_m + 4sc_m - \frac{(4s-3)p+6}{2}d_m - s2_s^*e_m = 0 \\ sa_m + 2sb_m + sc_m - \frac{(4s-3)p+6}{2p}d_m - se_m = 0 \\ (3-2s)sa_m + 6sb_m + 2(3-2s)sc_m - \frac{3(4s-3)p+18}{2p}d_m - 3se_m = 0 \end{cases}$$

则

$$2sa_m = (3-4s)c_m, \quad \Big((4s-3)p+6\Big)\Big(\frac{1}{p} - \frac{1}{2}\Big)d_m = (2_s^* - 2)se_m$$

因此 $a_m = b_m = c_m = d_m = e_m = 0$. 这与 $a_m, b_m, c_m, d_m, e_m > 0$ 矛盾. 因此, M_m 是一个 C^1 流形.

(v) 如果 u 是 $I_m|_{\mathcal{M}_m}$ 的临界点, i.e. $u \in \mathcal{M}_m$ 和 $(I_m|_{\mathcal{M}_m})'(u) = 0$. 由 Lagrange 乘子定理可知, 存在 Lagrange 常数 $\nu \in \mathbb{R}$ 满足

$$I'_m(u) + \nu G'_m(u) = 0 \tag{7.1.2}$$

则只需证明 $\nu = 0$ 即可. 事实上, 由 (7.1.2)式可知 $\langle I'_m(u), u\rangle + \nu\langle G'_m(u), u\rangle = 0$, 从而表明 u 是方程

$$\begin{aligned}&\Big((1+2\nu)a + (1+4\nu)b\int_{\mathbb{R}^3} |(-\Delta)^{\frac{s}{2}}u|^2 \mathrm{d}x\Big)(-\Delta)^s u(x) + (1+4\nu)mu \\ &= \Big(\frac{(4s-3)p+6}{2s}\nu + 1\Big)\lambda|u|^{p-2}u + \Big(2_s^*\nu + 1\Big)|u|^{2_s^*-2}u\end{aligned} \tag{7.1.3}$$

的解. 由 (7.1.3) 式和 $u\in\mathcal{M}_m$ 可推出

$$\begin{cases}\dfrac{1}{2}a_m+\dfrac{1}{2}b_m+\dfrac{1}{4}c_m-\dfrac{1}{2_s^*}e_m=I_m(u)+\dfrac{1}{p}d_m\\ a_m+2b_m+c_m-e_m=\dfrac{(4s-3)p+6}{2ps}d_m\\ (1+2\nu)a_m+(1+4\nu)b_m+(1+4\nu)c_m-(2_s^*\nu+1)e_m\\ \quad=(1+\nu\dfrac{(4s-3)p+6}{2s})d_m\\ \dfrac{(3-2s)}{2}(1+2\nu)a_m+\dfrac{3}{2}(1+4\nu)b_m+\dfrac{(3-2s)}{2}(1+4\nu)c_m\\ \quad-\dfrac{3}{2_s^*}(2_s^*\nu+1)e_m=\dfrac{3}{p}(1+\nu\dfrac{(4s-3)p+6}{2s})d_m\end{cases}\tag{7.1.4}$$

系统 (7.1.4) 的系数矩阵为

$$A=\begin{pmatrix}\dfrac{1}{2} & \dfrac{1}{2} & \dfrac{1}{4} & -\dfrac{1}{2_s^*}\\ 1 & 2 & 1 & -1\\ (1+2\nu) & (1+4\nu) & (1+4\nu) & (2_s^*\nu+1)\\ \dfrac{(3-2s)}{2}(1+2\nu) & \dfrac{3}{2}(1+4\nu) & \dfrac{(3-2s)}{2}(1+4\nu) & -\dfrac{3}{2_s^*}(2_s^*\nu+1)\end{pmatrix}$$

其行列式为

$$\det(A)=\frac{1}{4}(6-2_s^*-8/2_s^*)\nu(4\nu+1)$$

则

$$\det(A)=0\Longleftrightarrow\nu=0\text{ or }\nu=-\frac{1}{4}$$

接下来将证明 ν 必为 0, 即只需要证明如下两种情形不可能发生:

情形 1: $\nu\neq0$ 和 $\nu\neq-\dfrac{1}{4}$. 若此情形成立, 意味着系统 (7.1.4) 有唯一解. 从而有

$$-\frac{(4s-3)p+6}{ps}\Big(\frac{(4s-3)p+6}{4s}-2\Big)d_m=2a_m+(2_s^*-4)e_m>0$$

这与 $a_m,d_m,e_m>0$ 矛盾. 故此情形 $\nu\neq0$ 和 $\nu\neq-\frac{1}{4}$ 不可能发生.

情形 2: $\nu=-\dfrac{1}{4}$. 在这种情形下由系统 (7.1.4) 中第 3 个式子可知

$$\frac{2ps-3p+6}{2ps}\Big(\frac{(4s-3)p+6}{2s}\nu+1\Big)d_m=0$$

这与 $d_m>0$ 矛盾.

因此, $\nu=0$ 和 $I_m'(u)=0$, i.e. u 是泛函 I_m 的临界点.

(vi) 对任意的 $u\in\mathcal{M}_m$ 和 $G_m(u)=0$, 由 Sobolev 嵌入定理可知

$$\begin{aligned}0&=s\int_{\mathbb{R}^3}|(-\Delta)^{\frac{s}{2}}u|^2\mathrm{d}x+bs\Big(\int_{\mathbb{R}^3}|(-\Delta)^{\frac{s}{2}}u|^2\mathrm{d}x\Big)^2+2s\int_{\mathbb{R}^3}mu^2\mathrm{d}x\\&\quad-\frac{(4s-3)p+6}{2p}\lambda\int_{\mathbb{R}^3}|u|^p\mathrm{d}x-s\int_{\mathbb{R}^3}|u|^{2_s^*}\mathrm{d}x\\&\geqslant s||u||^2-C||u||^p-C||u||^{2_s^*}\end{aligned}$$

则存在常数 $C>0$ 使得 $||u||_{p+1}\geqslant C(\forall u\in M_m)$. □

如下结果表明泛函 I_m 满足山路结构:

引理 7.1.2 泛函 I_m 满足:

(i) 存在 α, $\rho>0$ 使得当 $||u||=\rho$ 时, $I_m(u)\geqslant\alpha$;

(ii) 存在 $e\in H^s(\mathbb{R}^3)$, 当 $||e||\geqslant\rho$ 时满足 $I_m(e)<0$.

证明 (i) 对任意的 $u\in H^s(\mathbb{R}^3)\backslash\{0\}$, 由 Sobolev 嵌入定理可知

$$\begin{aligned}I_m(u)&=\frac{1}{2}\|u\|^2+\frac{b}{4}\left(\int_{\mathbb{R}^3}|(-\Delta)^{\frac{s}{2}}u|^2\mathrm{d}x\right)^2-\frac{\lambda}{p}\int_{\mathbb{R}^3}|u|^p\mathrm{d}x-\frac{1}{2_s^*}\int_{\mathbb{R}^3}|u|^{2_s^*}\mathrm{d}x\\&\geqslant\frac{1}{2}\|u\|^2-C\lambda\|u\|^p-C|u\|^{2_s^*}\end{aligned}$$

故可取 $\rho>0$ 使得 当 $||u||=\rho$ 时, 有

$$I_m(u)\geqslant\alpha$$

(ii) 对任意固定的 $u\in H^s(\mathbb{R}^3)\backslash\{0\}$, 当 $\theta\to+\infty$ 时, 有

$$\begin{aligned}I_m(u_\theta)=&\frac{\theta^{2s}a}{2}\int_{\mathbb{R}^3}|(-\Delta)^{\frac{s}{2}}u|^2\mathrm{d}x+\frac{\theta^{4s}b}{4}\left(\int_{\mathbb{R}^3}|(-\Delta)^{\frac{s}{2}}u|^2\mathrm{d}x\right)^2\\&+\frac{\theta^{4s}}{2}\int_{\mathbb{R}^3}mu^2\mathrm{d}x-\frac{\lambda}{p}\theta^{\frac{(4s-3)p+6}{2}}\int_{\mathbb{R}^3}|u|^p\mathrm{d}x-\frac{1}{2_s^*}\theta^{\frac{6s}{3-2s}}\int_{\mathbb{R}^3}|u|^{2_s^*}\mathrm{d}x<0\end{aligned}$$

故可取 $\theta_*>0$ 使得 当 $e:=u_{\theta_*}$ 时 (ii) 成立. □

记

$$c_m:=\inf_{\gamma\in\Gamma}\max_{t\in[0,1]}I_m(\gamma(t))$$

其中 $\Gamma=\left\{\gamma\in([0,1],\ H^s(\mathbb{R}^3))\big|\ \gamma(0)=0,\ I_m(\gamma(1))<0\right\}$. 接下来我们构造泛函 I_u 关于水平值 c_m 的一个 Palais-Smale 序列, 其满足当 $n\to+\infty$ 时, $G_m(u_n)\to0$, 即

引理 7.1.3 存在序列 $\{u_n\}\subset H^s(\mathbb{R}^3)$ 满足当 $n\to+\infty$ 时, 有

$$I_m(u_n)\to c_m,\quad I_m'(u_n)\to0\text{ 和 }G_m(u_n)\to0\tag{7.1.5}$$

证明 对任意的 $\theta\in\mathbb{R}$ 和 $u\in H^s(\mathbb{R}^3)$, 定义映射 $\Phi:\mathbb{R}\times H^s(\mathbb{R}^3)\to H^s(\mathbb{R}^3)$ 为 $\Phi(\theta,u)=\mathrm{e}^{\frac{4s-3}{2}\theta}u(\mathrm{e}^{-\theta}x)$, 则

$$\begin{aligned}I_m\circ\Phi(\theta,u)=&\frac{a}{2}\mathrm{e}^{2s\theta}\int_{\mathbb{R}^3}|(-\Delta)^{\frac{s}{2}}u|^2\mathrm{d}x+\frac{b}{4}\mathrm{e}^{4s\theta}\left(\int_{\mathbb{R}^3}|(-\Delta)^{\frac{s}{2}}u|^2\mathrm{d}x\right)^2+\frac{1}{2}\mathrm{e}^{4s\theta}\int_{\mathbb{R}^3}mu^2\mathrm{d}x\\&-\mathrm{e}^{\left(\frac{4s-3}{2}p+3\right)\theta}\frac{\lambda}{p}\int_{\mathbb{R}^3}|u|^p\mathrm{d}x-\frac{1}{2_s^*}\mathrm{e}^{\frac{6s\theta}{3-2s}}\int_{\mathbb{R}^3}|u|^{2_s^*}\mathrm{d}x\end{aligned}$$

由引理 7.1.1 可知, 当 $|\theta|$ 和 $||u||$ 充分小时 $(I_m\circ\Phi)(\theta,u)>0$, 当 $|\theta|$ 和 $||u||$ 充分大时 $(I_m\circ\Phi)(\theta,\mathrm{e})<0$, i.e. $I_m\circ\Phi$ 满足山路几何结构. 定义泛函 $I_m\circ\Phi$ 的山路水平值为

$$\tilde{c}_m=\inf_{\tilde{\gamma}\in\tilde{\Gamma}}\max_{t\in[0,1]}(I_m\circ\Phi)(\tilde{\gamma}(t))$$

其中

$$\tilde{\Gamma}=\left\{\tilde{\gamma}\in C\big([0,1],\ \mathbb{R}\times H^s(\mathbb{R}^3)\big)\Big|\ \tilde{\gamma}(0)=(0,0),\ (I_m\circ\varPhi)(\gamma(1))<0\right\}$$

注意到 $\Gamma=\{\varPhi\circ\tilde{\gamma}:\tilde{\gamma}\in\tilde{\Gamma}\}$, 相应泛函 I_m 和 $I_m\circ\varPhi$ 的山路水平值满足: $c_m=\tilde{c}_m$. 由广义极小极大原理文献 [159] 中的定理 2.8 可知, 存在序列 $\{(\theta_n,u_n)\}\subset\mathbb{R}\times H^s(\mathbb{R}^3)$ 满足当 $n\to\infty$ 时, 有

$$(I_m\circ\varPhi)(\theta_n,u_n)\to c_m,\ (I_m\circ\varPhi)'(\theta_n,u_n)\to 0\ \in(\mathbb{R}\times H^s(\mathbb{R}^3))^{-1}\text{ 和 }\theta_n\to 0$$

对任意的 $(h,w)\in\mathbb{R}\times H^s(\mathbb{R}^3)$, 有

$$\langle(I_m\circ\varPhi)'(\theta_n,u_n),(h,w)\rangle=\langle(I_m'(\varPhi(\theta_n,u_n)),\varPhi(\theta_n,w)\rangle+G_m(\varPhi(\theta_n,u_n))h \tag{7.1.6}$$

取 $h=1,w=0$, 则有当 $n\to\infty$ 时, $G_m(\varPhi(\theta_n,u_n))\to 0$. 对任意的 $u\in H^s(\mathbb{R}^3)$, 记 $w:=\mathrm{e}^{\frac{3-4s}{2}\theta}u(\mathrm{e}^\theta x)$, 在 (7.1.6) 式中取 $h=0$, 有

$$\langle(I_m'(\varPhi(\theta_n,u_n)),\varPhi(\theta_n,w)\rangle=\langle(I_m'(\varPhi(\theta_n,u_n)),u\rangle=o(1)||u||$$

因此, 存在序列 $\{u_n\}\subset H^s(\mathbb{R}^3)$ 满足 (7.1.5)式. □

此外, 类似文献 [133] 中的讨论, 有

$$c_m=\inf_{u\in H^s(\mathbb{R}^3)\setminus\{0\}}\max_{\theta>0}I_m(u_\theta)=\inf_{u\in M_m}I_m(u)$$

.

引理 7.1.4 若 $p\in\left(\dfrac{4s}{3-2s},2_s^*\right)$, 任意的 $\lambda>0$, 或若 $p\in\left(2,\dfrac{4s}{3-2s}\right]$, 充分大的 $\lambda>0$, 则

$$c_m\leqslant\frac{a_1}{2}\mathcal{S}_s\hat{\theta}^{2s}+\frac{b}{4}\mathcal{S}_s^2\hat{\theta}^{4s}-\frac{1}{2_s^*}\hat{\theta}^{\frac{6s}{3-2s}}$$

其中 $\hat{\theta}>0$ 与 λ 无关.

证明 记

$$u_\varepsilon(x):=\psi(x)U_\varepsilon(x),\quad x\in\mathbb{R}^3$$

其中 $U_\varepsilon(x)=\varepsilon^{-\frac{3-2s}{2}}u^*(\frac{x}{\varepsilon}),u^*(x)=\dfrac{\tilde{u}(x/\mathcal{S}_s^{\frac{1}{2s}})}{\|\tilde{u}\|_{2_s^*}},\kappa\in\mathbb{R}\setminus\{0\},\mu_0>0$ 和 $x_0\in\mathbb{R}^3$ 是两个固定的常数, $\tilde{u}(x)=\kappa(\mu_0^2+|x-x_0|^2)^{-\frac{3-2s}{2}}$(可参见文献 [138] 中的第 4 节), 以及 $\psi\in\mathcal{C}^\infty(\mathbb{R}^3)$ 满足: 在 $\mathbb{R}^3$ 中 $0\leqslant\psi\leqslant1$、在 B_r 中 $\psi\equiv1$ 和在 $\mathbb{R}^3\setminus B_{2r}$ 中 $\psi\equiv0$. 结合文献 [138] 中的命题 21 和命题 22 可知

$$A_\varepsilon:=\int_{\mathbb{R}^3}|(-\Delta)^{\frac{s}{2}}u_\varepsilon(x)|^2\mathrm{d}x=\mathcal{S}_s^{\frac{3}{2s}}+O(\varepsilon^{3-2s}) \tag{7.1.7}$$

$$B_\varepsilon:=\int_{\mathbb{R}^3}|u_\varepsilon(x)|^2\mathrm{d}x=O(\varepsilon^{3-2s}) \tag{7.1.8}$$

$$C_\varepsilon := \int_{\mathbb{R}^3} |u_\varepsilon(x)|^t \mathrm{d}x = \begin{cases} O(\varepsilon^{\frac{3(2-t)+2st}{2}}), & t > \dfrac{3}{3-2s} \\ O(\varepsilon^{\frac{3(2-t)+2st}{2}}|\log\varepsilon|), & t = \dfrac{3}{3-2s} \\ O(\varepsilon^{\frac{3-2s}{2}t}), & t < \dfrac{3}{3-2s} \end{cases} \tag{7.1.9}$$

$$D_\varepsilon := \int_{\mathbb{R}^3} |u_\varepsilon(x)|^{2_s^*} \mathrm{d}x = \mathcal{S}_s^{\frac{3}{2s}} + O(\varepsilon^3) \tag{7.1.10}$$

记 $v_\theta(x) := \theta^{\frac{4s-3}{2}} u_\varepsilon(\theta^{-1}x)$, 则

$$\begin{aligned} I_m(v_\theta) &= \frac{\theta^{2s}a}{2}\int_{\mathbb{R}^3} |(-\Delta)^{\frac{s}{2}}u_\varepsilon|^2\mathrm{d}x + \frac{\theta^{4s}b}{4}\left(\int_{\mathbb{R}^3}|(-\Delta)^{\frac{s}{2}}u_\varepsilon|^2\mathrm{d}x\right)^2 \\ &\quad + \frac{\theta^{4s}}{2}\int_{\mathbb{R}^3} mu_\varepsilon^2\mathrm{d}x - \frac{\lambda}{p}\theta^{\frac{(4s-3)p+6}{2}}\int_{\mathbb{R}^3}|u_\varepsilon|^p\mathrm{d}x - \frac{1}{2_s^*}\theta^{\frac{6s}{3-2s}}\int_{\mathbb{R}^3}|u_\varepsilon|^{2_s^*}\mathrm{d}x \\ &= \frac{aA_\varepsilon}{2}\theta^{2s} + \frac{bA_\varepsilon^2}{4}\theta^{4s} + \frac{mB_\varepsilon}{2}\theta^{4s} - \frac{\lambda C_\varepsilon}{p}\theta^{\frac{(4s-3)p+6}{2}} - \frac{D_\varepsilon}{2_s^*}\theta^{\frac{6s}{3-2s}} \end{aligned}$$

由此可知, 对充分小的 $\varepsilon > 0$, 当 θ 充分小时, $I_m(v_\theta) \geqslant 0$; 当 $\theta \to +\infty$ 时, $I_m(v_\theta) \to -\infty$. 则存在 $\theta_0 > 0$ 使得 $I_m(v_{\theta_0}) < 0$. 因此存在 $\theta_\varepsilon > 0$ 使得

$$c_m \leqslant \max_{\theta>0} I_m(v_\theta) = I_m(v_{\theta_\varepsilon})$$

注意到, 当 $\theta \to 0$ 时 $I_m(v_\theta) \to 0$, 当 $\theta \to +\infty$ 时 $I_m(v_\theta) \to -\infty$ 对充分小的 $\varepsilon > 0$ 一致成立. 则存在 $\theta_1, \theta_2 > 0$ 使得 $\theta_\varepsilon \in [\theta_1, \theta_2]$.

记

$$J(\theta) := \frac{aA_\varepsilon}{2}\theta^{2s} + \frac{bA_\varepsilon^2}{4}\theta^{4s} - \frac{D_\varepsilon}{2_s^*}\theta^{\frac{6s}{3-2s}}$$

则

$$c_m \leqslant \sup_{\theta>0} J(\theta) + O(\varepsilon^{3-2s}) - \lambda O(\varepsilon^{\frac{3(2-p)+2sp}{2}})$$

由 $3-2s>0$ 和 $3(2-p)+2sp>0$ 可知, $\sup\limits_{\theta>0} J(\theta) \geqslant \dfrac{c_m}{2}$ 对充分小的 $\varepsilon > 0$ 一致成立. 类似上面, 存在 $\theta_3, \theta_4 > 0$(不依赖于 $\varepsilon > 0$) 使得 $\sup\limits_{\theta>0} J(\theta) = \sup\limits_{\theta\in[\theta_3,\theta_4]} J(\theta)$. 由 (7.1.7) 式可知

$$c_m \leqslant \sup_{\theta>0} K(\mathcal{S}_s^{\frac{3-2s}{4s^2}}\theta) + O(\varepsilon^{3-2s}) - \lambda O(\varepsilon^{\frac{3(2-p)+2sp}{2}}) \tag{7.1.11}$$

其中

$$K(\theta) = \frac{a}{2}\mathcal{S}_s\theta^{2s} + \frac{b}{4}\mathcal{S}_s^2\theta^{4s} - \frac{1}{2_s^*}\theta^{\frac{6s}{3-2s}}$$

注意到, 对任意的 $\theta > 0$, 有

$$K'(\theta) = s\theta^{2s-1}\left(a\mathcal{S}_s + b\mathcal{S}_s^2\theta^{2s} - \theta^{\frac{4s^2}{3-2s}}\right) := s\theta^{2s-1}\tilde{K}(\theta)$$

其中 $\tilde{K}'(\theta)=\theta^{2s-1}\Big(2bs\mathcal{S}_s^2-\frac{4s^2}{3-2s}\theta^{\frac{2s(4s-3)}{3-2s}}\Big)$. 存在唯一的 $\hat{\theta}>0$ 使得当 $\theta\in(0,\hat{\theta})$ 时 $\tilde{K}>0$, 当 $\theta\in(\hat{\theta},+\infty)$ 时 $\tilde{K}<0$. 因此, K 存在唯一的极大值 $\hat{\theta}$. 从而由 (7.1.11) 式可知

$$c_m\leqslant K(\hat{\theta})+O(\varepsilon^{3-2s})-\lambda O(\varepsilon^{\frac{3(2-p)+2sp}{2}})$$

故当 $p>\dfrac{4s}{3-2s}$ 时, 对任意的 $\lambda>0$ 和充分小的 $\varepsilon>0$, 有 $c_m<K(\hat{\theta})$; 当 $2<p\leqslant\dfrac{4s}{3-2s}$ 时, 对任意的 $\lambda\geqslant\varepsilon^{\frac{3p-4s-2ps}{2}}$ 和充分小的 $\varepsilon>0$, 有 $c_m<K(\hat{\theta})$. □

引理 7.1.5 (7.1.5)式给出的任意序列 $\{u_n\}$ 在 $H^s(\mathbb{R}^3)$ 中有界.

证明 由 (7.1.5)式可知

$$\begin{aligned}
&1+c_m>I_m(u_n)\\
&=I_m(u_n)-\frac{2}{(4s-3)p+6}G_m(u_n)\\
&=\left(\frac{1}{2}-\frac{2s}{(4s-3)p+6}\right)a\int_{\mathbb{R}^3}|(-\Delta)^{\frac{s}{2}}u|^2\mathrm{d}x+\left(\frac{1}{2}-\frac{4s}{(4s-3)p+6}\right)\int_{\mathbb{R}^3}mu^2\mathrm{d}x\\
&\quad+b\left(\frac{1}{4}-\frac{2s}{(4s-3)p+6}\right)\left(\int_{\mathbb{R}^3}|(-\Delta)^{\frac{s}{2}}u|^2\mathrm{d}x\right)^2+\left(\frac{2s}{(4s-3)p+6}-\frac{1}{2_s^*}\right)\int_{\mathbb{R}^3}|u|^{2_s^*}\mathrm{d}x
\end{aligned}$$

由此可知 $\{u_n\}$ 在 $H^s(\mathbb{R}^3)$ 中有界. □

引理 7.1.6 假设序列 $\{u_n\}$ 满足 (7.1.5)式, 则存在序列 $\{y_n\}\subset\mathbb{R}$ 和 $R>0,\beta>0$ 满足

$$\int_{B_R(y_n)}u_n^2\geqslant\beta$$

证明 采用反证法, 假设存在序列 $\{u_n\}$ 满足, 对任意的 $R>0$, 有

$$\lim_{n\to+\infty}\sup_{y\in\mathbb{R}^3}\int_{B_R(y)}|u_n|^2\mathrm{d}x=0$$

由引理 1.2.4 可知, 在 $L^t(\mathbb{R}^3)$ 中 $u_n\to0$, $2<t<2_s^*$. 因为 $\{u_n\}$ 在 $H^s(\mathbb{R}^3)$ 中有界, 由 $\langle I_m'(u_n),u_n\rangle\to0$ 可知

$$\begin{aligned}
&a\mathcal{S}_s\left(\int_{\mathbb{R}^3}|u_n|^{2_s^*}\mathrm{d}x\right)^{\frac{2}{2_s^*}}+b\mathcal{S}_s^2\left(\int_{\mathbb{R}^3}|u_n|^{2_s^*}\mathrm{d}x\right)^{\frac{4}{2_s^*}}\\
&\leqslant a\int_{\mathbb{R}^3}|(-\Delta)^{\frac{s}{2}}u_n|^2\mathrm{d}x+b\left(\int_{\mathbb{R}^3}|(-\Delta)^{\frac{s}{2}}u_n|^2\mathrm{d}x\right)^2\\
&\leqslant\int_{\mathbb{R}^3}|u_n|^{2_s^*}\mathrm{d}x
\end{aligned}\tag{7.1.12}$$

记 $\int_{\mathbb{R}^3}|u_n|^{2_s^*}\mathrm{d}x:=L^{\frac{6s}{3-2s}}+o_n(1)$. 由 (7.1.12)式和 命题 1.2.3 可得

$$a\mathcal{S}_sL^{2s}+b\mathcal{S}_s^2L^{4s}-L^{\frac{6s}{3-2s}}\leqslant0$$

这表明 $L\geqslant\hat{\theta}$. 因此

$$c_m=I_m(u_n)-\frac{1}{4s}G_m(u_n)+o_n(1)$$

$$
\begin{aligned}
&= \frac{a}{4}\int_{\mathbb{R}^3}|(-\Delta)^{\frac{s}{2}}u_n|^2\mathrm{d}x + \Big(\frac{(4s-3)p+6}{8ps}-\frac{1}{p}\Big)\lambda\int_{\mathbb{R}^3}|u_n|^p\mathrm{d}x \\
&\quad + \Big(\frac{1}{4}-\frac{1}{2_s^*}\Big)\int_{\mathbb{R}^3}|u_n|^{2_s^*}\mathrm{d}x + o_n(1) \\
&\geqslant \frac{a}{4}\int_{\mathbb{R}^3}|(-\Delta)^{\frac{s}{2}}u_n|^2\mathrm{d}x + \Big(\frac{1}{4}-\frac{1}{2_s^*}\Big)\int_{\mathbb{R}^3}|u_n|^{2_s^*}\mathrm{d}x + o_n(1) \\
&\geqslant \frac{a}{4}\mathcal{S}_s\Big(\int_{\mathbb{R}^3}|u_n|^{2_s^*}\mathrm{d}x\Big)^{\frac{2}{2_s^*}} + \Big(\frac{1}{4}-\frac{1}{2_s^*}\Big)\int_{\mathbb{R}^3}|u_n|^{2_s^*}\mathrm{d}x + o_n(1) \\
&\geqslant \frac{a}{4}\mathcal{S}_sL^{2s} + \Big(\frac{1}{4}-\frac{1}{2_s^*}\Big)L^{\frac{6s}{3-2s}} \\
&\geqslant \frac{a}{4}\mathcal{S}_s\hat{\theta}^{2s} + \Big(\frac{1}{4}-\frac{1}{2_s^*}\Big)\hat{\theta}^{\frac{6s}{3-2s}} \\
&= \frac{a}{2}\mathcal{S}_s\hat{\theta}^{2s} + \frac{b}{4}\mathcal{S}_s^2\hat{\theta}^{4s} - \frac{1}{2_s^*}\hat{\theta}^{\frac{6s}{3-2s}}
\end{aligned}
\tag{7.1.13}
$$

这与引理 7.1.4 矛盾. 故存在序列 $\{y_n\}\subset\mathbb{R}$ 和 $R>0,\beta>0$ 满足 $\int_{B_R(y_n)}u_n^2\geqslant\beta$. □

引理 7.1.7 假设序列 $\{u_n\}\subset M_m$ 是 c_m 的极小化序列, 则存在 $\{y_n\}\subset\mathbb{R}$ 使得对任意的 $\epsilon>0$, 存在 $R>0$ 满足

$$
\int_{\mathbb{R}^3\backslash B_R(y_n)}\Big(\int_{\mathbb{R}^3}\frac{|u_n(x)-u_n(y)|^2}{|x-y|^{3+2s}}\mathrm{d}y + mu_n^2\Big)\mathrm{d}x \leqslant \epsilon
$$

证明 假设 $\{u_n\}\subset M_m$ 满足

$$
0<\lim_{n\to\infty}I_m(u_n)=c_m<\frac{a_1}{2}\mathcal{S}_s\hat{\theta}^{2s}+\frac{b}{4}\mathcal{S}_s^2\hat{\theta}^{4s}-\frac{1}{2_s^*}\hat{\theta}^{\frac{6s}{3-2s}}
$$

由 $\{u_n\}\subset M_m$ 可知

$$
\begin{aligned}
I_m(u_n) &= I_m(u_n) - \frac{2}{(4s-3)p+6}G_m(u_n) \\
&= \frac{(4s-3)p+6-8s}{4((4s-3)p+6)}\int_{\mathbb{R}^3}mu^2 + \frac{(4s-3)p+6-8s}{4((4s-3)p+6)}b\Big(\int_{\mathbb{R}^3}|(-\Delta)^{\frac{s}{2}}u|^2\mathrm{d}x\Big)^2 \\
&\quad + \frac{(4s-3)p+6-4s}{2((4s-3)p+6)}a\int_{\mathbb{R}^3}|(-\Delta)^{\frac{s}{2}}u|^2\mathrm{d}x + \frac{42_s^*s-(4s-3)p-6}{2_s^*((4s-3)p+6)}\int_{\mathbb{R}^3}|u|^{2_s^*}\mathrm{d}x
\end{aligned}
\tag{7.1.14}
$$

这意味着 $\{u_n\}$ 在 $H^s(\mathbb{R}^3)$ 中有界.

记

$$
\begin{aligned}
\rho_n :=& \frac{(4s-3)p+6-4s}{(4s-3)p+6}a|(-\Delta)^{\frac{s}{2}}u|^2 + \frac{(4s-3)p+6-8s}{(4s-3)p+6}mu^2 \\
&+ \frac{(4s-3)p+6-8s}{(4s-3)p+6}b\Big(\int_{\mathbb{R}^3}|(-\Delta)^{\frac{s}{2}}u|^2\mathrm{d}x\Big)|(-\Delta)^{\frac{s}{2}}u|^2 \\
&+ \frac{42_s^*s-(4s-3)p-6}{2_s^*((4s-3)p+6)}|u|^{2_s^*}
\end{aligned}
$$

注意到 $\{\rho_n\}$ 是 $L^1(\mathbb{R}^3)$ 中的非负序列. 由 (7.1.14) 式可知

$$
J(u_n) := \int_{\mathbb{R}^3}\rho_n\mathrm{d}x \to c_m \tag{7.1.15}
$$

接下来我们证明命题 7.1.1 中的情形 (ii) 和情形 (iii) 不会成立.

若情形 (ii) 成立, 假设对任意的 $R>0$, 有

$$\lim_{n\to+\infty}\sup_{y\in\mathbb{R}^3}\int_{B_R(y)}|u_n|^2\mathrm{d}x=0 \quad 和 \quad \lim_{n\to+\infty}\sup_{y\in\mathbb{R}^3}\int_{B_R(y)}|u_n|^{2_s^*}\mathrm{d}x=0$$

由命题 1.2.4 和命题 1.2.5 可知

$$\lim_{n\to+\infty}\int_{\mathbb{R}^3}|u_n|^t\mathrm{d}x=0,\quad \forall\, t\in(2,2_s^*] \tag{7.1.16}$$

结合 $\{u_n\}\subset M_m$ 和 (7.1.14)~(7.1.16) 式可推出

$$\lim_{n\to+\infty}I_m(u_n)=0$$

这与 $\lim\limits_{n\to+\infty}I_m(u_n)>0$ 矛盾. 从而情形 (ii) 不成立.

若情形 (iii) 成立. 假设存在 $\alpha\in(0,c_m)$ 和 $\{u_n\}\subset\mathbb{R}^3$ 使得对任意的 $\varepsilon>0$, 存在 $\{R_n\}\subset\mathbb{R}^+$ 满足 $R_n\to+\infty$, 有

$$\limsup_{n\to\infty}\left(\left|\alpha-\int_{B_{R_n}(y_n)}\rho_n\mathrm{d}x\right|+\left|c_m-\alpha-\int_{\mathbb{R}^3\setminus B_{2R_n}(y_n)}\rho_n\mathrm{d}x\right|\right)<\varepsilon \tag{7.1.17}$$

假设 $\xi:\mathbb{R}^+\bigcup\{0\}\to\mathbb{R}^+$ 是一截断函数, 其中 $0\leqslant\xi\leqslant1$, 当 $t\leqslant1$ 时 $\xi(t)=1$, 当 $t\geqslant2$ 时 $\xi(t)=0$, $|\xi'(t)|\leqslant2$. 另外定义

$$v_n(x):=\xi\Big(\frac{|x-y_n|}{R_n}\Big)u_n(x),\quad w_n(x):=\Big(1-\xi\Big(\frac{|x-y_n|}{R_n}\Big)\Big)u_n(x)$$

则由 (7.1.14) 式和 (7.1.17)式可知

$$\liminf_{n\to\infty}\int_{\mathbb{R}^3}J(v_n)\mathrm{d}x\geqslant\alpha,\quad \liminf_{n\to\infty}\int_{\mathbb{R}^3}J(w_n)\mathrm{d}x\geqslant c_m-\alpha$$

记 $\varOmega_n:=B_{2R_n}(y_n)\setminus B_{R_n}(y_n)$, 结合 (7.1.14) 式可推出当 $n\to0$ 时, 有

$$\int_{\Omega_n}\left(\int_{\mathbb{R}^3}\frac{|u_n(x)-u_n(y)|^2}{|x-y|^{3+2s}}\mathrm{d}y+mu_n^2\right)\mathrm{d}x\to0,\quad \int_{\Omega_n}|u_n|^{2_s^*}\mathrm{d}x\to0 \tag{7.1.18}$$

由文献 [53] 中的引理 3.8 可知

$$\int_{\Omega_n}\int_{\mathbb{R}^3}\frac{|v_n(x)-v_n(y)|^2}{|x-y|^{3+2s}}\mathrm{d}y\mathrm{d}x\leqslant C\int_{\Omega_n}|u_n|^2+2\int_{\Omega_n}\int_{\mathbb{R}^3}\frac{|u_n(x)-u_n(y)|^2}{|x-y|^{3+2s}}\mathrm{d}y\mathrm{d}x\to0$$

$$\int_{\Omega_n}\int_{\mathbb{R}^3}\frac{|w_n(x)-w_n(y)|^2}{|x-y|^{3+2s}}\mathrm{d}y\mathrm{d}x\leqslant C\int_{\Omega_n}|u_n|^2+2\int_{\Omega_n}\int_{\mathbb{R}^3}\frac{|u_n(x)-u_n(y)|^2}{|x-y|^{3+2s}}\mathrm{d}y\mathrm{d}x\to0$$

类似于文献 [157] 中的引理 3.6, 有

$$\int_{\mathbb{R}^3}|(-\Delta)^{\frac{s}{2}}u_n|^2\mathrm{d}x=\int_{\mathbb{R}^3}|(-\Delta)^{\frac{s}{2}}v_n|^2\mathrm{d}x+\int_{\mathbb{R}^3}|(-\Delta)^{\frac{s}{2}}w_n|^2\mathrm{d}x+o_n(1) \tag{7.1.19}$$

$$\int_{\mathbb{R}^3}|u_n|^2\mathrm{d}x=\int_{\mathbb{R}^3}|v_n|^2\mathrm{d}x+\int_{\mathbb{R}^3}|w_n|^2\mathrm{d}x+o_n(1) \tag{7.1.20}$$

$$\int_{\mathbb{R}^3}|u_n|^p\mathrm{d}x=\int_{\mathbb{R}^3}|v_n|^p\mathrm{d}x+\int_{\mathbb{R}^3}|w_n|^p\mathrm{d}x+o_n(1) \tag{7.1.21}$$

$$\int_{\mathbb{R}^3}|u_n|^{2_s^*}\mathrm{d}x=\int_{\mathbb{R}^3}|v_n|^{2_s^*}\mathrm{d}x+\int_{\mathbb{R}^3}|w_n|^{2_s^*}\mathrm{d}x+o_n(1) \tag{7.1.22}$$

$$\left(\int_{\mathbb{R}^3}|(-\Delta)^{\frac{s}{2}}u_n|^2\mathrm{d}x\right)^2\geqslant\left(\int_{\mathbb{R}^3}|(-\Delta)^{\frac{s}{2}}v_n|^2\mathrm{d}x\right)^2+\left(\int_{\mathbb{R}^3}|(-\Delta)^{\frac{s}{2}}w_n|^2\mathrm{d}x\right)^2+o_n(1) \tag{7.1.23}$$

因此由 (7.1.19) ~(7.1.23) 式可推出

$$J(u_n)\geqslant J(v_n)+J(w_n)+o_n(1)$$

所以

$$c_m=\lim_{n\to 0}J(u_n)\geqslant\liminf_{n\to 0}J(v_n)+\liminf_{n\to 0}J(w_n)\geqslant\alpha+c_m-\alpha=c_m$$

此外

$$\lim_{n\to 0}J(v_n)=\alpha,\quad \lim_{n\to 0}J(w_n)=c_m-\alpha \tag{7.1.24}$$

由 $u_n\in M_m$, $G_m(u_n)=0$ 和 (7.1.19) ~(7.1.23) 式可知

$$0=G_m(u_n)\geqslant G_m(v_n)+G_m(w_n)+o_n(1) \tag{7.1.25}$$

接下来我们将从以下两种情形进行证明.

情形 1: 在子列的意义下, 可假设 $G_m(v_n)\leqslant 0$ 或者 $G_m(w_n)\leqslant 0$. 不失一般性, 可假设 $G_m(v_n)\leqslant 0$, 则

$$\begin{aligned}&as\int_{\mathbb{R}^3}|(-\Delta)^{\frac{s}{2}}v_n|^2\mathrm{d}x+bs\left(\int_{\mathbb{R}^3}|(-\Delta)^{\frac{s}{2}}v_n|^2\mathrm{d}x\right)^2+2s\int_{\mathbb{R}^3}mv_n^2\mathrm{d}x\\&\quad-\frac{(4s-3)p+6}{2p}\lambda\int_{\mathbb{R}^3}|v_n|^p\mathrm{d}x-s\int_{\mathbb{R}^3}|v_n|^{2_s^*}\mathrm{d}x\leqslant 0\end{aligned}$$

由引理 7.1.1 可知, 对任意的 n, 存在 θ_n 使得 $(v_n)_{\theta_n}\in M_m$ 和 $G_m((v_n)_{\theta_n})=0$. 从而

$$\begin{aligned}&as\left(\theta_n^{\frac{(4s-3)p+6}{2}}-\theta_n{}^{2s}\right)\int_{\mathbb{R}^3}|(-\Delta)^{\frac{s}{2}}v_n|^2\mathrm{d}x+bs\left(\theta_n^{\frac{(4s-3)p+6}{2}}-\theta_n{}^{4s}\right)\left(\int_{\mathbb{R}^3}|(-\Delta)^{\frac{s}{2}}v_n|^2\mathrm{d}x\right)^2\\&\quad+2s\left(\theta_n^{\frac{(4s-3)p+6}{2}}-\theta_n{}^{4s}\right)\int_{\mathbb{R}^3}mv_n^2\mathrm{d}x+\left(\theta_n^{\frac{6s}{3-2s}}-\theta_n^{\frac{(4s-3)p+6}{2}}\right)s\int_{\mathbb{R}^3}|v_n|^{2_s^*}\mathrm{d}x\leqslant 0\end{aligned}$$

这表明 $\theta_n\leqslant 1$. 因此, 由 (7.1.24) 式可知

$$c_m\leqslant I_m((v_n)_{\theta_n})=J((v_n)_{\theta_n})\leqslant J(v_n)\to\alpha<c_m \tag{7.1.26}$$

这是一个矛盾.

情形 2: 在子列的意义下, 假设 $G_m(v_n)>0$ 和 $G_m(w_n)>0$. 由 (7.1.25) 式可知, $G_m(v_n)=o_n(1)$, $G_m(w_n)=o_n(1)$. 类似情形 1 的讨论, 可得到类似于 (7.1.26) 式的一个

矛盾. 因此, 可设 $\lim\limits_{n\to 0}\theta_n=\theta_0>1$. 从而有

$$\begin{aligned}
o_n(1)&=G_m(v_n)\\
&=as\int_{\mathbb{R}^3}|(-\Delta)^{\frac{s}{2}}v_n|^2\mathrm{d}x+bs\left(\int_{\mathbb{R}^3}|(-\Delta)^{\frac{s}{2}}v_n|^2\mathrm{d}x\right)^2+2s\int_{\mathbb{R}^3}mv_n^2\mathrm{d}x\\
&\quad-\frac{(4s-3)p+6}{2p}\lambda\int_{\mathbb{R}^3}|v_n|^p dx-s\int_{\mathbb{R}^3}|v_n|^{2_s^*}\mathrm{d}x\\
&=as\left(1-{\theta_n}^{2s-\frac{(4s-3)p+6}{2}}\right)\int_{\mathbb{R}^3}|(-\Delta)^{\frac{s}{2}}v_n|^2\mathrm{d}x\\
&\quad+bs\left(1-{\theta_n}^{4s-\frac{(4s-3)p+6}{2}}\right)\left(\int_{\mathbb{R}^3}|(-\Delta)^{\frac{s}{2}}v_n|^2\mathrm{d}x\right)^2\\
&\quad+2s\left(1-{\theta_n}^{4s-\frac{(4s-3)p+6}{2}}\right)\int_{\mathbb{R}^3}mv_n^2\mathrm{d}x+s\left(\theta_n^{\frac{6s}{3-2s}-\frac{(4s-3)p+6}{2}}-1\right)\int_{\mathbb{R}^3}|v_n|^{2_s^*}\mathrm{d}x
\end{aligned}$$

这意味着在 $H^s(\mathbb{R}^3)$ 中 $v_n\to 0$, 这与 (7.1.24) 式矛盾. 故情形 (iii) 不成立.

所以, 情形 (i) 成立, 即序列 $\{\rho_n\}$ 具有紧性. 所以, 存在 $\{y_n\}\subset\mathbb{R}^3$ 使得对任意的 $\varepsilon>0$, 存在 $R>0$ 满足

$$\liminf_{n\to\infty}\int_{B_R(y_n)}\rho_n(x)\mathrm{d}x\geqslant c_m-\varepsilon$$

结合 $\lim\limits_{n\to\infty}I_m(u_n)=\lim\limits_{n\to\infty}J_m(u_n)=c_m$ 可推出

$$\begin{aligned}
\varepsilon>c_m-(c_m-\varepsilon)&\geqslant\lim_{n\to\infty}J_m(u_n)-\liminf_{n\to\infty}\int_{B_R(y_n)}\rho_n(x)\mathrm{d}x\\
&\geqslant\lim_{n\to\infty}\left(J_m(u_n)-\int_{B_R(y_n)}\rho_n(x)\mathrm{d}x\right)\\
&=\lim_{n\to\infty}\int_{\mathbb{R}\setminus B_R(y_n)}\rho_n(x)\mathrm{d}x
\end{aligned}$$

从而完成引理的证明. □

7.2　正基态解的存在性

本节将给出主要结果的证明.

定理 7.2.1　方程 (7.1.1) 有一个正的基态解.

证明　假设 $\{u_n\}$ 满足 (7.1.5) 和 c_m 是泛函 I_m 的山路水平值. 由引理 7.1.7 可知, 存在 $\{y_n\}\subset\mathbb{R}^3$ 使得对任意的 $\varepsilon>0$, 存在 $R>0$ 满足

$$\int_{\mathbb{R}^3\setminus B_R(y_n)}\left(\int_{\mathbb{R}^3}\frac{|u_n(x)-u_n(y)|^2}{|x-y|^{3+2s}}\mathrm{d}y+mu_n^2\right)\mathrm{d}x\leqslant\epsilon \tag{7.2.1}$$

记 $\tilde{u}_n(x):=u_n(x+y_n)$, 其中序列 $\{y_n\}$ 由引理 7.1.6 给出. 因此, $\tilde{u}_n\in G_m$ 是 c_m 的极小化

序列. 由 (7.2.1) 式可知, 对任意的 $\varepsilon>0$, 存在 $R>0$ 使得

$$\int_{\mathbb{R}^3\setminus B_R(0)}\left(\int_{\mathbb{R}^3}\frac{|\tilde{u}_n(x)-\tilde{u}_n(y)|^2}{|x-y|^{3+2s}}\mathrm{d}y+m\tilde{u}_n^2\right)\mathrm{d}x\leqslant\epsilon \tag{7.2.2}$$

因为 $\tilde{u}_n$ 在 $H^s(\mathbb{R}^3)$ 中有界, 则在子列的意义下, 可假设存在 $\tilde{u}\in H^s(\mathbb{R}^3)$ 使得在 $H^s(\mathbb{R}^3)$ 中 $\tilde{u}_n\rightharpoonup\tilde{u}$, 在 $L^q_{loc}(\mathbb{R}^3)$ 中 $\tilde{u}_n\to\tilde{u}$, $q\in[2,2_s^*)$ 和 $\tilde{u}_n(x)\to\tilde{u}(x)$, a.e. $x\in\mathbb{R}^3$. 由 Fatou 引理和 (7.2.2) 式可知

$$\int_{\mathbb{R}^3\setminus B_R(0)}\left(\int_{\mathbb{R}^3}\frac{|\tilde{u}(x)-\tilde{u}(y)|^2}{|x-y|^{3+2s}}\mathrm{d}y+m\tilde{u}^2\right)\mathrm{d}x\leqslant\epsilon \tag{7.2.3}$$

结合 (7.2.2)式、(7.2.3) 式和 Sobolev 嵌入定理可知, 对任意的 $q\in[2,2_s^*)$ 和 $\varepsilon>0$, 存在 $C>0$ 使得

$$\begin{aligned}\int_{\mathbb{R}^3}|\tilde{u}_n-\tilde{u}|^q\mathrm{d}x&=\int_{B_R(0)}|\tilde{u}_n-\tilde{u}|^q\mathrm{d}x+\int_{\mathbb{R}^3\setminus B_R(0)}|\tilde{u}_n-\tilde{u}|^q\mathrm{d}x\\&\leqslant\varepsilon+C(||\tilde{u}_n||_{H^s(\mathbb{R}^3)\setminus B_R(0)}+||\tilde{u}||_{H^s(\mathbb{R}^3)\setminus B_R(0)})\leqslant C\varepsilon\end{aligned}$$

则在 $L^q(\mathbb{R}^3)$ 中 $\tilde{u}_n\to\tilde{u}$, $2\leqslant q<2_s^*$. 由 $\tilde{u}_n\in M_m$ 和引理 1.2.5 可推出 $\tilde{u}$ 是非平凡解.

断言:

$$\lim_{n\to+\infty}\int_{\mathbb{R}^3}|(-\Delta)^{\frac{s}{2}}\tilde{u}_n|^2\mathrm{d}x=\int_{\mathbb{R}^3}|(-\Delta)^{\frac{s}{2}}\tilde{u}|^2\mathrm{d}x \tag{7.2.4}$$

事实上, 记

$$\lim_{n\to+\infty}\int_{\mathbb{R}^3}|(-\Delta)^{\frac{s}{2}}\tilde{u}_n|^2\mathrm{d}x=A\geqslant0$$

则

$$\int_{\mathbb{R}^3}|(-\Delta)^{\frac{s}{2}}\tilde{u}|^2\mathrm{d}x\leqslant A$$

此外, $\tilde{u}$ 满足

$$(a+bA)(-\Delta)^s\tilde{u}(x)+m\tilde{u}=\lambda|\tilde{u}|^{p-2}\tilde{u}+|\tilde{u}|^{2_s^*-2}\tilde{u},\quad x\in\mathbb{R}^3 \tag{7.2.5}$$

则

$$\begin{aligned}&(a+bA)\int_{\mathbb{R}^3}|(-\Delta)^{\frac{s}{2}}u|^2\mathrm{d}x+\int_{\mathbb{R}^3}\tilde{u}^2\mathrm{d}x-\lambda\int_{\mathbb{R}^3}|\tilde{u}|^p\mathrm{d}x-\int_{\mathbb{R}^3}|^{2_s^*}\mathrm{d}x\mathrm{d}x=0\\&\frac{(3-2s)}{2}(a+bA)\int_{\mathbb{R}^3}|(-\Delta)^{\frac{s}{2}}u|^2\mathrm{d}x+\frac{3}{2}\int_{\mathbb{R}^3}m\tilde{u}^2\mathrm{d}x\\&\quad-\frac{3\lambda}{p}\int_{\mathbb{R}^3}|\tilde{u}|^p\mathrm{d}x-\frac{3}{2_s^*}\int_{\mathbb{R}^3}|\tilde{u}|^{2_s^*}\mathrm{d}x=0\end{aligned} \tag{7.2.6}$$

由 (7.2.5) 式可知

$$\begin{aligned}G_m(\tilde{u}):=\;&s\big(a+b\int_{\mathbb{R}^3}|(-\Delta)^{\frac{s}{2}}\tilde{u}|^2\mathrm{d}x\big)\int_{\mathbb{R}^3}|(-\Delta)^{\frac{s}{2}}\tilde{u}|^2\mathrm{d}x+2s\int_{\mathbb{R}^3}m\tilde{u}^2\mathrm{d}x\\&-\frac{(4s-3)p+6}{2p}\lambda\int_{\mathbb{R}^3}|\tilde{u}|^p\mathrm{d}x-s\int_{\mathbb{R}^3}|\tilde{u}|^{2_s^*}\mathrm{d}x\end{aligned}$$

$$
\begin{aligned}
&\leqslant s\big(a+bA\big)\int_{\mathbb{R}^3}|(-\Delta)^{\frac{s}{2}}\tilde{u}|^2\mathrm{d}x+2s\int_{\mathbb{R}^3}m\tilde{u}^2\mathrm{d}x\\
&\quad-\frac{(4s-3)p+6}{2p}\lambda\int_{\mathbb{R}^3}|\tilde{u}|^p\mathrm{d}x-s\int_{\mathbb{R}^3}|\tilde{u}|^{2_s^*}\mathrm{d}x\\
&=0
\end{aligned}\tag{7.2.7}
$$

若 $\int_{\mathbb{R}^3}|(-\Delta)^{\frac{s}{2}}\tilde{u}|^2\mathrm{d}x=A$, 则 (7.2.4)式成立. 若 $\int_{\mathbb{R}^3}|(-\Delta)^{\frac{s}{2}}\tilde{u}|^2\mathrm{d}x<A$, 则 $G_m(\tilde{u})<0$. 因此, 存在唯一的 $\theta\in(0,1)$ 使得 $G_m(\tilde{u}_\theta)=0$. 故

$$
\begin{aligned}
c_m&\leqslant I_m(\tilde{u}_\theta)=I_m(\tilde{u}_\theta)-\frac{2}{(4s-3)p+6}G_m(\tilde{u}_\theta)\\
&=\frac{(4s-3)p+6-4s}{2((4s-3)p+6)}a\theta^{2s}\int_{\mathbb{R}^3}|(-\Delta)^{\frac{s}{2}}u|^2\mathrm{d}x\\
&\quad+\frac{(4s-3)p+6-8s}{4((4s-3)p+6)}b\theta^{4s}\left(\int_{\mathbb{R}^3}|(-\Delta)^{\frac{s}{2}}u|^2\mathrm{d}x\right)^2\\
&\quad+\frac{(4s-3)p+6-8s}{2((4s-3)p+6)}\theta^{4s}\int_{\mathbb{R}^3}mu^2\mathrm{d}x+\frac{22_s^*s-(4s-3)p-6}{2_s^*((4s-3)p+6)}\theta^{\frac{6s}{3-2s}}\int_{\mathbb{R}^3}|u|^{2_s^*}\mathrm{d}x\\
&<\frac{(4s-3)p+6-4s}{2((4s-3)p+6)}a\int_{\mathbb{R}^3}|(-\Delta)^{\frac{s}{2}}u|^2\mathrm{d}x\\
&\quad+\frac{(4s-3)p+6-8s}{4((4s-3)p+6)}b\left(\int_{\mathbb{R}^3}|(-\Delta)^{\frac{s}{2}}u|^2\mathrm{d}x\right)^2\\
&\quad+\frac{(4s-3)p+6-8s}{2((4s-3)p+6)}\int_{\mathbb{R}^3}mu^2\mathrm{d}x+\frac{22_s^*s-(4s-3)p-6}{2_s^*((4s-3)p+6)}\int_{\mathbb{R}^3}|u|^{2_s^*}\mathrm{d}x\\
&\quad+\frac{(4s-3)p+6-8s}{2((4s-3)p+6)}\int_{\mathbb{R}^3}m\tilde{u}_n^2\mathrm{d}x+\frac{22_s^*s-(4s-3)p-6}{2_s^*((4s-3)p+6)}\int_{\mathbb{R}^3}|\tilde{u}_n|^{2_s^*}\mathrm{d}x\\
&\leqslant\liminf_{n\to\infty}\left(I_m(\tilde{u}_n)-\frac{2}{(4s-3)p+6}G_m(\tilde{u}_n)\right)\\
&\leqslant\liminf_{n\to\infty}\left(I_m(u_n)-\frac{2}{(4s-3)p+6}G_m(u_n)\right)=c_m
\end{aligned}\tag{7.2.8}
$$

这是一个矛盾. 则 (7.2.4)式成立和 $G_m(u)=0$. 再次由 (7.2.8)式可知在 $H^s(\mathbb{R}^3)$ 中 $\tilde{u}_n\to\tilde{u}$ 以及 和 $\theta=1$. 故 $I_m(\tilde{u})=c_m$ 和 $I'_m(\tilde{u})=0$.

类似地, 我们可获得方程:

$$
\left(a+b\int_{\mathbb{R}^3}|(-\Delta)^{\frac{s}{2}}u|^2\mathrm{d}x\right)(-\Delta)^su+mu=\lambda(u^+)^{p-1}+(u^+)^{2_s^*-1},\quad x\in\ \mathbb{R}^3\tag{7.2.9}
$$

的基态解 u. 此外, 由 (1.1.3) 式可知

$$
\begin{aligned}
0&=\left(a+b\int_{\mathbb{R}^3}|(-\Delta)^{\frac{s}{2}}u|^2\mathrm{d}x\right)(-\Delta)^su\int_{\mathbb{R}^3}(-\Delta)^{\frac{s}{2}}u\cdot(-\Delta)^{\frac{s}{2}}u^-\mathrm{d}x+\int_{\mathbb{R}^3}m|u^-|^2\\
&\geqslant\frac{aC(s)}{2}\iint_{\mathbb{R}^3\times\mathbb{R}^3}\frac{|u^-(x)-u^-(y)|^2}{|x-y|^{3+2s}}\mathrm{d}x\mathrm{d}y\\
&\quad-\frac{aC(s)}{2}\iint_{\mathbb{R}^3\times\mathbb{R}^3}\frac{u^-(x)u^+(y)+u^-(y)u^+(x)}{|x-y|^{3+2s}}\mathrm{d}x\mathrm{d}y\\
&\geqslant\frac{aC(s)}{2}\int_{\mathbb{R}^3}|(-\Delta)^{\frac{s}{2}}u^-|^2\mathrm{d}x\geqslant 0
\end{aligned}
$$

这表明 $u^- = 0$ 并且 $u \geqslant 0$. 此外, 若存在某个 $x_0 \in \mathbb{R}^3$ 使得 $u(x_0) = 0$, 则 $(-\Delta)^s u(x_0) = 0$ 和由 (1.1.3) 式可推出

$$0 = (-\Delta)^s u(x_0) = -\frac{C(s)}{2}\int_{\mathbb{R}^3} \frac{u(x_0+y)+u(x_0-y)-2u(x_0)}{|y|^{3+2s}}\mathrm{d}y$$

这意味着 $u \equiv 0$. 从而与 $u \neq 0$ 矛盾. 故 u 是方程 (7.1.1) 的正基态解. □

假设 $\mathcal{L}_m$ 是方程 (7.1.1) 的基态解 U 集且满足 $U(0) = \max\limits_{x\in\mathbb{R}^3} U(x)$. 集合 $\mathcal{L}_m$ 的紧性由如下引理给出:

引理 7.2.1 对任意的 $m > 0$, $\mathcal{L}_m$ 在 $H^s(\mathbb{R}^3)$ 中是紧的.

证明 类似引理 7.1.5 的讨论, 易证明 $\mathcal{L}_m$ 在 $H^s(\mathbb{R}^3)$ 中有界. 则对任意的 $\{U_k\} \subset \mathcal{L}_m$, 在子列的意义下, 可假设存在 $U_0 \in H^s(\mathbb{R}^3)$ 使得在 $H^s(\mathbb{R}^3)$ 中

$$U_k \rightharpoonup U_0 \tag{7.2.10}$$

并且 U_0 是方程

$$\big(a+bA\big)(-\Delta)^s u(x) + mu = \lambda|u|^{p-1} + |u|^{2_s^*-1}, \quad x \in \mathbb{R}^3$$

的解. 接下来我们将证明 U_0 是非平凡的. 断言在子列的意义下, 在 $L^{2_s^*}_{loc}(\mathbb{R}^3)$ 中

$$U_k \to U_0 \tag{7.2.11}$$

事实上, 由 (7.2.10) 式可假设

$$\int_{\mathbb{R}^3} |(-\Delta)^{\frac{s}{2}} U_k|^2 \mathrm{d}x \rightharpoonup \int_{\mathbb{R}^3} |(-\Delta)^{\frac{s}{2}} U_0|^2 \mathrm{d}x + \mu, \quad \int_{\mathbb{R}^3} |U_k|^{2_s^*}\mathrm{d}x \rightharpoonup \int_{\mathbb{R}^3} |U_0|^{2_s^*}\mathrm{d}x + \nu$$

其中 μ 和 ν 是 $\mathbb{R}^3$ 中的两个有界非负测度. 由分数阶空间中的集中紧性原理 (文献 [165] 中的定理 2.2, 也可参见文献 [125] 和 [66]) 可知, 存在至多可数的指标集 $\varGamma$, 序列 $\{x_i\} \subset \mathbb{R}^3$ 和 $\{\mu_i\}, \{\nu_i\} \subset (0, \infty)$ 使得

$$\mu \geqslant |(-\Delta)^{\frac{s}{2}} U_0|^2 + \sum_{i\in\varGamma} \mu_i \delta_{x_i}, \quad \nu = |U_0|^{2_s^*} + \sum_{i\in\varGamma} \nu_i \delta_{x_i}, \quad \mu_i \geqslant \mathcal{S}_s \nu^{\frac{3-2s}{3}}, \quad \forall i \in \varGamma \tag{7.2.12}$$

因此只需证明对任意的有界集 $\varOmega$ 有 $\{x_i\}_{i\in\varGamma} \bigcap \varOmega = \emptyset$. 假设存在 $i \in \varGamma$ 使得 $x_i \in \varOmega$. 假设截断函数 ψ 满足 $0 \leqslant \psi \leqslant 1$, 当 $t \leqslant 1$ 时 $\psi(t) = 0$, 当 $t \geqslant 2$ 时 $\psi(t) = 0$ 和 $|\psi'| \leqslant C$. 记 $\psi_\rho(x) := \psi\Big(\dfrac{x-x_i}{\rho}\Big)$ $(\rho > 0)$, 可设 ρ 的紧支集 $\psi_\rho \subset \varOmega$. 由 $\langle I'_\mu(U_k), \psi_\rho U_k\rangle = 0$ 可知

$$a\int_{\mathbb{R}^3} (-\Delta)^{\frac{s}{2}} U_k (-\Delta)^{\frac{s}{2}}(\psi_\rho U_k)\mathrm{d}x + \int_{\mathbb{R}^3} mU_k^2\psi_\rho \mathrm{d}x \leqslant \lambda\int_{\mathbb{R}^3} |U_k|^p \psi_\rho \mathrm{d}x + \int_{\mathbb{R}^3} |U_k|^{2_s^*}\psi_\rho \mathrm{d}x \tag{7.2.13}$$

注意到

$$\int_{\mathbb{R}^3} (-\Delta)^{\frac{s}{2}} U_k (-\Delta)^{\frac{s}{2}}(\psi_\rho U_k)\mathrm{d}x = \iint_{\mathbb{R}^3\times\mathbb{R}^3} \frac{|U_k(x)-U_k(y)|^2}{|x-y|^{3+2s}}\psi_\rho(x)\mathrm{d}x\mathrm{d}y$$

$$+\iint_{\mathbb{R}^3\times\mathbb{R}^3}\frac{\big(U_k(x)-U_k(y)\big)\big(\psi_\rho(x)-\psi_\rho(y)\big)}{|x-y|^{3+2s}}U_k(y)\mathrm{d}x\mathrm{d}y \tag{7.2.14}$$

$$\begin{aligned}&\iint_{\mathbb{R}^3\times\mathbb{R}^3}\frac{\big(U_k(x)-U_k(y)\big)\big(\psi_\rho(x)-\psi_\rho(y)\big)}{|x-y|^{3+2s}}U_k(y)\mathrm{d}x\mathrm{d}y\\ \leqslant&\Big(\iint_{\mathbb{R}^3\times\mathbb{R}^3}\frac{|U_k(x)-U_k(y)|^2}{|x-y|^{3+2s}}U_k(y)\mathrm{d}x\mathrm{d}y\Big)^{\frac12}\Big(\iint_{\mathbb{R}^3\times\mathbb{R}^3}\frac{|\psi_\rho(x)-\psi_\rho(y)|^2}{|x-y|^{3+2s}}U_k^2(y)\mathrm{d}x\mathrm{d}y\Big)^{\frac12}\\ \leqslant&\, C\Big(\iint_{\mathbb{R}^3\times\mathbb{R}^3}\frac{|\psi_\rho(x)-\psi_\rho(y)|^2}{|x-y|^{3+2s}}U_k^2(y)\mathrm{d}x\mathrm{d}y\Big)^{\frac12}\end{aligned} \tag{7.2.15}$$

类似文献 [90] 中的引理 2.6 中的证明:

$$\lim_{\rho\to\infty}\limsup_{n\to 0}\iint_{\mathbb{R}^3\times\mathbb{R}^3}\frac{|\psi_\rho(x)-\psi_\rho(y)|^2}{|x-y|^{3+2s}}U_k^2(y)\mathrm{d}x\mathrm{d}y=0 \tag{7.2.16}$$

因为, 当 $\rho\to 0$ 时, 有

$$\begin{aligned}&\limsup_{k\to\infty}\iint_{\mathbb{R}^3\times\mathbb{R}^3}\frac{|U_k(x)-U_k(y)|^2}{|x-y|^{3+2s}}\psi_\rho(x)\mathrm{d}x\mathrm{d}y\\ &\quad\geqslant\iint_{\mathbb{R}^3\times\mathbb{R}^3}\frac{|U_0(x)-U_0(y)|^2}{|x-y|^{3+2s}}\psi_\rho(x)\mathrm{d}x\mathrm{d}y+\mu_i\to\mu_i\end{aligned} \tag{7.2.17}$$

$$\limsup_{k\to\infty}\int_{\mathbb{R}^3}|U_k|^p\psi_\rho\mathrm{d}x=\int_{\mathbb{R}^3}|U_0|^p\psi_\rho\mathrm{d}x\to 0 \tag{7.2.18}$$

$$\limsup_{k\to\infty}\int_{\mathbb{R}^3}|U_k|^{2_s^*}\psi_\rho\mathrm{d}x=\int_{\mathbb{R}^3}|U_0|^{2_s^*}\psi_\rho\mathrm{d}x+\nu_i\to\nu_i \tag{7.2.19}$$

由 (7.2.13)~ (7.2.19) 式可推出

$$a\mathcal{S}_s\nu_i^{\frac{3-2s}{3}}+b\mathcal{S}_s^2\nu_i^{\frac{2(3-2s)}{3}}\leqslant\nu_i$$

记 $\nu_i:=l_i^{\frac{6s}{3-2s}}$, 有 $a\mathcal{S}_sl_i^{2s}+b\mathcal{S}_s^2l_i^{4s}-l_i^{\frac{6s}{3-2s}}\leqslant 0$, 由此式可知 $l_i\geqslant\hat{\theta}$. 另一方面

$$\begin{aligned}c_m&=I_m(U_k)-\frac{1}{4s}G_m(U_k)\\ &=\frac{a}{4}\int_{\mathbb{R}^3}|(-\Delta)^{\frac{s}{2}}U_k|^2\mathrm{d}x+\Big(\frac{(4s-3)p+6}{8ps}-\frac1p\Big)\lambda\int_{\mathbb{R}^3}|U_k|^p\mathrm{d}x\\ &\quad+\Big(\frac14-\frac{1}{2_s^*}\Big)\int_{\mathbb{R}^3}|U_k|^{2_s^*}\mathrm{d}x\\ &\geqslant\frac{a}{4}\mathcal{S}_s\nu_i+\Big(\frac14-\frac{1}{2_s^*}\Big)\nu_i\\ &\geqslant\frac{a}{4}\mathcal{S}_sl_i^{2s}+\Big(\frac14-\frac{1}{2_s^*}\Big)l_i^{\frac{6s}{3-2s}}\\ &\geqslant\frac{a}{4}\mathcal{S}_s\hat{\theta}^{2s}+\Big(\frac14-\frac{1}{2_s^*}\Big)\hat{\theta}^{\frac{6s}{3-2s}}\\ &=\frac{a}{2}\mathcal{S}_s\hat{\theta}^{2s}+\frac{b}{4}\mathcal{S}_s^2\hat{\theta}^{4s}-\frac{1}{2_s^*}\hat{\theta}^{\frac{6s}{3-2s}}\end{aligned} \tag{7.2.20}$$

这与引理 7.1.4 矛盾. 故断言成立.

由文献 [61] 中的命题 5.1.1 可知, $||U_k||_{L^\infty_{loc}(\mathbb{R}^3)} \leqslant C$. 由文献 [97] 和 Schauder 估计可知, 存在 $\alpha \in (0,1)$ 使得 $||U_k||_{C^{2,\alpha}_{\text{loc}}(\mathbb{R}^3)} \leqslant C$. 结合 Arzela-Ascoli 定理, 当 $k \to \infty$ 时, 有

$$U_k \to U_0$$

由 $(-\Delta)^s U_k(0) > 0$ 和 (7.1.1) 式可知, 存在 $C_0 > 0$ 使得 $U_k(0) \geqslant C_0 > 0$. 则 $U_0(0) \geqslant C_0 > 0$, 从而 U_0 是非平凡的. 类似定理 7.2.1 的证明可得到 $I_m(U_0) = c_m$ 和在 $H^s(\mathbb{R}^3)$ 中 $U_k \to U_0$. 故在 $H^s(\mathbb{R}^3)$ 中 $\mathcal{L}_m$ 是紧的. □

第 8 章　高维情形下分数阶 Kirchhoff 方程正解的存在性

本节研究如下带有临界指数的分数阶 Kirchhoff 方程正解的存在性：

$$\left(a+b\int_{\mathbb{R}^N}|(-\Delta)^{\frac{s}{2}}u|^2\mathrm{d}x\right)(-\Delta)^s u=(1+\varepsilon K(x))u^{2_s^*-1},\quad x\in\mathbb{R}^N$$

其中 $a,b>0$, $\varepsilon>0$, $0<s<1$, $N\geqslant 4s$ 和 $2_s^*=\dfrac{2N}{N-2s}$. 当 $\varepsilon=0$ 时我们首次证明了方程正解的非退化性. 特别地, 我们证明了两个正解的非退化性, 这与分数阶薛定谔方程或低维的分数阶 Kirchhoff 方程的结果完全不同. 此外, 利用有限维约化方法和扰动方法证明了奇异扰动方程正解的存在性.

8.1　引言及主要结果

在本节中, 我们关注分数阶 Kirchhoff 问题：

$$\left(a+b\int_{\mathbb{R}^N}|(-\Delta)^{\frac{s}{2}}u|^2\mathrm{d}x\right)(-\Delta)^s u=(1+\varepsilon K(x))u^{2_s^*-1},\quad x\in\mathbb{R}^N \tag{8.1.1}$$

其中 $a,b>0$为给定常数,ε 是一小参数,$K(x):\mathbb{R}^N\to\mathbb{R}$. 最近, 当 $\varepsilon=0$ 时, Yang 和 Yu [170] 在 (8.1.1)式中对 $1<N<4s$ 建立了唯一性和非退化性. 在本节中, 我们将考虑高维的情形, 即 $N\geqslant 4s$, 以及相应的奇异扰动问题.

当 $b=\varepsilon=0$, 方程 (8.1.1) 变为如下分数阶 Schrödinger 方程:

$$(-\Delta)^s u=u^{2_s^*-1},\quad x\in\mathbb{R}^N \tag{8.1.2}$$

此方程解的研究非常有趣且有重要的应用. 方程 (8.1.2) 解的分类与如下临界索伯列夫嵌入不等式中最佳常数有关：

$$\left(\int_{\mathbb{R}^N}|u|^{\frac{2N}{N-2s}}\mathrm{d}x\right)^{\frac{N-2s}{N}}\leqslant C\int_{\mathbb{R}^N}\left|(-\Delta)^{\frac{s}{2}}u\right|^2\mathrm{d}x$$

其中分数阶索伯列夫空间 $H^s(\mathbb{R}^N)$ 定义为

$$H^s(\mathbb{R}^N)=\left\{u\in L^2(\mathbb{R}^N):\frac{u(x)-u(y)}{|x-y|^{\frac{N}{2}+s}}\in L^2(\mathbb{R}^N\times\mathbb{R}^N)\right\}$$

赋予自然范数:

$$\|u\|^2=\int_{\mathbb{R}^N}|u|^2\mathrm{d}x+\iint_{\mathbb{R}^N\times\mathbb{R}^N}\frac{|u(x)-u(y)|^2}{|x-y|^{N+2s}}\mathrm{d}x\mathrm{d}y$$

由于分数阶 Laplace 算子 $(-\Delta)^s$ 的非局部性, 不能直接套用经典的拉普拉斯算子的常用方法. Chen,Li 和 Ou[49] 用积分形式的移动平面法证明了 (8.1.2)式的每一个正则的正解都关于某点径向对称且单调递减, 具有形式:

$$Q(x)=C(N,s)\left(\frac{\lambda}{\lambda^2+|x-\xi|^2}\right)^{\frac{N-2s}{2}},\quad C(N,s)\neq 0,\quad \lambda>0,\quad \xi\in\mathbb{R}^N$$

注意到

$$U_{\lambda,\xi}(x)=\lambda^{-\frac{N-2s}{2}}Q\left(\frac{x-\xi}{\lambda}\right),\quad Q(x)=C(N,s)\left(\frac{1}{1+|x|^2}\right)^{\frac{N-2s}{2}}$$

具有伸缩和平移不变性. Dávila, del Pino 和 Sire[54] 证明了上述解是非退化的 (在方程

$$(-\Delta)^s\phi=(2_s^*-1)u^{2_s^*-2}\phi$$

的所有有界解是 $\dfrac{N-2s}{2}u+x\cdot\nabla u$ 和 $\partial_{x_i}u(1\leqslant i\leqslant N)$ 的线性组合的意义下). 最近, Rădulescu 和 Yang[135] 建立了次临界增长的 Kirchhoff 方程正解的唯一性和非退化性. 更准确地说, 他们证明了分数阶 Kirchhoff 方程:

$$\left(a+b\int_{\mathbb{R}^N}|(-\Delta)^{\frac{s}{2}}u|^2dx\right)(-\Delta)^su+u=|u|^{p-2}u,\quad x\in\mathbb{R}^N$$

有唯一一个非退化径向正解, 其中 $\dfrac{N}{4}<s<1,\ 2<p<2_s^*=\dfrac{2N}{N-2s}$. 而对于高维的情形, Yang[169] 证明 $N>4s$ 时不再有唯一性, 即存在两个与分数阶薛定谔方程或低维情形的分数阶 Kirchhoff 方程的结果完全不同的非退化正解. 作为应用, 结合此非退化性结果以及 Lyapunov-Schmidt 约化方法, 他们也得到了奇异扰动问题[134,168] 的存在性. 对于 $\varepsilon=0$ 时的临界方程 (8.1.1), 有

$$\left(a+b\int_{\mathbb{R}^N}|(-\Delta)^{\frac{s}{2}}u|^2\mathrm{d}x\right)(-\Delta)^su=u^{2_s^*-1},\quad x\in\mathbb{R}^N \tag{8.1.3}$$

Yang 和 Yu[170] 建立了 $1<N<4s$ 时的唯一性和非退化性. 本节我们考虑带临界增长的高维分数阶 Kirchhoff 方程. 本章的第一个结果如下:

定理 8.1.1[82] 设 $a,b>0$. 那么

(i) 若 $1<N<4s$, 方程 (8.1.3) 有且仅有一个解;

(ii) 若 $N=4s$, 则方程 (8.1.3) 可解当且仅当 $b\|(-\Delta)^{\frac{s}{2}}Q\|_2^2<1$, 并且此时方程 (8.1.1) 有且仅有一个解;

(iii) 若 $N > 4s$, 则方程 (8.1.3) 可解当且仅当

$$b\|(-\Delta)^{\frac{s}{2}}Q\|_2^2 \leqslant \frac{2sa^{\frac{4s-N}{2s}}(N-4s)^{\frac{N-4s}{2s}}}{(N-2s)^{\frac{N-2s}{2s}}}$$

此外, 当等号成立时, 方程 (8.1.3) 有且仅有一个解; 其余情形下, 方程 (8.1.3) 有且仅有两个解.

此外, 解 U 形如

$$U_{\lambda,\xi}(x) = \lambda^{-\frac{N-2s}{2}} Q\left(\frac{c^{-\frac{1}{2s}}x-\xi}{\lambda}\right)$$

其中 $\lambda > 0$, $\xi \in \mathbb{R}^N$ 和 $c = a + b\int_{\mathbb{R}^N} |(-\Delta)^{\frac{s}{2}}Q|^2 > 0$. 更进一步地, 存在 $x_0 \in \mathbb{R}^N$ 使得 $U(\cdot - x_0)$ 是正径向的且关于 $r = |x - x_0|$ 严格单调递减. 另外, 函数 $U \in C^\infty(\mathbb{R}^N)$ 以及存在常数 $C_2 \geqslant C_1 > 0$ 使得

$$\frac{C_1}{1+|x|^{N+2s}} \leqslant U(x) \leqslant \frac{C_2}{1+|x|^{N+2s}}, \quad \forall\, x \in \mathbb{R}^N$$

□

定理 8.1.2[82]　设 $a, b > 0$. 如果如下条件之一成立:

(i) $1 < N \leqslant 4s$;

(ii) $N > 4s$ 且 $b\|(-\Delta)^{\frac{s}{2}}Q\|_2^2 \neq \dfrac{2sa^{\frac{4s-N}{2s}}(N-4s)^{\frac{N-4s}{2s}}}{(N-2s)^{\frac{N-2s}{2s}}}$,

其中 $\mathcal{L}_+$ 定义为

$$\begin{aligned}\mathcal{L}_+\varphi = &\left(a + b\int_{\mathbb{R}^N} |(-\Delta)^{\frac{s}{2}}U|^2 \mathrm{d}x\right)(-\Delta)^s\varphi - (2_s^*-1)U^{2_s^*-2}\varphi \\ &+ 2b\left(\int_{\mathbb{R}^N} (-\Delta)^{\frac{s}{2}}U(-\Delta)^{\frac{s}{2}}\varphi \mathrm{d}x\right)(-\Delta)^sU \end{aligned} \tag{8.1.4}$$

$\mathcal{L}_+$ 作用在 $L^2(\mathbb{R}^N)$ 上且定义域为 D, 那么, 在如下意义下:

$$\operatorname{Ker}\mathcal{L}_+ = \operatorname{span}\left\{\partial_{x_1}U, \partial_{x_2}U, \cdots, \partial_{x_N}U, \frac{N-2s}{2}U + x\cdot\nabla U\right\}$$

方程 (8.1.3) 的任意正解 $U(x)$ 是非退化的.

基于定理 8.1.2, 可利用有限维约化来研究分数阶 Kirchhoff 方程 (8.1.1). 我们的研究受文献 [17] 工作的启发, 其研究了局部方程:

$$-\Delta u = (1+\varepsilon K(x))u^{2_s^*-1}, \quad u > 0,\ u \in D^{1,2}\left(\mathbb{R}^N\right) \tag{8.1.5}$$

方程 (8.1.5) 可由数量曲率方程

$$-\frac{4(N-1)}{N-2}\Delta_{g_0}u + S_0u = (1+\varepsilon K(x))u^{2_s^*-1} \tag{8.1.6}$$

得到. 其中 Δ_{g_0} 和 S_0 分别表示 Laplace-Beltrami 算子和 N 维黎曼流形 (M, g_0) 的数量曲率. 方程 (8.1.6) 及其变式被数学家们广泛研究. 读者可参考文献 [10, 15, 38, 44] 及其他参考文献.

注意到, 若 u 是方程 (8.1.1) 的一个(弱)解, 则下面的 Pohozâev 恒等式[81] 成立:

$$\frac{(N-2s)a}{2}\int_{\mathbb{R}^N}|(-\Delta)^{\frac{s}{2}}u|^2+\frac{(N-2s)b}{2}\left(\int_{\mathbb{R}^N}|(-\Delta)^{\frac{s}{2}}u|^2\right)^2$$
$$-\frac{N}{2_s^*}\int_{\mathbb{R}^N}(1+\varepsilon K)u^{2_s^*}-\frac{\varepsilon}{2_s^*}\int_{\mathbb{R}^N}(x\cdot\nabla K)u^{2_s^*}=0$$

因此, 若 u 是方程 (8.1.1) 的一个解, 则

$$\int_{\mathbb{R}^N}(x\cdot\nabla K)u^{2_s^*}=0$$

显然, 若 $x\cdot\nabla K<0$ 或 $x\cdot\nabla K>0$, 则方程 (8.1.1) 没有任何解. 因此, 为确保方程 (8.1.1) 存在解, 自然地假设 K 有临界点. 更确切地, 我们假设:

(K_1) $K\in L^{\infty}(\mathbb{R}^N)\cap C^1(\mathbb{R}^N)$ 存在有限多个临界点并且记 $\mathrm{Crit}(K):=x\mid\nabla K(x)=0$.

(K_2) $\forall\xi\in\mathrm{Crit}(K),\exists\beta\in(1,N)$ 且 $a_j(x)\in C(\mathbb{R}^N)$ 满足 $\sum\limits_{j=1}^{N}a_j(\xi)\neq0$ 以及

$$K(x)=K(\xi)+\sum_{j=1}^{N}a_j(\xi)\left|x_j-\xi_j\right|^{\beta}+o\left(|x-\xi|^{\beta}\right),\quad x\in B_{\delta}(\xi)$$

其中 $\delta>0$ 是一充分小的常数.

(K_3) K 满足:

① $\exists\rho>0$ 使得 $x\cdot\nabla K(x)<0(\forall|x|\geqslant\rho)$.

② $x\cdot\nabla K(x)\in L^1(\mathbb{R}^N)$ 且 $\int_{\mathbb{R}^N}(x\cdot\nabla K(x))\mathrm{d}x<0$.

(K_4) $\sum\limits_{a_\xi<0}\deg_{\mathrm{loc}}(\nabla K,\xi)\neq(-1)^N$, 其中 $\deg_{\mathrm{loc}}$ 表示局部度和 $a_\xi=\sum\limits_{j=1}^{N}a_j(\xi)$.

存在性结果如下:

定理 8.1.3[82] 设 $a,b>0$, $K(x)$ 满足条件 (K_1) $\sim$ (K_4), $1<N<4s$ 或 $N=4s$ 且

$$b\|(-\Delta)^{\frac{s}{2}}Q\|_2^2<1$$

则存在常数 $\varepsilon_0,\lambda_0>0$ 和 $\xi_0\in\mathbb{R}^N$ 使对任意的 $|\varepsilon|<\varepsilon_0$, 方程 (8.1.1) 有一个解 u_ε 满足当 $\varepsilon\to0$ 时, 有

$$u_\varepsilon(x)\to U_{\lambda_0,\xi_0}(x)$$

定理 8.1.4[82] 设 $a,b>0$, $K(x)$ 满足条件 (K_1) $\sim$ (K_4), $N>4s$ 且

$$b\|(-\Delta)^{\frac{s}{2}}Q\|_2^2\leqslant\frac{2sa^{\frac{4s-N}{2s}}(N-4s)^{\frac{N-4s}{2s}}}{(N-2s)^{\frac{N-2s}{2s}}}$$

则存在常数 $\varepsilon_0,\lambda_0>0$ 和 $\xi_0\in\mathbb{R}^N$ 使得对任意的 $|\varepsilon|<\varepsilon_0$, 方程 (8.1.1) 有两个解 $u_\varepsilon^i(i=1,2)$ (当等号成立时只有一个解)满足当 $\varepsilon\to0$ 时, 有

$$u_\varepsilon^i(x)\to U_{\lambda_0,\xi_0}^i(x)$$

8.2　分数阶 Kirchhoff 方程解的存在性和非退化性

本节证明定理 8.1.1. 我们的方法依赖于著名的分数阶临界方程的解:

$$(-\Delta)^s u = u^{2_s^*-1}, \quad x \in \mathbb{R}^N \tag{8.2.1}$$

Chen, Li 和 Ou [49] 利用积分形式的移动平面法证明了方程 (8.2.1) 的每个正则正解都是关于某点径向对称且单调的, 因此正解的形式可假设为

$$Q(x) = C(N,s)\left(\frac{\lambda}{\lambda^2+|x-\xi|^2}\right)^{\frac{N-2s}{2}}, \quad C(N,s) \neq 0,\ \lambda > 0,\ \xi \in \mathbb{R}^N$$

此外存在常数 $C_2 \geqslant C_1 > 0$ 使得

$$\frac{C_1}{1+|x|^{N+2s}} \leqslant Q(x) \leqslant \frac{C_2}{1+|x|^{N+2s}}, \quad \forall\, x \in \mathbb{R}^N$$

令

$$c = a + b\int_{\mathbb{R}^N} |(-\Delta)^{\frac{s}{2}} u|^2 \mathrm{d}x$$

不难验证 $v(x) = u(c^{\frac{1}{2s}}x)$ 是方程 (8.2.1) 的一个解. 由 Q 的唯一性, 可推出

$$v(x) = \lambda^{-\frac{N-2s}{2}} Q\left(\frac{x-\xi}{\lambda}\right)$$

其中 $\xi \in \mathbb{R}^N$, $\lambda > 0$. 此外

$$u(x) = \lambda^{-\frac{N-2s}{2}} Q\left(\frac{c^{-\frac{1}{2s}}x-\xi}{\lambda}\right)$$

于是, 直接计算可得

$$f(\mathcal{E}) = \mathcal{E} - a - b\|(-\Delta)^{\frac{s}{2}} Q\|_2^2 \mathcal{E}^{\frac{N-2s}{2s}} = 0, \quad \mathcal{E} \in (a, +\infty) \tag{8.2.2}$$

因此, 要找方程 (8.1.3) 的解 $U(x)$, 只需找如上代数方程 (8.2.2) 的正解即可, 且 $\mathcal{E}$ 是一个与 a, b 和 Q 有关的常数.

情形 1: $1 < N < 4s$:此情形下, 我们有 $\dfrac{N-2s}{2s} < 1$, 这意味着 $\lim\limits_{\mathcal{E}\to+\infty} f(\mathcal{E}) = +\infty$. 而且, 我们有 $f(a) < 0$. 所以, 存在唯一 $\mathcal{E}_0 > a$ 使得 $f(\mathcal{E}_0) = 0$, 从而方程 (8.1.3) 有唯一一个解.

情形 2: $N = 4s$: 此情形下, 方程 (8.2.2) 变为

$$\mathcal{E} - a - b\|(-\Delta)^{\frac{s}{2}} Q\|_2^2 \mathcal{E} = 0 \tag{8.2.3}$$

这表明方程有唯一正解

$$\mathcal{E}_0 = \frac{a}{1 - b\|(-\Delta)^{\frac{s}{2}} Q\|_2^2} \tag{8.2.4}$$

当且仅当 $b<\dfrac{1}{\|(-\Delta)^{\frac{s}{2}}Q\|_2^2}$.

情形 3: $N>4s$: 简单计算可知

$$f'(\mathcal{E})=1-\frac{N-2s}{2s}b\|(-\Delta)^{\frac{s}{2}}Q\|_2^2\mathcal{E}^{\frac{N-4s}{2s}} \tag{8.2.5}$$

这表明 $f(\mathcal{E})$ 有唯一一个极大值点

$$\mathcal{E}_0=\left(\frac{2s}{(N-2s)\|(-\Delta)^{\frac{s}{2}}Q\|_2^2 b}\right)^{\frac{2s}{N-4s}}>0 \tag{8.2.6}$$

且 $f(\mathcal{E})$ 的极大值为

$$f(\mathcal{E}_0)=\left(\frac{N-4s}{N-2s}\right)\left(\frac{2s}{(N-2s)\|(-\Delta)^{\frac{s}{2}}Q\|_2^2 b}\right)^{\frac{2s}{N-4s}}-a \tag{8.2.7}$$

易知由 $f(\mathcal{E}_0)\geqslant 0$ 可推出

$$b\|(-\Delta)^{\frac{s}{2}}Q\|_2^2\leqslant\frac{2sa^{\frac{4s-N}{2s}}(N-4s)^{\frac{N-4s}{2s}}}{(N-2s)^{\frac{N-2s}{2s}}} \tag{8.2.8}$$

由于当 $N>4s$ 时, 在 $(0,+\infty)$ 上 $f''(\mathcal{E})<0$, 故 $f(\mathcal{E})$ 在 $(0,+\infty)$ 上是强制的. 进一步地, 注意到 $f(0)=-a<0$ 且 $\lim\limits_{\mathcal{E}\to+\infty}f(\mathcal{E})=-\infty$, 方程 (8.2.2) 在 $(0,+\infty)$ 上可解的充分必要条件是 $f(\mathcal{E}_0)\geqslant 0$. 因此, 方程 (8.2.2) 在 $(0,+\infty)$ 上有解当且仅当不等式 (8.2.8) 成立. 此外, 我们有

(i) 若 $b\|(-\Delta)^{\frac{s}{2}}Q\|_2^2=\dfrac{2sa^{\frac{4s-N}{2s}}(N-4s)^{\frac{N-4s}{2s}}}{(N-2s)^{\frac{N-2s}{2s}}}$, 则方程 (8.2.2) 有且仅有一个解 $\mathcal{E}_0$ (定义为 (8.2.6));

(ii) 若 $b\|(-\Delta)^{\frac{s}{2}}Q\|_2^2<\dfrac{2sa^{\frac{4s-N}{2s}}(N-4s)^{\frac{N-4s}{2s}}}{(N-2s)^{\frac{N-2s}{2s}}}$, 则方程 (8.2.2) 有且仅有两个解 $\mathcal{E}_1$ 和 $\mathcal{E}_2$ 使得 $\mathcal{E}_1\in(0,\mathcal{E}_0)$ 和 $\mathcal{E}_2\in(\mathcal{E}_0,+\infty)$.

接下来我们证明定理 8.1.2 的非退化性结果. 对常数 $a,b>0$, 在弱意义下, 对任意 $u\in H^s(\mathbb{R}^N)$, 我们定义微分算子 L 为

$$L(u)=\left(a+b\int_{\mathbb{R}^N}|(-\Delta)^{\frac{s}{2}}u|^2dx\right)(-\Delta)^s u-u^{2_s^*-1}$$

L 在 U 处的线性化算子 $\mathcal{L}_+$ 定义为

$$\mathcal{L}_+(\varphi)=\left.\frac{\mathrm{d}L(U+t\varphi)}{\mathrm{d}t}\right|_{t=0},\quad \forall\varphi\in H^s(\mathbb{R}^N)$$

易见对任意的 $\varphi\in H^s(\mathbb{R}^N)$, 有

$$\begin{aligned}\mathcal{L}_+(\varphi)=&\left(a+b\int_{\mathbb{R}^N}|(-\Delta)^{\frac{s}{2}}U|^2\mathrm{d}x\right)(-\Delta)^s\varphi-(2_s^*-1)U^{2_s^*-2}\varphi\\&+2b\left(\int_{\mathbb{R}^N}(-\Delta)^{\frac{s}{2}}U(-\Delta)^{\frac{s}{2}}\varphi\mathrm{d}x\right)(-\Delta)^s U\\:=&\,T_+(\varphi)+L_2(\varphi)(-\Delta)^s U\end{aligned}$$

其作用在 $L^2(\mathbb{R}^N)$ 上且定义域为 $D(L)$, 其中

$$T_+(\varphi) = c(-\Delta)^s\varphi - (2_s^* - 1)U^{2_s^*-2}\varphi$$

这里 $c = a + b\int_{\mathbb{R}^N} |(-\Delta)^{\frac{s}{2}}U|^2\mathrm{d}x$ 和

$$L_2(\varphi) = 2b\Big(\int_{\mathbb{R}^N} (-\Delta)^{\frac{s}{2}}U(-\Delta)^{\frac{s}{2}}\varphi\mathrm{d}x\Big)$$

现注意到

$$U_{\lambda,\xi}(x) = \lambda^{-\frac{N-2s}{2}}Q\left(\frac{x-\xi}{\lambda}\right),\quad Q(x) = C(N,s)\left(\frac{1}{1+|x|^2}\right)^{\frac{N-2s}{2}}$$

对方程

$$(-\Delta)^sU_{\lambda,\xi} = U_{\lambda,\xi}^{2_s^*-1},\quad x\in\mathbb{R}^N$$

在 $\lambda = 1$ 和 $\xi = 0$ 处微分可知, 函数

$$\partial_\lambda U_{\lambda,\xi} = \frac{N-2s}{2}Q + x\cdot\nabla Q,\quad \partial_{\xi_i}U_{\lambda,\xi} = -\partial_{x_i}Q$$

使得

$$(-\Delta)^s\phi = (2_s^*-1)Q^{2_s^*-2}\phi,\quad x\in\mathbb{R}^N$$

不失一般性, 假设 $U(x) = U(|x|)$ 是方程 (8.2.1) 的唯一正径向能量解. 则我们有

$$\operatorname{Ker}T_+ = \operatorname{span}\left\{\frac{N-2s}{2}U + x\cdot\nabla U, U_{x_1}, U_{x_2}, \cdots, U_{x_N}\right\} \tag{8.2.9}$$

由于 $\dfrac{\partial U}{\partial x_i}$ 非径向对称, 故我们有如下推论:

推论 8.2.1　T_+ 在 $L^2_{\mathrm{rad}}(\mathbb{R}^N)$ 上可逆.

引理 8.2.1　假设 $U(x)$ 是方程 $L(u) = 0$ 在 $H^s(\mathbb{R}^N$ 中的一个正解. 那么, 对任意的 $i\in\{1,2,\cdots,N\}$, 有 $L_2\left(\dfrac{\partial U}{\partial x_i}\right) = 0$.

证明　由 L_2 的定义和 U 为方程

$$c(-\Delta)^sU = U^{2_s^*-1}$$

的解, 有

$$L_2\left(\frac{\partial U}{\partial x_i}\right) = -2b\int_{\mathbb{R}^N}\frac{\partial U}{\partial x_i}(-\Delta)^sU\mathrm{d}x$$

因此

$$L_2\left(\frac{\partial U}{\partial x_i}\right) = \frac{-2b}{c}\int_{\mathbb{R}^N}U^{2_s^*-1}\frac{\partial U}{\partial x_i}\mathrm{d}x = \frac{-2b}{c}\int_{\mathbb{R}^N}\frac{\partial\left(\frac{1}{2_s^*}U^{2_s^*}\right)}{\partial x_i}\mathrm{d}x$$

由于对任意固定的 i, 在平移意义下, 函数 $\dfrac{\partial\left(\frac{1}{2_s^*}U^{2_s^*}\right)}{\partial x_i}$ 关于变量 x_i 是奇函数, 易见

$$\int_{\mathbb{R}^N}\frac{\partial\left(\frac{1}{2_s^*}U^{2_s^*}\right)}{\partial x_i}\mathrm{d}x=0$$

所以, $L_2\left(\dfrac{\partial U}{\partial x_i}\right)=0$. □

引理 8.2.2 设 $U(x)$ 是方程 $L(u)=0$ 在 $H^s(\mathbb{R}^N)$ 中的一个正解. 若 $N>4s$ 和

$$\frac{(N-2s)b\displaystyle\int_{\mathbb{R}^N}|(-\Delta)^{\frac{s}{2}}U|^2\mathrm{d}x}{2sc}=1$$

则

$$b\int_{\mathbb{R}^N}|(-\Delta)^{\frac{s}{2}}Q|^2\mathrm{d}x=\frac{2sa^{\frac{4s-N}{2s}}(N-4s)^{\frac{N-4s}{2s}}}{(N-2s)^{\frac{N-2s}{2s}}}$$

其中 $Q\in H^s(\mathbb{R}^N)$ 是方程 (8.1.2) 的唯一正解.

证明 注意到 $c=a+b\displaystyle\int_{\mathbb{R}^N}|(-\Delta)^{\frac{s}{2}}U|^2\mathrm{d}x$, 假设条件

$$\frac{(N-2s)b\displaystyle\int_{\mathbb{R}^N}|(-\Delta)^{\frac{s}{2}}U|^2dx}{2sc}=1$$

蕴含

$$b\int_{\mathbb{R}^N}|(-\Delta)^{\frac{s}{2}}U|^2dx=\frac{2sa}{N-4s}\quad 且\quad c=\frac{(N-2s)a}{N-4s}$$

由于 $U(x)\in H^s(\mathbb{R}^N)$ 是方程 $L(u)=0$ 的一个正解, 可知

$$U(x)=Q\left(c^{-\frac{1}{2s}}x\right)$$

且 $Q(x)\in H^s(\mathbb{R}^N)$ 为方程 (8.1.2) 的唯一正解. 因此

$$\begin{aligned}\int_{\mathbb{R}^N}|(-\Delta)^{\frac{s}{2}}U|^2\mathrm{d}x&=c^{\frac{N-2s}{2s}}\int_{\mathbb{R}^N}|(-\Delta)^{\frac{s}{2}}Q|^2\mathrm{d}x\\&=\left(\frac{(N-2s)a}{N-4s}\right)^{\frac{N-2s}{2s}}\int_{\mathbb{R}^N}|(-\Delta)^{\frac{s}{2}}Q|^2\mathrm{d}x\end{aligned}$$

故而有

$$b\int_{\mathbb{R}^N}|(-\Delta)^{\frac{s}{2}}Q|^2\mathrm{d}x=\frac{2sa^{\frac{4s-N}{2s}}(N-4s)^{\frac{N-4s}{2s}}}{(N-2s)^{\frac{N-2s}{2s}}}$$ □

引理 8.2.3 设 $U(x)$ 是方程 $L(u)=0$ 在 $H^s(\mathbb{R}^N)$ 中的一个正解. 又设

$$1<N\leqslant 4s$$

或

$$N > 4s \quad 且 \quad b\int_{\mathbb{R}^N} |(-\Delta)^{\frac{s}{2}}Q|^2 \mathrm{d}x \neq \frac{2sa^{\frac{4s-N}{2s}}(N-4s)^{\frac{N-4s}{2s}}}{(N-2s)^{\frac{N-2s}{2s}}}$$

那么

$$\operatorname{Ker}(\mathcal{L}_+)\bigcap L^2_{\mathrm{rad}}(\mathbb{R}^N) = \{0\}$$

证明　直接计算可得 $\frac{N-2s}{2}U + x\cdot\nabla U = \frac{N-2s}{2}U + rU'(r)$ 确为方程 $\mathcal{L}_+\varphi = 0$ 的一个径向解. 我们需证 $\frac{N-2s}{2}U + x\cdot\nabla U$ 是方程 $\mathcal{L}_+\varphi = 0$ 在 D_{rad} 中的唯一径向解, 其中 D_{rad} 包含 $D^{s,2}(\mathbb{R}^N)$ 中的所有径向函数.

令 $c = a + b\|(-\Delta)^{\frac{s}{2}}U\|_2^2$. 回顾 U 是方程 $L(u) = 0$ 的一个基态解. 由上一个定理可知, 在定理 8.1.1 的假设下, c 是一个与 U 无关的常数. 设 $\varphi \in D_{\mathrm{rad}}$ 满足 $\mathcal{L}_+\varphi = 0$, 其等价于

$$T_+\varphi \doteq c(-\Delta)^s\varphi - (2_s^*-1)U^{2_s^*-1}\varphi = -2b\Big(\int_{\mathbb{R}^N}(-\Delta)^{\frac{s}{2}}U(-\Delta)^{\frac{s}{2}}v\mathrm{d}x\Big)(-\Delta)^sU$$

简记 $e_0 = \frac{N-2s}{2}U + x\cdot\nabla U$. 由于 D_{rad} 是 Hilbert 空间, 假设 D_0 为 $\mathbb{R}e_0$ 在 D_{rad} 中的正交完备化空间. 于是对某个 $\lambda \in \mathbb{R}$ 和 $v \in D_0$, 有 $\varphi = \lambda e_0 + v$. 由直接计算, $\int(-\Delta)^{\frac{s}{2}}u\cdot(-\Delta)^{\frac{s}{2}}e_0 = 0$, 这意味着 $u \in D_0$. 此外, 注意到 T_+ 在 D_0 上可逆. 由 $T_+e_0 = 0$ 和 $\int(-\Delta)^{\frac{s}{2}}u\cdot(-\Delta)^{\frac{s}{2}}e_0 = 0$ 可知 v 满足

$$T_+v = -2b\Big(\int_{\mathbb{R}^N}(-\Delta)^{\frac{s}{2}}U(-\Delta)^{\frac{s}{2}}v\mathrm{d}x\Big)(-\Delta)^sU = -\frac{2b\sigma_v}{c}(U^{2_s^*-1}) \tag{8.2.10}$$

其中

$$\sigma_v = \int_{\mathbb{R}^N}(-\Delta)^{\frac{s}{2}}U(-\Delta)^{\frac{s}{2}}v\mathrm{d}x$$

利用文献 [73] 中的定理 3.3 推得

$$v = -\frac{2b\sigma_v}{c}T_+^{-1}(U^{2_s^*-1}) = -\frac{b\sigma_v}{sc}\psi \tag{8.2.11}$$

其中 $\psi = x\cdot\nabla U$. 在方程 (8.2.11) 两边乘以 $(-\Delta)^sU$ 并在 $\mathbb{R}^N$ 上积分, 有

$$\int_{\mathbb{R}^N} v(-\Delta)^sU\mathrm{d}x = -\frac{b\sigma_v}{sc}\int_{\mathbb{R}^N}\psi(-\Delta)^sU\mathrm{d}x \tag{8.2.12}$$

注意到

$$\int_{\mathbb{R}^N} v(-\Delta)^sU\mathrm{d}x = \int_{\mathbb{R}^N}(-\Delta)^{\frac{s}{2}}U(-\Delta)^{\frac{s}{2}}v\mathrm{d}x \tag{8.2.13}$$

$$\int_{\mathbb{R}^N}\psi(-\Delta)^sU\mathrm{d}x = \frac{2s-N}{2}\int_{\mathbb{R}^N}|(-\Delta)^{\frac{s}{2}}U|^2\mathrm{d}x \tag{8.2.14}$$

由 (8.2.12)~ (8.2.14) 式推出

$$\sigma_v = -\frac{b(2s-N)\sigma_v}{2sc}\int_{\mathbb{R}^N}|(-\Delta)^{\frac{s}{2}}U|^2\mathrm{d}x = -\frac{(c-a)(2s-N)}{2sc}\sigma_v$$

由引理 8.2.2 可知, 若 $1 < N \leqslant 4s$ 或满足 $N > 4s$ 和

$$b\int_{\mathbb{R}^N}|(-\Delta)^{\frac{s}{2}}Q|^2\mathrm{d}x \neq \frac{2sa^{\frac{4s-N}{2s}}(N-4s)^{\frac{N-4s}{2s}}}{(N-2s)^{\frac{N-2s}{2s}}}$$

则

$$1+\frac{(2s-N)b\int_{\mathbb{R}^N}|(-\Delta)^{\frac{s}{2}}U|^2\mathrm{d}x}{2sc}\neq 0$$

因此, 在假设条件下, 我们有 $v\equiv 0$. □

定理 8.1.2 的证明 $(-\Delta)^sU = c^{-1}(U^{2_s^*-1})$ 且 $U(x) = U(|x|)$ 是径向对称的, 算子 L_+ 在 $\mathbb{R}^N$ 中关于旋转可交换（参见文献 [102]）. 因此, 可用如下球调和函数分解 $L^2(\mathbb{R}^N)$:

$$L^2(\mathbb{R}^N) = \oplus_{l\geqslant 0}\mathcal{H}_l$$

使得 L_+ 作用在每个空间

$$\mathcal{H}_l = L^2(\mathbb{R}_+, r^{N-1}dr)\otimes\mathcal{Y}_l$$

上不变. 其中 $\mathcal{Y}_l = \mathrm{span}\{Y_{l,m}\}_{m\in M_l}$ 表示 N 维空间中 l 阶球面调和函数空间并且 M_l 是依赖于 l 和 N 的指标集. 确切地, 当 $l\geqslant 0$ 时, $M_l = \dfrac{(l+N-1)!}{(N-1)!l!}$ 且当 $l<0$ 时, $M_l = 0$. 此外, $\Delta_{Z^{N-1}}$ 表示 $\mathbb{R}^N$ 中 $N-1$ 维单位球面 Z^{N-1} 上的 Laplace-Beltrami 算子以及对任意的 $l = 0, 1, \cdots$ 和 $1\leqslant m\leqslant M_l - M_{l-2}$, 球面调和函数 $Y_{l,m}$ 满足

$$-\Delta_{Z^{N-1}}Y_{l,m} = \lambda_l Y_{l,m}$$

其中

$$\lambda_l = l(N+l-2),\quad \forall\, l\geqslant 0$$

是 $-\Delta_{Z^{N-1}}$ 的重数 $k\leqslant M_l - M_{l-2}$ ($\forall k\in\mathbb{N}$) 的一个特征值. 特别地, $\lambda_0 = 0$ 是 1 重的且满足 $Y_{0,1} = 1$, $\lambda_1 = N-1$ 是 N 重的且满足 $Y_{1,m} = x_m/|x|$($1\leqslant m\leqslant N$)（此结果参见文献 [18] 中的第 2 章和第 4 章）.

接下来我们更加详细地分析算子 L_+. 对任意的 l, L_+ 在 $\mathcal{H}_l$ 中, 关于径向因子的作用有

$$(L_{+,l}f)(r) = c\Big((-\Delta_l)^s f\Big)(r) - (2_s^*-1)U^{2_s^*-2}(r)f(r) + 2b(W_l f)(r)$$

其中对任意的 $f\in C_0^\infty(\mathbb{R}^+)\subset L^2(\mathbb{R}_+, r^{N-1}\mathrm{d}r)$, 有

$$(W_l f)(r) = \frac{2\pi^{\frac{N}{2}}}{\Gamma(\frac{N}{2})}\Big((-\Delta_l)^sU\Big)(r)\int_0^{+\infty}\Big((-\Delta_l)^sU\Big)(r)r^{N-1}f(r)\mathrm{d}r$$

$(-\Delta_l)^s$ 可由著名的公式

$$-\Delta_l = -\partial_r^2 - \frac{N-1}{r}\partial_r + \frac{l(l+N-2)}{r^2}$$

给出. 类似于文献 [73] 和 [102], 可验证每个 $L_{+,l}$ 满足 Perron-Frobenius 性质, 即若 $E=\inf\sigma(\mathcal{H}_l)$ 是一特征值, 则 E 是简单的且可选取相应的特征函数使之严格正. 此外, 对任意的 $l\geqslant 2$, 在二次型意义下, 我们有 $L_{+,l}>0$ (可参见文献 [102]).

由于 $\partial_{x_i}U(x)=U'(r)\frac{x_i}{r}\in\mathcal{H}_1$, 则 $L_{+,1}U'=0$. 注意到 $U'(r)<0$, 由 Perron-Frobenius 性质可知 0 是 $L_{+,1}$ 的最小特征值且 $-U'(r)$ 为其相应的特征函数. 因此, 对任意满足 $L_{+,1}v=0$ 的 $v\in\mathcal{H}_1$ 必为 $\{\partial_{x_i}U:i=1,2,\cdots,N\}$ 和 $\dfrac{N-2s}{2}U+x\cdot\nabla U$ 的线性组合. 注意到对任意的 $l\geqslant 2$, 有 $L_{+,l}>0$. 再次由 Perron-Frobenius 性质可知当 $l\geqslant 2$ 时, 0 不是 $L_{+,l}>0$ 的特征值. 由引理 8.2.3 可知 $L_{+,0}=\{0\}$. 因此, 对任意的 $v\in\ker L_+$, 可推出 $v\in\mathcal{H}_1$ 以及 $\ker L_+=\ker L_{+,1}=\operatorname{span}\{\partial_{x_1}U,\partial_{x_2}U,\cdots,\partial_{x_N}U,\dfrac{N-2s}{2}U+x\cdot\nabla U\}$. □

8.3 扰动分数阶 Kirchhoff 方程正解的存在性和非退化性

接下来,我们研究分数阶 Kirchhoff 方程:

$$\left(a+b\int_{\mathbb{R}^N}|(-\Delta)^{\frac{s}{2}}u|^2\mathrm{d}x\right)(-\Delta)^su=(1+\varepsilon K(x))u^{2_s^*-1},\quad x\in\mathbb{R}^N \tag{8.3.1}$$

众所周知, 方程 (8.3.1) 的每个解都是能量泛函 $I_\varepsilon:D^{s,2}(\mathbb{R}^N)\to\mathbb{R}$ 的临界点:

$$I_\varepsilon(u)=\frac{a}{2}\int_{\mathbb{R}^N}|(-\Delta)^{\frac{s}{2}}u|^2+\frac{b}{4}\left(\int_{\mathbb{R}^N}|(-\Delta)^{\frac{s}{2}}u|^2dx\right)^2-\frac{1}{2_s^*}\int_{\mathbb{R}^N}(1+\varepsilon K(x))u^{2_s^*}\mathrm{d}x$$

分数阶索伯列夫空间 $D^{s,2}(\mathbb{R}^N)$ 分别赋予了内积和范数:

$$(u,v)=\int_{\mathbb{R}^N}(-\Delta)^{\frac{s}{2}}u(-\Delta)^{\frac{s}{2}}v$$

和

$$\|u\|^2=(u,u)$$

通过标准的讨论可验证 $I_\varepsilon\in C^2\left(D^{s,2}(\mathbb{R}^N)\right)$. 故只需找 I_ε 的一个临界点即可. 由于单射 $D^{s,2}(\mathbb{R}^N)$ 到 $L^{2_s^*}(\mathbb{R}^N)$ 的非紧性, 不可能证明泛函 I_ε 满足 Palais-Smale 条件. 为证明主要结果, 基于 (8.1.2) 的解的非退化性和扰动方法[17], 我们采用有限维约化理论. 此外, 由于双非局部项 $(-\Delta)^s$ 和 $\left(\int_{\mathbb{R}^N}|(-\Delta)^{\frac{s}{2}}u|^2\mathrm{d}x\right)$ 的出现, 其中需要更为精细的估计, 这比分数阶薛定谔方程的情形更为复杂.

8.3.1 抽象扰动方法

在这一小节中, 我们陈述本书后面将会用到的抽象的结果. 为方便将其表述如下:

设 E 为 Hilbert 空间且设 $I_0,G\in C^2(E,\mathbb{R})$. 考虑扰动泛函

$$I_\varepsilon(u)=I_0(u)-\varepsilon G(u)$$

设 I_0 满足:

(1) I_0 有一个由其临界点所组成的有限维流形 Z;设 $b=I_0(z)$ $(\forall z\in Z)$;

(2) 对任意的 $z\in Z, D^2I_0(z)$ 为一指标为零的 Fredholm 算子;

(3) 对任意的 $z\in Z$, $T_zZ=\operatorname{Ker}D^2I_0(z)$.

为方便我们记泛函 $G|_Z$ 为 Γ.

定理 8.3.1[17] 设 I_0 满足如上 (1) ~ (3) 且设存在 Γ 的一个临界点 $\bar{z}\in Z$ 使得如下条件之一成立:

(i) $\bar{z}$ 非退化;

(ii) $\bar{z}$ 是一个合适的局部极小值点或极大值点;

(iii) $\bar{z}$ 是孤立的且 Γ' 在 $\bar{z}$ 处的局部拓扑度 $\deg_{\mathrm{loc}}(\Gamma',0)$ 非零.

那么, 对足够小的 $|\varepsilon|$, 泛函 I_ε 有一个临界点 u_ε 使得当 $\varepsilon\to 0$ 时有 $u_\varepsilon\to\bar{z}$.

为应用定理 8.3.1, 记 $E=D^{s,2}(\mathbb{R}^N)$, 有

$$I_0(u)=\frac{a}{2}\int_{\mathbb{R}^N}|(-\Delta)^{\frac{s}{2}}u|^2\mathrm{d}x+\frac{b}{4}\left(\int_{\mathbb{R}^N}|(-\Delta)^{\frac{s}{2}}u|^2dx\right)^2-\frac{1}{2_s^*}\int_{\mathbb{R}^N}u^{2_s^*}\mathrm{d}x$$

以及

$$G(u)=\frac{1}{2_s^*}\int_{\mathbb{R}^N}K(x)u^{2_s^*}\mathrm{d}x$$

记

$$Z=\left\{U_{\lambda,\xi}=\lambda^{-\frac{N-2s}{2}}Q\left(\frac{c^{-\frac{1}{2s}}x-\xi}{\lambda}\right):\lambda>0,\xi\in\mathbb{R}^N\right\}$$

则 Z 是一个与 (8.1.2) 对应的泛函 I_0 的临界点所成的 $N+1$ 维流形. 为应用该抽象理论, 我们将验证如上引入的 I_0 所应满足的条件. 非退化性条件来自定理 8.1.2, 因此我们只需证明下面的结论即可.

引理 8.3.1 设

$$\begin{aligned}I_0''\left(U_{\lambda,\xi}\right)\varphi=&\left(a+b\int_{\mathbb{R}^N}\left|(-\Delta)^{\frac{s}{2}}U_{\lambda,\xi}\right|^2\mathrm{d}x\right)(-\Delta)^s\varphi+2b\left(\int_{\mathbb{R}^N}(-\Delta)^{\frac{s}{2}}U_{\lambda,\xi}(-\Delta)^{\frac{s}{2}}\varphi\mathrm{d}x\right)\\&\times(-\Delta)^sU_{\lambda,\xi}-\left(2_s^*-1\right)U_{\lambda,\xi}^{2_s^*-2}\varphi\end{aligned}$$

则 $I_0''\left(U_{\lambda,\xi}\right)$ 是一个指标为零的 Fredholm 算子.

证明 回顾

$$c=a+b\int_{\mathbb{R}^N}\left|(-\Delta)^{\frac{s}{2}}U_{\lambda,\xi}\right|^2\mathrm{d}x$$

则对任意 $\psi\in D^{s,2}(\mathbb{R}^N)$, 有

$$\begin{aligned}\left\langle I_0''\left(U_{\lambda,\xi}\right)\varphi,\psi\right\rangle=&c\int_{\mathbb{R}^N}(-\Delta)^{\frac{s}{2}}\varphi(-\Delta)^{\frac{s}{2}}\psi\mathrm{d}x+2b\left(\int_{\mathbb{R}^N}(-\Delta)^{\frac{s}{2}}U_{\lambda,\xi}(-\Delta)^{\frac{s}{2}}\varphi\mathrm{d}x\right)\\&\times\int_{\mathbb{R}^N}(-\Delta)^{\frac{s}{2}}U_{\lambda,\xi}(-\Delta)^{\frac{s}{2}}\psi\mathrm{d}x-(2_s^*-1)\int_{\mathbb{R}^N}U_{\lambda,\xi}^{2_s^*-2}\varphi\psi\mathrm{d}x\end{aligned}$$

假设 $\{\varphi_n\}$ 在 $D^{s,2}(\mathbb{R}^N)$ 中有界, 则存在 $\{\varphi_n\}$ 的一个子列 (仍记为 $\{\varphi_n\}$)), 使得

$$\begin{aligned}&\text{在 } D^{s,2}(\mathbb{R}^N) \text{ 中 } \varphi_n \rightharpoonup \varphi\\&\text{在 } L^q_{loc}(\mathbb{R}^N) \text{ 中 } \varphi_n \to \varphi, \quad 2 \leqslant q < 2_s^*\\&\varphi_n \to \varphi, \quad \text{a.e. } x \in \mathbb{R}^N\end{aligned}$$

记

$$\begin{aligned}\langle \mathcal{L}'\varphi, \psi\rangle := &2b\left(\int_{\mathbb{R}^N}(-\Delta)^{\frac{s}{2}}U_{\lambda,\xi}(-\Delta)^{\frac{s}{2}}\varphi \mathrm{d}x\right)\int_{\mathbb{R}^N}(-\Delta)^{\frac{s}{2}}U_{\lambda,\xi}(-\Delta)^{\frac{s}{2}}\psi \mathrm{d}x\\&-(2_s^*-1)\int_{\mathbb{R}^N}U_{\lambda,\xi}^{2_s^*-2}\varphi\psi \mathrm{d}x\end{aligned}$$

那么, 由 Hölder 不等式可知

$$\begin{aligned}|\langle \mathcal{L}'\varphi_n - \mathcal{L}'\varphi, \psi\rangle| \leqslant\ &2b\left|\int_{\mathbb{R}^N}(-\Delta)^{\frac{s}{2}}U_{\lambda,\xi}(-\Delta)^{\frac{s}{2}}(\varphi_n-\varphi)\,\mathrm{d}x\right|\|U\|\|\psi\|\\&+(2_s^*-1)\left(\int_{\mathbb{R}^N}\left(U_{\lambda,\xi}^{2_s^*-2}|\varphi_n-\varphi|\right)^{\frac{2_s^*}{2_s^*-1}}\mathrm{d}x\right)^{\frac{2_s^*-1}{2_s^*}}\|\psi\|_{2_s^*}\\\leqslant\ &C\left(\left|\int_{\mathbb{R}^N}(-\Delta)^{\frac{s}{2}}U_{\lambda,\xi}(-\Delta)^{\frac{s}{2}}(\varphi_n-\varphi)\,\mathrm{d}x\right|\right.\\&\left.+\left(\int_{\mathbb{R}^N}\left(U_{\lambda,\xi}^{2_s^*-2}|\varphi_n-\varphi|\right)^{\frac{2_s^*}{2_s^*-1}}\mathrm{d}x\right)^{\frac{2_s^*-1}{2_s^*}}\right)\|\psi\|\end{aligned}$$

因此, 可得

$$\begin{aligned}\|\mathcal{L}'\varphi_n - \mathcal{L}'\varphi\| \leqslant &C\left(\left|\int_{\mathbb{R}^N}(-\Delta)^{\frac{s}{2}}U_{\lambda,\xi}(-\Delta)^{\frac{s}{2}}(\varphi_n-\varphi)\,\mathrm{d}x\right|\right.\\&\left.+\left(\int_{\mathbb{R}^N}U_{\lambda\xi}^{\frac{2_s^*(2_s^*-2)}{2_s^*-1}}|\varphi_n-\varphi|^{\frac{2_s^*}{2_s^*-1}}\mathrm{d}x\right)^{\frac{2_s^*-1}{2_s^*}}\right)\end{aligned}$$

一方面, 由于在 $D^{s,2}(\mathbb{R}^N)$ 中 $\varphi_n \to \varphi$, 于是当 $n\to\infty$ 时, 有

$$\int_{\mathbb{R}^N}(-\Delta)^{\frac{s}{2}}U_{\lambda,\xi}(-\Delta)^{\frac{s}{2}}(\varphi_n-\varphi)\,\mathrm{d}x \to 0$$

另一方面, 由 Vitali 收敛定理可知, 当 $n\to\infty$ 时, 有

$$\int_{\mathbb{R}^N}U_{\lambda,\xi}^{\frac{2_s^*(2_s^*-2)}{2_s^*-1}}|\varphi_n-\varphi|^{\frac{2_s^*}{2_s^*-1}}\mathrm{d}x \to 0$$

故当 $n\to\infty$ 时, 有 $\|\mathcal{L}'\varphi_n - \mathcal{L}'\varphi\| \to 0$. 因此, $\mathcal{L}'$ 是紧算子. □

到目前为止, 我们已证 I_0 满足条件 (1) ~ (3). 如上所述, 有

$$\varGamma(\lambda,\xi) = G(U_{\lambda,\xi}) = \frac{1}{2_s^*}\int_{\mathbb{R}^N}K(c^{\frac{1}{2s}}(\lambda x+\xi))Q^{2_s^*}(x)\mathrm{d}x$$

此仅仅为一个 Poincaré-Melnikov 型函数. 我们接下来的目标是证明, 在任意 $z \in Z$ 附近, 存在一个局部微分同胚于 Z 的流形 Z_ε, 使其为 I_ε 的一个自然约束. 由此 $u \in Z_\varepsilon$ 和 $I'_\varepsilon|_{Z_\varepsilon}$ 表明 $I'_\varepsilon(u)=0$. 以这种方式便将对 E 上 I_ε 的临界点的研究归结为对 $I'_\varepsilon|_{Z_\varepsilon}$ 的临界点的研究.

接下来, 我们定义 Z 在 $U_{\lambda,\xi}$ 处的切空间 $T_{\lambda,\xi}Z=\operatorname{span}\{q_1,q_2,\cdots,q_{N+1}\}$, 其中

$$q_j=\frac{\partial U_{\lambda,\xi}}{\partial \xi_j}\ (j=1,2,\cdots,N),\quad q_{N+1}=\frac{\partial U_{\lambda,\xi}}{\partial \lambda}$$

引理 8.3.2 给定 $R>0$, 则存在 $\varepsilon_0>0$ 和某个 C^1 函数

$$w=w\left(U_{\lambda,\xi},\varepsilon\right):B_R^{N+1}(0)\times(-\varepsilon_0,\varepsilon_0)\to D^{s,2}(\mathbb{R}^N)$$

使得对任意的 $(\lambda,\xi)\in B_R^{N+1}(0)$ 和 $\varepsilon\in(-\varepsilon_0,\varepsilon_0)$, 如下性质成立:

(i) $w\left(U_{\lambda,\xi},\varepsilon\right)$ 与 $T_{\lambda,\xi}Z$ 正交;

(ii) $I'_\varepsilon\left(U_{\lambda,\xi}+w\left(U_{\lambda,\zeta},\varepsilon\right)\right)\in T_{\lambda,\xi}Z$;

(iii) $w\left(U_{\lambda,\xi},0\right)=0$, 其中 $B_R^N(0)$ 表示以零为心, R 为半径的 N 维球.

证明 我们将借用局部逆定理于如下算子寻找 $w\left(U_{\lambda,\xi},\varepsilon\right)$:

$$H:B_R^{N+1}(0)\times D^{s,2}\left(\mathbb{R}^N\right)\times\mathbb{R}\times\mathbb{R}^{N+1}\to D^{s,2}\left(\mathbb{R}^N\right)\times\mathbb{R}^{N+1}$$

其中 $H_1\in E$ 和 $H_2\in\mathbb{R}^{N+1}$ 定义为

$$H_1\left(Q_{\lambda,\xi},w,\varepsilon,\sigma\right)=I'_\varepsilon\left(Q_{\lambda,\xi}+w\right)-\sum_{j=1}^{N+1}\sigma_j q_j$$
$$H_2\left(Q_{\lambda,\xi},w,\varepsilon,\sigma\right)=\left(\langle w,q_1\rangle,\cdots,\langle w,q_{N+1}\rangle\right)$$

这里

$$\langle u,v\rangle=\int_{\mathbb{R}^N}(-\Delta)^{\frac{s}{2}}u\cdot(-\Delta)^{\frac{s}{2}}v\mathrm{d}x$$

注意到 $H_1=0$ 意味着 $I'_\varepsilon\left(U_{\lambda,\xi}+w\left(U_{\lambda,\xi},\varepsilon\right)\right)\in T_{\lambda,\xi}Z$, 即 (ii) 成立, 而 $H_2=0$ 则表明 w 与 $T_{\lambda,\xi}Z$ 是正交, 也就是 (i) 成立.

注意到对任意 $U_{\lambda,\xi}\in\mathbb{S}$, 有

$$H\left(U_{\lambda,\xi},0,0,0\right)=\left(H_1\left(U_{\lambda,\xi},0,0,0\right),H_2\left(U_{\lambda,\xi},0,0,0\right)\right)=\left(I'_0\left(U_{\lambda,\xi}\right),0\right)=0$$

且 H 在 $Q_{\lambda,\xi}\in\mathbb{S},\varepsilon=0,\sigma=0$ 和 $w=0$ 处的导数为

$$\frac{\partial H}{\partial(w,\sigma)}\left(Q_{\lambda,\xi},0,0,0\right)[\phi,d]=\left(I''_0\left(Q_{\lambda,\xi}\right)[\phi]-\sum_{j=1}^{N+1}d_jq_j,\langle\phi,q_1\rangle,\cdots,\langle\phi,q_{N+1}\rangle\right)$$

其中 $\phi\in D^{1,2}\left(\mathbb{R}^N\right)$ 且 $d=(d_1,\cdots,d_{N+1})$.

由引理 8.3.1 可知, $\dfrac{\partial H}{\partial(w,\sigma)}(Q_{\lambda,\xi},0,0,0)$ 是一指标为 0 的 Fredholm 算子, 因此只需证它是单射即可. 那么我们设 $\dfrac{\partial H}{\partial(w,\sigma)}(Q_{\lambda,\xi},0,0,0)[d,\phi]=(0,0)$. 由

$$I_0''(Q_{\lambda,\xi})[\phi]=\sum_{j=1}^{N+1}d_jq_j$$

用 q_i 作内积, 推出 $d_j=0$ 且

$$I_0''(Q_{\lambda,\xi})[\phi]=0$$

再次利用 (3), 我们推得 $\phi\in T_{\lambda,\xi}Z$. 另一边, $\dfrac{\partial H_1}{\partial(w,\sigma)}=0$ 蕴含 ϕ 与 $T_{\lambda,\xi}Z$ 正交并且由此 $\phi=0$. 这就证明了 $\dfrac{\partial H}{\partial(w,\sigma)}(Q_{\lambda,\xi},0,0,0)$ 可逆且应用隐函数定理可得结论.

基于引理 8.3.2 自然要引入扰动流形

$$Z_\varepsilon=\left\{U_{\lambda,\xi}+w(U_{\lambda,\xi},\varepsilon)\mid(\lambda,\xi)\in B_R^{N+1}(0)\right\}$$

易证 Z_ε 是关于 I_ε 的自然约束, 也就是说 I_ε 在 Z_ε 上的临界点也是 I_ε 在 $D^{s,2}(\mathbb{R}^N)$ 上的一个临界点. 事实上, 若 $u=U_{\lambda,\xi}+w(U_{\lambda,\xi},\varepsilon)\in Z_\varepsilon$ 是 I_ε 在 Z_ε 上的临界点, 则 $I_\varepsilon'(u)$ 与 T_uZ_ε 正交, 其中 T_uZ_ε 是 Z_ε 在 u 处的切空间. 另一方面, 从引理 8.3.2(ii) 可知寻找 $w(U_{\lambda,\xi},\varepsilon)$, $I_\varepsilon'(u)\in T_{\lambda,\xi}Z$ 和 T_uZ_ε 在 $T_{\lambda,\xi}Z$ 的附近. 故 $I_\varepsilon'(u)=0$. 此外, 我们有

$$I_\varepsilon(U_{\lambda,\xi}+w(U_{\lambda,\xi},\varepsilon))=I_0(U_{\lambda,\xi})-\varepsilon\Gamma(\lambda,\xi)+o(\varepsilon),\quad\varepsilon\to0$$

所以, 若 (λ,ξ) 是 $\Gamma(\lambda,\xi)$ 的一个临界点, 则 $U_{\lambda,\xi}+w(U_{\lambda,\xi},\varepsilon)$ 必为 I_ε 的一个临界点. 由上述分析, 我们转而处理有限维泛函 $\Gamma(\lambda,\xi)$.

接下来我们先给出 $\Gamma(\lambda,\xi)$ 的一些基本的性质. 首先, 对任意固定的 $\xi\in\mathbb{R}^N$, 由连续性可将 $\Gamma(\lambda,\xi)$ 延拓至 $\lambda=0$, 即

$$\Gamma(0,\xi)=\frac{1}{2_s^*}\int_{\mathbb{R}^N}K(c^{\frac{1}{2s}}\xi)Q^{2_s^*}(x)\mathrm{d}x:=e_0K(c^{\frac{1}{2s}}\xi)$$

其中

$$e_0=\frac{1}{2_s^*}\int_{\mathbb{R}^N}Q^{2_s^*}(x)\mathrm{d}x$$

此外, 我们有

$$\frac{\partial\Gamma(\lambda,\xi)}{\partial\lambda}=\frac{1}{2_s^*}\int_{\mathbb{R}^N}(\nabla K(c^{\frac{1}{2s}}(\lambda x+\xi))\cdot c^{\frac{1}{2s}}x)Q^{2_s^*}(x)\mathrm{d}x$$

由于

$$\int_{\mathbb{R}^N}x_iQ^{2_s^*}(x)\mathrm{d}x=0,\quad i=1,2,\cdots,N$$

于是

$$\frac{\partial\Gamma(0,\xi)}{\partial\lambda}=0\tag{8.3.2}$$

因此我们可进一步通过对称性将 Γ 延拓为 $\mathbb{R}^{N+1}$ 上的一个 C^1 函数. 我们将使用同样的符号 Γ 表示该函数. 此外, 从 (8.3.2) 式可知

$$\xi \in \mathrm{Crit}(K) \Leftrightarrow (0, \xi c^{-\frac{1}{2s}}) \in \mathrm{Crit}(\Gamma) \tag{8.3.3}$$

接下来, 我们将引进一些引理, 它们对有限维泛函 $\Gamma(\lambda, \xi)$ 的研究至关重要.

引理 8.3.3 设 (K_3) 成立. 那么存在 $R>0$ 使得

$$(\nabla \Gamma(\lambda, \xi) \cdot (\lambda, \xi)) < 0, \quad \forall |\lambda| + |\xi| \geqslant R$$

证明 记 $z = (\lambda, \xi)$, 则

$$\begin{aligned}
2_s^* \left(\nabla_z \Gamma(z) \cdot z\right) &= \int_{\mathbb{R}^N} (\nabla K(c^{\frac{1}{2s}}(\lambda y + \xi)) \cdot c^{\frac{1}{2s}}(\lambda y + \xi)) Q^{2^*}(y) \mathrm{d}y \\
&= c^{-\frac{N}{2s}} \lambda^{-N} \int_{\mathbb{R}^N} (\nabla K(x) \cdot x) Q^{2_s^*} \left(\frac{c^{-\frac{1}{2s}} x - \xi}{\lambda} \right) \mathrm{d}x \\
&= c^{-\frac{N}{2s}} \lambda^{-N} \left(J_{1,R} + J_{2,R}\right)
\end{aligned}$$

其中

$$\begin{aligned}
J_{1,R} &= \int_{B_R(0)} (\nabla K(x) \cdot x) Q^{2_s^*} \left(\frac{c^{-\frac{1}{2s}} x - \xi}{\lambda} \right) \mathrm{d}x \\
J_{2,R} &= \int_{\mathbb{R}^N \setminus B_R(0)} (\nabla K(x) \cdot x) Q^{2_s^*} \left(\frac{c^{-\frac{1}{2s}} x - \xi}{\lambda} \right) \mathrm{d}x
\end{aligned}$$

由 (K_3)②, 可推出存在 R_0 使得对任意的 $R \geqslant R_0$, 有

$$I(R) := \int_{B_R(0)} (\nabla K(x) \cdot x) \mathrm{d}x < 0 \tag{8.3.4}$$

设 $f(x) = (\nabla K(x) \cdot x)$. 定义 $f^+(x) = \max\{f(x), 0\}$ 和 $f^-(x) = \max\{-f(x), 0\}$, 则

$$\begin{aligned}
\max(\lambda, \xi) &:= \max_{x \in B_R(0)} Q^{2_s^*} \left(\frac{c^{-\frac{1}{2s}} x - \xi}{\lambda} \right) \\
\min(\lambda, \xi) &:= \min_{x \in B_R(0)} Q^{2_s^*} \left(\frac{c^{-\frac{1}{2s}} x - \xi}{\lambda} \right)
\end{aligned}$$

直接计算有

$$\begin{aligned}
J_{1,R} &= \int_{B_R(0)} f^+(x) Q^{2_s^*} \left(\frac{c^{-\frac{1}{2s}} x - \xi}{\lambda} \right) \mathrm{d}x - \int_{B_R(0)} f^-(x) Q^{2_s^*} \left(\frac{c^{-\frac{1}{2s}} x - \xi}{\lambda} \right) \mathrm{d}x \\
&\leqslant \max(\lambda, \xi) \cdot \int_{B_R(0)} f^+(x) \mathrm{d}x - \min(\lambda, \xi) \cdot \int_{B_R(0)} f^-(x) \mathrm{d}x
\end{aligned} \tag{8.3.5}$$

若 $|\lambda|+|\xi|$ 充分大, 则

$$\max(\lambda,\xi)\simeq\frac{C_N\lambda^{2N}}{\left(\lambda^2+\left(\frac{R}{c^{\frac{1}{2s}}}-|\xi|\right)^2\right)^N}$$

$$\min(\lambda,\xi)\simeq\frac{C_N\lambda^{2N}}{\left(\lambda^2+\left(\frac{R}{c^{\frac{1}{2s}}}+|\xi|\right)^2\right)^N}$$

因此

$$\lim_{|\lambda|+|\xi|\to\infty}\frac{\max(\lambda,\xi)}{\min(\lambda,\xi)}=1 \tag{8.3.6}$$

此外, 由 (8.3.4)~(8.3.6)式可知, 只要 $|\lambda|+|\xi|$ 充分大, 有 $J_{1,R}<0$. 类似上述讨论, 由 (K_3)① 可知, 可选取充分大的 $R>\rho$ 使得 $J_{2,R}<0$. □

引理 8.3.4　设 (K_2) 成立. 那么

$$\lim_{\lambda\to0^+}\frac{\Gamma(\lambda,\xi c^{-\frac{1}{2s}})-\Gamma(0,\xi c^{-\frac{1}{2s}})}{\lambda^\beta}=A_\xi \tag{8.3.7}$$

其中

$$A_\xi=\frac{c^{\frac{\beta}{2}}}{2_s^*}\sum_{j=1}^N a_j(\xi)\int_{\mathbb{R}^N}|x_1|^\beta Q^{2_s^*}(x)\mathrm{d}x$$

证明　注意到若 $\beta<N$, 则 $|x|^\beta Q^{2_s^*}(x)\in L^1(\mathbb{R}^N)$. 所以由 (K_2) 可知

$$\begin{aligned}\lim_{\lambda\to0^+}\frac{\Gamma(\lambda,\xi c^{-\frac{1}{2s}})-\Gamma(0,\xi c^{-\frac{1}{2s}})}{\lambda^\beta}&=\lim_{\lambda\to0^+}\frac{1}{2_s^*}\int_{\mathbb{R}^N}\frac{(K(c^{\frac{1}{2s}}\lambda x+\xi)-K(\xi))Q^{2^*}(x)}{\lambda^\beta}\mathrm{d}x\\&=\frac{1}{2_s^*}\int_{\mathbb{R}^N}\sum_{j=1}^N a_j(\xi)\left|c^{\frac{1}{2s}}x_j\right|^\beta Q^{2_s^*}(x)\mathrm{d}x\\&=\frac{c^{\frac{\beta}{2}}}{2_s^*}\sum_{j=1}^N a_j(\xi)\int_{\mathbb{R}^N}|x_j|^\beta Q^{2_s^*}(x)\mathrm{d}x\\&=\frac{c^{\frac{\beta}{2}}}{2_s^*}\sum_{j=1}^N a_j(\xi)\int_{\mathbb{R}^N}|x_1|^\beta Q^{2_s^*}(x)\mathrm{d}x\end{aligned}$$ □

引理 8.3.5　设 $\xi\in\mathrm{Crit}(K)$ 为孤立点且设 (K_2) 成立. 那么 $z=(0,\xi c^{-\frac{1}{2s}})$ 是 Γ 的一个孤立的临界点且如下性质成立:

$$\text{若}\sum_{j=1}^N a_j(\xi)>0,\quad \deg_{\mathrm{loc}}(\nabla\Gamma,z)=\deg_{\mathrm{loc}}(\nabla K,\xi)$$

$$\text{若}\sum_{j=1}^N a_j(\xi)<0,\quad \deg_{\mathrm{loc}}(\nabla\Gamma,z)=-\deg_{\mathrm{loc}}(\nabla K,\xi)$$

证明 由 (8.3.3) 式可知, z 为 Γ 的一个临界点. 由于 $a_j(x)\in C(\mathbb{R}^N)$ 且 $\sum\limits_{j=1}^{N}a_j(\xi)\neq 0$, 则存在 $\delta>0$ 使得对任意的 $y\in B_\delta(\xi)$ 有 $\sum\limits_{j=1}^{N}a(y)\neq 0$. 由 (8.3.7) 可知, 对任意的 $y\in B_\delta(\xi)$, 我们推出 $\Gamma(\lambda,yc^{-\frac{1}{2s}})\sim\Gamma(0,yc^{-\frac{1}{2s}})+A_y\lambda^{\mathcal{E}}$, 从而 z 为 Γ 的一个孤立的临界点.

设 $L_\delta=[-\delta,\delta]\times B_\delta(\xi c^{-\frac{1}{2s}})$. 对充分小的 $\delta>0$, $\deg(\nabla\Gamma,L_\delta,0)$ 是有意义的, 于是

$$\deg(\nabla\Gamma,L_\delta,0)=\deg_{\text{loc}}(\nabla K,\xi)\cdot\deg_{\text{loc}}\left(\frac{\partial\Gamma}{\partial\lambda},0\right)\tag{8.3.8}$$

再次由 (8.3.7) 式可知

$$\begin{cases}\deg_{\text{loc}}\left(\dfrac{\partial\Gamma}{\partial\lambda},0\right)=1, & \sum\limits_{j=1}^{N}a_j(\xi)>0\\ \deg_{\text{loc}}\left(\dfrac{\partial\Gamma}{\partial\lambda},0\right)=-1, & \sum\limits_{j=1}^{N}a_j(\xi)<0\end{cases}\tag{8.3.9}$$

因此, 由 (8.3.8) 式和 (8.3.9)式可证得结论. □

设

$$\mathcal{C}^+=\{(\lambda,\xi)\mid(\lambda,\xi)\in\text{Crit}(\Gamma),\lambda>0\}$$

根据引理 8.3.3 和引理 8.3.4, $\mathcal{C}^+$ 是一个(可能为空)紧集. 由于 Γ 关于 λ 是偶的, 于是

$$\mathcal{C}^-=\{(-\lambda,\xi)\mid(\lambda,\xi)\in\mathcal{C}^+\}$$

即 Γ 的一个临界点集. 记 $\mathcal{C}=\mathcal{C}^+\cup\mathcal{C}^-$. 我们断言存在一个有界开集 $\Omega\subset(0,\infty)\times\mathbb{R}^N$ 满足 $\mathcal{C}^+\subset\Omega$, 有

$$\deg(\nabla\Gamma,\Omega,0)\neq 0$$

用反证法, 我们可设存在一个有界开集 Ω 满足 $\mathcal{C}^+\subset\Omega$, 但

$$\deg(\nabla\Gamma,\Omega,0)=0$$

利用引理 8.3.3 可得

$$\deg\left(\nabla\Gamma,B_R^{N+1}(0),0\right)=(-1)^{N+1}$$

设 $\Omega^-=\{(-\lambda,\xi):(\lambda,\xi)\in\Omega\}$ 且记 $\Omega'=\Omega\cup\Omega^-$. 则有

$$\deg\left(\nabla\Gamma,\Omega^-,0\right)=0$$

因而

$$\deg\left(\nabla\Gamma,B_R^{N+1}\backslash\bar{\Omega}',0\right)=(-1)^{N+1}$$

其中 $\bar{\Omega}'$ 表示 Ω' 的闭包. 根据 (8.3.3)式可知, 对任意的 $z \in \mathrm{Crit}(\Gamma)\backslash\mathcal{C}$, 则 z 形如 $z = (0, \xi c^{-\frac{1}{2s}})$ 且 $\xi \in \mathrm{Crit}(K)$. 由 (8.3.5) 式可推出

$$\begin{aligned}\deg\left(\nabla\Gamma, B_R^{N+1}\backslash\bar{\Omega}', 0\right) &= \sum \deg_{\mathrm{loc}}(\nabla\Gamma, z)\\ &= \sum_{a_\xi>0} \deg_{\mathrm{loc}}(\nabla K, \xi) - \sum_{a_\xi<0} \deg_{\mathrm{loc}}(\nabla K, \xi)\end{aligned}$$

故有

$$\sum_{a_\xi>0} \deg_{\mathrm{loc}}(\nabla K, \xi) - \sum_{a_\xi<0} \deg_{\mathrm{loc}}(\nabla K, \xi) = (-1)^{N+1}$$

设 $R \geqslant \rho$, 其中 ρ 来自条件 (K_3). 由于对任意的 $|x| = R(R \geqslant \rho)$, $(\nabla K \cdot x) < 0$, 于是有

$$\deg\left(\nabla K, B_R^N(0), 0\right) = (-1)^N$$

由上式结合拓扑度的性质, 有

$$\sum_{\xi\in\mathrm{Crit}(K)} \deg_{\mathrm{loc}}(\nabla K, \xi) = (-1)^N$$

此外, 由于对任意的 $\xi \in \mathrm{Crit}(K)$, $a_\xi := \sum\limits_{j=1}^{N} a_j(\xi) \neq 0$, 于是

$$\sum_{a_\xi>0} \deg_{\mathrm{loc}}(\nabla K, \xi) + \sum_{a_\xi<0} \deg_{\mathrm{loc}}(\nabla K, \xi) = (-1)^N$$

因此, 我们可得

$$\sum_{a_\xi<0} \deg_{\mathrm{loc}}(\nabla K, \xi) = (-1)^N$$

这与假设条件 (K_4) 相矛盾, 从而断言正确. 结合定理 8.3.1 可证明定理 8.1.3 和定理 8.1.4.

附　　录

附录 A　不等式和 Lebesgue 积分

我们首先给出一些不等式和 $\mathbb{R}^n$ 上 Lebesgue 积分理论基本知识. 为方便读者, 以下结果的证明可参见文献 [3-5],[8] 及其他参考文献.

定理 A.1　设 $p \in [1, +\infty)$, 那么对任意的数 a 和 b, 有

$$\Big(|a| + |b|\Big)^p \leqslant 2^{p-1}\Big(|a|^p + |b|^p\Big)$$

定理 A.2(Jensen 不等式)　设 $f: \mathbb{R} \to \mathbb{R}$ 是凸函数, u 是 (a, b) 上的可积函数. 那么

$$f\Big(\frac{1}{b-a}\int_a^b u(t)\mathrm{d}t\Big) \leqslant \frac{1}{b-a}\int_a^b f(u(t))\mathrm{d}t$$

定理 A.3(Young 不等式)　设 $a, b > 0,\ p, q > 1$ 且满足 $\dfrac{1}{p} + \dfrac{1}{q} = 1$, 那么

$$ab \leqslant \frac{1}{p}a^p + \frac{1}{q}b^q$$

定理 A.4(带 ε 的 Young 不等式)　设 $a, b, \varepsilon > 0,\ p, q > 1$ 且满足 $\dfrac{1}{p} + \dfrac{1}{q} = 1$, 那么

$$ab \leqslant \frac{\varepsilon}{p}a^p + \frac{\varepsilon^{-q/p}}{q}b^q$$

定理 A.5(离散形式的 Hölder 不等式和 Minkowski 不等式)　设 $1 \leqslant p \leqslant +\infty$, $q = \dfrac{p}{p-1}$, 那么

$$\Big|\sum_{k=1}^n a_k b_k\Big| \leqslant \Big(\sum_{k=1}^n |a_k|^p\Big)^{\frac{1}{p}}\Big(\sum_{k=1}^n |b_k|^q\Big)^{\frac{1}{q}}$$

$$\Big(\sum_{k=1}^n |a_k + b_k|^p\Big)^{\frac{1}{p}} \leqslant \Big(\sum_{k=1}^n |a_k|^p\Big)^{\frac{1}{p}} + \Big(\sum_{k=1}^n |b_k|^p\Big)^{\frac{1}{p}}$$

其中当 $p = +\infty$ 时, $\max\limits_k |a_k| := \Big(\sum\limits_{k=1}^n |a_k|^p\Big)^{\frac{1}{p}}$.

为给出 Lebesgue 积分的概念和性质, 接下来将给出 Lebesgue 测度和 Lebesgue 可测函数等概念及其性质.

定义 A.1 设 E 为 $\mathbb{R}^n$ 中任一点集, 对于每一列覆盖 E 的开区间 $\bigcup\limits_{i=1}^{n} I_i \supset E$, 记它的体积之和为 $\mu = \sum\limits_{i}^{\infty} |I_i|$($\mu$ 可以等于 ∞, 不同的区间列一般有不同的 μ), 所有这一切的 μ 组成一个下方有界的数集,它的下确界 (由 E 完全决定) 称为 E 的 Lebesgue 外测度, 简称 L 外测度或外测度, 记为 m^*E 或 $m^*(E)$, 即

$$m^*E = \inf_{E \subset \bigcup\limits_{i=1}^{\infty} I_i} \sum_{i=1}^{\infty} |\, I_i \,|$$

外测度具有下列性质:

定理 A.6 外测度具有下列性质:

(i) (非负性) $m^*E \geqslant 0$; 当 E 为空集时, 则 $m^*E = 0$;

(ii) (单调性) 设 $A \subset B$, 则 $m^*A \leqslant m^*B$;

(iii) (次可数可加性) $m^*\left(\bigcup\limits_{i=1}^{\infty} A_i\right) \leqslant \sum\limits_{i=1}^{\infty} m^*A_i$.

定义 A.2 设 E 为 $\mathbb{R}^n$ 中的一个有界集, I 为任一包含 E 的有限开区间, 则称 $|I| - m^*(I - E)$ 为 E 的内测度, 记为 m_*E.

注意到 m_*E 与 I 的选择无关并且 $m_*E \leqslant m^*E$.

定义 A.3 设 E 为 $\mathbb{R}^n$ 中的一个集合. 当 E 是有界集时, 若 $m_*E = m^*E$, 则称 E 是 L 可测的; 当 E 是无界集时, 若对任何有限开区间 I, 集合 $E \cap I$ 都是 L 可测的, 则称 E 是 L 可测的. 对于 L 可测集 E, 我们称 m^*E 为它的 L 测度, 记为 $m(E)$, L 可测集简称为可测集.

与定义 A.3 的一个等价定义如下:

定义 A.4 设 E 为 $\mathbb{R}^n$ 中的一个点集, 若对任一点集 $T \subset \mathbb{R}^n$ 都有

$$m^*T = m^*(T \cap E)^* + m^*(T \cap E^c)$$

则称 E 是 L 可测的, 称 m^*E 为 E 的 L 测度, 记为 $m(E)$.

下面介绍 Lebesgue 积分理论中最基本的函数-(L) 可测函数, (L) 可测函数是比连续函数更广泛的函数. 本书提到的函数都是指定义在 $\mathbb{R}^n$ 中某点集上的实函数, 函数值可以取 $+\infty$ 或 $-\infty$.

设 E 是一个可测集, $f(x)$ 是定义在 E 上的实函数, 记

$$E[f > a\,] := \{\, x \,|\, x \in E\,,\, a < f(\,x\,) \leqslant \infty \,\}$$

显然 $E[f > a\,]$ 是 E 的一个子集. 类似地可以给出记号 $E[f \geqslant a]$ 和 $E[a \leqslant f < b]$ 等.

定义 A.5 设 f 是定义在可测集 E 上的实函数. 若对每一个有限实数 a, 集合 $E[f > a]$ 仍可测, 则称 f 是定义在 E 上的 (L) 可测函数.

定理 A.7 设 f 是定义在可测集 E 上的实函数, 如下任一条件都是 f 在 E 上 (L) 可测的充要条件:

(i) 对任何有限实数 $a, E[f \geqslant a]$ 都可测;

(ii) 对任何有限实数 $a, E[f < a]$ 都可测;

(iii) 对任何有限实数 $a, E[f \leqslant a]$ 都可测;

(iii) 对任何有限实数 $a, b(a < b), E[a \leqslant f < b]$ 都可测 (但充分性需假设 $|f(x)| < \infty$).

定义 A.6 设 E 为 $\mathbb{R}^n$ 中点集, 定义在 E 上的实函数 $f(x)$ 称为在 $x_0 \in E$ 连续, 如果 $y_0 = f(x_0)$ 有限, 而且对于 y_0 的任一邻域 $V(y_0)$, 存在 x_0 的某邻域 $U(x_0)$, 使得 $f(U(x_0) \cap E) \subset V$, 即当 $x \in E$ 和 $x \in U(x_0)$ 时, 有 $f(x) \in V(y_0)$. 如果 $f(x)$ 在 E 中每一点都连续, 则称 $f(x)$ 在 E 上连续.

定义 A.7 设 $f(x)$ 的定义域 E 可分为有限个互不相交的可测集 $E_1, E_2, \cdots, E_n$, $E = \bigcup\limits_{i}^{n} E_i$, 使 $f(x)$ 在每个 E_i 上都等于某个常数 c_i, 则称 $f(x)$ 为简单函数.

用 $\chi_{E_i}(x)$ 表示 E_i 的特征函数, 即当 $x \in E_i$ 时, $\chi_{E_i}(x) = 1$; 当 $x \notin E_i$ 时, $\chi_{E_i}(x) = 0$. 则定义 A.7 中的简单函数可表示为 $f(x) = \sum\limits_{i}^{n} c_i \chi_{E_i}(x)$. 易证明连续函数和简单函数是可测函数.

定义 A.8 如果命题 π 在集 E 上除了某个零测度子集外处处成立, 则说命题 π 在集 E 上几乎处处 (记为 a.e.) 成立.

例如, 两函数 $f(x) = g(x)$, a.e. $\forall x \in E$ 是指 $m(E[f \neq g]) = 0$. 容易证明, 两个几乎处处相等的函数具有相同的可测性, 即改变函数在一个零测集上的函数值不改变其可测性. 下面我们简单介绍几个最重要的可测函数收敛定理, 相关证明请参看相关实变函数论教材 (如文献 [2], [7] 等).

定理 A.8 (叶果洛夫 (Egoroff) 定理) 设 $mE < \infty, \{f_n(x)\}$ 是 E 上一个几乎处处有限的可测函数列, $f(x)$ 是 E 上几乎处处有限的可测函数, $\{f_n(x)\}$ 在 E 上几乎处处收敛于 $f(x)$, 则对任意 $\delta > 0$, 存在子集 $E_s \subset E$, 使 $m(E - E_\delta) < \delta$, 且 $\{f_n(x)\}$ 在 E_δ 上一致收敛于 $f(x)$, 即对任意 $\varepsilon > 0$, 存在 $N \in \mathbb{N}$, 当 $n > N$ 时, 对任意 $x \in E_\delta$, 有 $|f_n(x) - f(x)| < \varepsilon$.

此定理表明凡是满足定理假设的几乎处处收敛的可测函数列, 即使不一致收敛, 也是"基本上"(指去掉一个测度可任意小的某点集外) 一致收敛. 可测集上的连续函数一定是可测函数. 反之, 在 E 上几乎处处有限的可测函数虽然不一定是连续的, 但它是"基本上连续"的函数, 即如下定理:

定理 A.9(鲁津定理) 设 $f(x)$ 是 E 上几乎处处有限的可测函数, 则对任意 $\delta > 0$, 存在闭子集 $E_\delta \subset E$, 使 $f(x)$ 在 E_δ 上是连续函数, 且 $m(E - E_\delta) < \delta$.

一维空间中鲁津定理的另一种形式如下:

定理 A.10 设 $f(x)$ 是 $\mathbb{R}$ 中可测集 E 上几乎处处有限的可测函数, 则对任意 $\delta>0$, 存在闭子集 $E_\delta\subset E$ 及整个 $\mathbb{R}$ 上的连续函数 $g(x)$, 使在 E_δ 上 $g(x)=f(x)$, 且 $m(E-E_\delta)<\delta$. 此外,

$$\sup_{x\in\mathbb{R}} g(x) = \sup_{x\in E_\delta} f(x) \text{ 和 } \inf_{x\in E_\delta} g(x) = \inf_{x\in E_\delta} f(x)$$

定义 A.9 设 $\{f_n(x)\}$ 是 E 上的一列几乎处处有限的可测函数, 若有 E 上的几乎处处有限的可测函数 $f(x)$ 满足关系: 对任意 $\sigma>0$, 有

$$\lim_{x\to\infty} mE\left[|f_x-f|\geqslant\sigma\right]=0$$

则称函数列 $\{f_n(x)\}$ 依测度收敛于 $f(x)$, 记为 $f_n(x)\Rightarrow f(x)$.

依测度收敛与几乎处处收敛有如下关系:

定理 A.11(里斯 (Riesz) 定理) 设在 E 上的函数 $f_n(x)$ 依测度收敛于 $f(x)$, 则存在子列 $\{f_{n_k}\}$ 在 E 上几乎处处收敛于 $f(x)$.

定理 A.12(勒贝格 (Lebegue)) 定理) 设

(i) $m(E)<+\infty$;

(ii) $f_n(x)$ 是 E 上几乎处处有限的可测函数列, $f(x)$ 是 E 上几乎处处有限的函数;

(iii) $f_n(x)$ 在 E 上几乎处处收敛于 $f(x)$,

则 $f_n(x)\Rightarrow f(x)$.

接下来我们介绍 Lebesgue 积分, 简称 L 积分. L 积分扩充了可积函数的范围并克服了黎曼积分的局限性.

命题 A.1 设 E 是非空可测集, $f(x)$ 是定义在 E 上的一个可测函数.

(i) 当 $f(x)$ 是非负简单函数时, 设 $f(x)=\sum\limits_{i=1}^{m}c_i\chi_{E_i}(x), c_i$ 为常数, 定义 f 在 E 上的 L 积分为

$$\int_E f(x)\,\mathrm{d}x = \sum_{i=1}^{m} c_i mE_i$$

(ii) 当 f 是非负可测函数时, 定义 f 在 E 上的 L 积分为

$$\int_E f(x)\mathrm{d}x=\sup\left\{\int_E\varphi(x)\mathrm{d}x\,\middle|\,\varphi\text{ 是}E\text{ 上的非负简单函数,}0\leqslant\varphi(x)\leqslant f(x),x\in E\right\}$$

(iii) 当 f 是一般的实值可测函数时, 记

$$f^+(x)=\max\{f(x),0\},\quad f^-(x)=\max\{-f(x),0\}$$

若 $\int_E f^+(x)\mathrm{d}x$ 与 $\int_E f^-(x)\mathrm{d}x$ 不同时为 $+\infty$, 则称 f 在 E 上积分确定, 定义 f 在 E 上的 L 积分为

$$\int_E f(x)\,\mathrm{d}x = \int_E f^+(x)\,\mathrm{d}x - \int_E f^-(x)\,\mathrm{d}x$$

特别地, 当 $|\int_E f(x)\mathrm{d}x| < +\infty$ 时, 称 f 在 E 上 L 可积.

L 积分具有下述性质定理:

定理 A.13 设 E 是非空可测集, f 与 g 是定义在 E 上的可测函数, 则

(i) f 在 E 上 L 可积的充分必要条件是 $|f|$ 在 E 上 L 可积, 此时有

$$\left|\int_E f(x)\,\mathrm{d}x\right| \leqslant \int_E |f(x)|\,\mathrm{d}x$$

(ii) 若 $mE = 0$, 则 $\int_E f(x)\mathrm{d}x = 0$;

(iii) f 在 E 上的 L 可积性及积分值与 f 在 E 的零测度子集上是否有定义及函数取值无关;

(iv) 对任意常数 α, β, $\alpha f + \beta g$ 在 E 上 L 可积, 且

$$\int_E [\alpha f(x) + \beta g(x)]\mathrm{d}x = \alpha \int_E f(x)\,\mathrm{d}x + \beta \int_E g(x)\,\mathrm{d}x$$

(v) 若 $f(x) \leqslant g(x)$ 在 E 上几乎处处成立, 则

$$\int_E f(x)\,\mathrm{d}x \leqslant \int_E g(x)\,\mathrm{d}x$$

(vi) 若函数 f 在 $[a,b]$ 上 R 可积, 则 f 必在 $[a,b]$ 上 L 可积, 且有相同的积分值

(vii) 若 $f(x) \geqslant 0$ 在 E 上几乎处处成立, 且 $\int_E f(x)\mathrm{d}x = 0$, 则 $f(x) = 0$ 在 E 上几乎处处成立;

(viii) 若对任意 $\varepsilon > 0$, 则存在 $\delta > 0$, 使对任意可测集 $A \subset E$ 满足当 $m(A) < \delta$ 时, 有 $\int_A |f(x)|\mathrm{d}x < \varepsilon$;

(ix) 若 $f(x)$ 在 $E = [a,b]$ 上 L 可积, 记 $F(x) = \int_a^x f(t)\mathrm{d}t\,(x \in [a,b])$, 则 $F'(x) = f(x)$ 在 $[a,b]$ 上几乎处处成立;

(x) 若 $E = A \cup B, A \cap B = \varnothing$ 且 $f(x)$ 在 A, B 上分别可积, 则 $f(x)$ 在 E 上也可积, 且

$$\int_E f(x)\,\mathrm{d}x = \int_A f(x)\,\mathrm{d}x + \int_B f(x)\,\mathrm{d}x$$

定理 A.14 设 $p \in [1, +\infty)$, Ω 是 $\mathbb{R}^n$ 中的一个可测子集, Ω 上的可积函数 $\{f_n(x)\}_{n\in\mathbb{N}^+}$ 和 $f(x)$ 满足当 $n \to +\infty$ 时, $\int_\Omega |f_n(x) - f(x)|^p\mathrm{d}x \to 0$. 则

(i) 存在 $\{f_n(x)\}$ 的子列 $\{f_{n_k}(x)\}$ 几乎处处收敛于 $f(x)$, 即存在 $e \subset \Omega$ 使得 $m(e) = 0$ 和 $\lim\limits_{k\to\infty} f_{n_k}(x) = f(x)(\forall x \in \Omega)$, 记作 $\lim\limits_{k\to\infty} f_{n_k}(x) = f(x)$, a.e. 于 Ω.

(ii) $f_n(x)$ 依测度收敛于 $f(x)$, 即 $\forall \varepsilon > 0$ 使得 $\lim\limits_{n\to+\infty} m(\{x \in \Omega : |f_n(x) - f(x)| > \varepsilon\})$, 记作 $f_{n_k}(x) \Longrightarrow f(x)$ 于 Ω.

定理 A.15(单调收敛定理)　设 $\{f_n\}_{n\in\mathbb{N}^+}$ 是定义在 Ω 上的非减可测函数列并且 $\lim\limits_{n\to+\infty} f_n(x) = f(x)$, 则

$$\lim_{n\to\infty}\int_{\Omega} f_n(x)\mathrm{d}x = \int_{\Omega}\lim_{n\to\infty} f_n(x)\mathrm{d}x$$

定理 A.16(Fatou 引理)　设 $\{f_n\}_{n\in\mathbb{N}^+}$ 是定义在 Ω 上的非负可测函数列, 则

$$\int_{\Omega}\liminf_{n\to\infty} f_n(x)\mathrm{d}x = \liminf_{n\to\infty}\int_{\Omega} f_n(x)\mathrm{d}x$$

定理 A.17(Lebesgue 控制收敛定理)　设 $\{f_n\}_{n\in\mathbb{N}^+}$ 是定义在可测集 Ω 上的可测函数列, $\lim\limits_{n\to+\infty} f_n(x) = f(x)$ a.e.于 Ω(或 $f_n(x) \Longrightarrow f(x)$ 于 Ω). 并且存在 Ω 上的可测函数 $F(x)$ 使得 $f_n(x) \leqslant F(x)(\forall x\in\Omega)$, 则 $f(x)$ 在 Ω 上可积且

(i) $\lim\limits_{n\to\infty}\displaystyle\int_{\Omega}|f_n(x)-f(x)|\mathrm{d}x = 0$;

(ii) $\displaystyle\int_{\Omega} f(x)\mathrm{d}x = \lim_{n\to\infty}\int_{\Omega} f_n(x)\mathrm{d}x$.

定理 A.18(Fubini 定理)　设 f 是 $\mathbb{R}^{n+m}$ 上的可测函数, 若积分

$$I_1 = \int_{R^{n+m}}|f(x,y)|\mathrm{d}x\mathrm{d}y,\quad I_2 = \int_{R^m}\left(\int_{R^n}|f(x,y)|\mathrm{d}x\right)\mathrm{d}y$$
$$I_3 = \int_{R^n}\left(\int_{R^m}|f(x,y)|\mathrm{d}y\right)\mathrm{d}x$$

中至少有一个存在且有限, 则

(i) 若 $f(x,y)\geqslant 0((x,y)\in A\times B)$, 则对几乎处处的 $x\in A, f(x,y)$ 作为 y 的函数在 B 上可测; 对几乎处处的 $y\in B, f(x,y)$ 作为 x 的函数在 A 上可测, 且

$$\int_{A\times B} f(x,y)\,\mathrm{d}x\mathrm{d}y = \int_A \mathrm{d}x\int_B f(x,y)\,\mathrm{d}y = \int_B \mathrm{d}y\int_A f(x,y)\,\mathrm{d}x$$

(ii) 若 $f(x,y)$ 在 $A\times B$ 上 L 可积, 则对几乎处处的 $x\in A, f(x,y)$ 作为 y 的函数在 B 上 L 可积, $\displaystyle\int_B f(x,y)\mathrm{d}y$ 作为 x 的函数在 A 上 L 可积; 对几乎处处的 $y\in B$, $f(x,y)$ 作为 x 的函数在 A 上 L 可积, $\displaystyle\int_A f(x,y)\mathrm{d}x$ 作为 y 的函数在 B 上 L 可积, 并且

$$\int_{A\times B} f(x,y)\,\mathrm{d}x\mathrm{d}y = \int_A \mathrm{d}x\int_B f(x,y)\,\mathrm{d}y = \int_B \mathrm{d}y\int_A f(x,y)\,\mathrm{d}x$$

附录 B　Banach 空间和 Hilbert 空间

这一节为研究非局部偏微分方程提供必要的泛函分析基础知识, 给出的内容在一般的泛函分析的书上都有, 可参见文献 [2], [6] 和 [51] 及其他参考文献.

定义 B.1 设 E 是一个非空集合, $d(\cdot,\cdot)\to\mathbb{R}$ 是 $E\times E$ 上的实函数, 如果函数 d 满足下列 3 个条件:

(1) (非负性) $d(x,y)\geqslant 0\ (\forall x,y\in E)$, 且 $d(x,y)=0$ 当且仅当 $x=y$;

(2) (对称性) $d(x,y)=d(y,x)\ (\forall x,y\in E)$;

(3) (三角不等式) $d(x,y)\leqslant d(x,z)+d(y,z)\ (\forall x,y,z\in E)$.

则称 d 是 E 上的距离函数, 而 $d(\cdot,\cdot)$ 称为 x 与 y 之间的距离. 又称 (E,d) 为距离空间或度量空间, 简记 E.

距离空间中收敛点列的极限是唯一的. 事实上, 设 $x,y\in E$ 是点列 $\{x_n'\}$ 的极限. 由距离的对称性及三角不等式知, 对任意 $n\in\mathbb{N}$, 有

$$d(x,\ y)\leqslant d(\ x_n\ ,\ x\ )\ +d(\ x_n\ ,\ y\ )$$

令 $n\to\infty$, 则有 $d(x,y)=0$, 从而 $x=y$.

容易验证:

(i) 欧氏空间 $\mathbb{R}^n$ 中点列 $x^{(m)}=(x_1^{(m)},x_2^{(m)},\cdots,x_n^{(m)})$ 收敛于 $x=(x_1,x_2,\cdots,x_n)$ 的充分必要条件是对任意的 $i\in[1,n]$ 都有 $\lim\limits_{m\to\infty}x_i^{(m)}=x_i$;

(ii) 离散距离空间中点列 $\{x_n\}$ 收敛于 x 的充分必要条件是存在 $N\in\mathbb{N}$, 对任意 $n>N$, 有 $x_n=x$;

(iii) $C[a,b]$ 中点列 $\{x_n\}$ 收敛于 x 的充分必要条件是函数列 $\{x_n(t)\}$ 在 $[a,b]$ 上一致收敛于函数 $x(t)$.

定义 B.2 设 (E,ρ) 是一距离空间, $x_0\in E$, $\varepsilon>0$, 定义

$$B(\ x_0\ ,\ \varepsilon\ )\ =\ \{\ x\in X|\rho(\ x\ ,\ x_0\ )\ <\varepsilon\ \}$$

以 x_0 为心、ε 为半径的开球.

设 E 是度量空间, $x_0\in E,A\subset E$, 我们称集合 $B_r(x_0)=\{x\in E:d(x,x_0)<r\}$ 为 x_0 的 r 邻域; 如果 x_0 的某个 r 邻域包含 A, 则称 A 是有界集; 如果 A 包含 x_0 的某个 r 邻域, 则称 x_0 是 A 的内点; A 的内点的全体称为 A 的内部, 记为 $\dot{A}$; 如果 A 中的每个点都是 A 的内点, 则称 A 是开集; 如果 $A^c=E\setminus A$ 为开集, 则称 A 是闭集; 如果 x_0 是 A 的极限点但不是 A 的内点, 则称 x_0 是 A 的边界点; A 的边界点的全体称为 A 的边界, 记为 ∂A. 另外, 称 $\bar{A}=A\bigcup\partial A$ 为 A 的闭包.

我们说度量空间 E 中的序列 $\{x_n\}$ 收敛于 $x\in E$, 记为 $x_n\to x$, 如果 $d(x_n,x)\to 0$. 称 $\{x_n\}$ 是 (E,d) 的一个 Cauchy 列是指 $\lim\limits_{m,n\to+\infty}d(x_n,x_m)=0$.

一个度量空间称为完备的是指它的任意 Cauchy 列都收敛于该空间内一点.

定义 B.3 距离空间 (E,d) 中的点列 $\{x_n\}$ 和 $x\in E$, 若满足 $\lim\limits_{n\to+\infty}d(x_n,x)=0$, 称序列 $\{x_n\}$ 收敛于 $x\in E$, 记为 $x_n\to x$; 若序列 $\{x_n\}$ 满足 $\lim\limits_{m,n\to+\infty}d(x_n,x_m)=0$, 称序列

$\{x_n\}$ 是 (E,d) 的一个 Cauchy 列; 若距离空间 E 中的任意 Cauchy 列都收敛于该空间内一点, 称距离空间 (E,d) 是完备的.

定义 B.4 设 A 和 B 是距离空间 (E,d) 的两个子集, 若 $B \subset \bar{A}$, 则称 A 在 B 中稠密. 若 E 有一可数的稠密子集, 则称 E 是可分的.

并非每个距离空间都完备, 但是在等距同构的意义下距离空间可以完备化.

定义 B.5 设 (E,d) 与 (E_1,d_1) 是两个距离空间, 若存在映射 $T: E \to E_1$ 满足:

(i) T 是满射, 即对任意 $y \in E_1$, 存在 $x \in E$, 使 $Tx = y$;

(ii) 对任意 $x, y \in E$, 有 $d(x,y) = d_1(Tx,Ty)$,

则称 (E,d) 与 (E_1,d_1) 等距同构, T 为 (E,d) 到 (E_1,d_1) 的等距同构映射.

定理 B.1(距离空间的完备化定理) 设 (E,d) 是一个距离空间, 则存在一个完备距离空间 (E_1,d_1), 使 E 与 E_1 的某个稠密子空间 W_1 等距同构, 并且 (E_1,d_1) 在等距同构意义下是唯一的, 即若 (E_2,d_2) 也是一个完备距离空间, 且 E 与 E_2 的某个稠密子空间等距同构, 则 (E_1,d_1) 与 (E_2,d_2) 等距同构.

实数域 $\mathbb{R}$ 是一个完备距离空间, 在 $\mathbb{R}$ 中每一有界点列必存在收敛子列. 但是距离空间未必完备, 即使完备, 其中的有界点列也未必存在收敛子列. 本节将引入列紧集与自列紧集的概念来讨论序列的有界性和收敛性.

定义 B.6 设 (E,d) 是一距离空间, $A \subset E$. 若存在 $x_0 \in E, r_0 > 0$, 使 $A \subset B(x_0,r_0)$, 则称 E 有界; 若 A 中每个点列都含有一个子列收敛于 E 中的某一点, 则称 A 为列紧的; 若 A 中每个点列都含有一个子列收敛于 A 中的某一点, 则称 A 为自列紧的; 若 E 自身是列紧的, 则称其为列紧空间.

易验证列紧空间是完备的, 即使在完备距离空间中, 有界闭集也未必列紧. 为了刻画列紧性, 引入一个比有界性更强的概念-全有界.

定义 B.7 设 (E,d) 是一距离空间, $M \subset E, \varepsilon_0$ 是一给定的正数. 若子集 $N \subset M$ 使得 $M \subset \bigcup\limits_{x \in N} B(x,\varepsilon_0)$, 则称 N 为 M 的一个 ε_0-网; 若 N 还是一个有限集, 则称 N 为 M 的一个有限 ε_0-网.

定义 B.8 设 (E,d) 是一距离空间, $A \subset E$. 若对任意 $\varepsilon > 0, A$ 总存在一个有限的 ε-网, 则称 A 是全有界的.

距离空间中的列紧集是全有界集; 当距离空间完备时, 全有界集是列紧集. 若 A 是距离空间 (E,d) 中的一个全有界集, $N = \{x_1, x_2, \cdots, x_{n_0}\}$ 是 A 的一个 1-网, 则对任意 $x \in A$, 存在 $x_k \in N$, 使得 $d(x,x_k) < 1$, 从而

$$d(x,x_{n_0}) \leqslant d(x,x_k) + d(x_k,x_{n_0}) \leqslant 1 + K < \infty$$

其中 $K = \max\limits_{1 \leqslant n_0} d(x_k,x_{n_0})$. 所以 A 有界. 另外, 对任意 $n \in \mathbb{N}$, 取 N_n 为 A 的一个有限

$\frac{1}{n}$-网. 则可数集 $\bigcup_{n\in\mathbb{N}} N_n$ 在 X 中稠密, 于是 A 可分. 故距离空间中全有界集是有界的、可分的. 进而距离空间中的列紧集是有界的但有界集未必列紧.

定义 B.9 设 (E,d) 是一距离空间, $A\subset E$.

(i) 若开集族 $\{G_\lambda|\lambda\in A\}$ 满足 $A\subset\bigcup_{\lambda\in A}G_\lambda$, 则称 $\{G_\lambda|\lambda\in\Lambda\}$ 是 A 的一个开覆盖;

(ii) 若 A 的任一开覆盖都存在有限子覆盖, 即对 A 的任一开覆盖 $\{G_\lambda|\lambda\in\Lambda\}$, 总存在 Λ 的一个有限子集 $\tilde\Lambda$, 使得 $A\subset\bigcup_{\lambda\in\tilde\Lambda}G_\lambda$, 则称 A 是紧的.

设 (E,d) 是一距离空间, $\varnothing\neq A\subset E$, 则 A 是紧的当且仅当 A 是自列紧的.

我们用到的线性空间都是假设是定义在实数域 $\mathbb{R}$ 上的, 首先给出线性空间的定义,

定义 B.10 设 E 是一个非空集合. 如果

(i) 有加法运算: $E\times E\to E$; 即对任意两个元素 $x,y\in E$, 存在唯一的元素 $x+y\in E$; 且 E 对此加法成一加群, 即满足

① 交换律 $x+y=y+x$;

② 结合律 $(x+y)+z=x+(y+z)$;

③ 逆运算减法存在 对一切 $x,y\in E$, 存在唯一的 $z\in E$, 使得 $x+z=y$, 并记 $z=y-z$.

(ii) 实数域 $\mathbb{R}$ 与 E 中元素有数乘运算:$\mathbb{R}\times E\to E$; 即对任一数 $a\in\mathbb{R}$ 及任一元素 $x\in E$, 存在唯一的元素 $ax\in E$ 与之对应; 且数乘满足通常向量的运算规则:

① 结合律 $a(bx)=(ab)x$;

② 数乘与 E 中加法的分配律 $a(x+y)=ax+by$;

③ 实数加法与数乘的分配律 $(a+b)x=ax+bx$;

④ $1\cdot x=x$,

那么, E 叫作实线性空间, 简称线性空间.

定义 B.11 设 E 是实数域 $\mathbb{R}$ 上的线性空间, E 上的实值函数 $||\cdot||$ 称为范数, 如果它满足下列 3 个条件:

(1) (正定性) $||x||\geqslant 0$ $(\forall x\in E)$, 且 $||x||=0$ 当且仅当 $x=0$;

(2) (正齐次性) $||\alpha x||=|\alpha|||x||, \forall x\in E$ $(\forall\alpha\in\mathbb{R})$;

(3) (三角不等式) $||x+y||\leqslant||x||+||y||$ $(\forall x,y\in E)$.

线性空间 E 连同其范数 $||\cdot||$ 称为线性赋范空间, 记为 $(E,||\cdot||)$, 简记 E.

我们说赋范空间 E 中的序列 $\{x_n\}$ 收敛于 $x\in E$, 记为 $x_n\to x$, 如果 $||x_n-x||\to 0$. 称 $\{x_n\}$ 是 $(E,||\cdot||)$ 的一个 Cauchy 列, 是指 $\lim\limits_{m,n\to+\infty}||x_n-x_m||=0$.

一个线性赋范空间称为完备的, 如果它的每个 Cauchy 列都收敛于该空间内一点. 完备的赋范线性空间就称为 Banach 空间.

定义 B.12　设 E 是 Banach 空间, $A \subset E$ 是一个集合,

(i) 如果存在 $C \in \mathbb{R}$, 使得 $||u|| \leqslant C$, 则称 A 为 E 中的有界集;

(ii) 如果 A 中的每一个 Cauchy 序列的极限元素都属于 A, 则称 A 为 E 中的闭集;

(iii) 如果 $S \subset A$, 且对每一个元素 $x \in A$, 都存在 $\{x_n\} \subset S$, 使得当 $n \to +\infty$ 时, 在 E 中有 $x_n \to x$, 则称 S 为 A 的稠密子集或 S 在 A 中稠密;

(iv) 如果 A 的每一个无穷子集都有收敛的子序列, 则称 A 是 E 中的列紧集或准紧集, 如果 E 中的列紧集 A 又是闭集 (即 A 的每一个无穷子集的每一个收敛子序列的极限元素都属于 A), 则称 A 是 E 中的紧集.

Banach 空间中的列紧集都是有界集, 在有限维 Banach 空间中, 有界集都是列紧集, 有界闭集都是紧集.

定义 B.13　设 H 为一线性空间, 如果对于任意两个元素 $x, y \in H$, 都有一个实数 $\langle x, y\rangle \in \mathbb{R}$ 与之对应, 且满足

(i) (对称性) $\langle x, y\rangle = \langle y, x\rangle$ $(\forall x, y \in H)$;

(ii) (线性性) $\langle ax + by, z\rangle = a\langle x, z\rangle + b\langle y, z\rangle$ $(\forall x, y, z \in H, \forall a, b, c \in \mathbb{R})$;

(iii) (正定性) $\langle x, x\rangle \geqslant 0, \forall x \in H$, 且 $\langle x, x\rangle = 0 \Leftrightarrow x = 0$,

则称双线性泛函 $\langle \cdot, \cdot \rangle$ 为 H 的内积, 线性空间 H 赋予内积后称为内积空间.

在内积空间 H 中可以定义范数为 $||x|| = \langle x, x\rangle^{1/2}$, 从而内积空间一定是线性赋范空间. 此外, 内积空间定义的范数 $||x||$ 满足平行四边形律

$$||x + y||^2 = 2||x||^2 + 2||y||^2$$

反之, 满足平行四边形律的赋范线性空间必为内积空间. 完备的内积空间又称为 Hilbert 空间.

附录 C　线性算子和非线性映射的基本理论

定义 C.1　设 X, Y 是实数域上的赋范线性空间, $T: X \to Y$ 是线性的, 即

$$T(ax + by) = aT(x) + bT(y), \quad \forall x, y \in X, \ \forall a, b \in \mathbb{R}$$

如果 T 映 X 中的有界集成 Y 中的有界集, 则称 T 是有界线性算子. 特别地, 当 $Y = \mathbb{R}$ 时, 称 T 是 X 上的有界线性泛函.

容易验证, T 是有界线性算子的充要条件是存在常数 $M > 0$ 使得对任何 $x \in X$, 有

$$||T(x)||_Y \leqslant M||x||_X$$

因此, 利用 T 的线性性, 可以推出 T 是有界线性算子的充要条件是 T 在零点处是连续的, 而 T 在零点处连续等价于 T 在每一点都连续.

记 $L(X,Y)$ 为从 X 到 Y 中的所有有界线性算子构成的集合. 自然地, $L(X,Y)$ 是 $\mathbb{R}$ 上的线性空间, 对每个 $T\in L(X,Y)$, 记

$$||T||=\sup_{x\in X,x\neq 0}\frac{||Tx||}{||x||}$$

则 $||T||$ 是 $L(X,Y)$ 上的范数, 因此, $L(X,Y)$ 是线性赋范空间, 进一步地, 还可以证明, $L(X,Y)$ 是 Banach 空间的充要条件是 Y 为 Banach 空间.

特别地, 当 $Y=\mathbb{R}$ 时, 我们记 $L(X,Y)=X^*$, 它称为 X 的共轭空间或对偶空间, 由于 $\mathbb{R}$ 是完备的, 故共轭空间 X^* 总是 Banach 空间. 注意到 $L^2(\Omega)$ 空间的共轭空间是 $L^2(\Omega)$, 且 $L^2(\Omega)$ 是一个 Hilbert 空间.

定理 C.1(有界线性泛函延拓定理) 设 X 是实数域上的赋范线性空间, X_1 是 X 的线性子空间. 对于给定在 X_1 上的任意有界线性泛函 f_1, 必存在 X 上的有界线性泛函 f 使得

(i) $f(x)=f_1(x), \forall x\in X_1$;

(ii) $||f||_X=||f_1||_{X_1}$.

用 $\langle x,f\rangle$ 表示 $E\times E^*$ 上的如下双线性函数, 称为 E 与 E^* 之间的匹配:

$$\langle x,f\rangle\triangleq f(x),\quad x\in E,\ f\in E^*$$

$E^{**}\triangleq(E^*)^*$ 称为 E 的二次对偶. 作为 Hahn-Banach 定理的一个推论, 赋范线性空间 E 与其二次对偶 E^{**} 的一个子空间等距同构. 事实上, 记 $j:E\to E^*$ 如下:

$$j(x)(f)=\langle x,f\rangle,\quad \forall\, f\in E^*, \forall\, x\in E$$

则 $\|j(x)\|_{E^{**}}=\|x\|_E$. 故映射 $j:E\to E^{**}$ 是等距嵌入. 通常将 x 与 $j(x)$ 等同. 故有 $E\subset E^{**}$.

若 Banach 空间 E 与其二次对偶 E^{**} 等距同构, 即 $E=E^{**}$, 则称 E 为自反 Banach 空间. 根据 Pettis 定理 (见文献 [6]), 自反 Banach 空间的闭子空间仍是自反 Banach 空间.

定理 C.2(Riesz 表示定理) 设 H 是一个 Hilbert 空间, f 是定义在 H 上的界线性泛函, 则存在唯一的 $y_f\in H$ 使得

$$f(x)=\langle x,y_f\rangle,\quad \forall x\in H,\ ||f||=||y_f||$$

Riesz 表示定理也称作 Riesz-Frèchet 定理. 从而表明 Hilbert 空间 H 与其对偶空间 H^* 等距同构. 因而 Hilbert 空间是自反 Banach 空间.

一个 Banach 空间 E 称为一致凸的是指 $\forall\varepsilon\in(0,2), \exists\delta>0$, 使得只要 $x,y\in E$ 满足 $\|x\|=\|y\|=1$ 及 $\|x-y\|\geqslant\varepsilon$, 就有 $\|x+y\|\leqslant 2-\delta$. 一致凸的 Banach 空间是自反 Banach

空间. 根据平行四边形律, Hilbert 空间是一致凸 Banach 空间. 因而一致凸 Banach 空间是比 Hilbert 空间更广泛的一类自反 Banach 空间 (见文献 [6]).

定义 C.2 设 X 是实数域上的赋范线性空间, X^* 是 X 的共轭空间, $\{x_n\} \subset X, x_0 \in X$, 如果对任意的 $f \in X^*$, 有

$$\lim_{n\to\infty} f(x_n) = f(x_0)$$

则称 $\{x_n\}$ 弱收敛于 x_0, 记作 $x_n \rightharpoonup x_0$

定理 C.3 设赋范空间 E 中的序列 $\{x_n\}$ 弱收敛于 x_0, 则弱极限唯一, $\{x_n\}$ 在 E 中依范数有下界, 且 $\|x_0\| \leqslant \liminf\limits_{n\to\infty} \|x_n\|$.

如果将范数看作能量, 定理 C.3 表明弱收敛序列在向其弱极限过渡时, 可能有能量损失. 如果能量不损失, 我们有如下结果:

定理 C.4(Radon-Riesz 定理) 设 E 是一致凸 Banach 空间, 序列 $\{u_n\} \subset E$ 弱收敛于 $u_0 \in E$, 即 $u_n \rightharpoonup u_0$. 如果 $\|u_n\| \longrightarrow \|u_0\|$, 则 $u_n \to u_0$ 于 E.

如果 $A \subset E$ 的任何序列都包含一个弱收敛子列, 称一个集合 A 是弱列紧的. 若 A 的所有弱极限点都属于 A, 则称 A 是弱列闭的.

定义 C.3 设 H, E 是 Banach 空间, 如果 $H \subset E$ 且包含映射 $j : H \to E$ 是连续的, 即

$$\|x\|_E \leqslant C\|x\|_H, \quad \forall\, x \in H$$

则称 H (连续地) 嵌入 E, 记为 $H \hookrightarrow E$. 如果包含映射 j 还是紧的, 即 j 将 H 中的有界集映射成 E 中的相对紧集, 则称嵌入 $H \hookrightarrow E$ 为紧嵌入.

定义 C.4 设 X 是实数域上的赋范线性空间, X^* 是 X 的共轭空间, $\{f_n\} \subset X^*, f_0 \in X^*$, 如果对任意的 $x \in X$, 有

$$\lim_{n\to\infty} f_n(x) = f_0(x)$$

则称 $\{f_n\}$ 弱 * 收敛于 f_0, 记作 记作 $f_n \xrightarrow{w^*} f_0$.

众所周知, 当 f 是线性映射时, 连续性与有界性是等价的. 但如果 f 是非线性映射, 则没有这种等价性. 本节介绍非线性映射的两种最常见的微分: 一种是 Gateaux 微分, 另一种是 Frechet 微分. 这两种微分分别是数学分析中的方向导数和全微分在无穷维空间上的推广.[132,159]

定义 C.5 称映射 $f : U \to Y$ 在 $x_0 \in U$ 处沿着 $h \in X$ 方向是 Gateaux 可微的, 简称沿 h 方向是 G-可微的或弱可微的, 如果极限

$$\mathrm{D}f(x_0; h) = \lim_{t\to 0} \frac{f(x_0 + th) - f(x_0)}{t}$$

存在. 此时, 称 $\mathrm{D}f(x_0; h)$ 为 f 在 x_0 处沿 h 方向的 Gateaux 微分, 简称为沿 h 方向的 G-微分或弱微分. 若 f 在 x_0 处沿任何方向都是 Gateaux 可微的, 则称 f 在 x_0 处 Gateaux 可

微, 简称 G-可微或弱可微.

显然, $\mathrm{D}f(x_0;h)$ 关于 h 是齐次的, 即

$$\mathrm{D}f(x_0;sh)=s\mathrm{D}f(x_0;h),\quad \forall s\in\mathbb{R}$$

但一般情况下不是线性的.

定理 C.5 Gateaux 微分具有下面的性质:

(i) 设 X,Y 是实线性赋范空间, f 在 $x_0\in U\subset X$ 处沿着 h 方向 G-可微, 则对任何 $y^*\in Y^*$, 函数 $\varphi(t)=y^*(f(x_0+th))$ 在 $t=0$ 处可微, 并且 $\varphi'(0)=y^*(\mathrm{D}f(x_0;h))$. 又若 f 在线段 $L=\langle x_0+th|t\in(0,1]\rangle$ 的每一点处沿着 h 方向 G-可微, 则 $\varphi(t)$ 在 $(0,1)$ 上可微, 并且

$$\phi'(t)=y^*\left(\mathrm{D}f(x_0+th;h)\right)$$

(ii) 设 f 在线段 L 上 G-可微, 则存在 $\tau\in(0,1)$, 使得 $\|f(x_0+h)-f(x_0)\|\leqslant\|\mathrm{D}f(x_0+\tau h;h)\|$;

(iii) 设 Y 是 Banach 空间, $\psi(t)=\mathrm{D}f(x_0+th;h)$ 在 $(0,1)$ 上连续, 则

$$f(x_0+h)-f(x_0)=\int_0^1\psi(t)\mathrm{d}t$$

其中 $\int_0^1\psi(t)\mathrm{d}t$ 是连续的抽象函数 $\psi(t)$ 的 Riemann 积分.

定义 C.6 设 $f:U\to Y$ 在 $x_0\in U$ 处 G-可微, 并且 $\mathrm{D}f(x_0;h)$ 关于 h 是线性有界的, 则可以表示为

$$\mathrm{D}f(x_0;h)=\mathrm{D}f(x_0)h,\quad \mathrm{D}f(x_0)\in L(X,Y)$$

其中 $L(X,Y)$ 表示从 X 到 Y 中的有界线性算子的全体构成的线性赋范空间. 此时, 称 $\mathrm{D}f(x_0)$ 为 f 在 x_0 处的 Gateaux 导算子或 Gateaux 导数, 简称为 G-导算子或 G-导数.

当 f 在 U 上的每一点处具有 G-导算子时, $\mathrm{D}f$ 是从 U 到 $L(X,Y)$ 的非线性映射; 当 $\mathrm{D}f(x_0)$ 存在时, 有

$$f(x_0+th)-f(x_0)=\mathrm{D}f(x_0)th+w(x_0,h,t)$$

其中当 x_0,h 固定时, 有

$$\lim_{t\to0}\frac{w(x_0,h,t)}{t}=0$$

一般情况下, 此极限关于 $\|h\|=1$ 不是一致的.

定义 C.7 称映射 $f:\ U\to Y$ 在 $x_0\in U$ 处是 Fréchet 可微的, 简称为 F-可微的, 或可微的, 如果存在有界线性算子 $A\in L(X,Y)$, 使得当 $h\in X,x_0+h\in U$ 时, 有

$$f(x_0+h)-f(x_0)=Ah+w(x_0,h)$$

其中 $w(x_0,h)=0(\|h\|)$, 即

$$\lim_{\|h\|\to 0}\frac{\| w(x_0,h) \|}{\| h \|}=0$$

称 A 为 f 在 x_0 处的 Fréchet 导算子, 简称为 F-导算子或 F-导数, 记为 $\mathrm{d}f(x_0),\nabla f(x_0)$ 或者 $f'(x_0)$.

显然, 若 f 在 x_0 处 Fréchet 可微, 则必是 G-可微的, 并且

$$\mathrm{D}f(x_0;h)=f'(x_0)h$$

反之不成立. 但若 f 在 x_0 处存在 G-导算子, 并且极限

$$\lim_{t\to 0}\frac{1}{t}[f(x_0+th)-f(x_0)]=\mathrm{D}f(x_0)h$$

关于 $\|h\|=1$ 一致地成立, 那么, f 在 x_0 处 F-可微.

若 f 在 x_0 处 F-可微, 则 f 必是 G-可微的, 并且有 $\mathrm{D}f(u;v)=\langle f'(u),v\rangle$. 若 Gâteaux 导映射 $\mathrm{D}f(u)$ 在 x_0 点连续, 则由中值定理可知 f 在 x_0 处 Fréchet 可微.

定义 C.8　设 $f\in C^1(U,\mathbb{R})$.

(i) 称泛函 f 在 $u\in U$ 处有二阶 G-导算子 $A\in L(X,X^*)$ 是指对每个 $h,v\in X$, 有

$$\lim_{t\to 0}\frac{1}{t}\langle f'(u+th)-f'(u)-Lth,v\rangle=0$$

记为 $f''(u)$;

(ii) 称泛函 f 在 $u\in U$ 处有二阶 F-导算子 $A\in L(X,X^*)$ 是指

$$\lim_{h\to 0}\frac{1}{\|h\|}[f'(u+h)-f'(u)-Lh]=0$$

$f\in C^2(U,\mathbb{R})$ 是指在 U 上 f 的二阶 F-导算子存在且连续.

附录 D　临界点理论

本附录给出后续用到的相关临界点存在定理.

定义 D.1　设 E 是实 Banach 空间, $D\subset E, I:D\to R^1$ 是 D 上一个泛函, $x_0\in D$.

(i) 如果对于任何 $x_n\in D$, $x_n\rightharpoonup x_0$, 都有 $I(x_n)\to I(x_0)$, 则称 $I(x)$ 在 x_0 处弱连续;

(ii) 如果对于任何 $x_n\in D$, $x_n\rightharpoonup x_0$, 都有 $I(x_0)\leqslant \liminf\limits_{n\to\infty} I(x_n)$, 则称 $I(x)$ 在 x_0 处弱下半连续;

(iii) 如果对于任何 $x_n\in D$, $x_n\rightharpoonup x_0$, 都有 $I(x_0)\geqslant \limsup\limits_{n\to\infty} I(x_n)$, 则称 $I(x)$ 在 x_0 处弱上半连续;

(iv) 若 $I(x)$ 在 D 中每一点都弱连续 (弱下半连续、弱上半连续), 则称 $I(x)$ 在 D 上弱连续 (弱下半连续、弱上半连续). 显然, $I(x)$ 在 x_0 处弱连续, 当且仅当 $I(x)$ 在 x_0 处弱下半连续且弱上半连续.

实 Banach 空间 E 上的范数 $\|x\|$ 在 E 上弱下半连续, 即若 $x_n \rightharpoonup x_0$, 则

$$\|x_0\| \leqslant \varliminf_{n\to\infty} \|x_n\|$$

事实上, 若不成立, 假设 $\|x_0\| > \varliminf_{n\to\infty} \|x_n\|$. 取 c 使得

$$\|x_0\| > c > \varliminf_{n\to\infty} \|x_n\|$$

从而存在子列 x_{n_k} 使得 $c > \|x_{n_k}\| (k = 1, 2, \cdots)$. 由 Hahn-Banach 定理, 存在 $f \in E^*, \|f\| = 1, f(x_0) = \|x_0\|$. 由

$$f(x_{n_k}) \leqslant \|f\| \cdot \|x_{n_k}\| = \|x_{n_k}\| < c, \quad k = 1, 2, \cdots$$

及 $x_{n_k} \rightharpoonup x_0$, 有

$$\|x_0\| = f(x_0) = \lim_{k\to\infty} f(x_{n_k}) \leqslant c$$

此与 $\|x_0\| > c > \varliminf_{n\to\infty} \|x_n\|$ 矛盾. 故范数 $\|x\|$ 在 E 上弱下半连续.

定义 D.2 设 D 是实 Banach 空间 E 中开集, 泛函 $I: D \to \mathbb{R}^1, x_0 \in D$.

(i) 若存在 x_0 的邻域 $U(x_0, \delta) = \{x \| x - x_0\| < \delta\}$, 使得 $x \in U(x_0, \delta)$ 时, 恒有

$$I(x) \geqslant I(x_0) \quad (I(x) \leqslant I(x_0)) \tag{D.1}$$

则称泛函 $I(x)$ 在 $x = x_0$ 处达到极小值 (对应地,极大值); 极小值与极大值统称为极值;

(ii) 设 $\varphi: E \to E_1$(E_1 是实 Banach 空间), 令 $M = \{x \in E | \varphi(x) = \theta\}$, 设 $x_0 \in M$. 若存在 x_0 的邻域 $U(x_0, \delta)$, 使当 $x \in U(x_0, \delta) \bigcap M$ 时, 恒有 (D.1) 式成立, 则称泛函 $I(x)$ 关于条件 $\varphi(x) = \theta$ 在 $x = x_0$ 处达到条件极小值 (对应地, 条件极大值); 条件极小值与极大值统称为条件极值.

设 E 是 Banach 空间, I 是 E 上的可微泛函. 我们称 $x_0 \in E$ 是 Φ 的临界点, 如果

$$I'(x_0) = 0$$

泛函在临界点处所取的值, 则称为临界值. 与临界点和临界值相对, 我们有正则点与正则值的概念.

定理 D.1 设 I 是 E 上的连续泛函, 并且是凸的, 即当 $t \in [0, 1], x, y \in E$ 时, $I(tx + (1-t)y) \leqslant tI(x) + (1-t)I(y)$, 则 I 是下半弱连续的.

定理 D.2 设 U 是 E 中的序列弱紧集, f 是 U 上的下半弱连续泛函, 则 f 在 U 上能达到极小值, 即存在 $x_0 \in U$ 使得 $f(x_0) = \inf_{x\in U} f(x)$.

由于自反 Banach 空间中的有界弱闭集是弱紧的. 特别地, 有界闭凸子集是弱紧的. 结合定理 D.2 可知, 设 U 是自反 Banach 空间 E 中的有界弱闭集, I 是 U 上的下半弱连续泛函, 则存在 $x_0 \in U$, 使得 $I(x_0) = \inf\limits_{x \in U} I(x)$. 此外, 若泛函在自反 Banach 空间 E 上强制, 即 $\lim\limits_{||x|| \to +\infty} I(x) = +\infty$, 并且 I 是 E 上下半弱连续, 则存在 $x_0 \in E$, 使得 $I(x_0) = \inf\limits_{x \in E} I(x)$.

当函数空间没有紧性并且泛函 I 本身也没有凸性时, 一般不能使 I 达到极小值点, 但有如下近似极小值点——Ekeland 变分原理.

定理 D.3(Ekeland 变分原理)[159] 设 (E, d) 是完备的度量空间, $I : E \to \mathbb{R} \cup \{+\infty\}$ 是下方有界且下半连续的泛函. 若存在 $\varepsilon > 0$ 和 $x_\varepsilon \in E$, 使得

$$I(x_\varepsilon) < \inf_{X \in E} I + \varepsilon$$

则存在 $y_\varepsilon \in E$ 使得

(i) $I(y_\varepsilon) \leqslant I(x_\varepsilon)$;

(ii) $d(y_\varepsilon, x_\varepsilon) \leqslant 1$;

(iii) $I(x) > I(y_\varepsilon) - \varepsilon d(y_\varepsilon, x)(\forall x \in E \setminus \{y_\varepsilon\})$.

由 Ekeland 变分原理可知, 一个下方有界的下半连续泛函不一定达到极小但可以找到一列近似极小值点, 当泛函 $I \in C^1$ 时, 近似极小值点 x_n 满足 $\lim\limits_{n \to +\infty} I'(x_n) = 0$. 为了从近似极小值点得到极值点的存在性, 需要对泛函 I 加上适当的紧性条件.

定义 D.3 设 E 是实的 Banach 空间, 泛函 $I \in C^1(E, \mathbb{R})$, 若对任意的序列 $\{u_n\}$ 满足, 当 $n \to 0$ 时, 有

$$I(u_n) \text{ 有界}, \quad I'(u_n) \to 0$$

则 $\{u_n\}$ 都有一个收敛的子列, 则称泛函 I 满足 (PS) 条件.

推论 D.1 设 E 是 Banach 空间 ,$I \in C^1(E, \mathbb{R})$, I 有下界且满足 (PS) 条件, 则泛函 I 在 E 上达到极小值, 即存在 $x_0 \in E$, 使得 $I(x_0) = \inf\limits_{x \in E} I(x)$ 且 $I'(x_0) = 0$.

在利用临界点理论时, 可用如下由 Brèzis, Coron 和 Nirenberg 引入的较弱的局部 (PS) 条件:

定义 D.4 设 E 是实的 Banach 空间, 泛函 $I \in C^1(E, \mathbb{R})$. 若对任意的序列 $\{u_n\}$ 满足当 $n \to 0$ 时, 有

$$I(u_n) \to c, \quad I'(u_n) \to 0, \quad c \in \mathbb{R}$$

则称序列 $\{u_n\}$ 是泛函 I 的一个 $(\mathrm{PS})_c$ 序列. 此外, 若对任意的 $(\mathrm{PS})_c$ 序列都有一个收敛的子列, 则称泛函 I 满足 $(\mathrm{PS})_c$ 条件.

设 E 是 Banach 空间, 泛函 $I \in C^1(E, R)$. 记

$$K = \{u \in E | I'(u) = 0\}$$

表示泛函 I 的全体临界点集, 称

$$K_c = \{u \in K | I(u) = c\} = \{u \in E | I'(u) = 0, I(u) = c\}$$

为泛函 I 的临界值为 c 的临界点集, 并称

$$I_c = \{u \in E | I(u) \leqslant c\}$$

为泛函 I 的水平集.

一般情况下, 如果 c 从 c_1 增大到 c_2 跨过 l 的临界值, I_{c_1} 与 I_{c_2} 会有不同的拓扑结构, 考查水平集 I_c 随 c 变化时的拓扑结构的变化基于泛函梯度场产生的下降流. 对于 Banach 空间上的 C^1 泛函, 由于梯度场不再具有意义, Palais 首先提出了伪梯度向量场的概念, 利用伪梯度向量场产生的下降流实现水平集之间的形变.

定义 D.5 设 E 是 Banach 空间, $I \in C^1(E, R)$.

(i) 如果 $u, v \in E$ 满足条件:

① $\|v\| \leqslant 2\|I'\|$;

② $\langle I'(u), v\rangle \geqslant \|I'(u)\|^2$, $\langle \cdot, \cdot \rangle$ 表示 E^{-1} 与 E 的对偶积,

则称 v 是 I 在 u 处的伪梯度向量;

(ii) 如果 $s \subset E, \Phi \in C(S, E)$, 且对任意 $u \in S, \Phi(u)$ 是 I 在 u 处的伪梯度向量, 则称 Φ 为 I 在 S 上的伪梯度向量场.

定理 D.4 设 E 是 Banach 空间, 设 $I \in C^1(E, R)$, $\tilde{E} = E \backslash K$. 如果 $I \neq \text{const}$, 则存在 I 的局部 Lipschitz 连续的伪梯度向量场 $\Phi: \widetilde{E} \to E$. 若 I 为偶泛函, 则可选取 Φ 为奇算子.

定理 D.5(形变引理) 设 E 是 Banach 空间, 设 $I \in C^1(E, R)$, $S \subset E$, $c \in \mathbb{R}$, 存在 $\varepsilon, \delta > 0$ 使得

$$\|I'(u)\|_* \geqslant 8\varepsilon/\delta, \quad \forall u \in I^{-1}([c - 2\varepsilon, c + 2\varepsilon] \cap S_{2\delta})$$

则存在 $\eta \in C([0, 1] \times E, E)$ 使得

(i) $\eta(t, u) = u$, 当 $t = 0$ 或者 $u \notin I^{-1}([c - 2\varepsilon, c + 2\varepsilon]) \cap S_{2\delta}$;

(ii) $\eta(1, I^{c+\varepsilon} \cap S) \subset I^{c-\varepsilon}$;

(iii) $\eta(t, \cdot)$ 是 E 的一个同胚映射, $\forall t \in [0, 1]$;

(iv) $\|\eta(t, u) - u\| \leqslant \delta$ ($\forall u \in E$, $\forall t \in [0, 1]$);

(v) $I(\eta(\cdot, u))$ 是关于 u 的非增函数 ($\forall t \in [0, 1]$);

(vi) $I(\eta(t, u)) < c$($\forall u \in I^c \cap S_\delta$, $\forall t \in (0, 1]$).

由形变引理可推导出如下极小极大原理:

定理 D.6 设 E 是 Banach 空间, $\mathcal{A}$ 是 E 的子集族, $I\in C^1(E,\mathbb{R})$. 令

$$c=\inf_{A\in\mathcal{A}}\sup_{u\in A}I(u)$$

若如下条件成立:

(i) c 是一个有穷数;

(ii) 存在 $\varepsilon_0>0$, 使得对任意的连续映射 $T\in\Gamma$ 满足 $A\in\mathcal{A}$, 都有 $T(A)\in\mathcal{A}$, 其中 $\Gamma=\{T\in C(E,E):T(x)=x,\ \forall x\in I(x)<c-\epsilon_0\}$,
则 I 存在一个 $(\mathrm{PS})_c$ 序列. 进一步地, 若 I 满足 $(\mathrm{PS})_c$ 条件, 则 c 是 I 的临界值.

若将映射族 Γ 换成映射族

$$\Gamma_+=\{T\in C(E,E)|T(x)=x,\ \forall x\in I(x)>c+\bar{\varepsilon}\}$$

定理 D.6 仍成立; 若取 $\mathcal{A}=\langle\langle x\rangle|x\in E\rangle$($E$ 中每一元素 x 看成 $\mathcal{A}$ 中的一个子集) 且 $I\in C^1(E,E)$ 下方有界以及满足 $(\mathrm{PS})_c$ 条件, 则 $c=\inf\limits_{x\in E}I(x)$ 是 I 的一个临界值; 若取 $\mathcal{A}=\{E\}$(E 是 $\mathcal{A}$ 中的唯一子集且 $I\in C^1(E,E)$ 上方有界以及满足 $(\mathrm{PS})_c$ 条件, 则 $c=\sup\limits_{x\in E}I(x)$ 是 I 的一个临界值.

极大极小原理是临界点理论的重要极值原理, 不仅可确定泛函的临界点存在性, 而且可对相应的临界值进行估计. 因而是研究非线性 (偏) 微分方程解存在性的重要工具. 但是极小极大原理并没有给出极小极大值的具体构造方法, 而只是提供了一种构造极大极小值的基本原则, 而运用极大极小原理的困难在于寻求满足条件 (ii) 的子集族 $\mathcal{A}$. 关于子集族 Γ 的选择主要有两种: 一种是借助于拓扑学中的环绕概念来构造, 另一种是利用畴数、指标以及伪指标来构造. 为给出由 A. Ambrosetti 和 P.H. Rabinowitz 于 1973 年提出的著名山路引理 (*Mountain Pass Theorem*), 本书只介绍借助于拓扑学中的环绕概念来构造子集族 Γ 的情形. 可参见文献 [5], [132] 和 [159] 及其他参考文献.

定义 D.6 设 E 是 Banach 空间, $Q,Q_0,S\subset E$ 是闭的, $Q_0\subset Q$, 若如下成立:

(i) $Q_0\bigcap S\neq\emptyset$;

(ii) 对任意的连续映射 $\varphi:Q\to E$ 满足 $\varphi|_{Q_0}=id|_{Q_0}$, 都有 $\varphi(Q)\bigcap S\neq\emptyset$,
则称 (Q,Q_0) 与 S 环绕.

定义 D.7 设 E 是实的 Banach 空间, 泛函 $I\in C^1(E,\mathbb{R})$, $(a,b)\in\mathbb{R}$. 若如下条件成立:

(i) 对 (a,b) 中的每一个有界闭区间 $[c,d]$ 以及 E 中的每一个有界点列 $\{x_n\}\subset I^{-1}([c,d])$, 如 $I'(x_n)\to 0$, 则 $\{x_n\}$ 有收敛的子列;

(ii) 对每一个 $c\in(a,b)$, 存在 $\sigma,R,\alpha>0$, 使得 $[c-\sigma,c+\sigma]\subset(a,b)$, 并且当 $x\in I^{-1}([c-\sigma,c+\sigma]),\|x\|\geqslant R$ 时, 恒有

$$\|\ I'(x)\ \|\ (1+h(\|\ x\ \|))\geqslant\alpha$$

其中 h 是 $[0,\infty)$ 上的非负连续函数，并且满足 $\int_0^{+\infty}\frac{1}{1+h(r)}\mathrm{d}r=+\infty$，则称 I 在 $I^{-1}((a,b))$ 上满足 (PS) 条件.

定义 E 的子集族

$$\mathcal{A}=\left\{\varphi(Q)|\varphi\in C(Q,E),\varphi|_{Q_0}=\mathrm{id}|_{Q_0}\right\}$$

记

$$c=\inf_{\varphi(Q)\in\mathcal{A}}\sup_{u\in\varphi(Q)}I(u)$$

则有如下极大极小原理:

定理 D.7 设 E 是 Banach 空间，$Q,Q_0,S\subset E$ 是闭的并且 (Q,Q_0) 与 S 环绕，$I\in\mathcal{C}^1(E,\mathbb{R})$ 满足:

(i) $\sup\limits_{u\in Q}I(u)<r<+\infty$;

(ii) 存在常数 $b>a$ 使得

$$\sup_{u\in Q_0}I(u)\leqslant a,\qquad \inf_{u\in S}I(u)\geqslant b$$

(iii) I 在 $I^{-1}(a,r)$ 上满足 (PS) 条件，

则 $c>b$ 且 c 为泛函 I 的一个临界值.

更一般形式的极大极小原理如下:

定理 D.8 设 E 是一个 Banach 空间，M_0 是距离空间 M 的闭子空间，$\varGamma_0\subset C(M_0,X)$，定义

$$\varGamma:=\{\gamma\in C(M,X):\gamma|_{M_0}\in\varGamma_0\}$$

若 $I\in C^1(E,\mathbb{R})$ 满足

$$\infty>c:=\inf_{\gamma\in\Gamma}\sup_{u\in M}I(\gamma(u))>a:=\sup_{\gamma_0\in\Gamma_0}\sup_{u\in M_0}I(\gamma_0(u))$$

则对每个 $\varepsilon\in\left(0,\dfrac{c-a}{2}\right)$，$\delta>0$ 和 $\gamma\in\varGamma$ 满足

$$\sup_M I\circ\gamma\leqslant c+\varepsilon$$

存在 $u\in E$ 使得

(i) $c-2\varepsilon\leqslant I(u)\leqslant c+2\varepsilon$;

(ii) $\mathrm{dist}(u,\gamma(M))\leqslant 2\delta$;

(iii) $\|I'(u)\|<\dfrac{8\varepsilon}{\delta}$.

此外，若存在序列 $\{u_n\}\subset E$ 满足 $I(u_n)\to c$ 和 $I'(u_n)\to 0$，且 I 满足 $(\mathrm{PS})_c$ 条件，则 c 为泛函 I 的一个临界值.

在定理 D.8, 取 $M_0=\{0,1\}$, $M=[0,1]$, $\varGamma_0:=\{\gamma_0:\gamma_0(0)=\theta,\gamma_1(e)=\theta\}$, 有如下山路定理:

定理 D.9 (山路定理)　设 E 是 Banach 空间, $I\in\mathcal{C}^1(E,\mathbb{R})$, 并且满足:

(i) $I(0)=0$, 存在 $\rho>0$ 使得 $I|_{\partial B_\rho(0)}\geqslant\alpha>0$;

(ii) 存在 $e\in E\setminus B_\rho$ 使得 $I(e)\leqslant 0$,

则 I 存在一个 $(\mathrm{PS})_c$ 序列, 其中 $c>\alpha$ 且

$$c:=\inf_{\gamma\in\varGamma}\max_{t\in[0,1]}I(\gamma(t))$$

其中

$$\varGamma=\{\gamma\in C([0,1],E):\gamma(0)=\theta,\gamma(1)=e\}$$

此外, 如果 I 满足 $(\mathrm{PS})_c$ 条件, 则 c 为泛函 I 的一个临界值.

参 考 文 献

[1] 顾光泽, 吴鲜, 余渊洋, 等. $\mathbb{R}^3$ 上分数阶 Kirchhoff 方程正解的多重性及集中性 [J]. 中国科学: 数学, 2019, 49(1): 39–72.

[2] 程其襄, 张奠宙, 胡善文, 等. 实变函数与泛函分析基础 [M]. 4 版. 北京: 高等教育出版社, 2019.

[3] 沈尧天, 王友军, 李周欣. 拟线性椭圆型方程的现代变分方 [M]. 北京: 高等教育出版社, 2017.

[4] 钟承奎, 范先令. 非线性泛函分析引论 [M]. 修订版. 兰州: 兰州大学出版社, 1998.

[5] 李树杰, 张志涛. 拓扑与变分方法及应用 [M]. 北京: 科学出版社, 2021.

[6] 张恭庆, 林源渠. 泛函分析讲义: 上 [M]. 2 版. 北京: 北京大学出版社, 2021.

[7] 周民强. 实变函数论 [M]. 3 版 北京: 北京大学出版社, 2016.

[8] 陆文端. 微分方程中的变分方法 [M]. 修订版. 北京: 科学出版社, 2022.

[9] Abatangelo N, Valdinoci E. Getting acquainted with the fractional Laplacian. In Contemporary research in elliptic PDEs and related topics [M]. Cham: Springer, 2019.

[10] Aissaoui N, Li Q, Zheng B. A perturbed Kirchhoff problem with critical exponent[J]. Applicable Analysis, 2021, 100(11): 2368–2385.

[11] Alves C O , Corrêa F J, Ma, T F. Positive solutions for a quasilinear elliptic equation of Kirchhoff type[J]. Computers & Mathematics with Applications, 2005, 49(1): 85–93.

[12] Alves C O, Figueiredo G M. Nonlinear perturbations of a periodic kirchhoff equation in $\mathbb{R}^N$[J]. Nonlinear Analysis. Theory, Methods & Applications, 2012, 75(5): 2750–2759.

[13] Alves C O, Miyagaki O H. Existence and concentration of solution for a class of fractional elliptic equation in $\mathbb{R}^N$ via penalization method[J]. Calculus of Variations and Partial Differential Equations, 2016, 55(3): 47.

[14] Alves C O, Souto M A S. Existence of solutions for a class of nonlinear Schrödinger equations with potential vanishing at infinity[J]. Journal of Differential Equations, 2013, 254(4): 1977–1991.

[15] Ambrosetti A, Azorero J G, Peral I. Elliptic variational problems in $\mathbb{R}^N$ with critical growth[J]. Journal of Differential Equations, 2000, 168: 10–32.

[16] Ambrosetti A, Felli V, Malchiodi A. Ground states of nonlinear Schrödinger equations with potentials vanishing at infinity[J]. Journal of the European Mathematical Society, 2005, 7(1): 117–144.

[17] Ambrosetti A, Garcia A J, Peral I. Perturbation of $\Delta u + u^{(N+2)/(N-2)} = 0$, the scalar curvature problem in $\mathbb{R}^N$, and related topics[J]. Journal of Functional Analysis, 1999, 165(1): 117–149.

[18] Ambrosetti A, Malchiodi A. Perturbation methods and semilinear elliptic problems on $\mathbb{R}^N$[M]. Basel: Birkhäuser Verlag, 2006.

[19] Ambrosetti A. Multiplicity and concentration of solutions for a fractional Kirchhoff equation with magnetic field and critical growth[J]. Annales Henri Poincaré, 2019, 20(8): 2717–2766.

[20] Ambrosetti A. Concentration phenomena for a class of fractional Kirchhoff equations in $\mathbb{R}^N$ with general nonlinearities[J]. Nonlinear Analysis. Theory, Methods & Applications, 2020, 195: 111761, 39.

[21] Ambrosetti A. Multiple concentrating solutions for a fractional Kirchhoff equation with magnetic fields [J]. Discrete and Continuous Dynamical Systems. Series S, 2020, 40(2): 781–815.

[22] Ambrosetti A, Isernia T. Concentration phenomena for a fractional Schrödinger-Kirchhoff type equation [J]. Mathematical Methods in the Applied Sciences, 2018, 41(2): 615–645.

[23] Ambrosetti A, Isernia T. A multiplicity result for a fractional Kirchhoff equation in $\mathbb{R}^N$ with a general nonlinearity[J]. Communications in Contemporary Mathematics, 2018, 20(5): 1750054, 17.

[24] Ambrosetti A, Isernia T. Sign-changing solutions for a class of Schrödinger equations with vanishing potentials[J]. Atti della Accademia Nazionale dei Lincei. Rendiconti Lincei. Matematica E Applicazioni, 2018, 29(1): 127–152.

[25] An X, Peng S, Xie C. Semi-classical solutions for fractional Schrödinger equations with potential vanishing at infinity[J]. Journal of Mathematical Physics, 2019, 60(2): 021501, 18.

[26] Arosio A, Panizzi S. On the well-posedness of the Kirchhoff string[J]. Transactions of the American Mathematical Society, 1996, 348(1): 305–330.

[27] Autuori G, Fiscella A, Pucci P. Stationary Kirchhoff problems involving a fractional elliptic operator and a critical nonlinearity[J]. Nonlinear Analysis. Theory, Methods & Applications, 2015, 125: 699–714.

[28] Barrios B, Colorado E, de Pablo A, et al. On some critical problems for the fractional Laplacian operator[J]. Journal of Differential Equations, 2012, 252(11): 6133–6162.

[29] Bartsch T, Liu Z. On a superlinear elliptic p-Laplacian equation[J]. Journal of Differential Equations, 2004, 198(1): 149–175.

[30] Benci V, Cerami G. Multiple positive solutions of some elliptic problems via the morse theory and the domain topology[J]. Calculus of Variations and Partial Differential Equations, 1994, 2: 29–48.

[31] Berestycki H, Lions P L. Nonlinear scalar field equations. I. Existence of a ground state[J]. Archive for Rational Mechanics and Analysis, 1983, 82(4): 313–345.

[32] Bernstein S. Sur une classe d'équations fonctionnelles aux dérivées partielles[J]. Bull. Acad. Sci. URSS. Sér. Math. [Izvestia Akad. Nauk SSSR], 1940, 4: 17–26.

[33] Bisci G M, Pansera B A. Three weak solutions for nonlocal fractional equations[J]. Advanced Nonlinear Studies, 2014, 14(3): 619–629.

[34] Bonheure D, Di Cosmo J, van Schaftingen J. Nonlinear Schrödinger equation with unbounded or vanishing potentials: solutions concentrating on lower dimensional spheres[J]. Journal of Differential Equations, 2012, 252(2): 941–968.

[35] Cabré X, Sire Y. Nonlinear equations for fractional Laplacians II: Existence, uniqueness, and qualitative properties of solutions[J]. Transactions of the American Mathematical Society, 2015, 367(2): 911–941.

[36] Caffarelli L, Silvestre L. An extension problem related to the fractional Laplacian[J]. Communications in Partial Differential Equations, 2007, 32(7-9): 1245–1260.

[37] Caffarelli L, Salsa S, Silvestre L. Regularity estimates for the solution and the free boundary of the obstacle problem for the fractional Laplacian[J]. Inventiones Mathematicae, 2008, 171(2): 425–461.

[38] Cao D, Noussair E S, Yan S. On the scalar curvature equation $-\Delta u=(1+\epsilon K)u^{(N+2)/(N-2)}$ in $\mathbb{R}^N$[J]. Calculus of Variations and Partial Differential Equations, 2002, 15(3): 403–419.

[39] Caponi M, Pucci P. Existence theorems for entire solutions of stationary Kirchhoff fractional p-Laplacian equations[J]. Annali di Matematica Pura ed Applicata. Series IV, 2016, 195(6): 2099–2129.

[40] Cassani D, Liu Z, Tarsi C, et al. Multiplicity of sign-changing solutions for Kirchhoff-type equations[J]. Nonlinear Analysis. Theory, Methods & Applications, 2019, 186: 145–161.

[41] Cerami G, Vaira G. Positive solutions for some non-autonomous Schrödinger-Poisson systems[J]. Journal of Differential Equations, 2010, 248(3): 521–543.

[42] Chang X, Wang Z. Ground state of scalar field equations involving a fractional Laplacian with general nonlinearity[J]. Nonlinearity, 2013, 26(2): 479–494.

[43] Chen C, Kuo Y, Wu T. The Nehari manifold for a Kirchhoff type problem involving sign-changing weight functions[J]. Journal of Differential Equations, 2011, 250(4): 1876–1908.

[44] Chen M, Li Q. Multi-peak solutions of a type of Kirchhoff equations with critical exponent[J]. Complex Variables and Elliptic Equations, 2021, 66(8): 1380–1398.

[45] Chen S, Peng J, Tang X. Ground state solutions for asymptotically periodic fractional Schrödinger-Poisson problems with asymptotically cubic or super-cubic nonlinearities[J]. Mathematical Methods in the Applied Sciences, 2017, 40(13): 4948–4961.

[46] Chen S, Tang X. Ground state solutions for asymptotically periodic Kirchhoff-type equations with asymptotically cubic or super-cubic nonlinearities[J]. Mediterranean Journal of Mathematics, 2017, 14(5): Paper No. 209, 19.

[47] Chen S, Tang X, Liao F. Existence and asymptotic behavior of sign-changing solutions for fractional Kirchhoff-type problems in low dimensions[J]. NoDEA. Nonlinear Differential Equations and Applications, 2018, 25(5): 40.

[48] Chen W, Gui Y. Multiple solutions for a fractional p-Kirchhoff problem with Hardy nonlinearity[J]. Nonlinear Analysis. Theory, Methods & Applications, 2019, 188:316–338.

[49] Chen W, Li C, Ou B. Classification of solutions for an integral equation[J]. Communications on Pure and Applied Mathematics, 2006, 59(3): 330–343.

[50] Cheng K, Gao Q. Sign-changing solutions for the stationary Kirchhoff problems involving the fractional Laplacian in $\mathbb{R}^N$[J]. Acta Mathematica Scientia. Series B. English Edition, 2018, 38(6): 1712–17308.

[51] Conway J. A course in functional analysis, volume 96 of Graduate Texts in Mathematics[M]. New York: Springer-Verlag, 1985.

[52] D'Ancona P, Spagnolo S. Global solvability for the degenerate Kirchhoff equation with real analytic data[J]. Inventiones Mathematicae, 1992, 108(2): 247–262.

[53] D'Ancona P, Squassina M. Ground states for fractional magnetic operators[J]. ESAIM. Control, Optimisation and Calculus of Variations, 2018, 24(1): 1–24.

[54] Dávila J, del Pino M, Sire Y. Nondegeneracy of the bubble in the critical case for nonlocal equations[J]. Proceedings of the American Mathematical Society, 2013, 141(11): 3865–3870.

[55] Dávila J, del Pino M, Wei J. Concentrating standing waves for the fractional nonlinear Schrödinger equation[J]. Journal of Differential Equations, 2014, 256(2): 858–892.

[56] de Souza M, Araújo Y. A class of asymptotically periodic fractional Schrödinger equations with critical growth[J]. Communications in Contemporary Mathematics, 2018, 20(3): 1750011, 31.

[57] Deng Y, Huang W. Least energy solutions for fractional Kirchhoff type equations involving critical growth[J]. Discrete and Continuous Dynamical Systems. Series S, 2019, 12(7): 1929–1954.

[58] Deng Y, Peng S, Shuai W. Existence and asymptotic behavior of nodal solutions for the Kirchhoff-type problems in $\mathbb{R}^3$[J]. Journal of Functional Analysis, 2015, 269(11): 3500–3527.

[59] Deng Y, Shuai W. Positive solutions for quasilinear Schrödinger equations with critical growth and potential vanishing at infinity[J]. Communications on Pure and Applied Analysis, 2014, 13(6): 2273–2287.

[60] Di Nezza E, Palatucci G, Valdinoci E. Hitchhiker's guide to the fractional Sobolev spaces[J]. Bulletin des Sciences Mathématiques, 2012, 136(5): 521–573.

[61] Dipierro S, Medina M, Valdinoci E. Fractional Elliptic Problems with Critical Growth in the Whole of $\mathbb{R}^n$[M]. Pisa: Edizioni della Normale, 2017.

[62] Marcos do Ó, Miyagaki O H, Squassina M. Critical and subcritical fractional problems with vanishing potentials[J]. Communications in Contemporary Mathematics, 2016, 18(6): 1550063, 20.

[63] Marcos do Ó, Sani F, Zhang J. Stationary nonlinear Schrödinger equations in $\mathbb{R}^2$ with potentials vanishing at infinity[J]. Annali di Matematica Pura ed Applicata. Series IV, 2017, 196(1): 363–393.

[64] Fang X. Bound state solutions for some non-autonomous asymptotically cubic Schrödinger-Poisson systems[J]. Zeitschrift für Angewandte Mathematik und Physik, 2019, 70(2): Paper No. 50, 11.

[65] Felmer P, Quaas A, Tan J. Positive solutions of the nonlinear Schrödinger equation with the fractional Laplacian[J]. Proceedings of the Royal Society of Edinburgh. Section A. , 2012, 142(6): 1237–1262.

[66] Fernández Bonder J, Saintier N, Silva A. The concentration-compactness principle for fractional order sobolev spaces in unbounded domains and applications to the generalized fractional brezis-nirenberg problem[J]. NoDEA. Nonlinear Differential Equations and Applications, 2018, 25(6): 52.

[67] Figueiredo G M, Ikoma N, Santos J R. Existence and concentration result for the kirchhoff type equations with general nonlinearities[J]. Archive for Rational Mechanics and Analysis, 2014, 213: 931–979.

[68] Figueiredo G M, Santos J R. Multiplicity and concentration behavior of positive solutions for a Schrödinger-Kirchhoff type problem *via* penalization method[J]. ESAIM. Control, Optimisation and Calculus of Variations, 2014, 20(2): 389–415.

[69] Figueiredo G M, Santos J R. Existence of a least energy nodal solution for a schrödinger-kirchhoff equation with potential vanishing at infinity[J]. Journal of Mathematical Physics, 2015, 56: 051506.

[70] Figueiredo G M, Pimenta M T O. Existence of ground state solutions to Dirac equations with vanishing potentials at infinity[J]. Journal of Differential Equations, 2017, 262(1): 486–505.

[71] Fiscella A, Valdinoci E. A critical Kirchhoff type problem involving a nonlocal operator[J]. Nonlinear Analysis. Theory, Methods & Applications, 2014, 94: 156–170.

[72] Frank R L, Lenzmann E. Uniqueness of non-linear ground states for fractional Laplacians in $\mathbb{R}$[J]. Acta Mathematica, 2013, 210(2): 261–318.

[73] Frank R L, Lenzmann E, Silvestre L. Uniqueness of radial solutions for the fractional Laplacian[J]. Communications on Pure and Applied Mathematics, 2016, 69(9): 1671–1726.

[74] Frank R L, Lieb E H, Seiringer R. Hardy-lieb-thirring inequalities for fractional schrödinger operators[J]. Journal of the American Mathematical Society, 2008, 21(4): 925–950.

[75] Franzina G, Palatucci G. Fractional p-eigenvalues[J]. Rivista di Matematica della Università di Parma. New Series, 2014, 5(2): 373–386.

[76] Gong Y, Liang S. Existence of solutions for asymptotically periodic fractional Schrödinger equation[J]. Computers & Mathematics with Applications, 2017, 74(12):3175–3182.

[77] Gu G, Mu C, Yang Z. Existence of ground state solutions for a class of non-autonomous fractional kirchhoff equations[J]. Fractal and Fractional , 2024, 8(2): 1134.

[78] Gu G, Tang X, Yang X. Existence of positive solutions for a critical fractional Kirchhoff equation with potential vanishing at infinity[J]. Mathematische Nachrichten, 2021, 294(4): 717–730.

[79] Gu G, Tang X, Zhang Y. Ground states for asymptotically periodic fractional Kirchhoff equation with critical Sobolev exponent[J]. Communications on Pure and Applied Analysis, 2019, 18(6):3181–3200.

[80] Gu G, Tang X, Zhang Y. Existence of positive solutions for a class of critical fractional Schrödinger-Poisson system with potential vanishing at infinity[J]. Applied Mathematics Letters, 2020, 99: 105984, 7.

[81] Gu G, Tang X, Yang Z. Infinitely many sign-changing solutions for nonlinear fractional Kirchhoff equations[J]. Applicable Analysis, 2022, 101(16): 5850–5871.

[82] Gu G, Yang Z. On the singularly perturbation fractional Kirchhoff equations: critical case[J]. Advances in Nonlinear Analysis, 2022, 11(1): 1097–1116.

[83] Gu G, Yu Y, Zhao F. The least energy sign-changing solution for a nonlocal problem[J]. Journal of Mathematical Physics, 2017, 58(5): 051505, 11.

[84] Gu G, Zhang W, Zhao F. Infinitely many sign-changing solutions for a nonlocal problem[J]. Annali di Matematica Pura ed Applicata. Series IV, 2018, 197(5):1429–1444.

[85] Gu G, Zhang X, Zhao F. A compact embedding result and its applications to a nonlocal Schrödinger equation[J]. Mathematische Nachrichten, 2024, 297(2): 707–715.

[86] He X, Zou W. Infinitely many positive solutions for Kirchhoff-type problems[J]. Nonlinear Analysis. Theory, Methods & Applications, 2009, 70(3):1407–1414.

[87] He X, Zou W. Existence and concentration behavior of positive solutions for a Kirchhoff equation in $\mathbb{R}^3$[J]. Journal of Differential Equations, 2012, 252(2): 1813–1834.

[88] He X, Zou W. Ground states for nonlinear Kirchhoff equations with critical growth. Annali di Matematica Pura ed Applicata. Series IV, 2014, 193(2):473–500.

[89] He X, Zou W. Existence and concentration result for the fractional Schrödinger equations with critical nonlinearities[J]. Calculus of Variations and Partial Differential Equations, 2016, 55(4):55–91.

[90] He X, Zou W. Multiplicity of concentrating solutions for a class of fractional Kirchhoff equation[J]. Manuscripta Mathematica, 2019, 158(1-2): 159–203.

[91] He X, Zou W. Ground state solutions for a class of fractional Kirchhoff equations with critical growth[J]. Science China. Mathematics, 2019, 62(5): 853–890.

[92] He Y, Li G. Standing waves for a class of Kirchhoff type problems in $\mathbb{R}^3$ involving critical Sobolev exponents[J]. Calculus of Variations and Partial Differential Equations, 2015, 54(3): 3067–3106,.

[93] He Y, Li G, Peng S. Concentrating bound states for Kirchhoff type problems in $\mathbb{R}^3$ involving critical Sobolev exponents[J]. Advanced Nonlinear Studies, 2014, 14(2): 483–510.

[94] Huang W, Luo X. Positive ground state solutions for fractional Kirchhoff type equations with critical growth[J]. Mathematical Methods in the Applied Sciences, 2019, 42(3): 1018–1038.

[95] Huang W, Wang L. Infinitely many sign-changing solutions for Kirchhoff type equations[J]. Complex Variables and Elliptic Equations, 2020, 65(6): 920–935.

[96] Isernia T. Sign-changing solutions for a fractional Kirchhoff equation[J]. Nonlinear Analysis. Theory, Methods & Applications, 2020, 190: 111623, 20.

[97] Jin T, Li Y, Xiong J. On a fractional nirenberg problem, part i: blow up analysis and compactness of solutions[J]. Journal of the European Mathematical Society, 2014, 16(6): 1111–1171.

[98] Kirchhoff G. Vorlesungen über Mechanik[M]. Basel: Birkhäuser, 1883.

[99] Silvestre L. Regularity of the obstacle problem for a fractional power of the laplace operator[J]. Communications on Pure and Applied Mathematics, 2007. 60: 67–112.

[100] Laskin N. Fractional quantum mechanics and Lévy path integrals[J]. Physics Letters. A, 2000, 268(4-6): 298–305.

[101] Laskin N. Fractional Schrödinger equation[J]. Physical Review E. Statistical, Nonlinear, and Soft Matter Physics, 2002, 66(5): 056108, 7.

[102] Lenzmann E. Uniqueness of ground states for pseudorelativistic Hartree equations[J]. Analysis & PDE, 2009, 2(1): 1–27.

[103] Li F, Gao C, Zhu X. Existence and concentration of sign-changing solutions to Kirchhoff-type system with Hartree-type nonlinearity[J]. Journal of Mathematical Analysis and Applications, 2017, 448(1): 60–80.

[104] Li G, Ye H. Existence of positive ground state solutions for the nonlinear Kirchhoff type equations in $\mathbb{R}^3$[J]. Journal of Differential Equations, 2014, 257(2): 566–600.

[105] Li Q, Teng K, Wu X. Existence of positive solutions for a class of critical fractional Schrödinger equations with potential vanishing at infinity[J]. Mediterranean Journal of Mathematics, 2017, 14(2): Art. 80, 14.

[106] Li Q, Teng K, Wu X. Ground states for fractional Schrödinger equations with critical growth[J]. Journal of Mathematical Physics, 2018, 59(3): 033504, 12.

[107] Li Q, Teng K, Wu X. Ground states for Kirchhoff-type equations with critical growth[J]. Communications on Pure and Applied Analysis, 2018, 17(6): 2623–2638.

[108] Lions J L. On some questions in boundary value problems of mathematical physics[J]. North-Holland, Amsterdam-New York, 1978, 30: 284–346.

[109] Lions J L. The concentration-compactness principle in the calculus of variations. The locally compact case. II[J]. Annales de l'Institut Henri Poincaré. Analyse Non Linéaire, 1984, 1: 223–283.

[110] Lions J L. The concentration-compactness principle in the calculus of variations. The locally compact case. I[J]. Annales de l'Institut Henri Poincaré. Analyse Non Linéaire, 1984, 1: 109–145.

[111] Liu C, Wang Z, Zhou H. Asymptotically linear Schrödinger equation with potential vanishing at infinity[J]. Journal of Differential Equations, 2008, 245(1): 201–222.

[112] Liu J, Liao J, Tang C. A positive ground state solution for a class of asymptotically periodic Schrödinger equations with critical exponent[J]. Computers & Mathematics with Applications, 2016, 72(7): 1851–1864.

[113] Liu J, Liu X, Wang Z. Multiple mixed states of nodal solutions for nonlinear Schrödinger systems[J]. Calculus of Variations and Partial Differential Equations, 2015, 52(3-4): 565–586.

[114] Liu Z, Squassina M, Zhang J. Ground states for fractional Kirchhoff equations with critical nonlinearity in low dimension[J]. NoDEA. Nonlinear Differential Equations and Applications, 2017, 24(4): 50.

[115] Liu Z, Wang Z, Zhang J. Infinitely many sign-changing solutions for the nonlinear Schrödinger-Poisson system[J]. Annali di Matematica Pura ed Applicata. Series IV, 2016, 195(3): 775–794.

[116] Luo H, Tang X, Gao Z. Ground state sign-changing solutions for fractional Kirchhoff equations in bounded domains[J]. Journal of Mathematical Physics, 2018, 59(3): 031504, 15.

[117] Lyberopoulos A. Quasilinear scalar field equations involving critical Sobolev exponents and potentials vanishing at infinity[J]. Proceedings of the Edinburgh Mathematical Society. Series II, 2018, 61(3): 705–733.

[118] Ma T F, Muñoz Rivera J E. Positive solutions for a nonlinear nonlocal elliptic transmission problem[J]. Applied Mathematics Letters, 2003, 16(2): 243–248.

[119] Mao A, Zhang Z. Sign-changing and multiple solutions of Kirchhoff type problems without the P.S. condition[J]. Nonlinear Analysis. Theory, Methods & Applications, 2009, 70(3): 1275–12879.

[120] Miyagaki O, de Moura E, Ruviaro R. Positive ground state solutions for quasicritical the fractional Klein-Gordon-Maxwell system with potential vanishing at infinity[J]. Complex Variables and Elliptic Equations, 2019, 64(2): 315–329.

[121] Molica Bisci G, Vilasi L. On a fractional degenerate kirchhoff-type problem[J]. Communications in Contemporary Mathematics, 2017, 19(1): 1550088.

[122] Moser J. A new proof of de giorgi's theorem concerning the regularity problem for elliptic differential equations[J]. Communications on Pure and Applied Mathematics, 1960, 13: 457–468.

[123] Niu M, Tang Z. Least energy solutions of nonlinear schrödinger equations involving the fractional laplacian and potential wells[J]. Science China Mathematics, 2017, 60: 261–276.

[124] Nyamoradi N. Existence of three solutions for Kirchhoff nonlocal operators of elliptic type[J]. Mathematical Communications, 2013, 18(2): 489–502.

[125] Palatucci G, Pisante A. Improved sobolev embeddings, profile decomposition, and concentration-compactness for fractional sobolev spaces[J]. Calculus of Variations and Partial Differential Equations, 2014, 50: 799–829.

[126] Peng J, Tang X, Chen S. Nehari-type ground state solutions for asymptotically periodic fractional Kirchhoff-type problems in $\mathbb{R}^N$[J]. Boundary Value Problems, 2018, 3: 17.

[127] Perera K, Squassina M, Yang Y. Critical fractional p-Laplacian problems with possibly vanishing potentials[J]. Journal of Mathematical Analysis and Applications, 2016, 433(2): 818–831.

[128] Perera K, Zhang Z. Nontrivial solutions of Kirchhoff-type problems via the Yang index[J]. Journal of Differential Equations, 2006, 221(1): 246–255.

[129] Pohozaev S I. A certain class of quasilinear hyperbolic equations[M][J]. Matematicheskiĭ Sbornik. Novaya Seriya, 1975, 96(138): 152–166, 168.

[130] Pucci P, Xiang M, Zhang B. Multiple solutions for nonhomogeneous Schrödinger-Kirchhoff type equations involving the fractional p-Laplacian in $\mathbb{R}^N$[J]. Calculus of Variations and Partial Differential Equations, 2015: 54(3): 2785–2806.

[131] Qin D, Liao F, He Y, et al. Infinitely many sign-changing solutions for Kirchhoff-type equations in $\mathbb{R}^3$[J]. Bulletin of the Malaysian Mathematical Sciences Society, 2019, 42(3): 1055–1070.

[132] Rabinowitz P H. Minimax methods in critical point theory with applications to differential equations[M]. Washington, DC: the American Mathematical Society, Providence, RI, 1986.

[133] Rabinowitz P H. On a class of nonlinear Schrödinger equations[J]. Zeitschrift für Angewandte Mathematik und Physik, 1992, 43(2): 270–291.

[134] Rădulescu V D, Yang Z. Local uniqueness of semiclassical bounded states for a singularly perturbed fractional Kirchhoff problem[J]. Math, arXiv: 2203.07466.

[135] Rădulescu V D, Yang Z. A singularly perturbed fractional Kirchhoff problem[J]. prepared, 2021.

[136] Secchi S. Ground state solutions for nonlinear fractional Schrödinger equations in $\mathbb{R}^N$[J]. Journal of Mathematical Physics, 2013, 54(3): 031501, 17.

[137] Servadei R, Valdinoci E. Mountain pass solutions for non-local elliptic operators[J]. Journal of Mathematical Analysis and Applications, 2012, 389(2): 887–898.

[138] Servadei R, Valdinoci E. The Brezis-Nirenberg result for the fractional Laplacian[J]. Transactions of the American Mathematical Society, 2015, 367: 67–102.

[139] Shang X, Zhang J. Existence and concentration of ground states of fractional nonlinear Schrödinger equations with potentials vanishing at infinity[J]. Communications in Contemporary Mathematics, 2019, 21(6):1850048, 24.

[140] Shuai W. Sign-changing solutions for a class of Kirchhoff-type problem in bounded domains[J]. Journal of Differential Equations, 2015, 259(4): 1256–1274.

[141] Sire Y, Valdinoci E. Fractional laplacian phase transitions and boundary reactions: A geometric inequality and a symmetry result[J]. Journal of Functional Analysi, 2009, 256(6): 1842–1864.

[142] Song Y, Shi S. Existence of infinitely many solutions for degenerate p-fractional Kirchhoff equations with critical Sobolev-Hardy nonlinearities[J]. Zeitschrift für Angewandte Mathematik und Physik, 2017, 68(6): 128.

[143] Song Y, Sun X, Liang S, et al. Multiplicity and concentration behavior of solutions to a class of fractional Kirchhoff equation involving exponential nonlinearity[J]. Journal of Geometric Analysis, 2024, 34(9): 283.

[144] Sun G, Teng K. Existence and multiplicity of solutions for a class of fractional Kirchhoff-type problem[J]. Mathematical Communications, 2014, 19(1): 183–194.

[145] Sun J, Chen H, Nieto J. On ground state solutions for some non-autonomous Schrödinger-Poisson systems[J]. Journal of Differential Equations, 2012, 252(5): 3365–3380.

[146] Sun J, Li L, Cencelj M, et al. Infinitely many sign-changing solutions for Kirchhoff type problems in $\mathbb{R}^3$[J]. Nonlinear Analysis. Theory, Methods & Applications, 2019, 186: 33–54.

[147] Sun J, Wu T, Feng Z. Two positive solutions to non-autonomous Schrödinger-Poisson systems[J]. Nonlinearity, 2019, 32(10): 4002–4032.

[148] Sun Z, Lei Y. Infinitely many sign-changing solutions to Kirchhoff-type equations[J]. Analysis and Mathematical Physics,2019, 9(1): 565–584.

[149] Szulkin A, Weth T. The method of Nehari manifold[M]. Somervill: International Press, 2010.

[150] Tang X. Non-Nehari manifold method for asymptotically periodic Schrödinger equations[J]. Science China. Mathematics, 2015, 58(4): 715–728.

[151] Tang X, Chen S. Ground state solutions of Nehari–Pohozaev type for Kirchhoff-type problems with general potentials[J]. Calculus of Variations and Partial Differential Equations, 2017, 56(4): 56:110.

[152] Tang X, Cheng B. Ground state sign-changing solutions for Kirchhoff type problems in bounded domains[J]. Journal of Differential Equations, 2016, 261(4): 2384–2402.

[153] Teng K. Multiple solutions for a class of fractional Schrödinger equations in $\mathbb{R}^N$[J]. Nonlinear Anal. Real World Appl.,2015, 21: 76–86.

[154] Teng K. Existence of ground state solutions for the nonlinear fractional Schrödinger-Poisson system with critical Sobolev exponent[J]. Journal of Differential Equations, 2016, 261: 3061–3106.

[155] Wang D, Zhang H, Ma Y, et al. Ground state sign-changing solutions for a class of nonlinear fractional Schrödinger-Poisson system with potential vanishing at infinity[J]. Journal of Applied Mathematics and Computing, 2019, 61(1-2):611–634.

[156] Wang D, Zhang J. Least energy sign-changing solutions of fractional Kirchhoff-Schródinger-Poisson system with critical growth[J]. Applied Mathematics Letters, 2020, 106: 106372.

[157] Wang J, Tian L, Xu J, et al. Multiplicity and concentration of positive solutions for a Kirchhoff type problem with critical growth[J]. Journal of Differential Equations, 2012, 253(7): 2314–2351.

[158] Wang Y, Liu Y, Cui Y. Multiple sign-changing solutions for nonlinear fractional Kirchhoff equations[J]. Boundary Value Problems, 2018, 193: 21.

[159] Willem M. Minimax theorems, volume 24 of Progress in Nonlinear Differential Equations and their Applications[M]. Boston MA: Birkhäuser Boston, Inc., MA, 1996.

[160] Wu X. Existence of nontrivial solutions and high energy solutions for Schrödinger-Kirchhoff-type equations in R^N[J]. Nonlinear Anal. Real World Appl., 2011, 12(2): 1278–1287.

[161] Xiang M, Molica Bisci G, Tian G, et al. Infinitely many solutions for the stationary Kirchhoff problems involving the fractional p-Laplacian[J]. Nonlinearity, 2016, 29(2): 357–374.

[162] Xiang M, Zhang B, Ferrara M. Existence of solutions for Kirchhoff type problem involving the non-local fractional p-Laplacian[J]. Journal of Mathematical Analysis and Applications, 2015, 424(2):1021–1041.

[163] Xiang M, Zhang B, Guo X. Infinitely many solutions for a fractional Kirchhoff type problem via fountain theorem[J]. Nonlinear Analysis. Theory, Methods & Applications, 2015, 120: 299–313.

[164] Xiang M, Zhang B, Rădulescu V. Superlinear Schrödinger-Kirchhoff type problems involving the fractional p-Laplacian and critical exponent[J]. Advances in Nonlinear Analysis, 2020, 9(1):690–709.

[165] Xiang M, Zhang B, Zhang X. A nonhomogeneous fractional p-Kirchhoff type problem involving critical exponent in $\mathbb{R}^N$[J]. Advanced Nonlinear Studies, 2017, 17(3): 611–640.

[166] Xie Q, Ma S. Positive ground state solutions for some non-autonomous Kirchhoff type problems[J]. The Rocky Mountain Journal of Mathematics, 2017, 47(1): 329–350.

[167] Xue Y, Tang C. Ground state solutions for asymptotically periodic quasilinear Schrödinger equations with critical growth[J]. Communications on Pure and Applied Analysis, 2018, 17(3):1121–1145.

[168] Yang Z. Local uniqueness of multi-peak positive solutions to a class of fractional Kirchhoff equations[J]. Math, arXiv: 2203.07468.

[169] Yang Z. Non-degeneracy of positive solutions for fractional Kirchhoff problems: high dimensional cases[J]. Journal of Geometric Analysis, 2022, 32(4): 139.

[170] Yang Z, Yu Y. Critical fractional Kirchhoff problems: uniqueness and nondegeneracy[J]. prepared, 2021.

[171] Yang Z, Zhao F. Three solutions for a fractional Schrödinger equation with vanishing potentials[J]. Applied Mathematics Letters, 2018, 76:90–95.

[172] Yang Z, Zhao F, Zhao L. The concentration behavior of ground state solutions for a fractional schrödinger-poisson[J]. Calculus of Variations and Partial Differential Equations,2017, 56: 116.

[173] Yun Y, An T, Zuo J, et al. Infinitely many solutions for fractional Schrödinger equation with potential vanishing at infinity[J]. Boundary Value Problems, 2019, 15: 62.

[174] Zhang B, Giovanni M B, Servadei R. Superlinear nonlocal fractional problems with infinitely many solutions[J]. Nonlinearity, 2015, 28(7): 2247–2264.

[175] Zhang H, Xu J, Zhang F. Positive ground states for asymptotically periodic Schrödinger-Poisson systems[J]. Mathematical Methods in the Applied Sciences, 2013, 36(4): 427–439.

[176] Zhang H, Xu J, Zhang F. Existence and multiplicity of solutions for superlinear fractional Schrödinger equations in $\mathbb{R}^N$. Journal of Mathematical Physics, 2015, 56(9): 091502, 13.

[177] Zhang H, Xu J, Zhang F. Ground state solutions for asymptotically periodic Schrödinger equations with indefinite linear part[J]. Mathematical Methods in the Applied Sciences, 2015, 38(1): 113–122.

[178] Zhang J, Lou Z, Ji Y, et al. Ground state of Kirchhoff type fractional Schrödinger equations with critical growth[J]. Journal of Mathematical Analysis and Applications, 2018, 462(1): 57–83.

[179] Zhang Z, Perera K. Sign changing solutions of Kirchhoff type problems via invariant sets of descent flow[J]. Journal of Mathematical Analysis and Applications, 2006, 317(2): 456–463.